汽轮发电机组毁机事故及其失效分析

房德明　主　编

马宏军　侯林鹏　梅雪松　副主编

科　学　出　版　社

北　京

内 容 简 介

本书汇编国内外汽轮发电机组毁机事故案例，全面、系统地介绍毁机事故的概况、典型事故发生的原因和经验教训。对20余起毁机事故进行综合分析，提出毁机事故分析的方法和内容、不同性质毁机事故的特征以及发生与发展的规律，为判断汽轮发电机组毁机事故原因提供分析依据。

本书具有严谨、丰富、系统的多专业技术内容，以及较强的实用性，可供从事汽轮发电机组安全生产工作的监督人员、事故分析工作的工程技术人员、汽轮发电机组运行工作的相关人员学习参考，也可作为大专院校热能与动力工程专业师生的参考书。

图书在版编目(CIP)数据

汽轮发电机组毁机事故及其失效分析/房德明主编. —北京：科学出版社，2021.1

ISBN 978-7-03-067388-6

Ⅰ. ①汽… Ⅱ. ①房… Ⅲ. ①汽轮发电机组-事故分析 Ⅳ. ①TM311.07

中国版本图书馆CIP数据核字(2020)第256170号

责任编辑：姜红 常友丽 / 责任校对：樊雅琼
责任印制：吴兆东 / 封面设计：无极书装

科学出版社 出版
北京东黄城根北街16号
邮政编码：100717
http://www.sciencep.com

北京厚诚则铭印刷科技有限公司 印刷

科学出版社发行 各地新华书店经销

*

2021年1月第 一 版 开本：720×1000 1/16
2021年1月第一次印刷 印张：21
字数：423 000

定价：148.00元

(如有印装质量问题，我社负责调换)

编写委员会

主　编： 房德明

副主编： 马宏军　侯林鹏　梅雪松

参　编： 陈吉刚　梁昌乾　李明亮

李耀君　李自力　陆颂元

马誉钧　舒君展　施维新

吴承德　王国才　肖振德

朱宝田　张亚夫　张游祖

前　言

汽轮发电机组毁机事故无论在国内、国外均有发生，属于电力行业的特大事故，次数虽然不多，但性质恶劣，经济损失巨大。据不完全统计，自 1984 年以来，我国先后发生 20 余起汽轮发电机组毁机事故，已对电力生产构成了威胁，必须认真总结经验教训，制定防范措施，杜绝毁机事故的萌生与发展。本书汇集 24 起毁机事故案例，这些案例作为珍贵的资料，将成为汽轮发电机组毁机事故的发生、发展机理研究的重要素材。近年来设备严重损坏的恶劣事故仍时有发生，对机组和电网的安全已构成了极大的威胁，我们应以毁机事故案例为教材，时刻重温历史教训，进一步提高防范意识，杜绝特大事故的重现。正确的分析方法，是获取准确的事故原因、制定切实可行防范措施的重要手段，因而，应认真总结毁机事故分析的经验，努力提高事故分析水平。为此，我们编写了本书。

本书以编者亲临现场、参与的典型毁机事故分析为背景，以宣传、讲课的文稿资料，以及汇集到的毁机事故案例为素材，在尊重毁机事故分析结论的基础上编写完成。本书共 11 章：第 1 章论述汽轮发电机组毁机事故的基本概况；第 2 章简述国外汽轮发电机组毁机事故案例；第 3～9 章汇编我国汽轮发电机组毁机事故案例，以事故原因分析为重点，尤其是在典型的毁机事故案例中，针对设备和机组的损坏原因，提供大量的原始分析资料；第 10 章为严重超速典型事故案例；第 11 章为毁机事故失效分析，论述失效分析的作用、机理和内容。本书通过对汽轮发电机组毁机事故的综合分析，提出不同性质毁机事故的特征，以及发生和发展的规律，为判断事故原因提供依据。本书提出毁机事故的分析方法和内容，为事故分析提供有效手段，对提高毁机事故的分析水平具有重要意义。本书中存在分析结论尚不明确以及尚未有结论、有待深入研究的事故案例。

本书由西安热工研究院教授级高级工程师房德明主编，东北大学马宏军教授、北京博力威格智能传控设备有限公司侯林鹏总经理、沈阳鑫本源自动化工程有限公司梅雪松总经理为副主编。感谢各事故调查专家组及专家对本书编写给予的支持和帮助。

由于编者水平所限，本书不足之处在所难免，敬请指正。

编　者

2020 年 6 月 30 日

目　　录

第 1 章　汽轮发电机组毁机事故概况

1.1　电力生产设备事故

事故是指为实现某一目的而进行活动的过程中，由于突然发生了与人们意志相反的情况，迫使原来的行为暂时或永久停止的事件。电力生产设备事故是指电力生产设备发生故障或损坏被迫停止运行，并造成少发电、停止供电或停止供热的事件。电力生产设备事故按人员伤亡、经济损失和影响范围分类，一般分为特大事故、重大事故和一般事故。

电力生产设备特大事故：人员伤亡一次达 50 人及以上；事故造成直接经济损失 1000 万元及以上；大面积停电会造成如表 1-1 所示的后果。

表 1-1　电力生产设备特大事故导致电力系统减少供电负荷的情况

全网负荷	减少供电负荷
10000MW 及以上	30%
5000MW～10000MW	40%或 3000MW
1000MW～5000MW	50%或 2000MW
直辖市全市减少供电负荷 50%及以上，省会城市全市停电	

电力生产设备重大事故：人员伤亡一次达 3 人及以上；事故造成直接经济损失 150 万元及以上；设备损坏三天内不能修复或修复后达不到原铭牌标出功率和安全水平；电网容量在 3000MW 以下、装机容量 200MW 及以上的发电厂，一次事故使两台及以上机组停止运行，并造成全厂对外停止供电；大面积停电会造成如表 1-2 所示的后果。

表 1-2　电力生产设备重大事故导致电力系统减少供电负荷的情况

全网负荷	减少供电负荷
10000MW 及以上	10%
5000MW～10000MW	15%或 1000MW
1000MW～5000MW	20%或 750MW
1000MW 以下	40%或 200MW
直辖市全市减少供电负荷 30%及以上，省会或重要城市减少供电负荷 50%及以上	

电力生产设备一般事故：除电力生产设备特大事故、重大事故以外的事故，均称为电力生产设备一般事故。事故造成直接经济损失5万元至150万元；生产用油、酸、碱、树脂等泄露，生产车辆和运输工具损坏等造成直接经济损失2万元；生产区域失火，直接经济损失1万元等。

1.2 毁机事故概况

汽轮发电机组（简称机组）由汽轮机、发电机、励磁机、锅炉和辅助设备组成，机组由于事故造成不可修复并丧失发电能力的失效现象一般称为毁机。毁机事故在国内、国外均有发生，为电力生产的特大事故，发生次数虽然不多，但性质恶劣，经济损失巨大。

我国在20世纪80年代以前，尚未发生过50MW及以上容量机组的毁机事故，但曾发生过50MW以下容量机组的毁机事故，例如：1923年上海杨树浦发电厂一台英国派生斯20MW反动式汽轮机，在进行转子动平衡试验的过程中突然爆炸，转子碎块飞出几百米，造成3人死亡。又例如：1965年郑州热电厂一台25MW汽轮机叶轮应力腐蚀造成叶轮飞脱。自1984年以来，据不完全统计，我国先后发生过20余起汽轮发电机组毁机事故，近年来机组毁机、设备严重损坏的恶性事故仍时有发生，对发电厂和电网的安全构成极大的威胁。表1-3为我国汽轮发电机组典型毁机事故的机组概况汇总表。

表1-3 我国汽轮发电机组典型毁机事故的机组概况汇总表

序号	企业、机组	机组容量/MW	机组类型	事故时间/年.月	运行年限/年	制造厂
一、异常振动引发的毁机事故						
1	陕西秦岭发电厂5号机组	200	再热机组	1988.02	2	东方汽轮机厂
2	辽宁阜新发电厂01号机组	200	再热机组	1999.08	3.7	哈尔滨汽轮机厂
二、材料缺陷引发的毁机事故						
3	哈尔滨第三发电厂3号机组	600	再热机组	2002.04	3.8	哈尔滨电机厂
4	北京华能热电厂2号机组	165	抽汽机组	2015.03	8.2	俄罗斯乌拉尔汽轮发动机厂
三、汽轮机进入低温蒸汽引发的毁机事故						
5	河南新乡火力发电厂2号机组	50	中压凝汽机组	1990.01	21	哈尔滨汽轮机厂

续表

序号	企业、机组	机组容量/MW	机组类型	事故时间/年.月	运行年限/年	制造厂
四、负序电流、非同期并网、非全相解列引发的轴系损坏事故						
6	海南海口发电厂 2 号机组	50	凝汽机组	1989.10	0.8	武汉汽轮发电机厂
7	山西漳泽发电厂 3 号机组	210	再热机组	2001.02	11	列宁格勒金属工厂
8	内蒙古丰镇发电厂	200	再热机组	2003	—	哈尔滨汽轮机厂
五、严重超速引发的毁机事故						
9	江西分宜发电厂 6 号机组	50	凝汽机组	1984.07	5.6	上海汽轮机厂
10	山西大同第二发电厂 2 号机组	200	再热机组	1985.10	0.83	东方汽轮机厂
11	甘肃 803 发电厂 2 号机组	25	抽汽机组	1993.11	27	苏联斯维尔德洛夫涡轮发动机厂
12	广东××硫铁矿化工厂	—	凝汽机组	1999.05	—	—
13	海螺集团水泥股份有限公司	18	凝汽机组	2011.04	—	—
14	浙江恒洋热电有限公司 2 号机组	24	抽汽机组	2015.06	11	青岛捷能汽轮机厂
15	张家港××钢厂自备电厂	—	抽汽机组	2015.10	—	青岛捷能汽轮机厂
六、热网蒸汽回流、炉水倒灌致使严重超速引发的毁机事故						
16	上海高桥热电厂 4 号机组	50	抽汽机组	1991.02	21	上海汽轮机厂
17	山东潍坊发电厂 2 号机组（汽泵）	—	凝汽机组	1996.01	2.2	东方汽轮机厂
18	中国石油乌鲁木齐石油化工总厂 3 号机组	50	抽汽机组	1999.02	0.21	哈尔滨汽轮机厂
七、其他原因引发的毁机事故						
19	河南巩义市中孚公司 6 号机组	50	抽汽机组	1996.03	0.5	上海汽轮机厂
20	广东××发电厂 1 号机组	50	凝汽机组	1996.04	0.21	北京重型电机厂
21	新疆奎屯发电厂 3 号机组	12	抽汽机组	1995.04	3	南京汽轮机厂
22	江苏谏壁发电厂 13 号机组(汽泵）	—	凝汽机组	2010.12	调试	—
23	重庆玖龙纸业自备热电厂 1 号机组	66	抽汽机组	2013.06	—	上海汽轮机厂
24	云南鑫福钢厂 1 号机组	25	中压凝汽机组	2014.01	1.7	青岛捷能汽轮机厂、济南发电设备厂

毁机事故的机组涉及 12 个制造厂，其中 9 个为国内制造厂，3 个为国外制造厂。事故机组容量为 12MW 至 600MW，在统计的 24 台毁机事故机组中，1 台为

600MW 机组、6 台为 200MW（包括 210MW、165MW）机组、8 台为 50MW（包括 66MW）机组、9 台为小于 50MW 的机组。毁机事故机组的容量基本上是 200MW 及以下的小容量机组。

事故机组的类型有纯凝汽式机组、可调整抽汽式机组、中间再热式机组，以及拖动给水泵汽轮机等。其中纯凝汽式机组 9 台，可调整抽汽式机组 9 台，中间再热式机组 6 台。基本上覆盖了各类型的汽轮发电机组。事故机组的运行年限，最短为 3 个月，最长为 27 年，一般为 1 年至 3 年；从 1984 年至今，事故率平均 1 年半 1 台次。

在统计的 24 起毁机事故中，按事故特征分类，有 2 起为异常振动引发的毁机事故（约为 8%），2 起为材料缺陷引发的毁机事故（约为 8%），1 起为汽轮机进入低温蒸汽引发的毁机事故（约为 4%），3 起为负序电流、非同期并网、非全相解列引发的轴系损坏事故（约为 12%），7 起为严重超速引发的毁机事故（约为 30%），3 起为热网蒸汽回流、炉水倒灌致使严重超速引发的毁机事故（约为 12%），6 起为其他原因引发的毁机事故（为 25%）。

事故的起因直接造成后果的称原发事故，由原发事故间接造成后果的称派生事故，当派生事故构成特大事故时，应把派生事故作为原发事故处理。在我国的毁机事故中，约有 42%为派生事故构成的特大事故，约有 58%为原发事故。派生事故基本是在电气系统原发事故情况下派生的，原发事故基本上是在机组起动、停机和进行危急保安器试验过程中发生的（详见表 1-4）。因而，派生事故引发的特大事故在我国毁机事故中占有较大比例，且基本是在电气系统原发事故情况下派生的。

表 1-4 原发事故与派生事故

序号	企业、机组	原发事故	派生事故
一、电气系统故障			
1	山西大同第二发电厂 2 号机组	发电机低励失步	严重超速、轴系损坏
2	江西分宜发电厂 6 号机组	电气一次系统故障	严重超速、轴系损坏
3	甘肃 803 发电厂 2 号机组	励磁机整流子故障	严重超速、转子断裂
4	河南巩义市中孚公司 6 号机组	发电机失磁	危急超速、转子断裂
5	广东××发电厂 1 号机组	发电机定子断水	危急超速、转子断裂
6	中国石油乌鲁木齐石油化工总厂 3 号机组	变压器污闪	严重超速、转子断裂
7	海南海口发电厂 2 号机组	避雷器故障	机组损坏
8	重庆玖龙纸业自备热电厂 1 号机组	孤网甩负荷	严重超速、转子断裂
9	内蒙古丰镇发电厂	非同期并网、轴系损坏	—
10	山西漳泽发电厂 3 号机组	非全相解列、轴系损坏	—

续表

序号	企业、机组	原发事故	派生事故
二、异常工况			
11	辽宁阜新发电厂 01 号机组	联轴器故障、危急超速	异常振动、转子断裂
12	新疆奎屯发电厂 3 号机组	运行中油系统着火、危急超速	转子断裂
13	河南新乡火力发电厂 2 号机组	汽轮机进冷汽、转子断裂	—
三、机组起停过程			
14	山东潍坊发电厂 2 号机组（汽泵）	炉水倒灌、严重超速、转子断裂	—
15	浙江恒洋热电有限公司 2 号机组	停机过程、严重超速、转子断裂	—
16	海螺集团水泥股份有限公司	起动过程、严重超速、转子断裂	—
17	上海高桥热电厂 4 号机组	热网回流、严重超速、转子断裂	—
18	广东××硫铁矿化工厂	停机过程、严重超速、转子断裂	—
19	张家港××钢厂自备电厂	起动过程、严重超速、转子断裂	—
20	云南鑫福钢厂 1 号机组	运行中、工作转速、转子断裂	—
四、试验工况			
21	江苏谏壁发电厂 13 号机组（汽泵）	提升转速试验、严重超速、转子断裂	—
22	陕西秦岭发电厂 5 号机组	提升转速试验、危急超速、转子断裂	—
五、材料缺陷			
23	北京华能热电厂 2 号机组	叶轮应力腐蚀断裂、工作转速	—
24	哈尔滨第三发电厂 3 号机组	发电机转子材料缺陷、工作转速	—

一般，机组转速在汽轮机调节系统动态特性允许的转速范围内为正常转速（或称工作转速），超过危急保安器动作转速至 3600r/min 称危急超速，大于 3600r/min 称严重超速。在我国毁机事故中约有 50%为严重超速，约有 25%为危急超速，约有 25%是在正常转速范围内发生的（详见表 1-5）。由于机组严重超速直接或间接引发轴系断裂的事故在我国毁机事故中占有较大的比例，因而超速引发毁机是我国汽轮发电机组毁机事故的特点。

表 1-5　毁机事故机组最高转速汇总表

序号	企业、机组	最高转速/（r/min）	事故工况
一、严重超速			
1	山东潍坊发电厂 2 号机组给水泵汽轮机	8748	停机过程
2	江苏谏壁发电厂 13 号机组（汽泵）	8000	提升转速试验
3	广东××硫铁矿化工厂	7800	停机过程

续表

序号	企业、机组	最高转速/（r/min）	事故工况
4	浙江恒洋热电有限公司 2 号机组	>4990	停机过程
5	江西分宜发电厂 6 号机组	4700	甩负荷
6	中国石油乌鲁木齐石油化工总厂 3 号机组	4500	甩负荷
7	山西大同第二发电厂 2 号机组	高中压转子 4600 低压转子 4000	甩负荷
8	甘肃 803 发电厂 2 号机组	4200	甩负荷
9	上海高桥热电厂 4 号机组	＞4000	停机过程
10	张家港××钢厂自备电厂	4000	起动过程
11	海螺集团水泥股份有限公司	3850	起动过程
12	重庆玖龙纸业自备热电厂 1 号机组	3788	甩负荷
二、危急超速			
13	河南巩义中孚公司 6 号机组	＜3600	甩负荷
14	河南新乡火力发电厂 2 号机组	＜3600	甩负荷
15	广东××发电厂 1 号机组	＜3600	甩负荷
16	陕西秦岭发电厂 5 号机组	3550	提升转速试验
17	新疆奎屯发电厂 3 号机组	3420	停机过程
18	辽宁阜新发电厂 01 号机组	1692～3319	起动过程
三、正常转速			
19	哈尔滨第三发电厂 3 号机组	3000	正常运行
20	北京华能热电厂 2 号机组	3000	正常运行
21	云南鑫福钢厂 1 号机组	3000	正常运行
22	山西漳泽发电厂 3 号机组	3000	正常运行
23	内蒙古丰镇发电厂	1000～3000	起动过程
24	海南海口发电厂 2 号机组	1900～3000	正常运行

第 2 章　国外汽轮发电机组毁机事故

2.1　汽轮发电机组异常振动引发的轴系损坏事故

日本关西电力公司海南发电厂 3 号机组 600MW 汽轮机为日本株式会社东芝公司(简称日本东芝公司)制造，为四缸四排汽、两次中间再热、额定转速 3600r/min 超临界机组。主蒸汽压力为 25.1MPa，主蒸汽温度为 538℃/552℃/566℃。发电机为氢冷、卧式旋转励磁型三相同步发电机，发电机功率为 670MV·A。是当时日本国产最大容量的单轴汽轮发电机组。该机组于 1972 年 4 月 8 日开始试运行，并完成了汽轮机危急保安器提升转速试验和甩 3/4 额定负荷试验。由于汽轮发电机组发生振动，进行了汽轮机转子平衡调整工作。为了确认最后的平衡效果，于 1972 年 6 月 5 日进行了危急保安器提升转速试验，危急保安器设定动作转速为 110%额定转速。在进行提升转速试验的过程中，当转速升到 3850r/min（107%额定转速）时，发生了异常振动，随即起火，轴系断裂，长达 51m 的转子有 17 处断裂，汽轮机与发电机间的联轴器对轮飞出厂房外 101m，汽轮机叶片飞出厂房外 80～380m，造成了机组轴系损坏特大事故[1]，直接损失约 50 亿日元。日本关西电力公司海南发电厂 3 号机组事故概况综述如下。

2.1.1　设备损坏情况

汽轮机严重损坏，主油泵轴、危急保安器轴断裂，汽轮机中低压转子间联轴器的对轮螺栓断裂，汽轮机两个低压转子分别被扭转折断，汽轮机与发电机之间联轴器的对轮螺栓断裂，对轮穿透厂房飞出 101m。汽轮机低压缸末叶片打穿汽缸、击破厂房窗，飞出室外达 380m。重达 2.6t 的盘车齿轮和连接轴击穿厂房的墙壁和天花板飞往室外。汽轮机低压缸上方两根蒸汽导管中的一根被飞出的对轮击中而破损。轴瓦、轴瓦盖飞离原位，辅助设备均被严重烧坏。

发电机转子两侧均在护环处断裂飞出。发电机与励磁机之间联轴器的对轮螺栓断裂。励磁机转子在中部断裂。发电机转子的励磁机侧定子绕组端部烧焦，发电机转子的汽轮机侧定子绕组端部有明显的损坏。发电机转子的励磁机侧端部托架因螺栓折断而裂开，发电机转子的汽轮机侧端部托架的上部分飞向侧面，励磁机外壳飞离原位约 5m，定子、整流器和轴瓦等飞离原位。油、氢气着火，大火燃烧了 1.5h，还烧坏了临近的 4 号机组（600MW 机组）的部分电缆等设备。20 名在场人员安全脱险，无人员受伤。主要设备损坏情况列于表 2-1，设备损坏过程列于图 2-1。图 2-2 为机组轴系断裂面位置图，图 2-3 为飞行物穿透建筑物的位置。

表 2-1　主要设备损坏情况

序号	设备名称	损坏情况
1	汽轮机高压缸	主油泵泵轴折损、保安装置及调节汽门控制机构烧损、保温层破损、防护罩发生形变
2	汽轮机中压缸	低压侧汽封破损、调节汽门控制机构烧损、保温层破损、防护罩发生形变、末级围带飞散
3	汽轮机中低压转子联轴器	联轴器对轮螺栓折断、连接轴对轮飞出
4	汽轮机第一低压缸	动叶飞出或折损，轴瓦飞出，汽缸被击穿，转子分别在汽轮机中压缸侧、汽轮机第二低压缸侧的叶轮边缘处折损且飞出
5	汽轮机第一、第二低压转子联轴器	联轴器对轮螺栓折断、连接轴对轮飞出
6	联通管道	两根联通管道中的一根完全损坏，另一根的保温层破损
7	汽轮机第二低压缸	动叶飞出或折损；汽缸在发电机侧形变严重，汽缸被击穿；转子分别在汽轮机第一低压缸侧、发电机侧的叶轮边缘处断裂；联轴器和轴瓦飞出
8	凝汽器	冷却水管的套管损伤
9	第二运行层	汽封抽汽器烧损、栅格踏板靠东侧发生形变
10	第一运行层	循环水管外部涂装烧损、栅格踏板靠东侧发电机下发生形变
11	发电机	定子：铁芯及绕组损伤，绕组部分被烧损；端部托架汽轮机的低压缸侧上半部飞散，下半部螺栓折断。转子：励磁机侧与汽轮机侧均在护环处折断飞离；轴瓦飞出
12	励磁机	转子在中部折断，定子在上下接合面处分离，整流器、轴瓦等飞出
13	附属设备	厂房二层楼面的电气设备全部烧毁

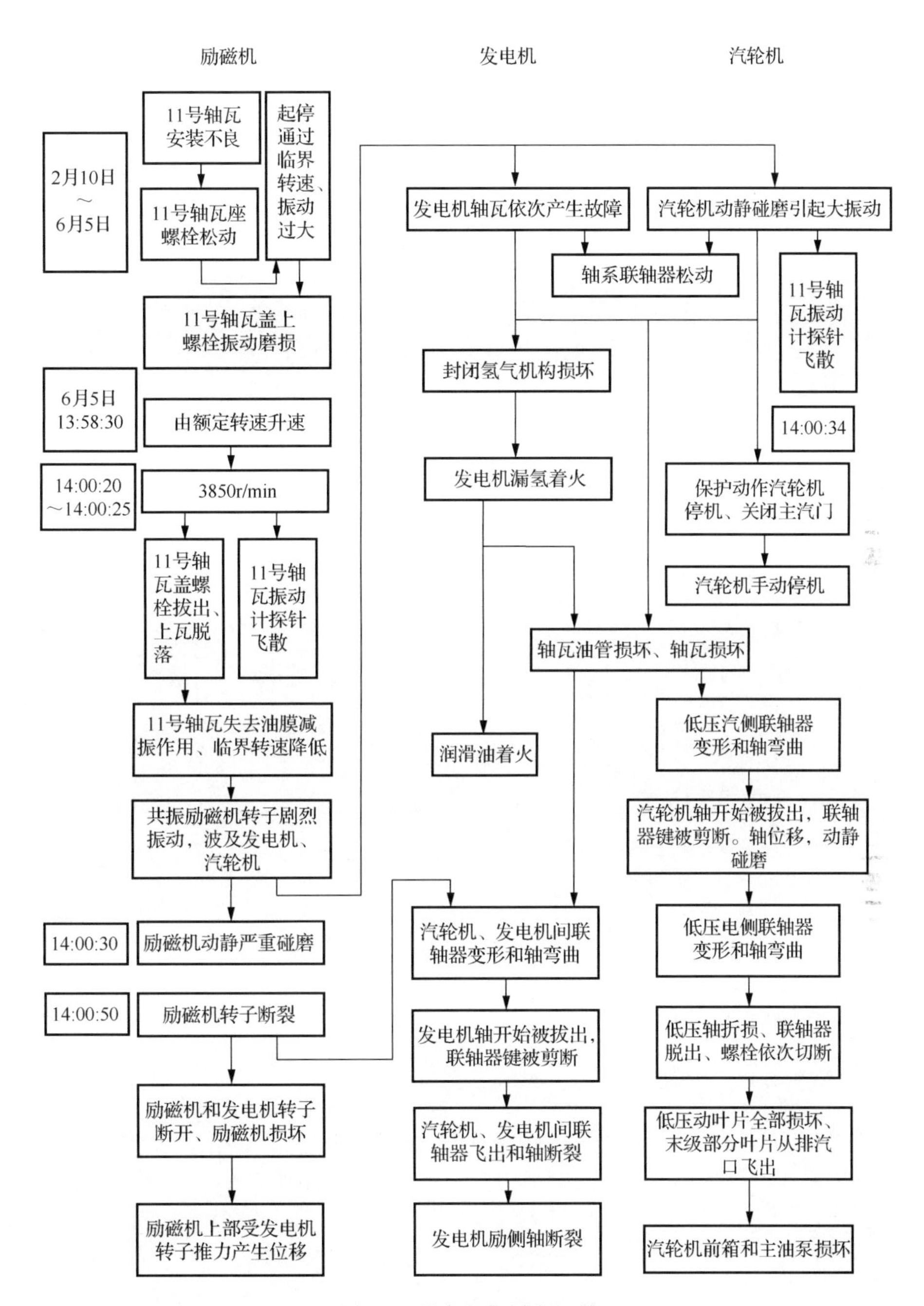

图 2-1　设备损坏过程汇总

转动部件与静止部件摩擦和碰撞简称动静碰磨

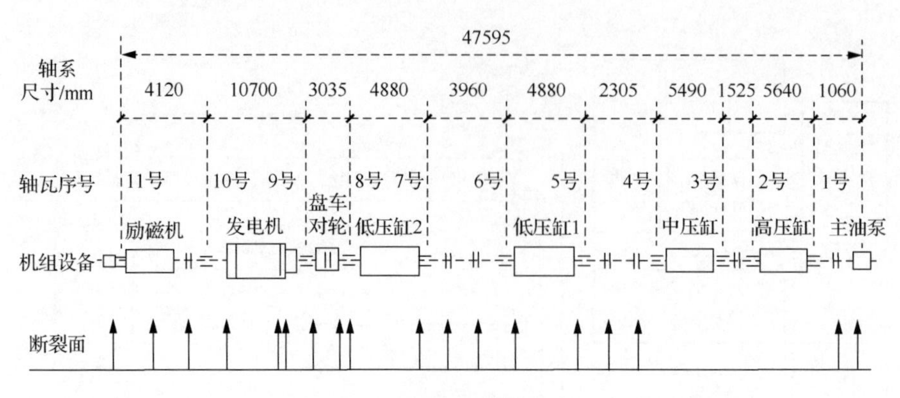

图 2-2　机组轴系断裂面位置

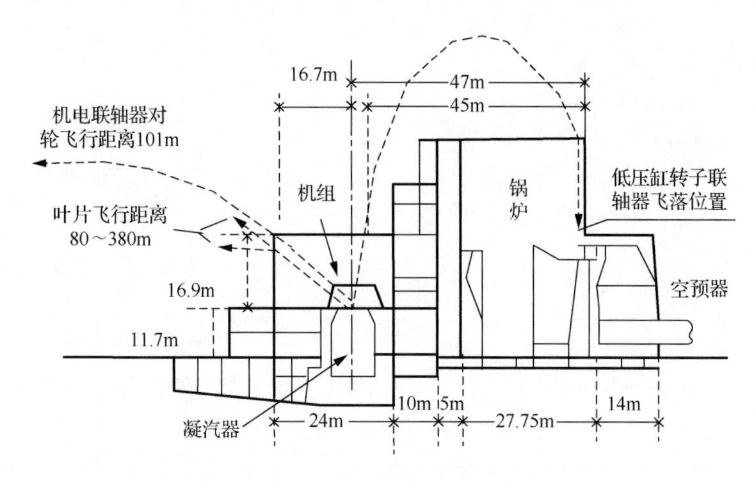

图 2-3　飞行物穿透建筑物的位置

2.1.2　事故原因分析

1. 轴系共振、轴瓦损坏是事故的主要原因

该事故的调查，主要是仿照美国汽轮发电机组事故调查实例进行的。该机组由于励磁机 11 号轴瓦瓦盖和轴瓦座的安装不良，在动平衡调整试验的过程中振动较大，在进行提升转速试验时，又因临界转速的下降，轴系产生共振，11 号轴瓦上瓦脱落，致使机组产生异常大振动，这是事故的主要原因。

11 号轴瓦的瓦盖由四根螺栓固定，一侧两根被拔出，另一侧两根被剪断。事故前所有轴瓦振动均合格。图 2-4 为 1972 年 4 月 9 日提升转速试验过程中，机组振动幅值的记录曲线，随着转速的上升，8 号轴瓦、10 号轴瓦和 11 号轴瓦的振动均有增加的趋势。图 2-5 为 1972 年 6 月 6 日事故发生时，机组振动幅值的记录曲线。由图2-5可知，机组发生强烈振动前，在升速过程中，11号轴瓦盖上的螺栓已被拔出，上瓦脱落。

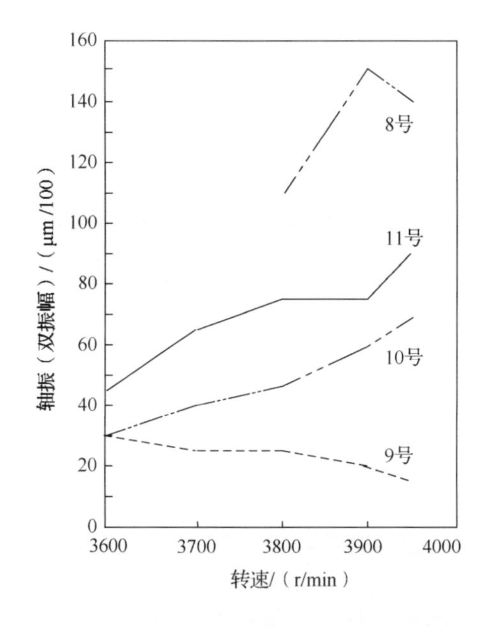

图2-4　4月9日提升转速试验记录曲线

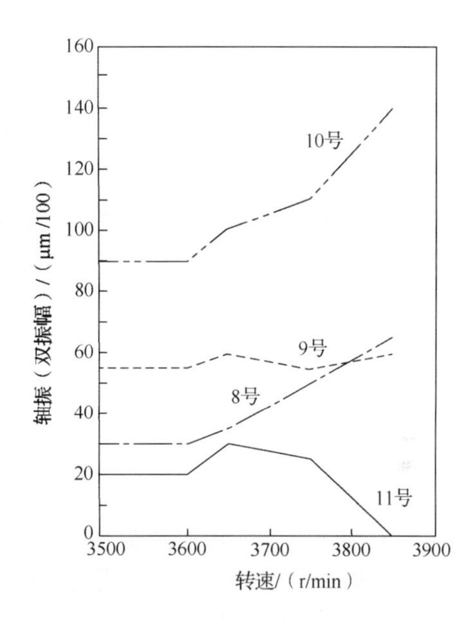

图2-5　6月6日事故发生时记录曲线

由于11号轴瓦失去了减振的油膜，励磁机转子临界转速下降，轴系产生了共振，致使励磁机转子产生异常振动。励磁机转子的临界转速为4050r/min，与事故发生时的转速3800～3900r/min相近。若11号轴瓦螺栓松动，轴瓦油膜失去了减振作用，必然会引起临界转速的变化。在进行危急保安器提升转速试验过程中，试验达到的转速与临界转速发生共振，是11号轴瓦上瓦脱落的主要原因。

2. 平衡调整不良是引起螺栓松动的重要因素

汽轮机、发电机和励磁机是由多轴瓦的长轴所连接。只靠单体平衡是不够的，还需要在连接后进行动平衡调整试验。该励磁机转子组装后，未进行单体平衡调整，仅在制造厂采用试验用的联轴器将励磁机和发电机转子连接，进行了试验和调整，励磁机的励侧绕组又进行过检修，但均未进行过动平衡调整试验。因而，转子未能充分进行平衡调整，转子平衡不良是引起11号轴瓦螺栓松动的重要因素。

3. 11号轴瓦损坏过程

（1）11号轴瓦的瓦座安装不良。机组试运行中轴瓦的瓦座螺栓发生松动，轴瓦的瓦座振动幅值增大。

（2）11 号轴瓦的瓦盖螺栓松动，试运行中当转速下降时，轴的振动幅值增大，因此，螺栓内部产生磨损。

（3）机组转速上升至 3850r/min，11 号轴瓦的轴振动幅值剧烈增大，因为该转速接近励磁机的临界转速 4050r/min，随着转速的上升，发电机和励磁机轴瓦的轴振动幅值增大。

（4）轴瓦的瓦盖螺栓拔出，上瓦脱落。

（5）11 号轴瓦失去了机能。上瓦和挡油环飞出，无法向下瓦供油，油膜减振作用下降，使轴系临界转速下降，并接近试验转速 3850r/min，励磁机转子振动出现较大振动幅值。

（6）共振使励磁机转子发生剧烈振动。

4. 事故原因分析结论

（1）机组的损坏是由异常的巨大振动造成的。

（2）引起机组异常的巨大振动的原因，经分析认为是励磁机轴瓦瓦盖的上半部与下半部分离，丧失了轴瓦功能，致使轴系的临界转速降低而引起共振。

（3）导致励磁机轴瓦功能丧失的原因：励磁机轴瓦的瓦盖紧固及轴瓦架安装不良，平衡调整不佳，以及油膜振荡等。

（4）由于发生了异常的巨大振动，汽轮机、发电机联轴器的套装部件因松动而脱出，同时励磁机开始破损，联轴器飞散引起轴系的弯曲，断裂相继发生，并且由汽轮机叶片的碰撞引起飞散，导致整机毁坏。

2.2 汽轮发电机组转子材料缺陷引发的轴系损坏事故

1. 美国加勒廷电站 2 号机组 225MW 汽轮机中低压转子断裂

美国加勒廷（Gallatin）电站 2 号机组 225MW 汽轮机由美国西屋电气公司制造，主蒸汽压力 14MPa，主蒸汽温度 565℃，额定转速 3600r/min，单轴，三排汽，于 1957 年 5 月投运。该汽轮机因锅炉检修而停机，6 天后冷态起动，机组起动 15min 后转速达 1000r/min，转速升至 2200r/min 时维持 45min，然后继续升速，当转速接近 3400r/min 时，中压和低压转子在未出现任何征兆的情况下突然断裂。飞出的转子碎片打穿汽缸外壳，飞离汽轮机 27.3m，有些碎片甚至击穿厂房，最重的一块碎片达 450kg。

事故主要原因：该汽轮机运行 17 年，共经历 288 次起动，其中 183 次为热态起动，105 次为冷态起动，共进行过 5 次危急保安器提升转速试验和 13 次转子平衡工作。转子材料内部含有大量的非金属夹杂物，当转子经历 288 个循环后，使夹杂物周围产生了微小的裂纹，裂纹进一步扩展，在冷态起动过程中，转子内部温度相对较低，材料韧性也较低，但热应力较高，在大量非金属夹杂物部位的蠕变与低周疲劳两者的共同作用下，汽轮机中压和低压转子断裂。

通过事故后的检查，发现在第 7 级叶轮之下的轴孔内有两条大裂纹，一条裂纹靠近轴孔表面，长约 140mm，深约 6.3mm，另一条裂纹离轴孔表面约 62mm，长约 95mm。如果在事故前四个月的一次振动异常中，能及时用超声波检查转子，则完全有可能找出这两条大裂纹，从而避免这次灾难。

2. 德国一台亚临界 330MW 机组材料缺陷引发的机组损坏

德国一台亚临界 330MW 机组，额定转速 3000r/min，两个低压转子为整锻转子，转子长 7.5m，最大锻造直径为 1.76m，验收时发现，在轴线附件有最大当量 5mm 的缺陷，为非金属夹杂物，进行 3450r/min 危急保安器提升转速试验（115%额定转速）后，检查未发现缺陷有变化，被认为强度上没问题，可以投入运行。机组运行 15 年后，因调峰停机，盘车 4～5 天，9 天后起动，低压转子温度为 15℃，经 27min 转速达 550r/min，暖机 4min 后，经 10min 升速到 3000r/min，准备并网，此时第二低压转子在无任何征兆的情况下断裂，高压、中压转子和第一低压转子惰走 13min。第二低压转子重 80t，断裂成 35 块，最大一块重 24t，有两块 1t 的碎块飞落到厂房外 1.1～1.3km 的田野中。

事故后检查，转子的损坏始于轴系和径向的缺陷处，为脆性断口。

3. 英国欣克利角核电站 5 号机组 87MW 汽轮机的转子断裂

英国欣克利角（Hinkley Point）核电站 5 号机组 87MW 汽轮机运行 7 年，额定转速 3000r/min。其在制造厂进行过 115%额定转速的危急保安器提升转速试验，投运后起动 86 次，进行过 47 次危急保安器提升转速试验。在标准运行条件下做提升转速试验，当转速达到 3200r/min 时，低压缸突然发出巨大冲击声和火光，几秒钟后爆炸，发电机着火。在事先没有报警的情况下，突然发生转子断裂事故。高压转子有一处断裂，两个低压转子各有两处断裂，低压转子与发电机转子间联轴器对轮螺栓被剪断或扭断，低压转子有 3 个叶轮飞出。

事故原因：该级叶轮工作在湿蒸汽区，由于超速时的高应力和材料的低韧性作用，低压转子的叶轮键槽部位产生应力腐蚀开裂。事故叶轮材料为 3CrMo 酸性平炉钢，未经真空处理，具有回火脆性和偏析，脆性转变温度高达 180℃，30℃时冲击韧性仅为 1.38kJ/cm^2，在裂纹深度达 1.6mm 时便发生了脆性断裂。

4. 日本三菱重工业株式会社 330MW 汽轮机低压转子断裂

日本三菱重工业株式会社 330MW 机组为出口到西班牙的机组，汽轮机低压转子在生产车间内的长 10m、高 8m、温度 200℃、真空度 95%的热离心试验箱中进行超速和稳定性试验。在额定转速 3000r/min 和转子偏心（双振动幅值）50μm 下进行了 1h 的正常试运行后，升速快要达到预期的 3600r/min 时，转子突然断裂。由于该加热箱不坚固，当班人员又没有离开车间，造成 4 人死亡，25 人重伤，36 人轻伤。九州大学栗原教授领导的事故调查委员会用超声波和磁粉试验，确定为转子材料离析，这种离析是由高温回火后冷却太快所致，造成了转子的脆裂致使其断裂。

5. 美国坦内尔克里克电站 125MW 汽轮机的转子断裂

美国坦内尔克里克（Tanners Creek）电站 125MW 汽轮机运行了 22 个月，在机组起动过程中，在转速 1300r/min 下发生了转子断裂事故。转子材料为：碳 0.36%、铬 1.022%、钼 1.13%、钒 0.27%。转子重量 83t。事故原因：残余应力、热应力、离心力过大、材料的延伸性较差。

6. 美国里奇兰电站 4 号机组 156MW 汽轮机的低压转子断裂

美国里奇兰（Richland）电站 4 号机组 156MW 汽轮机的高压转子额定转速为 3600r/min，低压转子额定转速为 1800r/min，转子材料为：碳 0.25%～0.35%、镍 2.5%～3.5%、钒 0.05%、铬 0.25%～0.75%、钼 0.4%～0.6%。运行 4 个月，在进行危急保安器提升转速试验时，当转速达到 1955r/min（低压转子）时发生低压转子断裂事故。事故原因：由于材料内部的龟裂和材料的脆性，在超速过程中的高应力和材料的低韧性的作用下，材料内部的微裂纹扩展至内孔表面，最终导致转子断裂。

7. 美国坎伯兰火电站 2 号机组 1300MW 汽轮机中压转子严重损坏

美国坎伯兰（Cumberland）火电站 2 号机组为超临界、一次中间再热、双轴、1300MW 汽轮机，由瑞士布朗勃法瑞公司制造。高压转子与 1 号低压转子和 2 号低压转子同轴，中压转子与 3 号低压转子和 4 号低压转子同轴，6 缸 8 排汽，额定转速为 3600r/min，焊接转子，联轴器与转子锻成一体，转子材料为铬钼钒钢。主蒸汽压力 25.1MPa，主蒸汽温度 538℃。该汽轮机在 4 天内，3 号低压转子与 4 号低压转子之间的径向轴瓦振动不断增大，振动幅值从 25μm 逐步增大到 97μm，并且还有继续增大的趋势，其后经过多次动平衡工作，但仍然不能消除振动不断增大的趋势。因此，停机进行彻底检查，发现在中压转子联轴器法兰的凹槽内，有麻点腐蚀和沿轴向约 300mm 的圆锥形主裂纹，在主裂纹上还有径向的二次裂纹，这根中压转子已经累计运行约 19000h，为了防止事故进一步扩大，随即换上一根备用的中压转子。从停机、发现裂纹、换中压转子到机组重新投运，历时 26 天。

通过事故分析表明：主裂纹是疲劳裂纹，是由于腐蚀和低周应力的复合作用而产生的；中压转子振动不断增大是由这些裂纹的存在和扩展，使中压转子刚性不断降低（通过铰接效应）而引起的。由于振动监测及时，避免了这次事故的进一步扩大。

2.3　汽轮机进水或冷蒸汽引发的轴系损坏事故

1. 英国阿伯索 B 电站 7 号机组 500MW 汽轮机的低压转子断裂事故

英国阿伯索（Aberthaw）B 电站 7 号机组的汽轮机为单轴 5 缸 6 排汽，三台低压缸合用一个联合凝汽器，1 号低压给水加热器和 2 号低压给水加热器采用混合式加热器，4 号高压给水加热器至 7 号高压给水加热器采用表面式加热器。该汽轮机在经过约两年的运行后，在一次停机时发生了转子断裂事故。事故是由 2 号混合式低压给水加热器的水倒灌进入低压缸而引起的。这次事故使低压转子、发电机、励磁机及辅助励磁机之间的联轴器对轮螺栓断裂，其中一个低压缸转子在套装叶轮处出现转子断裂，发电机转子断裂，低压内缸、凝汽器和发电机定子严重损坏。该次事故的修理复原费用为一千多万美元。

2. 德国一台 45MW 中压机组的抽汽汽源切换不当致使机组损坏

德国一台 45MW 中压机组在事故前机组负荷 20MW，1 号给水加热器由主蒸汽供汽，在切换到汽轮机高压抽汽供汽的过程中，在未关闭主蒸汽供汽汽源的情况下，开启了高压抽汽供汽汽源，使新主蒸汽沿抽汽管道流入汽轮机高压缸，导致机组强烈振动损坏，其过程时间约 20～30s。轴系断为 7 段，第 15 级叶轮键槽有两条较深裂纹，在该叶轮的转子处断裂，为主断裂面，是脆性断裂。

2.4　汽轮机调节系统、保护系统故障致使严重超速引发的轴系损坏事故

1. 英国一台 60MW 次高压机组的调节部件卡涩使机组甩负荷严重超速引发轴系损坏

英国一台 60MW 次高压机组在投入运行 8 个星期后，因电气操作失误，引起保护动作，机组甩额定负荷，危急保安器动作，听到机内有轻微爆炸声，13s 后

一声巨响，机组爆炸。汽轮机低压缸完全损坏，高压缸也严重损伤，并引起氢气爆炸着火，死 2 人，伤 9 人。

事故原因：油系统有黑色铁锈（Fe_3O_4），危急保安器虽已动作，但危急遮断滑阀被铁锈卡涩，油动机活塞也出现卡涩，自动主汽门和调节汽门均未关闭，机组转速达 5000r/min，严重超速致使轴系损坏。该机组新机试运行后，停运 15 个星期，由于油中带水而生锈。事故发生前，曾发现用同步器调节负荷，调节汽门动作不灵活，但未引起重视，造成严重超速毁机事故。

2. 南非一台 600MW 机组保护拒动使机组甩负荷严重超速引发轴系损坏

南非国家电力公司某一电站有 6 台 600MW 机组，总装机容量 3600MW，1975 年建厂，1984 年投产。2011 年 2 月 10 日，4 号机组在进行危急保安器提升转速试验时，3 套电超速保护和机械超速保护失灵均未动作，且负责现场手动打闸的人员不在岗位，约 10s 汽轮机转速由 3000r/min 升高到 4500r/min，发生了严重超速事故[2]。厂房屋顶被飞出的叶片及轴击穿，整机报废。事故未伤及其他运行的 5 台机组。设备损坏情况详见图 2-6～图 2-8。

图 2-6　主设备及屋顶损坏概况

图 2-7　断轴情况

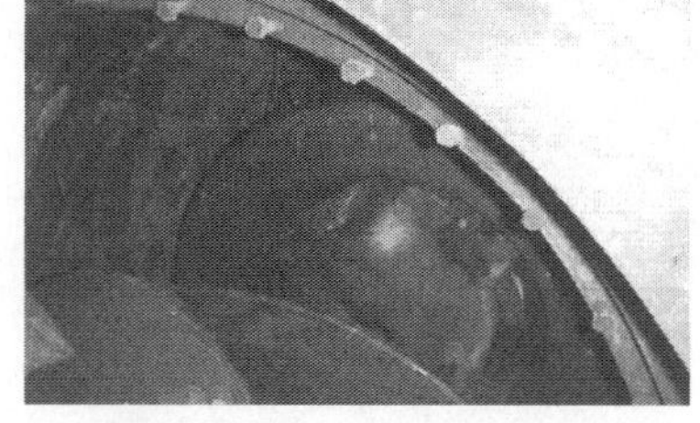

图 2-8　联轴器损坏

3. 泰国某电厂 25MW 汽轮发电机组轴系损坏事故

泰国首都曼谷附近一家自备电厂发生 25MW 汽轮发电机组机毁人亡事故[2]。汽轮机和发电机大轴断为数段，发电机励磁侧线圈烧毁，励磁机线圈及励磁机定子铁心全部脱出，励磁机主轴飞出厂房外，发电机定子端盖励磁侧飞出，嵌入厂房墙内，齿轮箱盖飞出，变速箱大齿轮飞出，1 号轴瓦飞出。事故发生时，一名运行工人被飞出的部件击中当场死亡。图 2-9 为设备损坏概况。事故原因尚未见报道。

图 2-9　设备损坏概况

第3章 异常振动引发的毁机事故

3.1 陕西秦岭发电厂5号机组异常振动引发毁机事故

1988年2月12日，陕西秦岭发电厂5号机组停机小修，停机后在高参数下进行危急保安器提升转速试验。在进行试验的过程中，当转速提升到3350r/min时，突然自行飞升到3456r/min，打闸停机的同时一声巨响，机组爆炸，油系统着火，发生轴系断裂为13段的特大设备损坏事故（简称“2.12”事故）。事故全过程时间约为12s。直接经济损失约为3000万元。

陕西秦岭发电厂5号机组发生轴系断裂事故后，水利电力部西北电业管理局成立了事故调查组，由水利电力部和国家机械委联合组成了“设备鉴定小组”，全国安全生产委员会组织了国家秦岭发电厂5号机组事故专家调查组。事故专家调查组通过调查提出了《秦岭发电厂5号机组事故专家调查组综合分析报告》。陕西秦岭发电厂5号机组“2.12”事故概况综述如下。

3.1.1 机组概况

陕西秦岭发电厂5号机组为东方汽轮机厂（简称东汽厂）1983年生产的汽轮机，出厂编号14，为D05型汽轮机向D09型汽轮机过渡的产品，使用东方电机厂1984年生产的QFQS-200-Z型发电机，出厂编号84-12-6-20。机组于1985年12月13日开始试运行，1986年2月正式移交生产。截至1988年2月12日事故前，累计运行12517h；检修5988h，其中大修1次，中小修11次，临修27次；停运461h，起停59次，并网47次。危急保安器提升转速试验6次，共31锤次，最高转速3373r/min；运行中共发生过9次保护动作机组跳闸，含5次单相自动重合闸（其中4次重合闸失败）；发电机发生过一次非全相合闸；机组还发生过一次断油烧瓦；发生过一次因中压调节汽门的阀座锁定螺钉脱落进入中压缸，使通流部分受损的事故。

在1985年12月14日新机组起动调试阶段，以及1986年7月18日烧瓦修复后起动时，测得轴瓦振动中均有小量幅值的低频分量。1986年7月烧瓦修复中刮了轴瓦；在1987年6月6日至8月3日大修后，6号轴瓦的对中情况略有变化，4～7号轴瓦的顶隙大于侧隙。从1987年10月之后，发现5号轴瓦的瓦振动幅值由20μm增大至48μm。

3.1.2　事故过程

1988年2月12日15时52分，5号机组与电网解列，进行危急保安器提升转速试验。仅开启了汽轮机高压旁路，在接近额定主蒸汽参数的情况下进行试验。

（1）进行1号飞锤提升转速试验时，6号机组司机将5号机组盘上的转速表指示3228r/min误看为3328r/min，并手按集控室的停机按钮，使5号机组跳闸，但并未与5号机组的试验人员联系，致使现场试验人员误认为1号飞锤已经动作。

（2）在进行2号飞锤提升转速试验的过程中，当机组转速提升到3302r/min时，有类似于汽门动作的声音发出，试验人员误认为2号飞锤已经动作，将提升转速试验手柄放开，后确认2号飞锤并未动作。当转速降至3020r/min时，试验主持人环绕机组一周，检查各轴瓦的振动和轴瓦的温度情况，但未发现异常，请示在场的总工程师后，继续进行2号飞锤的动作试验。当转速提升到3350r/min时，突然自行飞升到3456r/min，打闸的同时一声巨响，机组爆炸，油系统着火。

（3）现场的人员先听到机组的升速异常声响，看到副励磁机喷出灰尘，然后听到一声闷响，发电机端部着火，此时一名工人腰部被残片击中。在汽轮机机头的人员听到一声闷响后，随即看到1号轴瓦的瓦盖翻起，高压缸的后汽封喷出蒸汽，试验人员跌倒。从现场人员听到升速异常声响到发电机端部着火的时间为6～8s。在此期间未感到剧烈振动，在发电机端部着火后又有一声响。

（4）电厂有关领导指挥广大职工和消防人员奋力扑火。火焰于当日16时28分全部扑灭，没有导致其他事故的发生，除一人被残片擦伤外，没有其他人员伤亡。

3.1.3　设备损坏情况

轴系断为13段，有12个断面（4处为轴颈断面，8处为联轴器对轮螺栓断面）、两处裂纹。轴系断面位置详见图3-1，列于表3-1，主要残骸飞落位置详见图3-2。汽轮机低压转子和发电机转子均从轴瓦内侧主跨断裂，除高中压转子联轴器对轮螺栓及主副励磁机转子联轴器对轮螺栓外，其他对轮螺栓全部断裂。有三段断轴飞离机组，其中，中压转子接长轴和低压转子接长轴均飞出17m，分别落在5m

和 10m 平台上，发电机 7 号轴瓦处 1.5t 重的断轴飞出 30m，穿过四堵墙，落在锅炉间 10m 平台；另外一些部件的残骸分别飞出 24～80m，落在厂房内外；除 2 号轴瓦外，其余轴瓦全部甩离原位；前箱碎裂，四只中压调节汽门操纵座断裂；第 26 级（432mm 叶片）部分叶片从根部剪断，低压缸各级叶片全部断裂，隔板体碎裂；转子弯曲，发电机转子落在定子膛内，定子磨损，风扇叶片飞脱，一只集电环碎裂，励磁机机座移位。

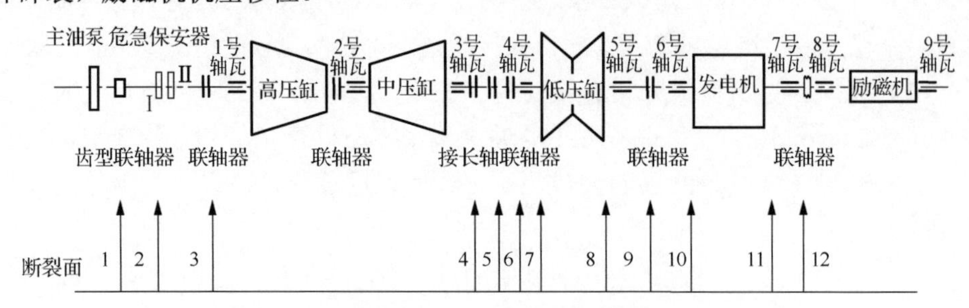

图 3-1　陕西秦岭发电厂 5 号机组轴系断面位置

表 3-1　轴系断面位置

断面号	轴系断面位置	断轴甩落位置
1	主油泵与危急保安器短轴齿型联轴器脱落	主油泵泵轴处于原位
2	两只危急保安器之间轴断裂	Ⅰ号危急保安器轴甩落在前箱内
3	危急保安器短轴与汽轮机主轴联轴器对轮螺栓断裂	Ⅱ号危急保安器轴甩落在前箱内
4	中压转子与中压接长轴联轴器对轮螺栓断裂	中压转子处于原位
5	中压接长轴与低压接长轴联轴器对轮螺栓断裂	中压接长轴从右侧飞出甩落在 5m 加热器平台
6	低压接长轴与低压转子联轴器对轮螺栓断裂	低压接长轴从右侧飞出甩落在 B 排墙 10m 平台
7	低压转子从第 37 级叶轮根部ϕ405mm 退刀槽处断裂	低压转子断轴，其对轮侧向右横放在过桥站内
8	低压转子从第 32 级叶轮根部ϕ405mm 退刀槽处断裂	低压转子处于原位
9	低压转子与发电机联轴器对螺栓断裂	低压转子断轴转向 180° 落在原地
10	发电机转子从ϕ420mm 处断裂	发电机转子断轴断面朝上竖立在发电机端面左侧
11	发电机转子从ϕ420mm 处断裂	发电机主轴处于原位
12	发电机转子与主励磁机联轴器对轮螺栓断裂	发电机转子断轴穿过 B 排墙，飞落在锅炉间 10m 平台上，励磁机主轴处于原位

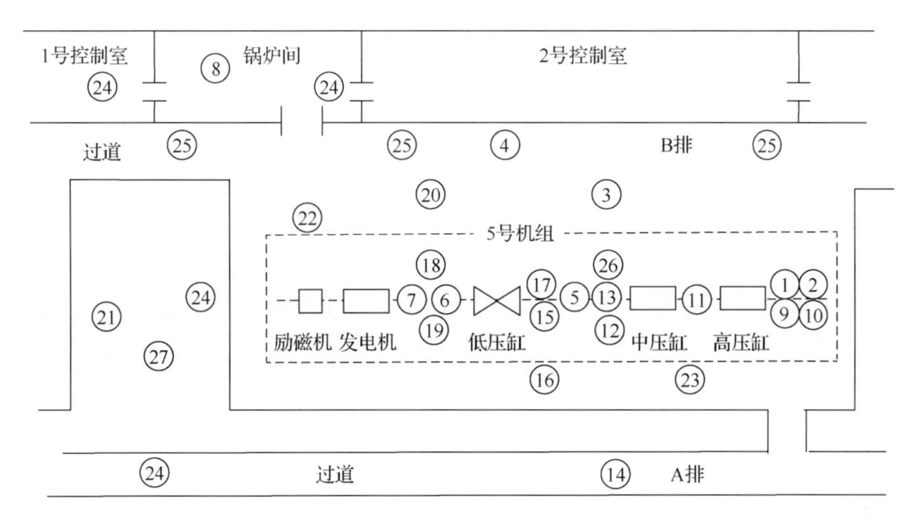

图 3-2 陕西秦岭发电厂 5 号机组事故后主要残骸飞落位置

1-危急保安器；2-同步器马达；3-中压接长轴；4-低压接长轴；5- 4 号轴瓦处断轴；6- 5 号轴瓦处断轴；7- 6 号轴瓦处断轴；8- 7 号轴瓦处断轴；9- 1 号轴瓦上瓦；10- 1 号轴瓦下瓦；11- 2 号轴瓦；12- 3 号轴瓦上瓦；13- 3 号轴瓦下瓦；14- 4 号轴瓦上瓦；15- 4 号轴瓦下瓦；16- 5 号轴瓦上瓦；17- 5 号轴瓦下瓦；18- 6 号轴瓦上瓦；19- 6 号轴瓦下瓦；20- 7 号轴瓦上瓦；21- 7 号轴瓦下瓦；22- 9 号轴瓦上瓦；23-中压调节汽门操纵座；24-滑环碎块；25-碳刷架；26-盘车马达；27-导电杆

3.1.4 主要部件的材质检验和断裂原因分析

1. *危急保安器短轴材质检验*

实测危急保安器短轴材料为 45 号钢，硬度为 200.5～215HB，由硬度估算材料强度 σ_b=720～730MPa。采用锻造正火处理（840～860℃，均匀加热 3h，保温 2h，空气冷却）、去应力回火（480～500℃，保温 5h，炉内冷却）、机械加工。

金相组织为珠光体+铁素体（详见图 3-3），为正火状态。珠光体区的断裂为脆性断裂，铁素体区的断裂为韧性断裂。根据断口的形貌判断，危急保安器短轴的断裂为过载断裂。

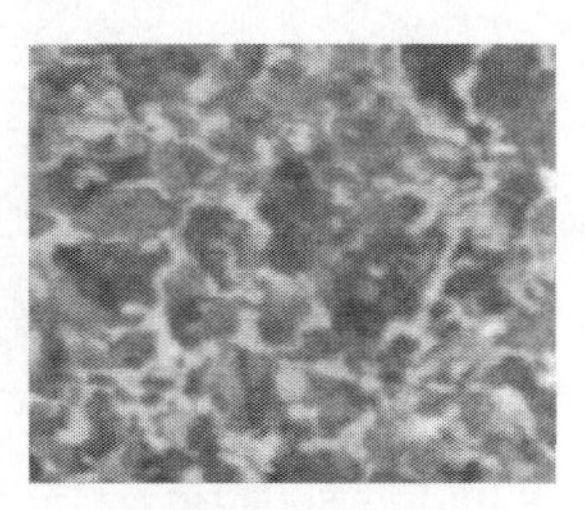

图 3-3 金相组织为珠光体+铁素体

2. 汽轮机叶片断裂原因分析

1）叶片损坏特征

汽轮机低压转子及低压缸缸体损坏严重，叶片全部飞脱，隔板和隔板套全部损坏。第31级至第36级仅有3片叶片尚未飞脱；第29级和第34级共217片叶片全部飞脱，大部分叶片在叶根上部断裂；第32级叶片（正向680mm叶片），在叶根沿纵树型槽向进汽侧滑动后飞出，叶根全部留在槽内。在叶根上部断裂的叶片，其根部有缩颈，断在叶根纵树型槽处的叶片，其叶根表面平齐，未飞出的叶片全部弯曲。

事故中损坏的部件，单纯从离心力分析，其破坏力无疑转速很高，从设备损坏情况鉴别，其破坏力不仅是离心力，还包括由机组强烈振动产生的径向力、动静碰磨力等。中压转子大部分部件虽受伤，但仍较为完整。因而，叶片的损坏原因主要从中压转子叶片着手分析。

2）试验分析

（1）硬度。中压转子的叶片硬度实测值列于表3-2。

表3-2　叶片硬度

序号	叶片级数	材料	硬度部位	硬度
1	30、35	20r13	叶片叶根交界处	234HB、223HB、232HB
2	30、35	20r13	叶片叶根交界处	217HB、215HB、217.5HB
3	次末级	20r13	叶根侧面	25HRC、26HRC、27HRC
4	次末级	20r13	叶根侧面	25HRC、25HRC、28HRC

（2）断口。图3-4为叶片断口电镜微观形貌，叶片为韧窝断口。对掉落在叶轮槽内的叶根进行电镜分析，叶根为剪切拉长韧窝断口，并有与韧窝拉长方向一致及垂直韧窝方向的擦痕（详见图3-5～图3-8）。说明叶片除受大的离心力外，还有大的圆周方向外力。

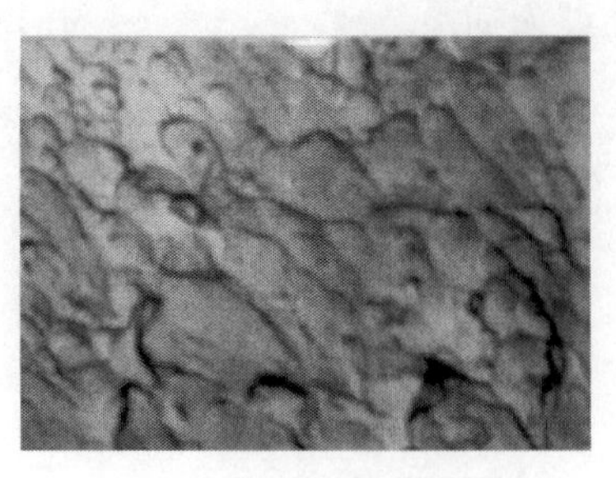

图3-4　叶片断口电镜微观形貌

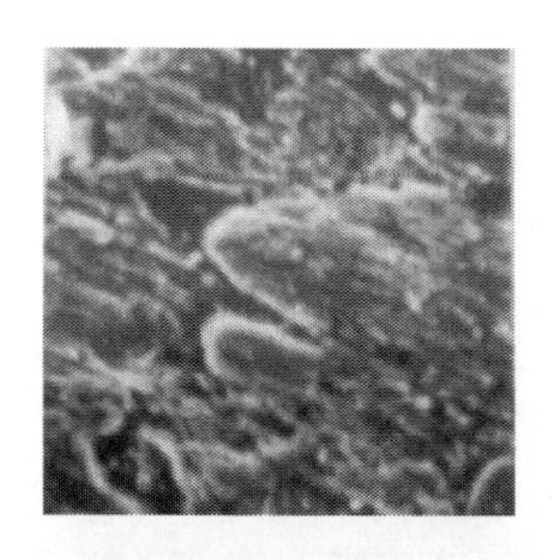

图 3-5　次末级叶根纵树型齿的断口

图 3-6　磨痕与韧窝同向

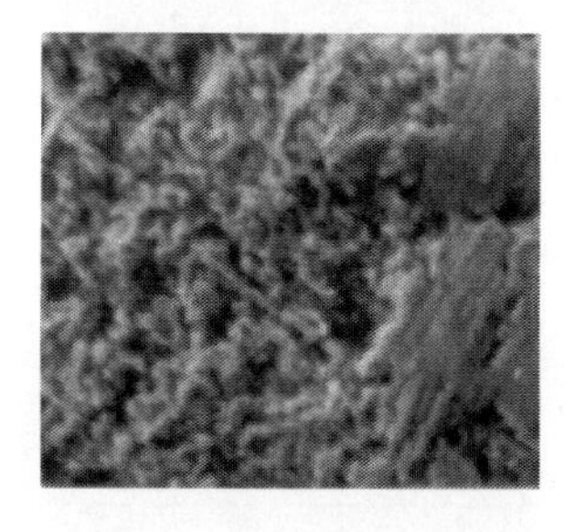

图 3-7　磨痕与韧窝垂直

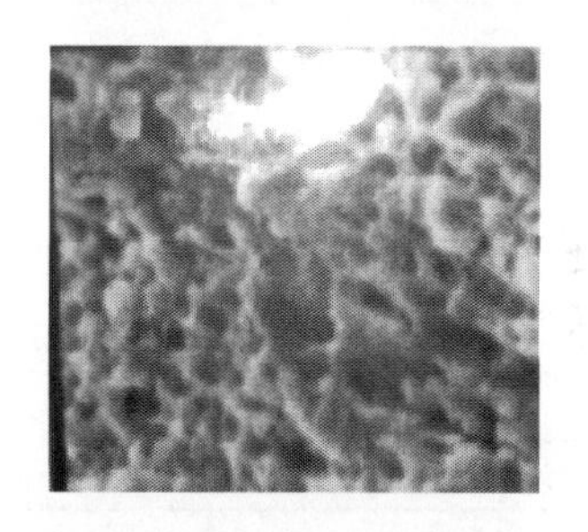

图 3-8　叶根齿断面形貌韧窝与径向成 15° 角

3）中压转子各级叶片叶根外包小脚与叶轮外缘间隙的测量及分析

图 3-9 为叶根示意图。由测量结果可知：事故叶片进汽侧间隙大于出汽侧间隙。说明叶片已向出汽侧方向倾斜，叶根颈部发生了轴向弯曲塑性形变。如 26 级普通叶片，进汽侧平均间隙为 1.389mm，出汽侧平均间隙为 0.872mm，进汽侧间隙大于出汽侧间隙，且两者均大于装配间隙（最大允许间隙 0.52mm）。表明各部位发生了明显的塑性形变，这种形变可由叶根凸肩的挤压形变、叶根的弯曲形变和叶根颈部的轴向弯曲形变构成。叶根轴向弯曲形变列于表 3-3，叶根颈部轴向弯曲形变列于表 3-4。由表 3-3 和表 3-4 可知，叶根不仅发生了径向拉伸形变，同时也产生了轴向弯曲形变，说明叶片除受到离心力作用外，还受到了轴向力的作用。

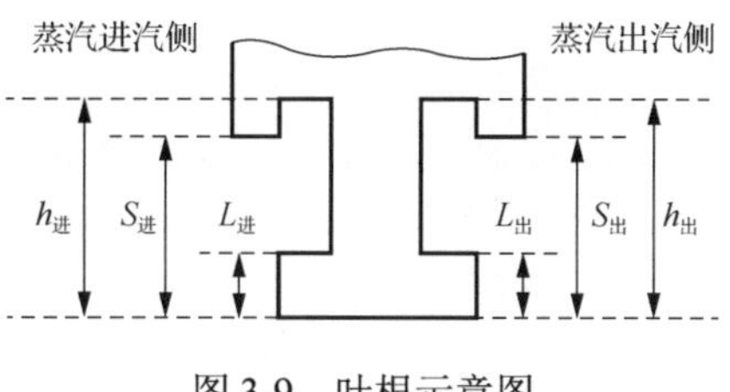

图 3-9　叶根示意图

表 3-3 叶根轴向弯曲形变 （单位：mm）

项目	级数	叶片位置（相对封口叶片）				
		逆流 1	逆流 2	逆流 3	顺流 1	顺流 2
$L_{进}$-$L_{出}$	17	−0.05	−0.02	—	−0.07	−0.06
	18	—	—	−0.02	−0.035	—
	19	−0.06	−0.095	—	−0.13	−0.02
$S_{进}$-$S_{出}$	17	0.08	−0.02	—	0.23	0.315
	18	—	—	0.48	0.30	—
	19	0.56	0.54	—	0.46	0.50

表 3-4 叶根颈部轴向弯曲形变 （单位：mm）

项目	叶片位置（相对末叶片）			
	顺流 1	顺流 3	逆流 1	逆流 3
叶片编号	3648	3379	3376	3558
内径方向 $h_{进}$-$h_{出}$	0.28	0.25	0.33	0.23
背径方向 $h_{进}$-$h_{出}$	0.23	0.23	035	0.16

4）末叶片叶根销钉形变量的测量与分析

表 3-5 为中压第 17 级和第 19 级末叶片的叶根销钉剪切形变量。表 3-5 的数据表明，叶根销钉也受到了轴向附加作用力。

表 3-5 销钉剪切形变量 （单位：mm）

位置	17 级		19 级	
	内销钉	外销钉	内销钉	外销钉
进汽侧	0.065	0.08	0.12	0.12
出汽侧	0.005	0.005	0.03	0.03

图 3-10（a）为第 26 级叶片叶根销钉，在试验室进行剪切试验（纯径向作用力 C_r）的形变，图 3-10（b）为第 26 级事故叶片叶根销钉形变，两者明显不同，说明有受力状态的差异，因而，事故销钉除受离心力外，还受到了附加作用力。

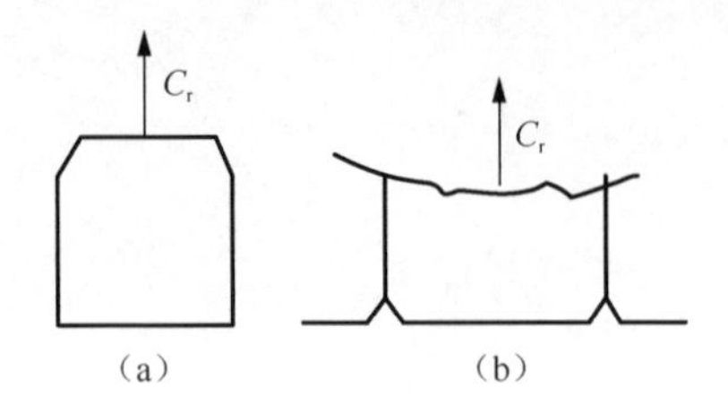

图 3-10 叶根销钉形变

5）由叶片形变量估算事故过程最高转速

（1）26 级叶片 T 型叶根颈部合成应力：

$$\sigma=F_{1r}/A_1+2\varphi_1 F_{1a}S_1/W_1+\sigma_{3000}(n/3000)^2$$

式中，F_{1r} 为附加径向力；F_{1a} 为附加轴向力；A_1 为叶根颈部截面；W_1 为叶根颈部断面模数；σ_{3000} 为转速 3000r/min 时叶根颈部由于离心力产生的拉应力；n 为机组实际转速；S_1 为附加轴向力臂；φ_1 为附加轴向力传至叶根的传递系数。

（2）末叶片叶根销钉应力：

$$\tau = F_{2r}/A_2+2\varphi_2 F_{2a}S_2/(BA_2)+\tau_{3000}(n/3000)^2$$

式中，F_{2r} 为附加径向力；F_{2a} 为附加轴向力；A_2 为销钉剪切截面；τ_{3000} 为转速 3000r/min 时销钉的剪切应力；B 为末叶片叶根轴向宽度；S_2 为附加轴向力臂；φ_2 为附加轴向力传至叶根的传递系数。

26 级叶片叶根颈部已发生轴向弯曲形变，其合成应力已超过叶片材料的屈服强度$\sigma_{0.02}$，因而近似取σ=490.3MPa；末叶片叶根销钉已发生剪切形变，因而剪切应力τ=422MPa。对同一级的普通叶片和末叶片，其叶根颈部和叶根销钉所受的附加径向力 F_r 和附加轴向力 F_a 视为相同，即 $F_{1r}=F_{2r}$，$F_{1a}=F_{2a}$，分别按 T 型叶根颈部合成应力计算公式和末叶片叶根销钉应力计算公式求解，得到附加径向力 F_r 和附加轴向力 F_a 与转速 n 的关系。当给定一个附加径向力 F_r，即可分别得到相应的一条普通叶片叶根颈部和末叶片叶根销钉轴向力 F_a 与转速 n 的关系曲线，两条曲线的交点即为某一特定工况下的 F_r、F_a 和 n 数值，计算结果绘于图 3-11。计算结果表明事故过程最高转速小于 3550r/min。

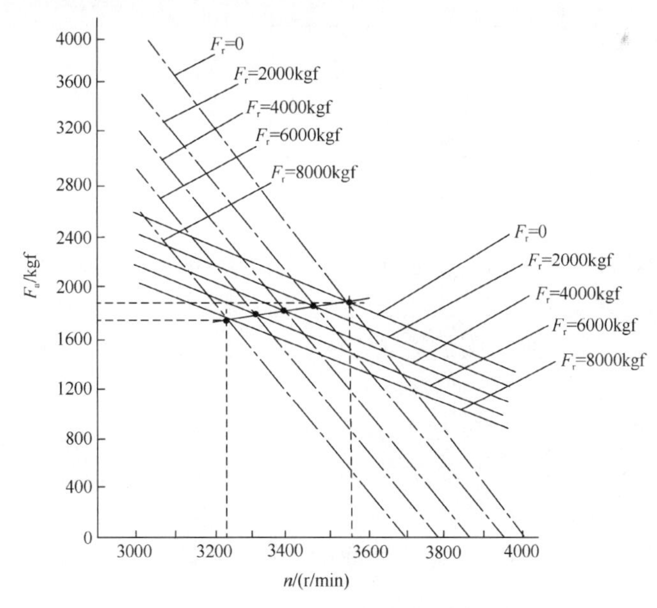

图 3-11　附加径向力、附加轴向力和转速关系曲线

1kgf=9.8N

6）叶片断裂原因分析结果

事故中叶片的断裂损坏除受离心力外，其他附加力（径向力、轴向力和撞击力）的作用也占有相当大的比例。断裂损坏转速不大于3550r/min。

3. 发电机滑环断裂原因分析

1）滑环损坏特征

发电机转子励磁机侧外伸端的两个滑环，其中一个向励磁机侧位移，另一个碎裂成4块。4块碎块均飞向励磁机方向，其中1号碎块重约30.76kg，飞落到屋顶，飞行直线距离约12m，与轴系中心夹角约为21°；2号碎块重19.65kg，飞落在A排墙8号立柱旁，飞行直线距离约30.7m，与轴系中心夹角约为30.7°；3号碎块重19.53kg，落在10m平台锅炉间与汽轮机间的过道内，飞行直线距离约20.4m，与轴系中心夹角约为70°；4号碎块重18kg，飞向1号集控室，飞行直线距离约90m，与轴系中心夹角约为11.7°。

2）滑环材料

滑环材料为50Mn钢，经调制处理。机械性能试验结果列于表3-6。滑环材料的机械性能在标准范围内，滑环材料的冲击韧性Ak值偏低。

表3-6　材料机械性能

性能参数	屈服强度 $\sigma_{0.2}$/（N/mm^2）	拉伸强度 σ_b/（N/mm^2）	伸长率 δ_5/%	断面收缩率 ψ/%	冲击韧性 Ak/（kg·m/cm^2）	提供单位
事故前数据	563.5	818.3	21	51.5	60.7	—
要求值	441	637	16	30	62.7	—
滑环碎块	460.6	774.2	27	52	38.2	西安热工院

注：“西安热工研究院”简称“西安热工院”

3）断口分析

损坏的滑环分为滑环断口和通气孔裂纹。滑环断口为解理和准解理断裂。宏观上是连贯的，起源于裂纹源区（通气孔尖顶和孔边处）的沿径向和轴向放射状纹路。在发生解理断裂时，裂纹扩展速度很高，材料对裂纹扩展的阻力较低。因此，滑环主断口是一次性快速断裂。

通气孔裂纹是材料在局部大应力、应变集中条件下发生的。材料除含有Fe、Mn和Si元素外，还含有S、Cl和K等与腐蚀介质有关的元素。

4）滑环受力计算分析

滑环应力是由离心力和预紧力构成的，不同转速下滑环应力计算结果列于表3-7。

表 3-7 不同转速下滑环应力 （单位：MPa）

项目	转速/（r/min）			
	0	3000	3400	3600
离心力产生的应力	0	52.9	68.0	73.2
滑环紧力产生的应力	185.3	143.0	130.9	124.0
总应力	185.3	195.9	198.9	197.2

由于滑环内部通风孔多，滑环强度和刚度降低，且通风孔边缘与内圆表面只有2mm厚度，以及直孔和斜孔交叉形成尖角，造成许多局部高应力区。采用三维有限元计算在3000r/min转速下的滑环局部应力，平均为192MPa，但应力分布很不均匀。高应力区的应力有的达到了材料的屈服极限。滑环的应力大致可分为以下4个区。

（1）最高应力区。以尖角为中心的应力区，中心应力可达588MPa，约为滑环平均应力的3倍。

（2）通风孔边缘应力区。最高应力发生在通风孔边缘端部，沿轴向向里递减，最高应力达480MPa，为滑环平均应力的2.5倍。

（3）斜孔应力区。最高应力发生在沿孔长度方向的中间，最高应力约为254MPa，高于滑环平均应力值。

（4）其他应力区。其余截面的应力在137～196MPa范围内。

5）发电机滑环断裂原因分析结果

（1）滑环材料为50Mn钢，机械性能在标准范围内。

（2）滑环主断口为一次性快速断裂，通风孔边缘裂纹是材料在局部大应力、应变集中条件下形成的。

（3）滑环材料的冲击韧性和断裂韧性偏低；结构上滑环有较多的轴向和斜向通风孔，形成了2mm厚度的通风孔边缘区和高应力区；在机组强烈振动的情况下，有通风孔边缘开始断裂的可能。

（4）4号碎块上有砸击及摩擦痕迹（已发蓝），其损伤痕迹与7号轴瓦的瓦枕损伤痕迹相吻合，因而滑环的损坏也有由7号轴瓦的瓦枕砸击造成的可能。

4. 发电机风扇叶片断裂原因分析

发电机转子两侧各有一个风扇，每个风扇各有24片叶片，事故中叶片全部断裂。有4片叶片在叶柄的螺纹底部断裂，其余均从叶柄螺纹处拉脱（详见图3-12），图3-13为叶柄螺纹处断口。

图 3-12　叶柄螺纹处拉脱

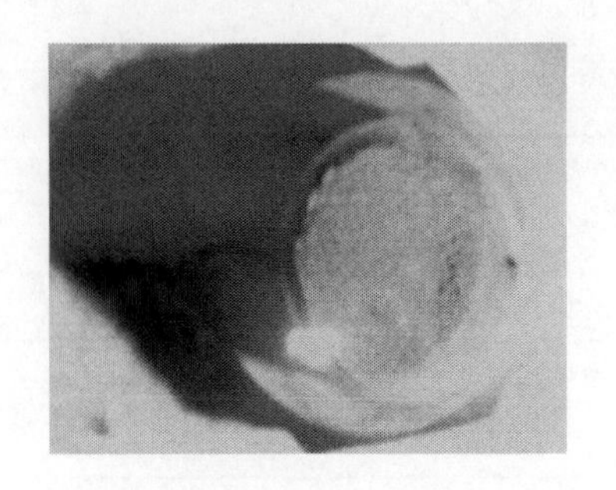

图 3-13　叶柄螺纹处断口

在实验室对两种试样进行模拟试验，第一种试样是采用与实际风扇叶片牌号相同材料加工的试样（未进行热处理），第二种试样是由制造厂提供的实际叶片。机械性能列于表 3-8，试样加载模拟试验结果列于表 3-9。

表 3-8　试样机械性能

试样	拉伸强度σ_b/MPa	剪切强度τ_b/MPa	硬度 HB	备注
第一种试样	268	152	66	加工试验
第二种试样	465	281.3	122.3	实际叶片

表 3-9　试样加载模拟试验结果

试样	载荷				加载		备注
	预紧力	平均载荷/kg	变载荷/kg	频率/Hz	周次/次	时间/h	
第一种试样	0	16400	—	—	—	—	螺纹拉脱剪切断裂
	2000kg	4000	±1500	104	154×10^6	4.2	螺栓第一扣疲劳断裂
第二种试样	0	29500	—	—	—	—	螺纹拉脱
	40kg·m	27500	—	—	—	—	螺纹拉脱
	40kg·m	11000～25000	14000	1.12	397	—	螺纹拉脱
	40kg·m	4150～25000	20350	1.12	2338	—	螺纹处叶柄杆断裂

根据模拟试验风扇叶片螺纹的拉伸载荷（表 3-8），若单纯以离心力的作用计算，其相应的转速约为 9000r/min，实际是不可能达到的，因而，事故中使风扇叶片拉脱的作用力主要来自转子的振动和机械碰撞力。

5. 汽轮机低压转子断裂原因分析

汽轮机低压转子为我国第二重型机械厂生产的锻件，1977 年 8 月投料，1979 年 1 月出厂至汽轮机厂。事故中汽轮机低压转子断裂为三段，分别在 4 号轴瓦的轴颈和 5 号轴瓦的轴颈 R 角处断裂，断落的轴段具有不同程度的弯曲形变。4 号轴瓦处断轴旋转 90° 落在中低压缸中间，5 号轴瓦处断轴旋转 180° 落在原地附近。

1）汽轮机低压转子材料分析

（1）化学成分。汽轮机低压转子材料化学成分分析结果列于表 3-10。汽轮机低压转子采用 34CrNi3MoV 钢，材料化学成分基本符合标准要求，镍的含量低于要求值的下限。

表 3-10　材料化学成分分析结果　　（单位：%）

试样来源	碳（C）	硅（Si）	锰（Mn）	磷（P）	硫（S）	铬（Cr）	镍（Ni）	钼（Mo）	钒（V）	铜（Cu）
断轴（北京钢院）	0.41	0.33	0.61	0.015	0.012	1	3.01	0.34	≤0.01	—
断轴（西安热工院）	0.35	0.28	0.51	0.013	0.011	1.07	2.36	0.35	0.015	—
出厂报告	0.39	0.33	0.59	0.013	0.014	1.03	2.97	0.34	—	0.01
JB 1265—1972～JB 1271—1972 要求	0.3～0.4	0.17～0.37	0.5～0.8	≤0.03	≤0.035	0.7～1.1	2.75～3.25	0.25～0.4	—	—

注：“北京钢铁研究总院”简称“北京钢院”

（2）机械性能。材料机械性能检验结果列于表 3-11。有部分试样屈服强度偏低，其他性能基本合格。材料的 U 型缺口冲击韧性均大于技术要求，具有良好的冲击韧性。

表 3-11　材料机械性能检验结果

试样来源		屈服强度 $\sigma_{0.2}$/（N/mm²）	拉伸强度 σ_b/（N/mm²）	延伸率 δ/%	断面收缩率 ψ/%	冲击韧性 Ak/（g·m/cm²）	冲击功 A_{kv}/J	布氏硬度 HB	脆性转变温度 FATT/℃
断轴	北京钢院	890	975	16.6	55.8	—	60.7	256	0
		850	980	19.6	58.7		63.7	249	
		645	985	19.2	51.6		68.7	244	
		—	965	17.8	48.8				
		940	1000	15.8	53.9				
		—	980	18	52.5				
		535	980	17.1	47.9				
	上海成套所	815	981	17.8	53.8	—	69	—	−25
		810	990	16.1	53.8		75		
	西安热工院	922.3	998.7	14	54	—	62	—	0
		914.3	1006.4	13	42		64		
		944.5	994.9	15	45		64		

续表

试样来源		屈服强度 $\sigma_{0.2}$/(N/mm^2)	拉伸强度 σ_b/(N/mm^2)	延伸率 δ/%	断面收缩率 ψ/%	冲击韧性 Ak/(g·m/cm^2)	冲击功 A_{kv}/J	布氏硬度 HB	脆性转变温度 FATT/℃
出厂报告	水口槽	85	98	15	53.5	75.3	—	—	—
	冒口槽	90	103	16	55.5	85.5～93.3	—	—	—
JB 1265—1972 要求		≥75	≥87	≥13	≥40	≥47	—	—	—

注：“上海发电设备成套设计研究所”简称“上海成套所”

（3）金相组织。材料的金相组织为回火马氏体和回火贝氏体（详见图 3-14）。马氏体的位移相变仍然明显，晶粒较粗、晶粒度大，一般为 3～5 级，个别为 2 级。

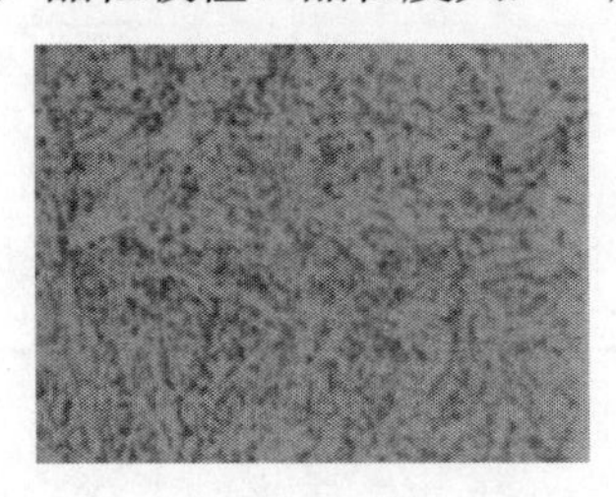

图 3-14　金相组织（500×）

2）断裂分析

图 3-15 为 4 号轴瓦处断轴的宏观形貌，图 3-16 为 5 号轴瓦处断轴的宏观形貌。起裂点在 R 角应力集中处，有明显的放射状断裂轨迹。断口微观形貌呈韧窝花样。分析认为：汽轮机低压转子的断裂是以弯曲为主的复合交变载荷下断裂。

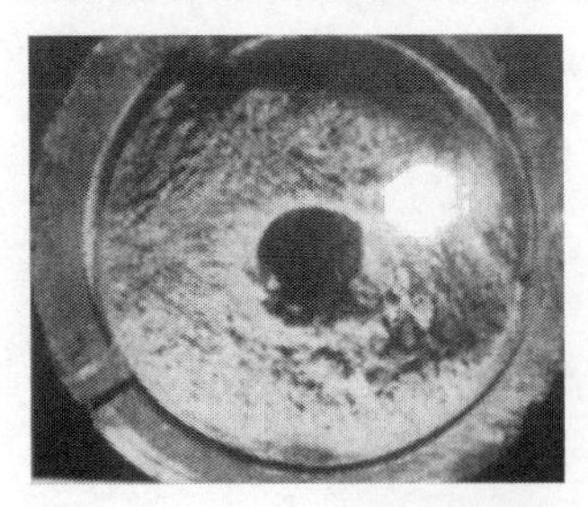

图 3-15　4 号轴瓦处断口宏观形貌

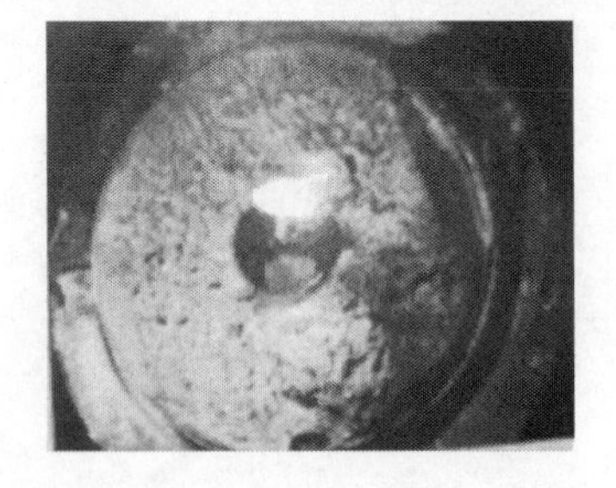

图 3-16　5 号轴瓦处断口宏观形貌

3）汽轮机低压转子断裂原因分析结果

（1）汽轮机低压转子采用 34CrNi3MoV 钢，材料化学成分和机械性能基本符合标准要求。金相组织为回火马氏体和回火贝氏体。

（2）汽轮机低压转子断口未见旧裂纹。

（3）汽轮机低压转子在以弯曲为主的复合交变载荷下断裂。

6. 发电机转子断裂原因分析

1）发电机转子断裂概况

发电机转子为日本生产的 25CrNi3MoV 钢锻件。6 号轴瓦和 7 号轴瓦分别支承发电机转子两端，事故中发电机转子断裂为三段，分别在 6 号轴瓦处的轴颈和 7 号轴瓦处的轴颈ϕ420mm 的 R 角处断裂，断落的轴段具有不同程度的弯曲形变。在主轴上伴有裂纹（详见图 3-17），发电机的汽轮机侧裂纹张口约为 4mm，发电机的励磁机侧裂纹张口约为 2.1mm。发电机的汽轮机侧 6 号轴瓦处断轴旋转 90°，斜立在相应断口旁，发电机的励磁机侧 7 号轴瓦处断轴飞出，击穿四堵墙落在锅炉间 10m 平台，发电机转子落在定子上。图 3-18 为 6 号轴瓦处断轴（汽轮机侧断轴），图 3-19 为 7 号轴瓦处断轴（励磁机侧断轴）。

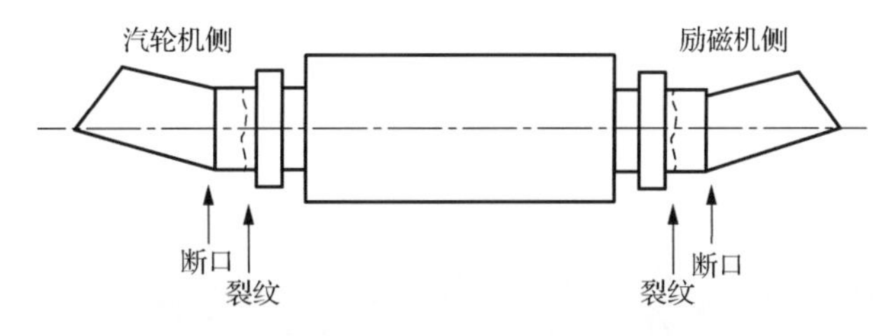

图 3-17　发电机转子断裂和裂纹位置简图

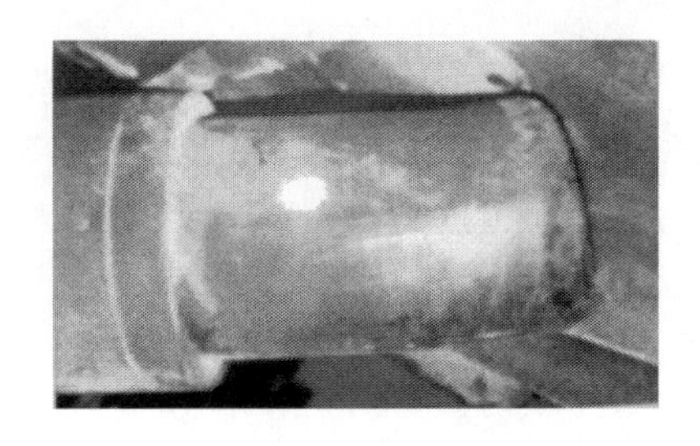

图 3-18　6 号轴瓦处断轴

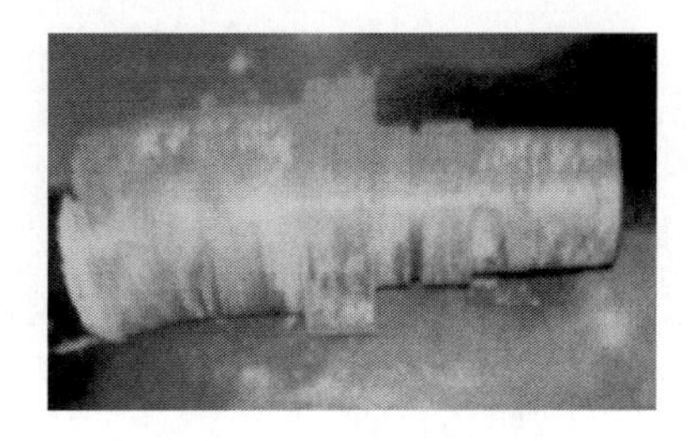

图 3-19　7 号轴瓦处断轴

2）发电机转子断轴材质分析

（1）化学成分。发电机转子采用日本材料 25CrNi3MoV 钢，在发电机的励磁侧断轴头部取样。化学成分分析结果列于表 3-12。钒的含量偏高，其他成分基本合格。

表 3-12　材料化学成分分析结果　（单位：%）

试样来源	碳（C）	硅（Si）	锰（Mn）	磷（P）	硫（S）	铬（Cr）	镍（Ni）	钼（Mo）	钒（V）
断轴（北京钢院）	0.24～0.25	<0.05	0.34	0.005	0.006	0.87	2.9	0.31	0.15
断轴（西安热工院）	0.24	0.02	0.31	0.0043	0.006	0.91	2.4	0.31	0.25

续表

试样来源	碳（C）	硅（Si）	锰（Mn）	磷（P）	硫（S）	铬（Cr）	镍（Ni）	钼（Mo）	钒（V）
出厂报告	0.24	0.19	0.34	0.015	0.007	0.91	3.05	0.31	0.1
制造厂（日本）要求	0.22～0.3	≤0.15	0.3～0.5	≤0.02	≤0.002	0.7～1.1	2.75～3.25	0.25～0.4	0.08～0.12

（2）材料机械性能。材料机械性能检验结果列于表3-13。材料的σ_b、δ_5符合25CrNi3MoV 钢的要求。材料具有较高的断裂韧性，屈服强度$\sigma_{0.2}$偏差较大，其值偏低，实测值为设计值的85%。

表3-13　材料机械性能检验结果

试样来源		屈服强度$\sigma_{0.2}$/（N/mm^2）	拉伸强度σ_b/（N/mm^2）	延伸率δ_5/%	断面收缩率ψ/%	布氏硬度HB	脆性转变温度FATT/℃
断轴	北京钢院	660	750	20.3	66.5	229	25
		665	750	19.9	66.4	234	
		680	750	20.2	66.7	222	
		655	740	20.2	67.2	—	
	上海成套所	509	720	20.4	68.6	—	4
		613	—	18.6	66.9		
		507	725	21.6	67.1		
		514	737	18.2	65.7		
		523	725	19.0	66.0		
	西安交通大学	450	726	21	64.8	—	—
		461	721	22	67.5		
		445	726	22	66.5		
		445	725	22	63.4		
		504	734	22	65.4		
		439	726	20	64.7		
	西安热工院	412.7	736.3	20	66	—	10
		551.6	742.7	20	63		
		435.7	729.5	20	63		
出厂纵向性能	表面	539	716	17	40	—	—
	心部	490	667	15	22	—	—

材料的$\sigma_{0.2}$、$\sigma_{0.02}$、$\sigma_{0.01}$和各种比值列于表3-14。发电机转子材料的弹性极限$\sigma_{0.02}$和$\sigma_{0.01}$值偏低，$\sigma_{0.02}$的平均值仅为236N/mm^2，$\sigma_{0.01}$的平均值仅为187N/mm^2；$\sigma_{0.02}$与$\sigma_{0.2}$的比值为0.52，而正常调质状态下比值应达到0.95；实测

的$\sigma_{0.02}$值仅为设计值的46%；实测的$\sigma_{0.01}$值仅为设计值的39%。转子实际强度等级为Ⅳ级，与设计要求Ⅵ级相比相差两级。

表3-14　材料$\sigma_{0.2}$、$\sigma_{0.02}$、$\sigma_{0.01}$和各种比值（西安热工院）

试样号	屈服强度	弹性极限		比值	与设计值的比值	
	$\sigma_{0.2}$/（N/mm^2）	$\sigma_{0.02}$/（N/mm^2）	$\sigma_{0.01}$/（N/mm^2）	$\sigma_{0.02}/\sigma_{0.2}$	$\sigma_{0.02}/\sigma_{0.02}$（设计值）	$\sigma_{0.01}/\sigma_{0.01}$（设计值）
21	450	242	204	0.54	0.47	0.42
22	461	280	217	0.61	0.54	0.45
23	445	217	166	0.49	0.42	0.34
24	443	229	178	0.52	0.44	0.37
25	503	217	166	0.43	0.42	0.34
26	439	236	191	0.54	0.45	0.39
平均值	457	236	187	0.52	0.46	0.39

3）发电机转子断轴形变量

（1）发电机转子汽轮机侧（6号轴瓦处）断轴。

发电机转子汽轮机侧（6号轴瓦处）断轴两侧弯曲方向一致，弯曲角度12°。断口至轴台阶的最大拉伸侧弧长610mm，最小压缩侧弧长550mm，断轴外表面长度的平均值取580mm，最大延伸形变和最大压缩形变相等，其形变量为

$$((610-580)/580)\times100\%=((580-550)/580)\times100\%=5.17\%$$

（2）发电机转子励磁机侧（7号轴瓦处）断轴。

发电机转子励磁机侧（7号轴瓦处）断轴两侧弯曲方向一致，弯曲角度13°。断口至轴台阶的最大拉伸侧弧长640mm，最小压缩侧弧长523mm，断轴外表面长度的平均值取586.6mm，则最大延伸形变为

$$((640-586.6)/586.6)\times100\%=9.1\%$$

最大压缩形变为

$$((586.6-523)/586.6)\times100\%=10.84\%$$

发电机转子励磁机侧（7号轴瓦处）断轴塑性形变量比汽轮机侧（6号轴瓦处）断轴塑性形变量约大1倍，承载较大载荷。

4）裂纹走向特征

图3-20为发电机转子开裂区裂纹走向示意图。发电机转子汽轮机侧和励磁机侧断轴的断口均位于轴颈突变处，裂纹以一定的角度向轴颈较细的轴段扩展，汽轮机侧断轴断口开裂处的断面夹角为45°，励磁机侧断轴断口开裂处的断面夹角为47°。在轴本体断口里侧的台阶轴R角处，已产生圆周状的宏观裂纹。裂纹也

向轴颈较细的轴段扩展。圆周裂纹张口最大处与断口的主裂源方向相同。汽轮机侧环形裂纹张口比励磁机侧大，汽轮机侧环形裂纹最大张口为4mm，励磁机侧环形裂纹最大张口为2.1mm。

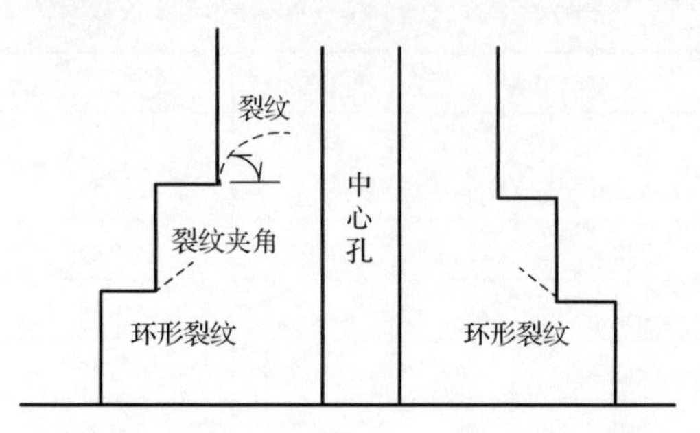

图 3-20　发电机转子开裂区裂纹走向示意图

5）发电机转子断轴的断口形貌分析

发电机转子轴颈处材料的金相组织为索氏体，晶粒较细，一般为5～6级，塑性夹杂物为2级。观察金相组织试样（详见图3-21），有局部的枝晶偏析（详见图3-22）。

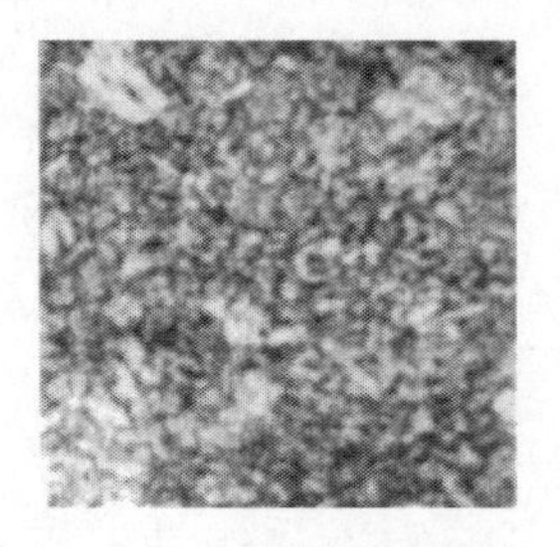

图 3-21　金相组织（200×）

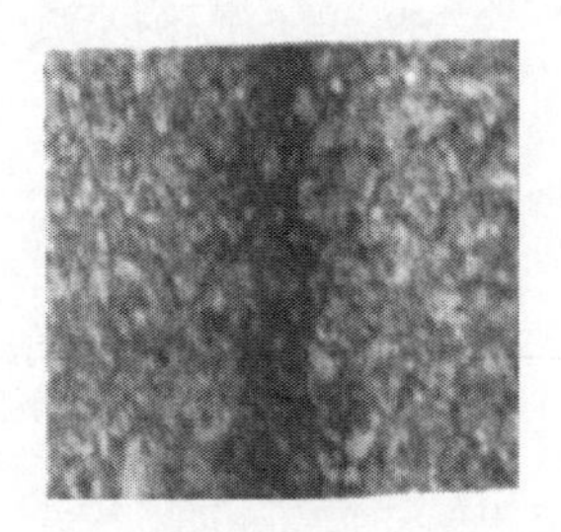

图 3-22　枝晶偏析（200×）

（1）发电机转子汽轮机侧断轴的断口形貌。图3-23为6号轴瓦处断轴的断口形貌。发电机转子汽轮机侧断口可分为三区：第一区为约48°的斜断面；第二区为断续状纹路断面，纹路走向即为裂纹的扩展方向；第三区为45°～80°的斜断面。第一区和第二区为稳态裂纹扩展区，约占断口总面积的77%，第三区为失稳断裂区（即瞬断区）。

（2）发电机转子励磁机侧断轴的断口形貌。图3-24为7号轴瓦处断轴的断口形貌。发电机转子励磁机侧断轴的断口可分为四个区：第一区为约47°的斜断面；第二区为断续纹路断面；第三区为快速脆性断裂区；第四区为约45°的剪切唇。第一区和第二区为稳态裂纹扩展区，约占断口总面积的20%，第三区和第四区为失稳断裂区，第三区约占断口总面积的78.5%，第四区约占断口总面积的1.5%。

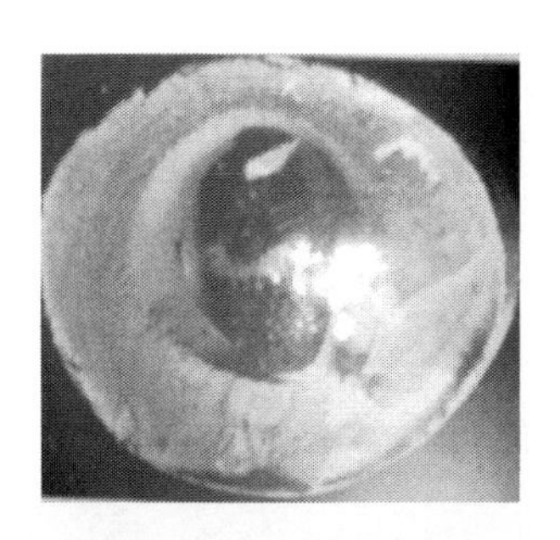

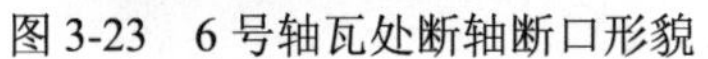

图3-23　6号轴瓦处断轴断口形貌

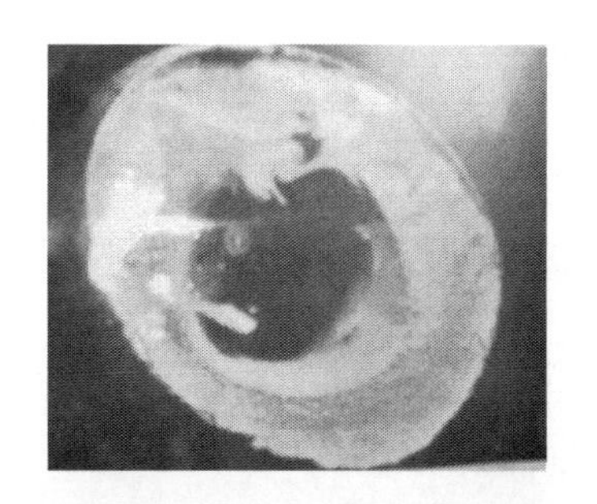

图3-24　7号轴瓦处断轴断口形貌

（3）发电机转子断裂性质分析。发电机转子励磁机侧断轴的断口具有较大面积的快速脆性断裂区，是在断裂过程中突然受到巨大冲击造成的。对于发电机转子汽轮机侧断轴的断口，第二区和第三区扭矩作用明显。汽轮机侧和励磁机侧断轴的断口前区特征相同，说明初始断裂过程历经相同的断裂环境，以相同的机理开裂扩展。根据断口断面夹角接近45°，以及微观形貌以拉长韧窝为主，可判断汽轮机侧和励磁机侧转子开裂的应力为切应力，其应力已超过屈服强度，应力主要来源于转子的横向弯曲振动。汽轮机侧和励磁机侧转子的断裂性质为应变控制型的弯曲断裂，即应力循环次数低于几百次的低周疲劳断裂。发电机转子励磁机侧断轴的断口为轴系损坏的主断口。

6）发电机转子的应力分析

由发电机转子断裂原因分析可知，发电机转子励磁机侧首先开裂，为轴系损坏的主断口，因而，对发电机转子在进行危急保安器提升转速试验过程中的应力进行分析。

在进行危急保安器提升转速试验前，空载3000r/min下，发电机转子6号轴瓦的瓦振动幅值为8μm，7号轴瓦的瓦振动幅值为7μm，说明发电机平衡状态良好，发电机两侧断口处的应力水平较低，经计算应力小于10N/mm^2。在转速飞升至3550r/min的过程中，发生油膜振荡，发电机落入二阶共振区，若仅考虑离心力的作用，在发电机转子平衡良好的状态下，经计算其发电机两侧断口处的应力约为70.7N/mm^2，远小于材料的屈服强度和弹性极限，不足以使发电机转子发生塑性形变（永久弯曲）。因而，在机组发生油膜振荡、发电机落入二阶共振区的事故工况下，随着发电机转子振动幅值剧增、转速急速飞升、紧固件松脱（轴瓦或滑环），在发电机转子平衡遭到严重破坏的情况下，才有发电机转子发生塑性形变，直至断裂损坏的可能。另外，由于该发电机转子材料的屈服强度比设计值低，尤其是弹性极限远低于设计值的要求，因此，相对降低了使转子发生塑性弯曲形变的作用力，是致使转子断裂的另一可能因素。

7）发电机转子断裂原因分析结果

（1）材料的化学成分除钒的含量偏高外，其他含量基本合格。

（2）发电机转子励磁机侧轴颈材料的$\sigma_{0.2}$、$\sigma_{0.02}$值低于设计值。材料的其他机械性能符合标准要求。过低的$\sigma_{0.2}$、$\sigma_{0.02}$值可导致转子在弹性范围内承受异常工况的能力降低。

（3）发电机转子材料的屈服强度、弹性极限远低于设计值，是致使转子断裂的另一可能不利因素。

（4）发电机转子是在大的复合交变应力（以弯曲交变应力为主）的作用下发生突发性断裂。

（5）机组发生油膜振荡，发电机落入二阶共振区，随着转速的急速飞升、振动幅值的剧增、紧固件的松脱（轴瓦或滑环），在大不平衡振动的作用下，发电机转子断裂。

（6）发电机转子弯曲形变，呈一阶振型，发电机转子两端断口起裂源的位置基本相同。

（7）发电机转子励磁机侧首先开裂，为轴系损坏的主断口。

3.1.5　机组超速原因分析

1. 危急保安器提升转速试验过程

1988 年 2 月 12 日，该电厂 5 号机组按计划停机，并进行危急保安器提升转速试验。机组与电网解列前，按规程要求进行了辅助油泵起动试验，机组与电网解列后进行了就地手动操作打闸试验，在提升转速试验过程中又进行了远方手动操作打闸试验，机组打闸后主汽门和调节汽门均能迅速关闭，转速可降至2600r/min 以下。调节系统、保护系统未发现卡涩等异常，油质良好。

机组与电网解列前锅炉用 4 支油枪维持燃烧，机组功率由 50MW 减至 20MW，最后减至零。机组与电网解列后在手动操作打闸（或称手动脱扣）试验过程中，开启了汽轮机高压旁路，锅炉由 4 支油枪减至 3 支油枪，并开启了过热器向空排汽一次。危急保安器 I 号飞锤试验结束后，锅炉由 3 支油枪减至 2 支油枪维持燃烧。危急保安器 II 号飞锤第二次试验前，主蒸汽压力 12.6MPa，主蒸汽温度 526℃，再热蒸汽压力 0.8MPa，再热蒸汽温度 507℃。在危急保安器 II 号飞锤第二次提升转速试验过程中，当转速提升到 3350r/min 时，突然自行飞升到 3456r/min，手动操作打闸的同时一声巨响，机组爆炸损坏。

2. 危急保安器提升转速试验过程中主蒸汽压力记录曲线

图 3-25 为锅炉主蒸汽压力记录曲线。在危急保安器提升转速试验过程中，机组运行参数测量系统自动记录了主蒸汽压力，查阅主蒸汽压力记录曲线可知：

（1）3000r/min 手动操作打闸，经过 90s，主蒸汽压力回升 0.608MPa;

（2）危急保安器Ⅰ号飞锤提升转速试验，用提升转速试验滑阀提升转速至3228r/min，主蒸汽压力降低0.264MPa，打闸后压力回升0.456MPa；

（3）危急保安器Ⅱ号飞锤第一次提升转速试验，用提升转速试验滑阀提升转速至3310r/min，主蒸汽压力降低0.304MPa，试验后压力回升0.456MPa；

（4）危急保安器Ⅱ号飞锤第二次提升转速试验，用提升转速试验滑阀提升转速，出现一条陡直的主蒸汽压力下降线，主蒸汽压力降低1.47MPa。试验全过程时间为10～12min。

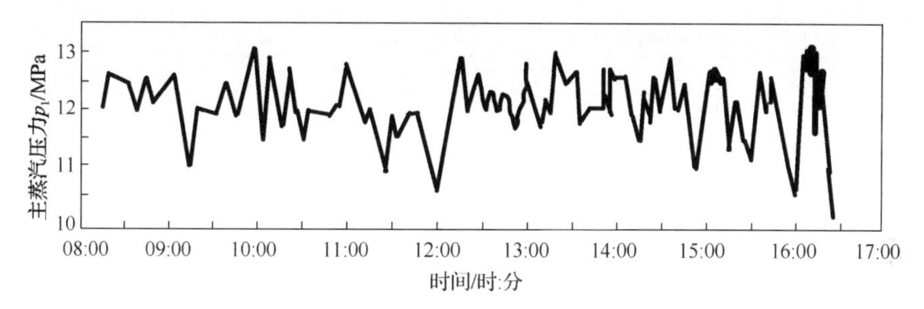

图3-25　5号锅炉主蒸汽压力曲线

3. 提升转速过程中主蒸汽压力变化的仿真计算

1）调节系统模型

根据东方汽轮机厂200MW机组D09型调节系统结构建立数学模型，图3-26为东方汽轮机厂200MW汽轮机调节系统数学模型。调节系统环节时间常数列于表3-15。

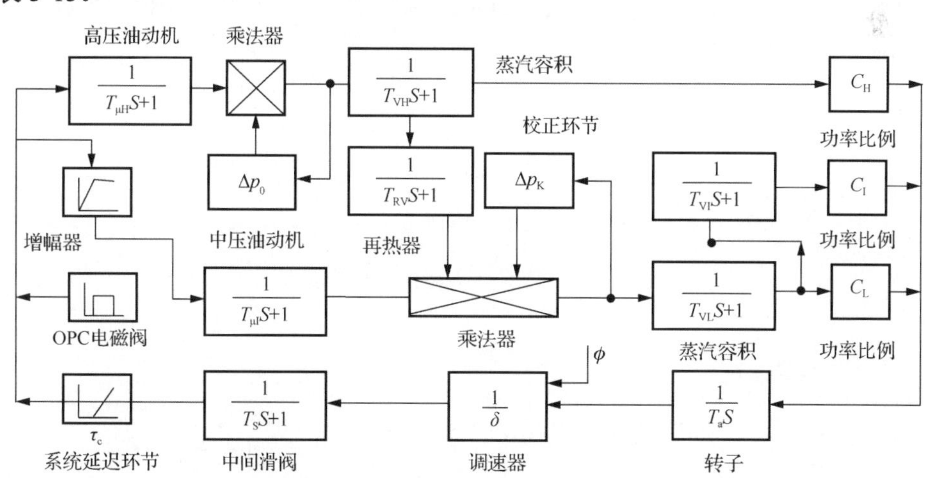

图3-26　东方汽轮机厂200MW汽轮机调节系统数学模型

OPC（over speed protection control）表示超速保护控制

表 3-15　调节系统环节时间常数

序号	名称	符号	单位	参数
1	转子时间常数	T_a	s	6.2
2	速度变动率	δ	%	5
3	中间滑阀时间常数	T_S	s	0.0572
4	高压油动机时间常数	$T_{\mu H}$	s	0.077
5	中压油动机时间常数	$T_{\mu I}$	s	0.137
6	再热器时间常数	T_{RV}	s	8
7	高压缸容积时间常数	T_{VH}	s	0.3611
8	中压缸容积时间常数	T_{VI}	s	0.1196
9	低压缸容积时间常数	T_{VL}	s	0.2326
10	高压缸功率比例	C_H	%	30.5
11	中压缸功率比例	C_I	%	48.24
12	低压缸功率比例	C_L	%	21.26
13	系统延迟时间	τ_c	s	0.1
14	作为输入信号可用（转速给定）	ϕ	—	0～1

2）主蒸汽、再热蒸汽压力校正环节数学模型

在调节汽门开启过程中，根据主蒸汽压力变化与转速调节过程的相互作用，建立主蒸汽压力校正环节数学模型，图 3-27 为主蒸汽压力校正环节方框图，图 3-28 为主蒸汽压力校正环节数学模型，图 3-29 为再热蒸汽压力校正环节方框图，图 3-30 为再热蒸汽压力校正环节数学模型。锅炉出力为 10%额定蒸发量，根据锅炉的结构特性，以及在试验条件下的燃烧状态和蒸汽参数等，经计算求得模型中各环节时间常数，计算结果列于表 3-16。

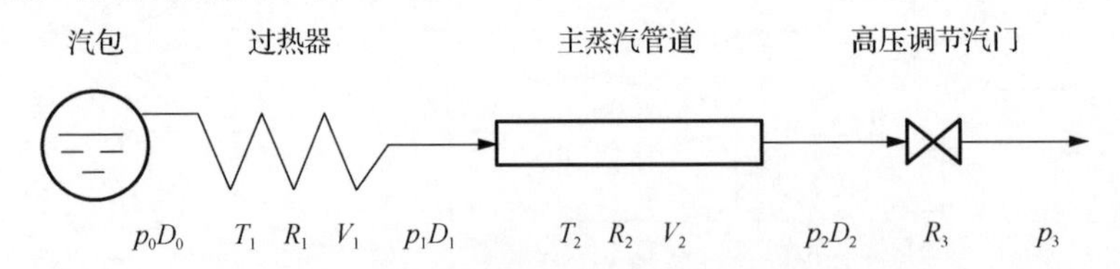

图 3-27　主蒸汽压力校正环节方框图

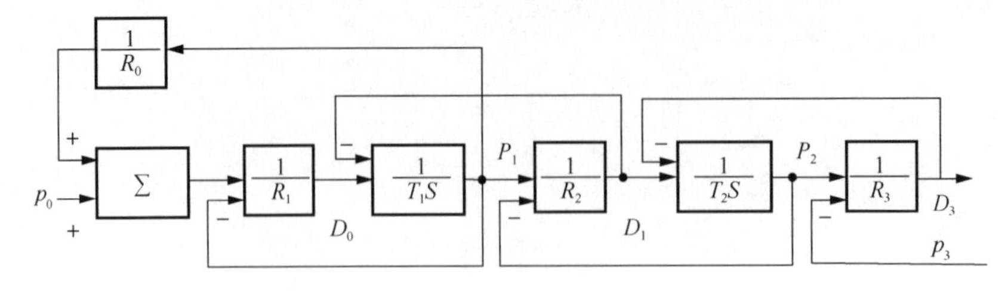

图 3-28　主蒸汽压力校正环节数学模型

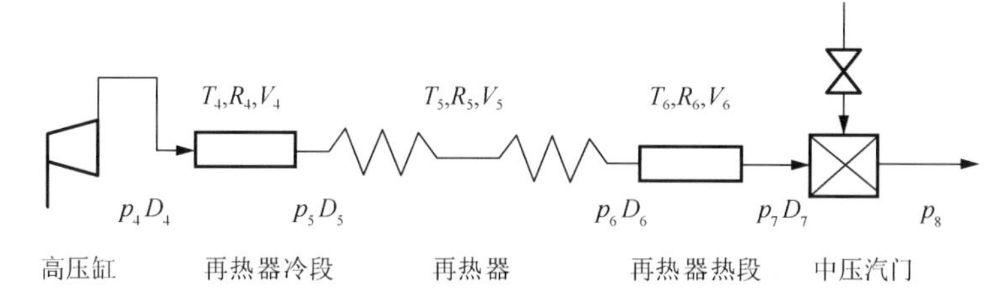

图 3-29 再热蒸汽压力校正环节方框图

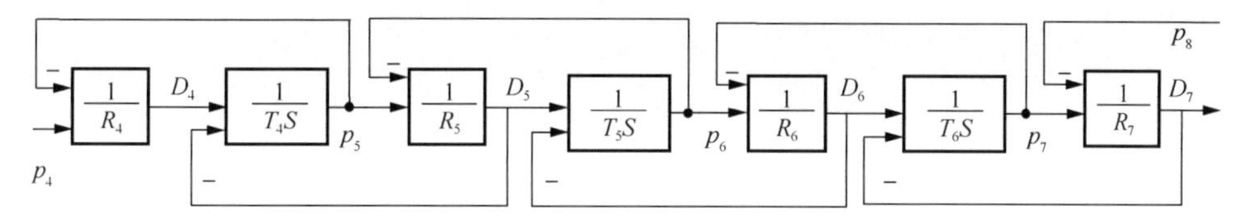

图 3-30 再热蒸汽压力校正环节数学模型

表 3-16 蒸汽压力校正环节参数

序号	项目	蒸汽流量 D/(t/h)	蒸汽压力 p/MPa	蒸汽温度 t/℃	容器容积 V/m^3	时间常数 T/s	阻力系数 R
1	汽包	67	130.34	525	—	—	1.303
2	过热器	67	126.42	525	59	129.8	0.062
3	主蒸汽管	61	123.48	520	11	26.89	0.047
4	再热器冷段	57.9	9.8	322	79.4	18.38	0.40
5	再热器	57.9	8.82	510	57.8	8.88	0.222
6	再热器热段	57.9	7.84	505	21.5	2.95	0.25

3）仿真工况

（1）主蒸汽压力 12.6MPa，主蒸汽温度 525℃；再热蒸汽压力 0.8MPa，再热蒸汽温度 505℃；锅炉蒸发量取为额定蒸发量的 10%。

（2）在较高参数下进行危急保安器提升转速试验，升速率为 5～10（r/min）/s。

4）仿真计算

在进行危急保安器提升转速试验过程中，主蒸汽压力降低值与锅炉运行工况、升速率及提升转速的方式等因素有关。在较高参数下进行危急保安器提升转速试验，采用升速率为 10（r/min）/s 提升转速，计算其主蒸汽压力降低值，计算结果列于表 3-17。图 3-31 为提升转速过程、主蒸汽压力变化曲线[升速率=10（r/min）/s]。

表 3-17 正常调节工况不同转速下主蒸汽压力降低的幅值

序号	转速/（r/min）	主蒸汽压力降低值/MPa
1	3200	0.225～0.282
2	3300	0.289～0.347

续表

序号	转速/（r/min）	主蒸汽压力降低值/MPa
3	3360	0.363～0.380
4	3400	0.391～0.402

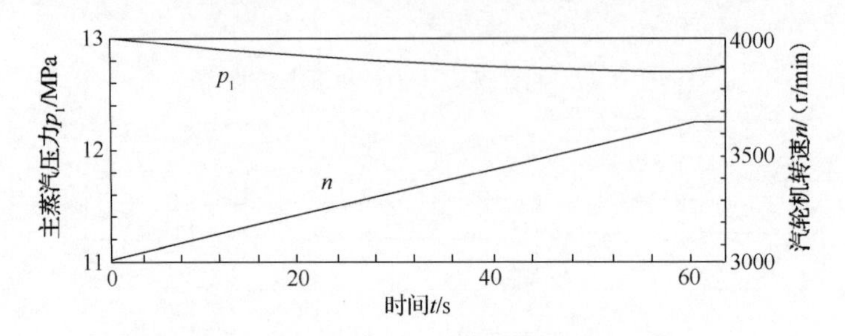

图 3-31　提升转速过程、主蒸汽压力变化曲线[升速率=10（r/min）/s]

机组手动操作打闸后汽门关闭，主蒸汽压力回升值及回升时间与机组运行工况有关。在计算条件下，正常提升转速至3360r/min，机组手动操作打闸，主蒸汽压力回升至12.8～14.01MPa的时间为60～132s；手动操作使提升转速试验滑阀至零，主蒸汽压力回升至1.26MPa的时间约为144s。

调节系统在3414r/min开环、转速失控，或危急保安器短轴断裂，调节汽门突开的工况下，计算主蒸汽压力随转速升高而降低的值，以及转速飞升过程的时间，计算结果列于表3-18、绘于图3-32。

表 3-18　调节系统开环不同转速下主蒸汽压力降低值

序号	转速/（r/min）	主蒸汽压力降低值/MPa	转速飞升时间/s
1	3500	0.882～1.176	1～1.5
2	3600	1.617～2.058	2.5～3
3	3800	3.430～3.773	5.5～6
4	4000	5.194～5.488	10～11

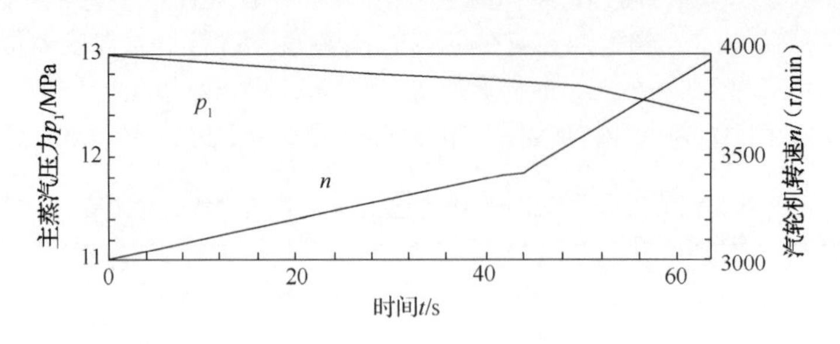

图 3-32　3414r/min 时系统失控主蒸汽压力变化曲线

5）提升转速过程中主蒸汽压力变化计算结果

（1）在与事故机组的运行工况、试验工况和升速率基本相同的条件下，提升转速至 3200r/min，主蒸汽压力降低 0.225～0.282MPa；提升转速至 3300r/min，主蒸汽压力降低 0.289～0.347MPa。对比计算结果与试验工况，提升转速与主蒸汽压力变化的规律基本一致。

（2）利用该厂 4 号机组和 6 号机组停机的机会，在与 5 号机组的运行工况、试验工况和升速率基本相同的条件下，进行了提升转速试验。对于其提升转速与主蒸汽压力变化的规律，试验结果与计算结果基本一致。

（3）该机组在事故中，主蒸汽压力出现瞬时下降 1.47MPa，通过计算，其对应的转速约为 3550r/min。

4. 危急保安器动作时危急超速最高转速的计算

在事故过程中，危急保安器 I 号飞锤被切除，II 号飞锤处于被校验状态，II 号飞锤在转速升至 3352r/min 前未动作，但事故后检查，II 号飞锤有新被打击的痕迹，说明已动作过。因而，危急保安器 I 号飞锤动作（或手动操作打闸），自动主汽门关闭，对自动主汽门在关闭过程中机组可能达到的最高转速（危急超速最高转速）进行计算。

计算采用的初始参数列于表 3-19，机组转子转动惯量，以及高压、中压自动主汽门延迟和关闭过程时间均取自机组甩负荷试验的测试结果，汽轮机容积时间常数采用计算值，调节系统失控转速为 3414r/min，危急保安器动作转速（或手动操作打闸）设为 3456r/min。最高转速利用下式进行计算，计算结果列于表 3-19，绘于图 3-33：

$$n_{\max}=\frac{30}{\pi}\times\sqrt{\omega_{\mathrm{w}}^{2}+\frac{2P}{J}\left[T_{\mathrm{V}}+C_{\mathrm{H}}\left(t_{\mathrm{H1}}+\lambda_{\mathrm{H}}t_{\mathrm{H2}}\right)+C_{\mathrm{IL}}\left(t_{\mathrm{I1}}+\lambda_{\mathrm{I}}t_{\mathrm{I2}}\right)\right]}$$

式中，ω_{w} 为危急保安器动作角速度，$\omega_{\mathrm{w}}=n_{\mathrm{w}}\pi/30$，$\mathrm{s}^{-1}$；$P$ 为加速功率，W；J 为机组转子转动惯量，$\mathrm{kg{\cdot}m^2}$；T_{V} 为汽轮机容积时间常数，s；t_{H1} 为高压自动主汽门延迟时间，s；t_{I1} 为中压自动主汽门延迟时间，s；t_{H2} 为高压自动主汽门关闭过程时间，s；t_{I2} 为中压自动主汽门关闭过程时间，s；C_{H} 为高压缸功率比例系数；C_{IL} 为中低压缸功率比例系数；λ_{H} 为高压主汽门流量系数，$\lambda_{\mathrm{H}}=0.84$；$\lambda_{\mathrm{I}}$ 为中压主汽门流量系数，$\lambda_{\mathrm{I}}=0.88$。

表 3-19　危急超速最高转速计算汇总表

加速功率 P/MW	危急保安器动作转速 n_W /（r/min）	转动惯量 J/（kg·m²）	高压主汽门延迟时间 t_{H1}/ s	高压主汽门关闭时间 t_{H2}/ s	中压主汽门延迟时间 t_{I1}/ s	中压主汽门关闭时间 t_{I2}/ s	高压缸功率比例系数 C_H	中低压缸功率比例系数 C_{IL}	容积时间常数 T_V/ s	最高转速 n_{max}/（r/min）
200	3348	12814.48	0.13	0.175	0.105	0.185	0.305	0.695	0.21	3547
200	3456	12814.48	0.13	0.175	0.105	0.185	0.305	0.695	0.21	3603
150	3456	12814.48	0.13	0.175	0.105	0.185	0.305	0.695	0.21	3563
100	3456	12814.48	0.13	0.175	0.105	0.185	0.305	0.695	0.21	3521
50	3456	12814.48	0.13	0.175	0.105	0.185	0.305	0.695	0.21	3480
20	3456	12814.48	0.13	0.175	0.105	0.185	0.305	0.695	0.21	3456

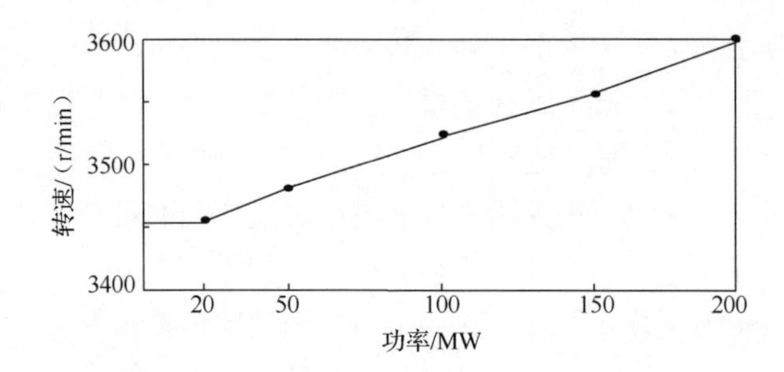

图 3-33　危急超速最高转速与功率相关特性

根据试验工况，在危急保安器提升转速试验的过程中，调节系统在转速为3414r/min 时开环、转速失控，调节汽门突然开启，功率突增。危急保安器在转速为 3456r/min 时动作（或手动操作打闸），自动主汽门关闭。在自动主汽门关闭的过程中，若突增功率在 50%额定功率以下时，机组最高转速不大于3500r/min；若突增功率为 50%～75%额定功率时，机组最高转速为 3500～3550r/min；若突增功率为 75%～100%额定功率时，机组最高转速为 3550～3600r/min。因而，即使在突增功率约为 100%额定功率的极限工况下，机组最高转速也不超过 3600r/min。

调节汽门突然开启，突增功率约为 75%额定功率的工况下，机组最高转速约为 3550r/min，仿真计算结果主蒸汽压力瞬时下降 1.47MPa，对应的转速约为3550r/min。因而，机组有突增功率约为 75%额定功率、机组最高转速约为 3550r/min的可能。

5. 事故机组的最高转速

（1）根据主蒸汽压力自动记录曲线，确认在提升转速试验过程中，存在主蒸汽压力的陡直下降线，下降数值为 1.47MPa。仿真计算结果：根据主蒸汽压力瞬时下降 1.47MPa，其相应的转速约为 3550r/min。

（2）事故中危急保安器Ⅱ号飞锤动作，自动主汽门关闭，在自动主汽门关闭过程中，对机组可能达到的最高转速进行计算。计算结果：机组最高转速约为 3550r/min；在极限工况下，机组最高转速也不超过 3600r/min。

（3）根据第 26 级末叶片、销钉形变（0.5～0.53mm）和剪断情况，对叶片的损坏转速进行计算，计算结果：机组转速不大于 3550r/min。

（4）对事故过程的热力工况、试验操作和转速表显示误差等进行计算与分析，计算分析结果：可能达到的最高转速为 3500～3600r/min。

（5）各种计算分析结果基本一致，最高转速在 3500～3600r/min 范围内，经综合分析认为，事故机组最高转速约为 3550r/min。

6. 超速原因分析

1）调节系统开环、转速失控

该型机组应用提升转速试验滑阀进行汽轮机危急保安器提升转速试验，图 3-34 为危急保安器提升转速试验油系统图。在增加提升转速试验滑阀进油面积 ΔA_2 的同时，自动减少中间滑阀进油面积 ΔA_3 以使系统流量平衡。开启调节汽门，转速升高，在转速反馈的作用下，相应增加调速器滑阀泄压面积 ΔA_1，并使中间滑阀进油面积复位，$\Delta A_3 \approx 0$。调节汽门仍处于空负荷位置，维持相应转速。

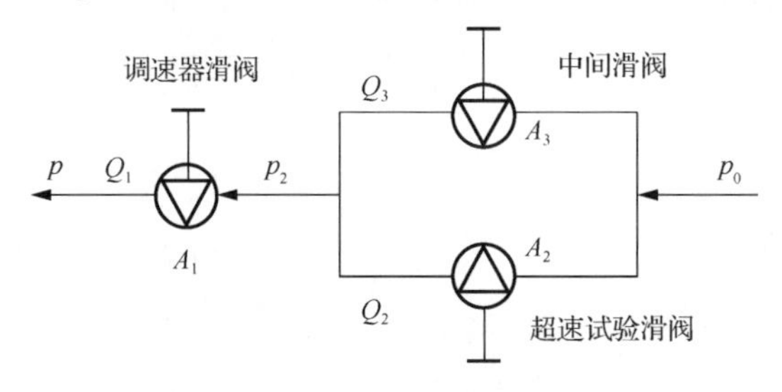

图 3-34　危急保安器提升转速试验油系统图

油系统流量平衡方程：

$$Q_1 = Q_2 + Q_3$$

式中，Q_1 表示通过调速器滑阀的油流量；Q_2 表示通过转速提升试验滑阀的油流量；Q_3 表示通过间滑阀的油流量。

当调速器滑阀最大泄压面积 $\Delta A_{1\max}$ 大于试验滑阀最大进油面积 $\Delta A_{2\max}$ 时，汽轮机调节系统处于稳态平衡，可能提升的最高转速取决于提升转速试验滑阀最大可控面积。

当调速器滑阀最大泄压面积$\Delta A_{1\max}$小于试验滑阀最大进油面积$\Delta A_{2\max}$时，汽轮机调节系统稳态平衡遭到破坏，调节系统失去转速反馈作用，处于开环状态，调节系统开环、转速失控。可能达到的最高转速取决于提升转速试验滑阀进油面积对应的调节汽门开度、主蒸汽参数和调节汽门开启后的停留时间。

因而，$\Delta A_{1\max} < \Delta A_{2\max}$是汽轮机调节系统开环、转速失控的条件，$\Delta A_{1\max} = \Delta A_2$对应的转速为失控转速。

表 3-20 为提升转速试验滑阀静态特性。由表 3-20 可知，调速器滑阀泄压面积$\Delta A_{1\max}$为 71.65mm^2，提升转速试验滑阀进油面积$\Delta A_{2\max}$为 246.72mm^2，$\Delta A_{1\max} <$ $\Delta A_{2\max}$，汽轮机调节系统已具备开环条件，$\Delta A_{1\max} = \Delta A_2 = 71.65$mm^2，对应的转速 3414r/min 为调节系统失控转速。

由表 3-20 可知，提升转速试验滑阀可控面积大，可控行程小，升速率较难以控制，试验过程中的升速率约为 10（r/min）/s，大于 0.2%/s 额定转速的标准要求。试验过程中提升转速试验滑阀转角φ约为 24.45°，对应的转速约为 3360r/min，手动操作提升转速试验滑阀手柄转动 2°，提升转速试验滑阀转角φ约为 26.76°时，即可达到调节系统失控转速，使调节系统开环、转速失控。因而，汽轮机调节系统开环、转速失控是造成机组超速事故的主要原因。

表 3-20　提升转速试验滑阀静态特性

序号	转角φ/（°）	行程X_2/mm	进油面积A_2/mm^2	泄压面积A_1/mm^2	飞升转速Δn/（r/min）	
					设计	实测
1	0	0	0	0	0	0
2	10	0.556	20.667	26.667	154	147
3	20	1.111	53.333	53.333	305	294
4	23.36	1.298	62.304	62.304	360	344
5	24.45	1.359	65.208	65.208	377	360
6	26.76	1.487	71.367	71.367	412	394
7	26.87	1.493	71.65	71.65	414	396
8	36.54	2.03	97.61	71.65	—	—
9	36.95	2.053	98.557	71.65	—	—
10	92.52	5.14	246.72	—	—	—

2）油系统设计缺陷

东方汽轮机厂 D09 型 200MW 汽轮机的油系统存在油箱安装标高相对较低、射油器工作在临界状态附近的设计缺陷，在高转速下可使脉冲油压随转速的升高而降低，并使调节汽门在 3400r/min 以上高转速下反调开大，是引起超速事故的另一可能因素。

在调节系统大量用油时，由于油压的下跌，液压型超速保护装置不能按静态定值正确动作。尤其是在调节系统异常工况时，油动机突然全开、全关大幅度动作的情况下影响更为严重。在进行危急保安器提升转速试验过程中，投入了液压超速保护装置，由于油压的下跌，其动作转速为 3430～3450r/min，降低了保护作用。

3）机组超速原因分析结果

（1）提升转速试验滑阀存在可控面积大，使汽轮机调节系统具有开环、转速失控的条件，可控行程小，升速率较难以控制的缺陷，是发生超速事故的隐患。

（2）射油器工作在临界状态，在高转速下会使脉冲油压随转速的升高而降低，导致调节汽门反调开大，是引起超速事故的另一可能因素。

（3）调节系统开环、转速失控是造成机组超速事故的主要原因。汽轮机调节系统失控转速为 3414r/min，超速保护动作（或手动操作打闸）转速为 3456r/min，机组最高转速为 3550r/min。

3.1.6　轴系损坏原因分析

1. 机组临界转速及稳定性

1）临界转速

机组临界转速列于表 3-21。表中列出了轴系各段转子临界转速的实测值和部分转子的计算值。由超速事故最高转速的分析可知，超速事故最高转速为 3550r/min，因而，事故过程中，发电机转子已落入了第二共振区。

表 3-21　机组临界转速　　（单位：r/min）

	高压转子	中压转子	低压转子	中低压接长轴	发电机一阶	发电机二阶	主励磁机一阶
实测值	1950	1685	2070	—	1180	≈3400	—
计算值	—	—	—	3500～3700	1085.2	3400±50	3559.6

2）稳定性

经计算轴系失稳转速约为 3400r/min，对数衰减率 δ_D 为 0.06～0.08。1985 年 12 月该机组初次起动时，实测 4 号轴瓦、6 号轴瓦和 7 号轴瓦的频谱图含有 19Hz（1140r/min）低频分量；1986 年 7 月机组烧瓦修复后起动时，实测 4 号轴瓦存在 18.74Hz（1124r/min）的低频分量。

因此，该机组轴系稳定性裕度偏低，在进行危急保安器提升转速试验过程中，发电机转子有发生油膜振荡的条件。事故后检查 2 号轴瓦的瓦体有反转现象，表明轴系有油膜失稳迹象。

3）轴瓦支承标高对轴系稳定性的影响

西安交通大学轴瓦支承标高对轴系稳定性影响的计算分析结果表明，在轴系计入轴瓦静态、动态特征的黏温影响，不计入励磁机转子和流态影响等条件下，轴系失稳转速约为3500r/min，涡动频率为发电机转子的一阶临界频率。在各轴瓦支承按设计标高安装时，轴系失稳转速约为3360r/min，涡动频率为发电机转子的一阶临界频率。5号轴瓦支承抬高，轴系失稳转速下降；5号轴瓦支承降低，轴系失稳转速升高。若轴瓦支承抬高0.1～0.3mm，轴系失稳转速将降低80～160r/min，若轴瓦支承降低0.1～0.3mm，轴系失稳转速将升高40～240r/min。

4）轴瓦上油楔或侧油楔失效对轴瓦性能的影响

机组大修后测得4～7号轴瓦的顶隙大于侧隙。计算分析结果表明：6号轴瓦或7号轴瓦的上油楔失效，将导致轴系失稳转速下降，在紊流工况额定载荷下，失稳转速可下降约9%；6号轴瓦或7号轴瓦侧的油楔失效，在紊流工况额定载荷下，水平力始终指向侧油楔，水平力失去平衡，看不到轴颈的平衡位置，导致轴颈与轴瓦表面接触、碰撞，造成严重烧损。在此工况下，若轴瓦紧固螺栓松动，可能会导致更加严重的后果。此现象与事故后轴瓦的损坏特征基本一致。

2. 轴系损坏原因

（1）在危急保安器提升转速试验过程中，发生突发性油膜振荡，发电机落入第二临界转速区，紧固件的松脱，是引起机组强烈振动的主要原因。

（2）随之机组转速的急速飞升，发电机转子振动幅值的剧增，紧固件的松动和飞脱，7号轴瓦外伸端遭受上瓦枕的剧烈撞击等，使发电机转子平衡遭到严重破坏，发电机转子在外伸端甩头、大不平衡弯曲振动的作用下损坏。

（3）发电机转子材料的屈服强度、弹性极限远低于设计值，是致使转子断裂的另一可能不利因素。

（4）轴系的破坏是由发电机侧向汽轮机侧扩展，发电机转子励磁机侧的断口为轴系破坏的主断口。

3. 轴系破坏过程

在进行危急保安器Ⅱ号飞锤提升转速试验的过程中，当转速提升到3350r/min时，突然自行飞升到3456r/min，最高约达3550r/min，轴系突发油膜振荡，发电机落入第二临界转速区。随着转速的急速飞升，转子振动加剧，使7号轴瓦把合螺栓松动，导致发电机与励磁机间联轴器对轮螺栓断裂，6号轴瓦和7号轴瓦的瓦枕及上瓦被掀掉，发电机转子振动进一步加剧，引起发电机滑环（被7号轴瓦的瓦枕砸损）、风扇叶片等转动部件的飞脱。7号轴瓦外伸端甩头，发电机转子在大不平衡弯曲振动应力的作用下，在7号轴瓦处断裂甩出，断轴击穿四堵墙落在锅炉间10m平台，7号轴瓦的下瓦甩落在励磁机侧0m检修平台，发电机转子扫膛。6号轴瓦处转子与7号轴瓦处转子几乎同时断裂，在转子反弹力的作用下，残留的发电机转子向励磁机侧移动约50mm。根据发电机励磁机侧定子铁芯的磨痕判断，7号轴瓦和6号轴瓦处断裂之时，汽轮机转子尚未断裂。因而，7号轴瓦处为轴系破坏的主断口。

发电机转子断裂后，机组动静部件严重碰磨，叶片断裂飞脱，随着振动的进一步加剧，汽轮机低压转子与发电机转子间对轮螺栓断裂，使发电机汽轮机侧断轴翻转90°立靠在发电机转子断口旁。低压转子5号轴瓦处断裂甩出，撞破排汽缸，落在缸体附近，5号轴瓦的下瓦落在凝汽器内。同时，3号轴瓦和4号轴瓦的上瓦被掀掉，瓦体完好，乌金无严重磨损。在事故过程中，轴系是高中压转子带动低压转子旋转，由于低压转子的制动，4号轴瓦处断裂甩出，撞到汽缸，弹回落在过桥站内。接长轴螺栓剪切断裂，分别甩落在B墙天车梁上和B墙的墙角下10m平台上，接长轴的断裂，使汽轮机高中压转子避免了更严重的破坏。随着轴系强烈的振动，汽轮机轴端的主油泵短轴、危急保安器短轴，齿型联轴器短轴相继断裂，轴系损坏。

3.1.7　“2.12”事故原因分析结论

（1）汽轮机提升转速试验滑阀存在可控面积大，使汽轮机调节系统具有开环、转速失控的条件，可控行程小，升速率较难以控制的缺陷，是发生超速事故的隐患。

（2）汽轮机调节系统失控转速为3414r/min，机组最高转速为3550r/min，调节系统开环、转速失控是造成机组超速事故的主要原因。

（3）发电机转子的励磁机侧轴颈材料的屈服强度$\sigma_{0.2}$、弹性极限$\sigma_{0.02}$值低于设计值。过低的$\sigma_{0.2}$、$\sigma_{0.02}$值可导致转子在弹性范围内承受异常工况的能力降低。

（4）该机组轴系稳定性裕度偏低，轴系失稳转速约为3400r/min，发电机转子二阶临界转速约为3400r/min。在进行危急保安器提升转速试验的过程中，机组发生突发性油膜振荡，发电机落入了第二共振区，紧固件的松脱，是轴系损坏的主要起因。

（5）机组转速急速飞升，发电机转子振动幅值剧增，紧固件松动、飞脱或撞击等，使发电机转子平衡遭到严重破坏，发电机转子在大不平衡弯曲振动的作用下损坏。

（6）发电机转子在以弯曲交变应力为主的复合应力的作用下，发生突发性断裂。断裂性质为应变控制型的弯曲断裂，发电机转子励磁机侧断口为轴系破坏的主断口。

（7）发电机转子的损坏向汽轮机转子方向扩展，致使轴系损坏。

3.2 辽宁阜新发电厂01号机组异常振动引发毁机事故

辽宁阜新发电厂01号机组是哈尔滨汽轮机厂（简称哈汽厂）生产的三缸两排汽、两段可调整抽汽、中间再热200MW汽轮机，采用电液并存跟踪、切换数字式电液调节系统（digital electro-hydraulic control system，DEH）。1999年8月19日，因汽轮机主油泵齿型联轴器损坏，调速器、测速齿盘与主轴脱开，造成汽轮机调节系统开环、转速失控，在对事故的起因未能作出正确判断并在无任何转速监视手段的情况下，再次起动，转速急速飞升约1600r/min，在机组转速急速飞升的过程中，发生了轴系断裂事故（简称“8.19”事故）。该事故造成直接经济损失1246万元。

事故发生后，国家电力公司受国家经济贸易委员会的委托，成立了辽宁阜新发电厂01号机组“8.19”事故调查领导小组，并设事故调查工作组和专家组。事故调查专家组在事故调查领导小组的指导下，在事故调查工作组的支持和电厂的积极配合下，本着客观公正、实事求是的原则，进行了“8.19”事故调查工作。在1999年9月1日至11月30日共三个月的时间内，进行了三次现场取证，通过残骸鉴定、关键部件的试验，以及计算分析等大量工作，结合机组数据采集、事故追忆系统的记录，确认了事故过程中主要运行参数和主要设备的状态，对辽宁阜新发电厂01号机组“8.19”事故机组损坏的原因进行了详细的分析，提交了《阜新发电厂01号机组“8.19”事故技术分析报告》，事故调查工作组提出了《阜新发电有限公司“8.19”事故调查报告》。国家电力公司将《关于阜新发电有限责任公司“8.19”事故调查情况及处理意见的报告》上报国家经济贸易委员会，国家经济贸易委员会对“8.19”事故调查也作出了重要批复。辽宁阜新发电厂01号机组“8.19”事故概况综述如下。

3.2.1 机组概况

辽宁阜新发电厂01号机组为CC140/N200- 12.7/535/535型三缸两排汽、两段可调整抽汽200MW汽轮机，出厂日期1996年，出厂编号72N9；HG-670/13.7-YM16型自然循环汽包锅炉，出厂日期1995年3月，出厂编号2339；QFSN-200-2型水、氢、氢冷发电机，出厂日期1995年10月，出厂编号3-60237。该机组于1994年动工，1996年3月安装，11月2日首次并网，12月18日移交生产。截至1999年8月19日事故止，33个月累计运行15151h，检修2080h，其中大修一次、中修一次、小修 3 次，起停 36 次，非计划停机 16 次。

机组投产以来运行稳定，未发现有重大异常事件，轴系振动情况良好，各种保护尤其是振动越限停机保护均能正常投入。1998 年 5 月 25 日机组进行了第一次大修，大修中曾发现：汽轮机主油泵齿型联轴器外齿的齿宽磨损三分之一，进行了更换；主油泵推力瓦磨损 3mm，进行了补焊、刮研处理；汽轮机第 19 级叶片复环脱落 3 组，进行了修复；根据电力部制定的 200MW 机组隔板的加固措施，对汽轮机第 13 级至第 19 级隔板进行了加固；6 号轴瓦和 7 号轴瓦的下瓦乌金磨损，进行了补焊、刮研处理；8 号轴瓦的上瓦脱胎，进行了修补。

3.2.2　事故过程

1999 年 8 月 19 日 0 时 20 分运行人员正常交接班，机组负荷 155MW，纯凝汽工况，汽轮机采用电液调节系统运行，回热系统正常投入。0 时 30 分负荷加至 165MW，1 时 0 分负荷加至 170MW。主蒸汽压力 12.6MPa，主蒸汽温度 535℃，主蒸汽流量 535t/h。

1 时 47 分 30 秒“高压自动主汽门和中压自动主汽门关闭”信号光字牌亮、警报声响，司机助手高喊“机跳闸”。1 时 47 分 37 秒控制室照明瞬间闪耀一次，同时单元长发现发电机出口主油开关 5532 绿灯闪光，判断发电机跳闸，随即汇报值长，并令汽轮机、锅炉、电气运行人员检查设备和保护情况，检查后均未发现异常。单元长向值长汇报了检查情况，值长令：“如无异常可以恢复。”单元长通知汽轮机班的班长：“挂闸保持 3000r/min。”

发电机跳闸后，锅炉主燃料跳闸（main fuel trip，MFT）正常动作。锅炉起动点火，并准备投旁路系统，开启高压旁路和低压旁路电动门，调整门打不开，低压旁路未能开启，此时锅炉投入两支油枪运行。

汽轮机班的班长到汽轮机的机头恢复挂闸，同时令汽轮机司机助手检查设备，班长将同步器由 30mm 退至 0 位，在增加同步器行程时，发现由于调节系统油压低，自动主汽门未能开启，通知司机开启高压油泵。司机助手汇报班长：“设备检查正常，主轴在转动中。”

汽轮机班的班长到汽轮机的机头再次挂闸，逐步增加同步器行程，高压自动主汽门和中压自动主汽门开启，同步器行程达 8mm 时回到控制室，准备用汽轮机电液调节系统升速。设定目标转速 3000r/min，升速率 300r/min^2，按进行键，此时转速实际值未能跟踪目标值，“高压自动主汽门和中压自动主汽门关闭”信号光字牌亮。汽轮机班的班长根据经验分析认为，汽轮机电液调节系统工作不正常，向单元长汇报，并请示切换到汽轮机液压调节系统运行，单元长同意。汽轮机班的班长到汽轮机的机头将同步器退到0位，通知汽轮机司机将汽轮机电液调节系统切换为汽轮机液压调节系统运行，挂闸后同步器行程为8mm时，高压自动主汽门已开启，同步器行程达11mm时，转速表仍显示100r/min。当准备检查调节汽门开度时，听到自动主汽门的关闭声，同时一声巨响，发电机后部着火，机组损坏，时间为1时56分30秒。

3.2.3 设备损坏情况

1. 轴系

图3-35为轴系断裂断面位置图，图3-36为轴系断轴拼接图。图3-37为主要部件残骸散落位置图。

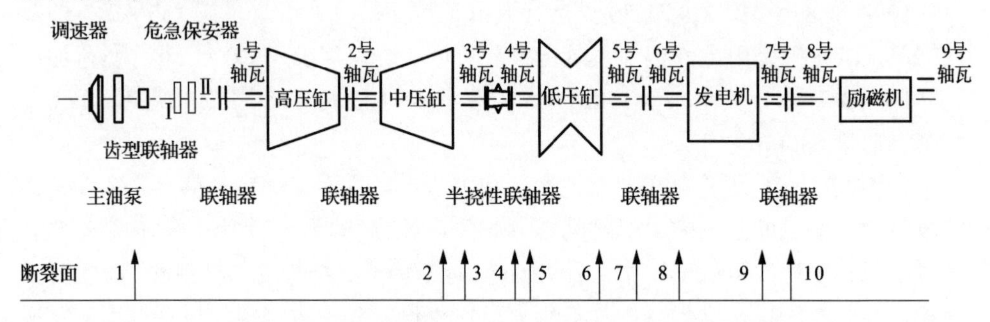

图3-35 辽宁阜新发电厂01号机组轴系断裂断面位置图

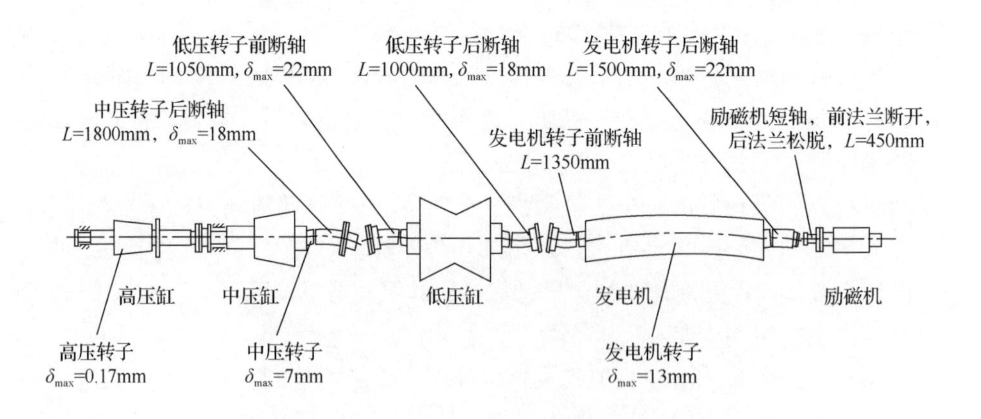

图3-36 辽宁阜新发电厂01号机组轴系断轴拼接图

L-断轴长度；δ_{max}-转子及断轴扰度及弯曲

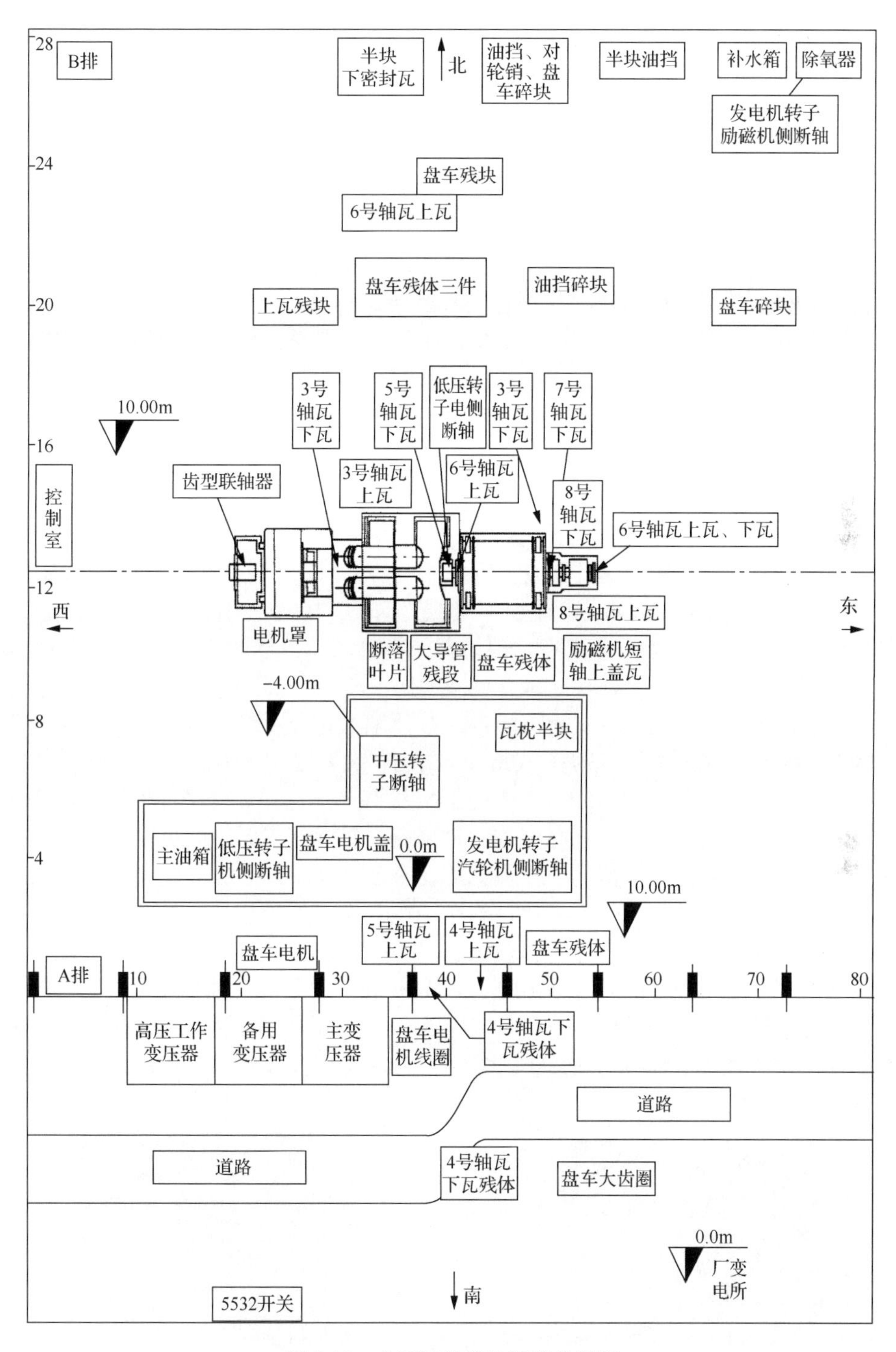

图3-37　主要部件残骸散落位置图

轴系断为 11 段，10 个断裂面，其中 5 处为轴颈断裂，4 处为联轴器对轮螺栓断裂，1 处为主油泵齿型联轴器失效。中压转子发电机侧的端部在轴封 *R* 角处断裂，断轴长约 1.8m，飞出约 11m，落在−4m 运转层循环水入口管上；低压转子汽轮机侧的端部在轴颈处断裂，断轴长约 1.05m，飞出约 17m，落在 0m 运转层主油箱东侧；低压转子发电机侧的端部在轴颈与油挡过渡处断裂，断轴长约 1m，落座在轴瓦箱内；发电机转子汽轮机侧的端部在轴颈处断裂，断轴长约 1.35m，飞落在 0m 地面 A 排墙地面；发电机转子励磁机侧的端部在轴颈处断裂，断轴长约 1.5m，飞出约 35m，落在 10m 平台补水除氧器西侧；主油泵与主轴间齿型联轴器内外齿磨损失效，主油泵转子仍在原位；中低压转子半挠性波纹联轴器的两端部断裂，数块残骸落在厂房内外；低压转子与发电机转子间联轴器对轮螺栓断裂；发电机转子与励磁机转子间联轴器对轮螺栓断裂，励磁机转子向后串动约 190mm，定子向后串动约 70mm。

2. 轴瓦

图 3-38 为机组轴瓦损坏图。推力瓦、1 号轴瓦和 2 号轴瓦基本完好无损；3 号轴瓦的上瓦乌金基本完好，有碰撞痕迹，被甩落在 10m 平台汽轮机低压缸北侧，下瓦乌金局部剥落，有火烧痕迹，轴瓦端部有喇叭口，球面座产生严重形变；4 号轴瓦的上瓦乌金基本完好，瓦体有机械损伤，被甩落在 10m 平台 A 排 A_4 与 A_5 柱间，下瓦乌金局部剥落，有撞击痕迹，在顶轴油孔处断裂 2 块，其中 1 块飞落到 A 排墙外 21m 处，1 块飞落在 10m 平台 A 排墙内；5 号轴瓦的上瓦乌金基本完好，有机械损伤，飞落在 10m 平台 A 排 A_4 柱旁，下瓦乌金有局部机械损伤及火烧痕迹，无被撞击的部分仍光亮无损，被甩落在轴瓦箱内断轴附近；6 号轴瓦的上瓦乌金基本完好，有机械损伤，被甩落在 10m 平台 B 排 23m 处，下瓦在顶轴油孔处开裂，乌金局部剥落或熔化，约有 30%乌金完好无损，瓦体两端略呈喇叭口，被甩落在轴瓦箱内；7 号轴瓦的上瓦乌金全部剥落，有火烧痕迹，被甩落在 10m 平台发电机北侧附近，下瓦在进油槽处开裂，被甩落在轴瓦箱内；8 号轴瓦的上瓦有机械损伤，乌金局部剥落，被甩落在 10m 平台励磁机南侧附近，下瓦基本完好，被甩落在 10m 平台励磁机北侧；9 号轴瓦仍在原位，瓦盖被甩落在 10m 平台励磁机南侧附近。

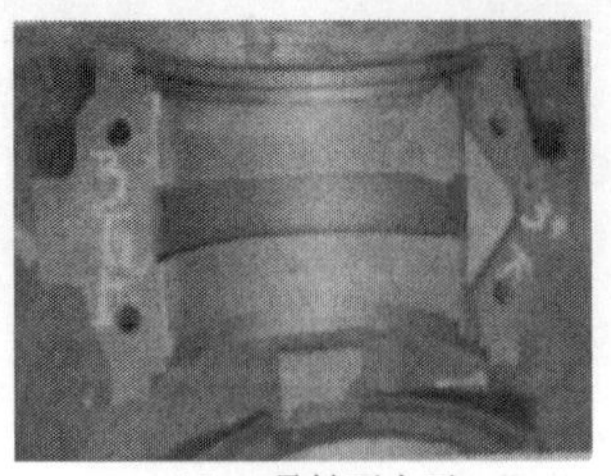

（a）3 号轴瓦上瓦

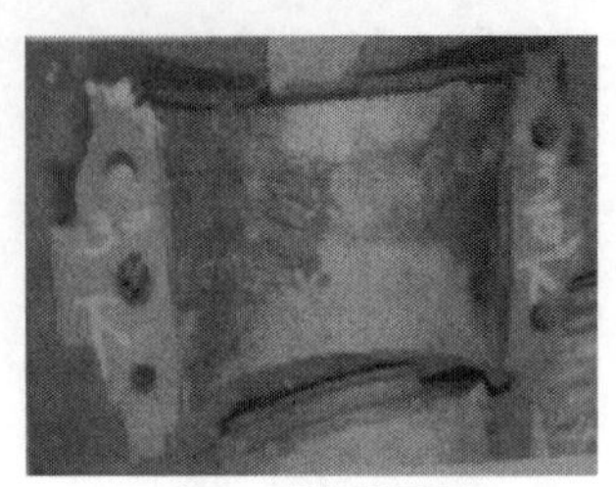

（b）3 号轴瓦下瓦

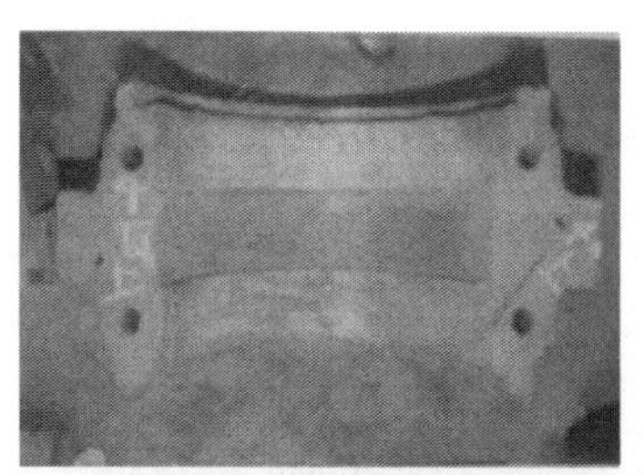

（c）4 号轴瓦上瓦

（d）4 号轴瓦下瓦

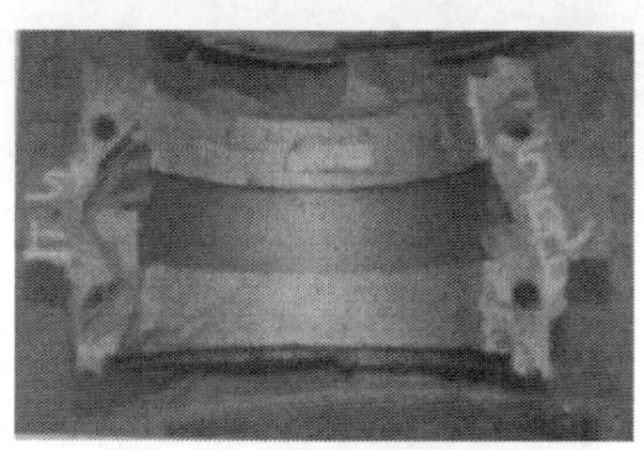

（e）5 号轴瓦上瓦

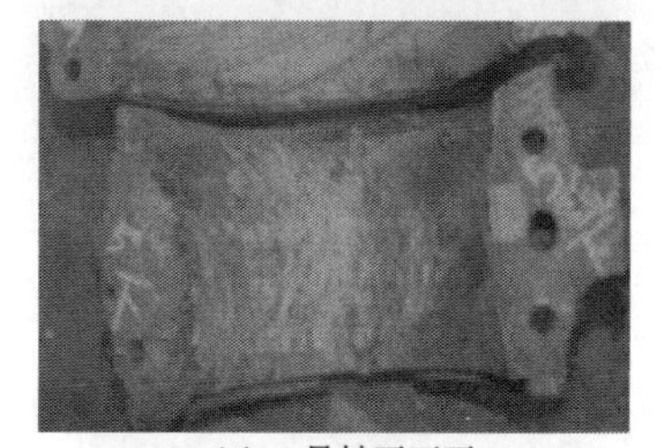

（f）5 号轴瓦下瓦

（g）6 号轴瓦上瓦

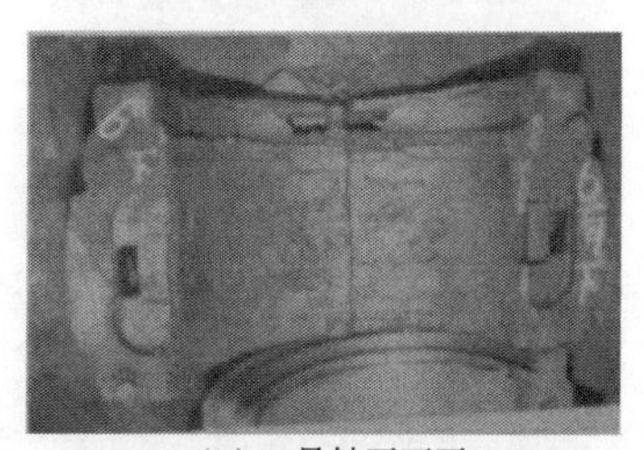

（h）6 号轴瓦下瓦

（i）7 号轴瓦上瓦

（j）7 号轴瓦下瓦

（k）8 号轴瓦上瓦

图 3-38　轴瓦损坏图

3. 隔板、叶片及叶轮

汽轮机高压缸的叶片、隔板完好无损，叶顶汽封磨损，隔板和轴端汽封严重磨损；汽轮机中压缸的第 21 级叶片复环局部脱落，第 22 级全级叶片的叶顶磨损约 10mm，其余基本完好无损，隔板汽封、轴端汽封严重磨损，中压缸发电机侧轴端各汽封槽内有多道裂纹；低压缸的第 27 级叶片距叶顶断掉约 200mm，第 32 级叶片有 27 片距叶型底部约 15mm 处断掉（详见图 3-39），其余各级叶片全部从叉型叶根拔出，断裂飞落在缸体内外；汽轮机低压缸前 3 级叶片的叶根销钉全部被剪断，末两级叶根销钉除被剪断外，轮缘销钉孔处还产生了明显的凸起形变，并有多处轮缘销钉孔被拉出豁口；低压缸前 4 级叶轮的轮缘进汽、出汽侧被挤压产生形变。

（a）32 级叶片入口侧

（b）32 级叶片出口侧

图 3-39　32 级叶片损坏情况

低压缸隔板的板体全部在与中分面成 90° 角位置及附近处断裂数块，静叶脱落，汽封槽道除第 29 级和第 30 级隔板套（两级隔板一个隔板套）的上缸槽道外，其余全部损坏。图 3-40 为低压缸 10 级隔板损坏残骸。

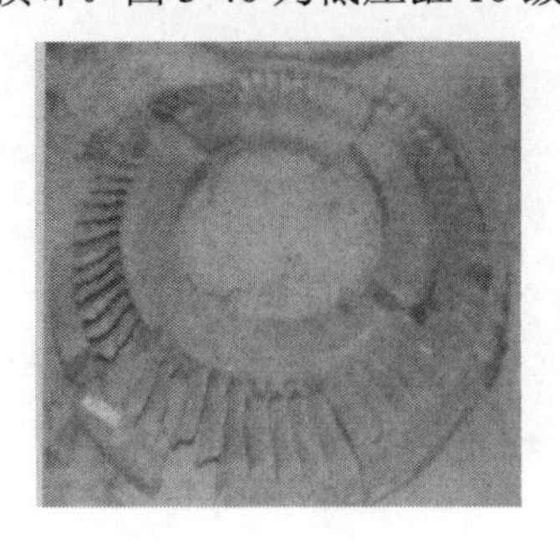

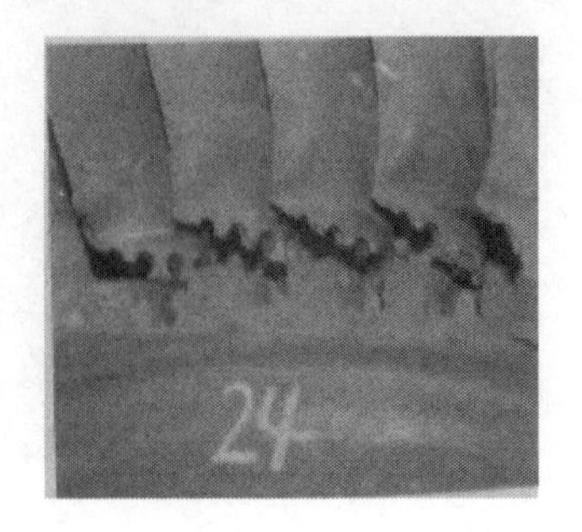

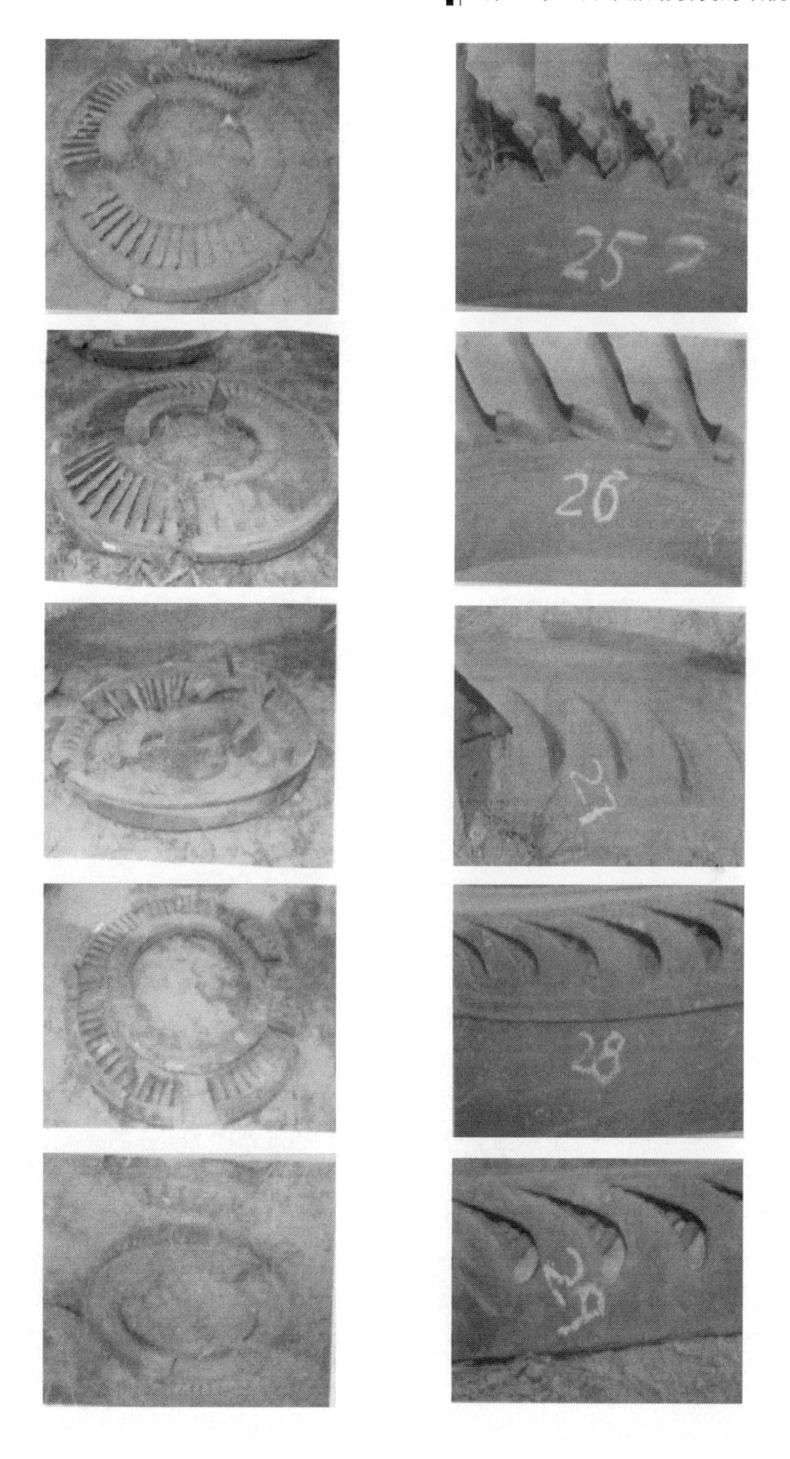
25
26
28

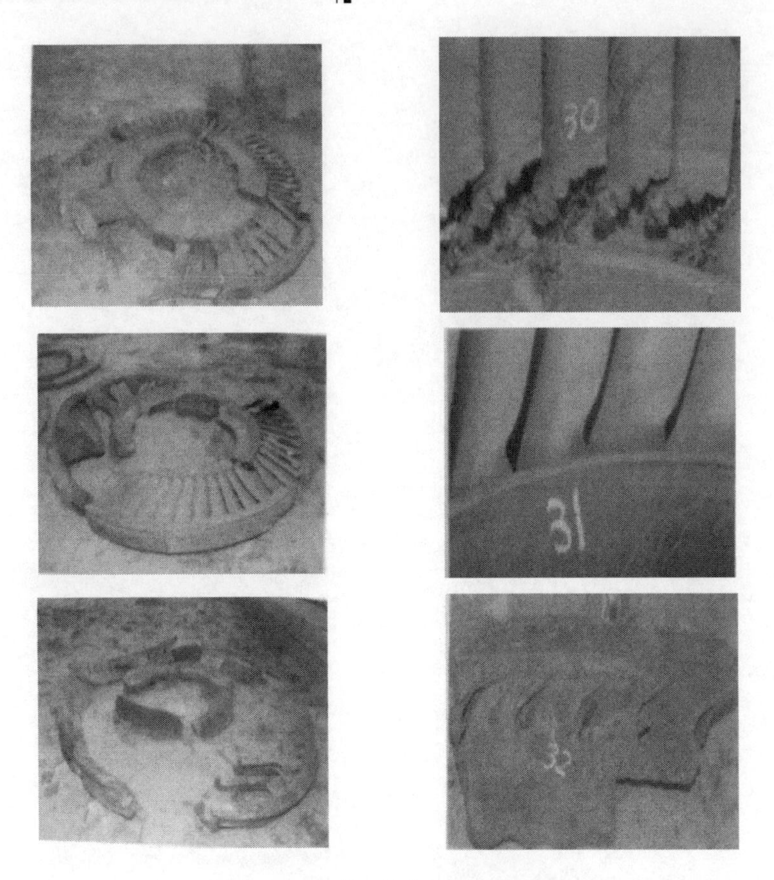

图 3-40　低压缸 10 级隔板损坏残骸

4. 主、辅设备

汽轮机高压缸和中压缸的猫爪翘起，立销不同程度损坏，缸体位移。图 3-41 为汽轮机低压缸损坏情况。汽轮机逆流低压缸的上缸左侧被击穿产生 100mm×300mm 的孔洞，排汽缸的上缸右侧被击穿产生 300mm×700mm 的孔洞，汽轮机逆流低压缸的下缸右侧中分面下部被击穿产生 1000mm×1000mm 的孔洞，并有四条垂直裂缝。汽轮机顺流低压缸的下缸左侧被击穿产生 150mm×300mm 的孔洞。图 3-42 为发电机转子和定子损伤情况。发电机定子底部局部扫膛，转子槽楔全部磨损，发电机的励磁机侧上端盖破损。中低压导汽管的汽轮机侧左部被击穿产生 300mm×1000mm 的孔洞，中部右侧断裂长约 1000mm，中低压导汽管的发电机侧左部被击穿产生 300mm×1000mm 的孔洞。盘车装置损坏，定子线圈飞出 A 排墙外，齿圈飞出约 25m 落在变电所内。四只中压调节汽门操纵座断裂倒塌，危急保安器打击板有明显凹坑，动作指示传感器损坏，危急遮断滑阀支架损坏。部分电气设备局部烧损，厂房屋顶、地面均有不同程度的损坏。

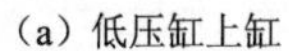

（a）低压缸上缸

（b）低压缸下缸

图3-41　汽轮机低压缸损坏情况

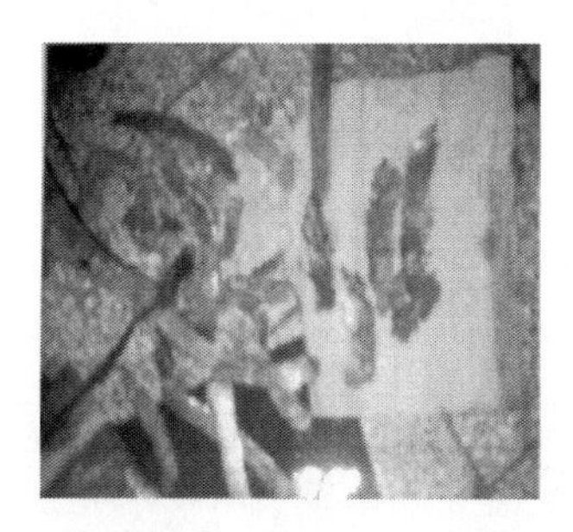

（a）发电机转子线圈甩出的铜线

（b）发电机定子磨损

图3-42　发电机转子、定子损伤情况

3.2.4　事故过程分析

根据数据采集站（data acquisition station，DAS）和事故顺序（sequence of event，SOE）的记录，将“8.19”事故过程中的主要运行参数和设备状态列于表3-22。“8.19”事故全过程分为三个阶段：1时47分30秒～1时47分37秒，自动主汽门关闭，发电机解列；1时51分24秒～1时53分37秒，汽轮机采用电液调节系统冲转，起动未成功；1时56分10秒～1时56分30秒，汽轮机采用液压调节系统起动冲转，机组损坏。“8.19”事故全过程时间约9min，机组损坏过程时间约为5s。

表3-22　事故过程时序

时间/时:分:秒	自动主汽门状态				主蒸汽压力/MPa	主汽门后压力/MPa	调节级压力/MPa	高排压力/MPa	中压缸前压力/MPa	主蒸汽流量/（t/h）	备注
	高压		中压								
	1	2	1	2							
1:47:30	关	开	关	关	13.3	12.18	8.26	1.93	1.67	536	主油压低，主汽门关闭

续表

时间/时:分:秒	自动主汽门状态				主蒸汽压力/MPa	主汽门后压力/MPa	调节级压力/MPa	高排压力/MPa	中压缸前压力/MPa	主蒸汽流量/（t/h）	备注
	高压		中压								
	1	2	1	2							
1:47:37	关	关	关	关	13.1	2.17	2.56	1.97	2.03	1.5	发电机油开关跳闸
1:50:36	关	关	关	关	13.1	1.48	0.71	0.78	2.10	1.5	高压油泵未开启，起动未成功
1:51:24	关	开	关	关	12.7	12.82	1.35	1.34	2.17	3.70	液压调节系统挂闸
1:51:26	关	开	关	开	12.7	12.80	1.35	1.34	2.08	4.80	—
1:51:32	关	开	关	开	12.7	12.80	1.42	1.41	2.08	4.30	—
1:53:37	关	关	关	开	12.8	12.8	1.87	1.71	2.08	4.26	电液调节系统冲转，汽门关闭
1:55:32	关	开	关	开	13.0	13.10	0.61	0.30	1.82	2.60	—
1:55:36	关	开	关	关	13.0	13.20	0.86	0.59	1.82	5.90	—
1:56:08	关	关	关	关	13.1	0.74	0.83	0.76	1.86	4.25	—
1:56:10	关	开	关	关	13.0	12.60	1.17	0.66	1.87	8.60	液压调节系统挂闸，冲转
1:56:14	开	开	关	关	12.4	12.60	3.87	1.93	1.80	290	19 秒时再热器热段安全门动作
1:56:20	开	开	关	关	11.2	12.10	5.90	2.40	2.30	555	20 秒时再热器冷段安全门动作
1:56:25	关	关	关	开	10.6	10.67	8.87	2.96	2.85	594	28 秒时再热器冷段安全门回座
1:56:27	关	关	关	开	—	—	—	—	—	—	28 秒时 21 级、22 级压差大报警
1:56:29	关	关	关	开	—	—	—	—	—	—	29 秒时再热器热段安全门回座
1:56:30	关	关	关	开	11.9	11.2	5.78	2.31	2.32	25.5	串轴、水位、瓦振报警
1:56:35	关	关	关	开	12.0	2.50	—	1.37	—	5.35	—

1. 第一阶段

1 时 47 分 30 秒机组负荷 20MW，出现“自动主汽门关闭”信号，同时发出“汽轮机润滑油压低停机”信号，1 时 47 分 37 秒正常联跳发电机主油开关，机组负荷到零。1 时 47 分 32 秒润滑油压低联动交流润滑油泵起动，1 时 47 分 34 秒联动成功，润滑油压恢复正常。此阶段过程时间约为 7s。对设备的解体检查、试验分析表明：

（1）主油泵齿型联轴器的失效，使主油泵轴与汽轮机主轴脱离，主油泵停止转动，是造成调速油压低，导致自动主汽门自动关闭的原因。

（2）在润滑油压低联动交流润滑油泵起动的过程中，产生低润滑油压运行约 938ms 的时间段，瞬时断油约 80ms。

（3）根据电力部液压控制质量检测中心对自动关闭器的试验结果，在自动主汽门关闭的过程中，当自动主汽门行程达 30～40mm 时即发出关闭信号，所以在 1 时 47 分 30 秒虽然出现自动主汽门关闭信息，但仍有相当于 20MW 负荷下的开度，此时调节汽门的开度处于未关闭状态，当发电机跳闸、自动主汽门完全关闭后负荷到零，甩负荷后转速略有飞升，上升了约20r/min。

2. 第二阶段

1时51分24秒汽轮机采用液压调节系统挂闸，高压和中压自动主汽门相继开启（详见图3-43）。在1时53分37秒之前，汽轮机高压缸调节级压力由1.35MPa缓慢上升到1.87MPa，高压缸排汽压力由1.34MPa缓慢升高到1.71MPa，中压自动主汽门门前蒸汽压力基本保持在约2.08MPa，高压缸处于闷缸状态。1时53分37秒汽轮机采用电液调节系统起动冲转，高压缸排汽压力突然降低到1.47MPa，中压自动主汽门门前蒸汽压力突然降低到1.48MPa，串轴指示由0.6mm增加到0.9mm（详见图3-44），随即高压自动主汽门和中压自动主汽门全部关闭（详见图3-43），调节级压力迅速降低，中压自动主汽门的门前蒸汽压力缓慢增加。锅炉保持两支油枪运行。此阶段的过程时间约为133s。分析表明：

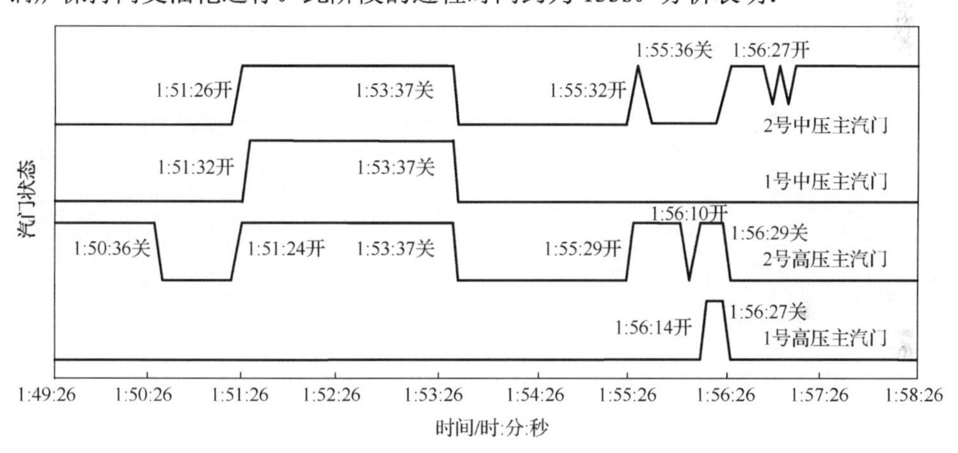

图3-43 高压、中压自动主汽门开启状态录波图

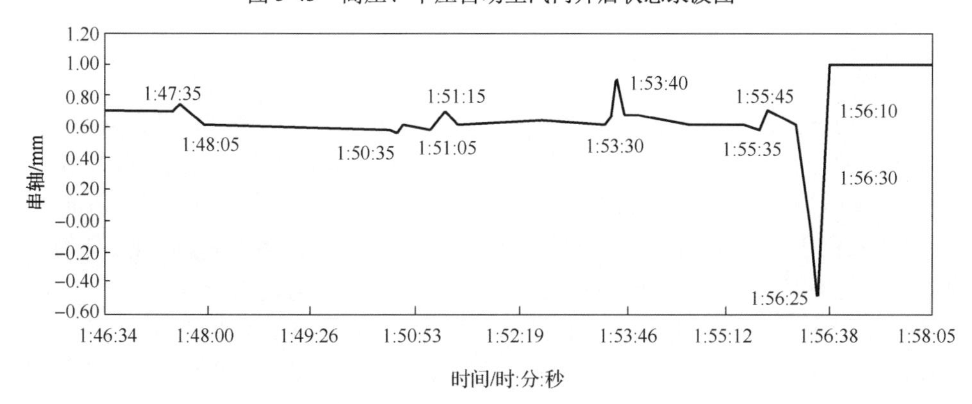

图3-44 事故过程串轴变化录波图

（1）1时51分24秒～1时53分37秒，汽轮机处于液压调节系统挂闸等待起动状态。此期间，根据高压缸调节级压力和中压自动主汽门门前蒸汽压力判断，高压调节汽门略有蒸汽漏流，中压调节汽门处于关闭状态，中压自动主汽门门前保持机组甩负荷后的再热蒸汽压力。

（2）由于汽轮机主油泵齿型联轴器的失效，汽轮机调节系统开环、转速失控，1时53分37秒汽轮机采用电液调节系统起动冲转，高压调节汽门和中压调节汽门瞬时开启。

（3）1时53分37秒“高压自动主汽门和中压自动主汽门关闭”信号光字牌亮，2只高压自动主汽门和2只中压自动主汽门同时关闭（详见图3-43），但无保护动作信号出现。在汽轮机电液调节系统的控制逻辑中，当给定转速与实际转速相差大于500r/min时，即刻自动实施停机，因而磁阻变送器失效、机组实际转速近于零是致使4只自动主汽门关闭的可能原因。

（4）由转速计算结果（详见图3-45）可知，汽轮机起动冲转前的转速约为1582r/min，冲转后1时53分40秒转速约达2811r/min。

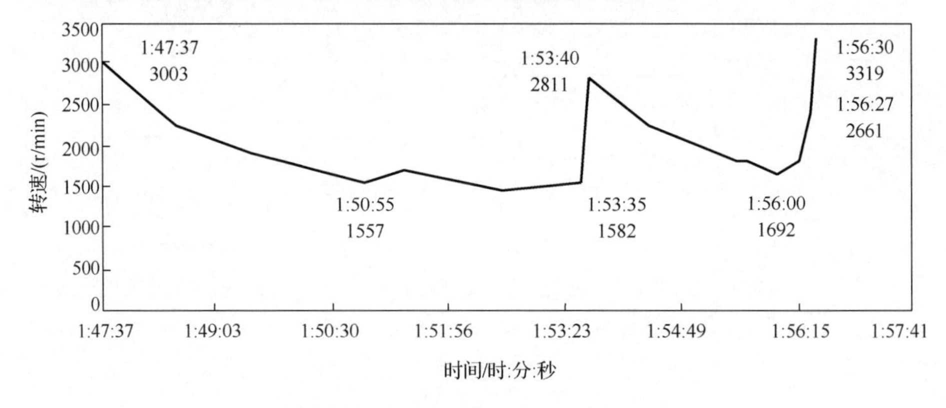

图3-45　事故过程转速计算结果图

3. 第三阶段

锅炉内两支油枪运行。1时56分10秒汽轮机采用液压调节系统起动冲转。在1时56分10秒～1时56分14秒时段内，两只高压自动主汽门相继开启，1时56分27秒中压自动主汽门出现开、关、开信号。在1时56分10秒～1时56分27秒时段内，高压缸排汽压力高于中压缸进汽压力，并逐步达到相等。1时56分25秒主蒸汽流量达594t/h，中压自动主汽门的门前压力达2.85MPa。1时56分17秒～1时56分19秒再热器热段的4只安全门相继动作。1时56分20秒再热器冷段的4只安全门动作。1时56分28秒冷段安全门回座。1时56分29秒热段安全门回座。1时56分28秒第21级和第22级隔板压差大报警，1时56分30秒轴向位移、水位和轴瓦振动停机保护动作。此阶段的过程时间约为 20s。分析表明：

（1）1 时 56 分 10 秒～1 时 56 分 14 秒的时段内，两只高压自动主汽门相继开启，1 时 56 分 27 秒～1 时 56 分 29 秒相继关闭（详见图 3-43）；1 时 56 分 10 秒～1 时 56 分 25 秒时段内，高压缸排汽压力高于中压缸进汽压力，并逐步达到相等；1 时 56 分 17 秒～1 时 56 分 19 秒再热器热段 4 只安全门相继动作（设计动作压力 2.33MPa）；1 时 56 分 20 秒再热器冷段的 4 只安全门动作（设计动作压力 2.6MPa）等。以上现象表明，在此时段内，仅高压汽门开启，高压缸依靠锅炉蓄能，瞬时最大进汽量约为 594t/h，在中压汽门开启之前，通过安全门泄放。

（2）由图 3-43 可知，中压自动主汽门于 1 时 56 分 25 秒开启，1 时 56 分 27 秒达全开，滞后于高压自动主汽门开启 10～14s，并滞后于高压自动主汽门关闭。1 时 56 分 27 秒中压自动主汽门出现开、关、开信号；1 时 56 分 28 秒再热器冷段安全门回座；1 时 56 分 29 秒再热器热段安全门回座；1 时 56 分 28 秒第 21 级和第 22 级隔板压差大报警（报警值 0.18MPa，跳机值 0.19MPa）；串轴值由−0.462mm 增至+0.33mm（详见图 3-44）等。以上现象说明，在 1 时 56 分 25 秒～1 时 56 分 27 秒的时段内，中压汽门突然开启，依靠再热蒸汽的蓄能，使蒸汽流量约达 594t/h，造成中压缸和低压缸瞬时进入大量蒸汽的特殊运行工况。

（3）机组轴振动幅值列于表 3-23，轴瓦的垂直振动幅值列于表 3-24。明显看出，1 时 56 分 25 秒机组振动突然增大，1 时 56 分 30 秒轴振动信号全部消失，确认轴系断裂、机组的损坏过程发生在 1 时 56 分 25 秒～1 时 56 分 30 秒的时段内。

表 3-23 机组轴振动幅值 （单位：μm）

时间/时:分:秒	3 号轴瓦		4 号轴瓦		5 号轴瓦	6 号轴瓦	
	水平	垂直	水平	垂直	垂直	水平	垂直
1:56:05	108.49	87.622	64.428	31.591	70.288	96.777	75.659
1:56:10	106.56	86.157	63.686	32.202	68.579	97.265	76.025
1:56:15	112.76	89.331	64.794	34.155	72.486	96.068	74.316
1:56:20	101.66	93.115	75.170	47.827	85.546	83.349	75.903
1:56:25	180.82	127.41	149.63	126.07	103.73	73.095	74.506
1:56:30	—	—	—	—	—	—	—

表 3-24 机组轴瓦垂直振动幅值 （单位：μm）

时间/时:分:秒	1 号轴瓦	2 号轴瓦	3 号轴瓦	4 号轴瓦	5 号轴瓦	6 号轴瓦	7 号轴瓦	8 号轴瓦
1:56:10	1.9409	3.7109	4.1992	7.6171	11.645	10.791	7.6171	15.185

续表

时间/ 时:分:秒	1号轴瓦	2号轴瓦	3号轴瓦	4号轴瓦	5号轴瓦	6号轴瓦	7号轴瓦	8号轴瓦
1:56:15	5.9082	5.6640	4.8095	9.4482	19.396	11.706	5.8471	13.232
1:56:20	3.5278	4.9826	7.9833	27.758	15.429	16.894	11.828	19.946
1:56:25	12.988	6.9458	18.603	58.459	9.0209	28.247	9.5082	23.486
1:56:30	199.98	199.93	4.3623	0.9033	0.4150	0.2929	199.93	2.5512

（4）在机组起动升速的过程中，采用高压调速油泵运行，系统油压约为1.65MPa（主油泵运行时系统油压为2.2MPa）。该型机组为抽汽式机组，汽轮机采用电液并存调节系统，在高压油泵容量未改变的条件下，油系统的备用容量相对较小；另外，中压自动主汽门门前蒸汽压力较高，约为2.85MPa（额定压力2.1MPa），油动机的提升力显示不足，尤其在同步器操作稍快、系统供油量不足的情况下，将会影响油动机的正常开启规律（详见图3-43）。试验也表明，中压自动主汽门的确存在滞后于高压自动主汽门开启的条件。

（5）“8.19”事故后，对自动主汽门行程开关工作状态的试验结果表明，其工作可靠性较差，尤其是1号高压自动主汽门和1号中压自动主汽门，汽门开关的动作信号不能代表汽门的实际状态。2号高压自动主汽门开启行程为65mm（最大行程为80mm）时，汽门开关动作才显示开启。2号中压自动主汽门开启行程为123mm时，汽门开关动作才显示开启。根据模拟试验结果，在事故过程中，低压旁路未能开启，在中压自动主汽门门前蒸汽压力达2.85MPa、系统油压为1.6MPa的工况下，2号中压自动主汽门行程为121～136mm时，汽门开关处于似动非动状态。因而在1时56分27秒中压自动主汽门出现似开似关现象，说明中压自动主汽门已近于全部开启。

（6）在汽轮机采用液压调节系统起动升速的过程中，调节汽门的开度取决于同步器的位置，转速的飞升取决于调节汽门的开度。在机组起动过程中，转速闭环控制下，对应于11mm的同步器行程，调节汽门仅处于刚刚开启的状态，对应于29mm的同步器行程，调节汽门的开度能维持机组3000r/min运行；但在调节系统开环、转速失控时，对应于11mm的同步器行程，调节汽门可达到全开，所以，在事故过程中，高压调节汽门和中压调节汽门近于全开状态。

（7）机组大修后进行了危急保安器提升转速试验，Ⅰ号飞锤动作转速为3232r/min、Ⅱ号飞锤动作转速为3255r/min。事故后对危急保安器的动作转速进行了校核试验，Ⅰ号飞锤动作转速为3148r/min，Ⅱ号飞锤动作转速为3144r/min，并有良好的复现性。事故后检查危急保安器打击板有明显凹坑，表明事故过程中危急保安器已动作。

（8）由转速计算结果（详见图 3-45）可知，机组冲转时的转速约为 1692r/min，在机组损坏过程时段内的最高转速约为 3319r/min。

3.2.5　主要设备损坏原因分析

1. 主油泵齿型联轴器失效原因分析

主油泵齿型联轴器由左右外齿轴套和左右内齿套筒构成，左外齿轴套套装在主油泵侧轴端部，右外齿轴套套装在主轴侧轴端部，左右内齿套筒用法兰连接置于对应的两只外齿轴套上，依靠渐开线齿型传递转矩。内外齿套均为 38 个齿，齿长 20mm（内齿为 28mm）、齿高 5.5mm、节圆齿宽 4.71mm、齿顶宽 3mm。

图 3-46 为主油泵齿型联轴器损坏图，内外齿咬合面磨损、脱开失效。左外齿轴套在主油泵侧 16～17mm 范围内磨损，其中约 12mm 长度内齿高磨损约 5mm、齿宽约剩余 1.3mm；右外齿轴套不仅在主油泵侧约 11.8mm 范围内磨损，并且还有 1/3～2/3 长度从齿根发生断裂；右内齿套筒在主轴侧约 14mm 范围内磨损，并有 1/3 齿长被挤压形变；左内齿套筒在主轴侧约 16.5mm 范围内磨损，其中约 11mm 长度内齿宽磨损约 1.5mm。左右两只挡油环被磨损，内齿套筒整体移向主油泵侧。中国科学院金属研究所失效分析中心为了分析主油泵齿型联轴器的失效原因，对其材质、结构尺寸以及安装情况等进行了检验、测量和核查。

（a）左右外齿轴套

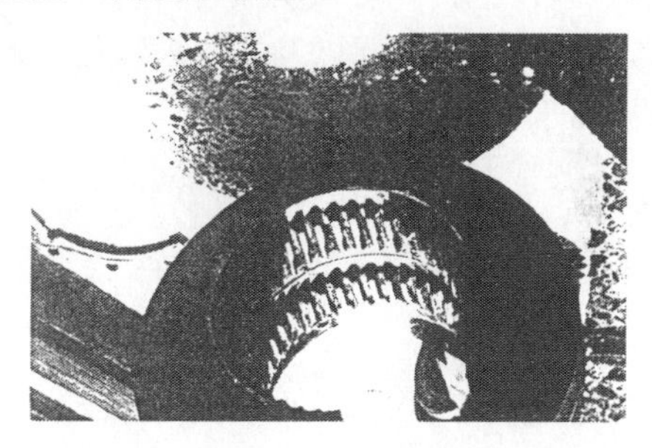

（b）左右内齿套筒

图 3-46　主油泵齿型联轴器损坏图

1）材质分析

左右内齿和左外齿材料为 38CrMoAi 钢，化学成分和表面硬度合格。基体热处理和表面渗氮处理均不合格，导致芯部块状铁素体超过 4 级、索氏体粗大、硬度过低。齿表面渗氮层不均匀，渗氮层组织疏松，右内齿渗氮层脆性超标，右外齿材料为 32Cr3MoV，与图纸设计要求不符，表面硬度合格，芯部基体硬度比左内齿高 1 倍。

2）结构尺寸

右内齿套筒宽度设计值55mm，实际值51mm。挡油环黄铜板厚度设计值3mm，实际值2.5mm。同心度、齿顶弧度、节圆直径等因条件所限未能测量，其他结构尺寸均符合图纸设计要求。

3）安装情况

左右内齿套筒的位置装反。左外齿轴套中心与右外齿轴套中心标高差0.20mm，符合该设备出厂“汽轮机证明书”的要求，但小于图纸设计要求的0.25～0.30mm。左外齿轴套中心与右外齿轴套中心左右偏差为0.055mm，大于图纸要求的0.03mm。

4）主油泵齿型联轴器失效原因分析结果

（1）虽然右内齿套筒宽度和挡油环黄铜板厚度加工尺寸有误，以及左右内齿套筒的位置装反，但计算分析表明，安装时内外齿套的咬合长度仍能满足图纸设计要求。

（2）左外齿轴套中心与右外齿轴套中的标高差、左右偏差的实际值与图纸要求有偏差，可能使内外齿更易磨损。

（3）主油泵齿型联轴器原设计普遍存在着润滑不良，是易使内外齿磨损的主要因素。

（4）左右内齿和左外齿材料的基体热处理及表面渗氮处理不合格、齿表面渗氮层缺陷严重超标以及右内外齿材料的不匹配，是齿型联轴器低寿命失效的主要原因。

（5）主油泵齿型联轴器失效直接造成汽轮机调节系统开环、机组转速失控。

2. 中压转子断裂原因分析

事故中机组转子有 5 处为轴颈断裂，分别在汽轮机低压转子两侧轴端、发电机转子两侧轴端和汽轮机中压转子的发电机侧，均在第 1 轴封套向第 2 轴封套过渡的 R 角处。根据断口的宏观形貌分析，汽轮机低压转子、发电机转子断裂性质均为弯曲、扭转、大应力瞬时塑性断裂。汽轮机中压转子主断口存在环形平断面，并且在主断口两侧各轴封槽内的 R 角处均有宏观裂纹。断口有别于其他断口的宏观形貌，所以重点分析中压转子的断裂原因。

（1）材质。通过检验测定，转子材料为30Cr2MoV 钢，其化学成分、机械性能符合制造厂工厂标准。金相组织为回火索氏体和回火贝氏体，晶粒度大部分小于 5 级，局部为 2～3 级。该材料热处理温度不均匀。夹杂物为 1～2 级。

（2）转子表面状态。实测转子表面光洁度为∇4～∇5，设计加工要求为∇6。汽封槽内表面刀痕交接处有微裂纹和腐蚀坑，腐蚀坑下已萌发周向裂纹，深度达0.02～0.07mm。还有滑移形变引起的周向和 45° 方向的裂纹，这些裂纹有早期的也有在事故中形成的。还测量到主断口 R 角半径与轴表面未平滑过渡相切，形成约为 0.43mm 的环形尖锐裂口，设计要求不大于 0.1mm。

（3）转子表面存在加工缺陷，应力集中较严重，降低了材料抗疲劳能力，对轴的疲劳寿命将有重要影响，是事故的隐患。在机组受到冲击、发生强烈振动等异常工况下，极易损坏。

（4）汽封槽内裂纹断口的形貌、裂纹的产生与发展，与主断口基本相同。

（5）对主断口开裂性质的分析：

一种分析认为，由于 R 角的过渡衔接不符合工厂加工标准的要求而形成 0.43mm 的环形尖锐裂口。在交变应力的作用下，可直接产生疲劳裂纹的扩展；事故后材料的$\sigma_{0.2}$和$\sigma_{0.02}$的差值较小，为 20～25MPa，说明转子未经循环塑性失稳而断裂；裂纹扩展 1 区断面氧化膜相对较厚。据此可确认，在事故之前转子已形成疲劳裂纹扩展。

另一种分析认为，在主断口相接的转子表面和圆角过渡区存在大量形变带及由此引起的裂纹，轴封根部开裂处存在明显的塑性形变，主断口 1 区存在大量无规则的二次裂纹，其余区域为纤维状拉长和等轴韧窝。据此可确定主断口的开裂是由过载造成的。

（6）主断口的 1 区较平整，未发现典型韧窝，有二次裂纹，其他区以韧窝为主。转子的最终断裂性质为弯曲、扭转、大应力瞬时过载塑性断裂。

3. 低压缸隔板损坏原因分析

该型汽轮机低压缸为分流结构，顺流侧和逆流侧各有 5 级铸铁隔板，事故中 10 级隔板全部碎裂。事故后将隔板残骸分别进行了拼接，对隔板残骸、汽轮机低压缸缸体、低压转子叶轮进行了全面的检查，隔板损坏残骸详见图 3-40。逆流侧比顺流侧损坏严重，上下板体和外环均在与中分面成 90° 角处断裂，每级隔板沿幅向位置断裂 10 余块，大部分导叶从叶根或叶顶处拔出。

为分析隔板损坏的原因，清华大学根据振荡流体力学原理，对低压缸在瞬时大流量工况下，隔板级间最大压差进行了计算。在北京龙威公司加工基地，对铸铁隔板进行了破坏性试验，试验、计算及分析表明：

（1）按振荡流体力学理论，对于汽轮机中压缸瞬时进入 300～600t/h 蒸汽的工况，中压缸隔板和低压缸隔板将受到较大压力波的冲击，对低压隔板级间的最大压差进行计算，计算结果列于表 3-25。各级低压隔板的最大压差均为设计压差的 10 倍以上。

（2）为证实低压铸铁隔板承受大压差的能力，选择与低压缸第 3 级事故隔板相当的三排汽 200MW 汽轮机低压缸第 3 级的铸铁隔板，进行静态加载破坏性试验，使导叶屈服的加载力约为设计压差的 6.5 倍，隔板破坏时的加载力约为隔板设计压差的 10 倍。

表 3-25　低压隔板级间最大压差　（单位：MPa）

工况	21/22 级	23 级/28 级	24 级/29 级	25 级/30 级	26 级/31 级	27 级/32 级
设计工况（级）	0.161	0.1100	0.0667	0.0455	0.0293	0.01551
600t/h 工况	0.15～0.28	2.50～3.30	0.50～0.80	0.70～0.80	0.81	0.45～0.80
300t/h 工况	0.07～0.14	1.20～1.60	0.15～0.21	0.35～0.40	0.55	0.21～0.40

（3）试验隔板的板体和外环均在与中分面成 90°角处断裂，中分面两侧导叶进汽侧在叶顶处断裂，出汽侧在叶根处断裂。其损坏特征符合隔板应力的分布规律，与机组事故中低压缸隔板的损坏特征基本一致。因而，事故中隔板的损坏具有在大压差作用下损坏的特征。

（4）实际测量、解剖检查等表明，事故隔板大部分导叶从叶根或叶顶处拔出、脱落，这与导叶局部插入深度不够、浇铸接合不良有关。

（5）根据试验、计算、隔板损坏特征和事故过程等综合分析认为，在事故过程中 1 时 56 分 25 秒～1 时 56 分 30 秒的时段内，汽轮机中压缸和低压缸存在瞬时进入大流量蒸汽的工况，低压隔板在压力波冲击的作用下，隔板级间压差远大于设计压差，超过了隔板实际强度极限，致使隔板全部损坏。

4. 轴系损坏原因分析

事故中机组轴系断为 11 段，10 个断裂面（详见图 3-35），其中 5 处为轴颈断裂，4 处为对轮螺栓断裂，1 处为齿型联轴器失效。断轴拼接后的转子详见图 3-36。推力瓦、1 号轴瓦、2 号轴瓦和 3～9 号轴瓦的上瓦基本完好，3～9 号轴瓦的下瓦均具有以机械损伤为主的损坏特征，个别轴瓦有火烧痕迹，轴瓦损坏情况详见图 3-38。计算、检查及根据设备的损坏特征和事故工况的分析表明：

（1）轴系计算结果以及机组振动历史记录均表明，机组轴系稳定性、抗振性能和平衡状态良好。各阶临界转速均避开工作转速的±10%（详见表 3-26）；轴系各阶涡动频率下的对数衰减率大于 0.065（详见表 3-26）；失稳转速约为 3930r/min，大于工作转速的 25%；Q 因子（质量因子）小于美国西屋电气公司的规定值。

（2）断油和供油不足会导致轴瓦油膜阻尼的降低，产生振动，使轴瓦损伤或对轴系造成冲击，一般在供油油量等于最小油量的 20%时，其振动幅值约增加 40%。在事故初期，虽有瞬时供油不足的现象，但断油和低油压运行的时间较短，振动幅值未有明显的变化，不能构成对轴系的威胁。

表 3-26　轴系临界转速和对数衰减率

项目	高压转子	中压转子	低压转子	发电机转子（大齿方向）	发电机转子（小齿方向）	励磁机转子（垂直）	励磁机转子（水平）	中低压转子联轴器	低压转子与发电机间联轴器
一阶临界转速/（r/min）	1960	1840	1760	1205	940	2034	1697	4929	6686
二阶临界转速/（r/min）	—	—	—	3458	2162	—	—	—	—
对数衰减率	0.64	0.35	0.7	0.28	—	—	—	—	—

（3）从表 3-22 和表 3-23 可知，在事故过程中 1 时 56 分 25 秒，机组振动突然增大，1 时 56 分 30 秒轴振动信号全部消失，该时段与汽轮机中压缸和低压缸瞬时进入大量蒸汽的特殊工况、隔板损坏的过程时间完全吻合。因此，汽轮机低压缸铸铁隔板的损坏，使静、动部件严重碰撞，机组发生强烈振动，在机组降速、制动的过程中，致使转子断裂、轴系破坏。

3.2.6　“8.19”事故原因分析结论

（1）汽轮机主油泵齿型联轴器左右内齿和左外齿材料的基体热处理和表面渗氮处理不合格，齿表面渗氮层缺陷严重超标，右内齿和外齿材料的不匹配，右外齿错用材料、加工有误，以及润滑不良等，是主油泵齿型联轴器低寿命失效的主要原因。

（2）汽轮机主油泵齿型联轴器内外齿咬合面磨损失效，使主油泵轴与汽轮机主轴脱开，调速器、测速齿盘与主轴脱开，造成汽轮机调节系统开环、机组转速失控，是事故的起因。

（3）在汽轮机调节系统开环、机组转速失控的条件下，对事故的起因未能作出正确的判断，并在无任何转速监视手段的情况下，机组再次起动，是致使机组转速急剧飞升 1600r/min 的主要原因。

（4）在机组再次起动的过程中，汽轮机旁路系统未能开启，中压自动主汽门又滞后于高压自动主汽门开启，中压缸瞬时进入大量再热蒸汽，铸铁隔板损坏，引发了轴系断裂，是机组毁坏的主要原因。

因而，汽轮机主油泵齿型联轴器失效是“8.19”事故的起因。主油泵齿型联轴器的失效导致了汽轮机调节系统开环、机组转速失控，在机组再次起动、转速急速飞升的过程中，汽轮机低压缸瞬时进入大量蒸汽的特殊工况下，汽轮机低压铸铁隔板在大压差冲击下首先碎裂，静、动部件严重碰撞，机组强烈振动，在机组降速、制动的过程中，致使转子断裂、机组损坏。

3.2.7 防范措施

（1）主油泵齿型联轴器是汽轮机极为重要的部件，其磨损现象在国内较为普遍，对其设计、制造质量必须高度重视。要认真总结设计中的问题，严格控制制造、加工质量；应有防止内齿套筒相对位移过大的措施，进一步改善齿的润滑状况；严禁错用材料，严格规范材料的处理工艺。确保主油泵齿型联轴器使用的安全性、可靠性。

（2）加强备品备件的质量管理工作。按标准认真检查各项指标，严把备品备件及设备质量关，防止不合格的备品备件进厂，进而保证备品备件的安全可靠性。

（3）铸铁隔板在国产200MW机组上被广泛使用，其制造、加工工艺要求较高，尤其是导叶的插入深度、浇铸结合的程度以及设计的型线等，一般较难控制，在正常运行中虽未发生过大的问题，但在异常工况下极易损坏。为提高运行的安全性和经济性，建议今后制造厂在开发新机组时考虑将铸铁隔板改为焊接隔板，以提高抗冲击能力。

（4）加强技术培训，提高人员素质。人员素质与生产和技术的发展水平不匹配是普遍现象，尤其是人员中的青年较多、经验不足的现状。要加强人员的岗位技术培训，建立严格的技术考核制度，提高运行人员对一般事故和特殊事故的判断、应变能力和水平。

（5）加强技术管理，杜绝事故隐患。设备的健康水平是保证机组安全运行的先决条件，无论大小缺陷均要查明原因、及时消除，决不可放过。要对200MW机组的主油泵齿型联轴器进行一次全面的检查，发现问题及时处理。按规定认真完成金属监督工作，要求对汽轮发电机转子进行金属检查。

（6）完善运行规程。对现有200MW机组的运行、检修规程进行全面的审查，结合设备、系统的实际情况加以充实完善。如主油泵标高、低油压保护联动值、再热器压力的控制要求等，应进行深入研究，纳入规程。要针对汽轮机电液并存调节系统易发生的故障，编进运行规程的事故处理章节，以使运行、检修人员操作有章法、判断有依据。

（7）就地增设在主轴上测取信号源的转速表，便于运行人员在冲转升速及事故处理过程中对照和分析。

第4章　转子材料缺陷、应力腐蚀引发的毁机事故

4.1　哈尔滨第三发电厂3号机组发电机转子材料缺陷引发损坏

2002年4月18日，哈尔滨第三发电厂3号机组因振动大紧急停机，经检查发现发电机的励磁机侧护环下面、转子本体与轴柄的过渡圆角处有沿转子周向165°、最大深度为180mm的裂纹，发生了转子严重损坏事故（简称“4.18”事故）。国家电力公司成立哈尔滨第三发电厂3号机组发电机转子裂纹原因分析专家组，专家组于2002年5月16日至8月15日，在黑龙江省电力公司与哈尔滨电机厂联合调查组的大力支持和配合下，进行了事故原因的分析。通过对机组的运行工况、转子锻造、设计、制造的调查，材料特性的试验分析，裂纹断口的分析，以及转子受力计算分析等大量工作，提交了《哈尔滨第三发电厂3号发电机转子裂纹原因分析报告》，确认转子裂纹性质为低名义应力下的高周疲劳开裂，励磁引线压板槽的槽底根部R角曲率半径小，产生严重的应力集中，以及锻件存在冶金夹渣等是造成转子产生裂纹的主要原因。哈尔滨第三发电厂3号机组“4.18”事故概况综述如下。

4.1.1　机组概况

哈尔滨第三发电厂3号机组为哈尔滨电站成套设备公司生产的国产首台优化型600MW机组，N600-16.7/537/537-1型中间再热式汽轮机、QFSN-600-2YH型水、氢、氢冷发电机，于1996年1月27日投产发电。1998年3月16日曾因发电机转子励磁引线压板螺钉断裂，造成发电机定子和转子严重损坏返厂处理，同时将4号发电机的定子和转子换至3号机组上。于1998年7月10日投入运行，截至2002年4月18日，累计运行20935.46h，发电量9390230MW·h，起停78次，其间机组未曾发生过发电机失磁、非同期并网、非全相解列等故障。

4.1.2　发电机转子裂纹发现过程

3号机组于2002年4月5日起动，由备用转为正常运行。4月9日5时0分，机组有功功率378MW、无功功率194Mvar，发现8～11号轴瓦的轴振动幅值均有

所上升，其中 9 号轴瓦的轴振动幅值由 75μm/72μm（绝对振动/相对振动，下同）上升到 95μm/76μm，10 号轴瓦的轴振动幅值由 32μm/27μm 上升到 72μm/30μm。采取调整负荷、真空等运行措施，均未能抑制机组振动的上升趋势，经黑龙江省电力调度中心同意，于 21 时 25 分机组与系统解列。解列前，9 号轴瓦的轴振动幅值为 210μm/192μm，10 号轴瓦的轴振动幅值为 185μm/104μm。当机组惰走通过临界转速区时，9 号轴瓦和 10 号轴瓦的轴振动幅值均达到 500μm（指示满度）。停机后对发电机进行了全面检查，仅发现 9 号轴瓦外油挡磨损严重，更换了油挡。4 月 18 日机组再次起动，升速至发电机一阶临界转速时，振动大保护动作机组跳闸，为查清发电机异常振动的原因，决定将转子返回制造厂检查。

哈尔滨电机厂对发电机转子进行了宏观检查和电气性能试验，各项指标均未发现与出厂试验有明显变化。发电机励磁机侧护环内侧 100mm 处径向跳动值达到 600μm。根据检测结果，判定发电机转子已产生严重形变，决定拔护环检查。拔出护环进行转子表面着色检验，发现发电机转子励磁机侧的端部与轴柄过渡圆角处有一周向裂纹，裂纹位置详见图 4-1。

（a）事故发电机转子

（b）转子开裂部位

图 4-1　发电机转子及裂纹位置

裂纹断口解剖前进行了转子外表面金相和硬度检查、转子磁记忆检测、残余应力测量、转子中心孔超声波探伤。采用在裂纹对侧排孔折断的方法，进行了裂纹断口的解剖，断口宏观形貌详见图 4-2。

图 4-2　断口宏观形貌

4.1.3　发电机转子材质和断口分析

1. 转子中心孔探伤、残余应力测量和磁记忆检测

（1）采用转子中心孔超声扫查成像检测装置，进行发电机转子中心孔探伤。探伤检验结果：在裂纹附近 100mm 范围内，存在 6 处大于或等于ϕ1.6mm 横通孔当量缺陷。

（2）中国科学院金属研究所失效分析中心采用盲孔法对开裂后的转子进行残余应力测量。测量结果：发电机转子励磁机侧裂纹的部位与发电机转子汽轮机侧相应位置的周向和轴向均为−139～−11MPa 的压应力；裂纹对侧相对位置的周向和轴向约为 60～81MPa 的拉应力。由于裂纹的出现，残余应力将会重新分布，以达到新的平衡，因而尚不能准确判定转子的原始残余应力。经简化推导估算，原始残余应力比实测残余应力高约 20%。

（3）黑龙江电力科学研究院采用金属磁记忆法检测裂纹区沿周向的应力状态分布。转子裂纹断面出现了磁场法向分量，对于具有较大的绝对值和应力梯度的部位和区域，应力最大部位在励磁引线压板槽附近，应力梯度 K 值大于 1000，远超过不大于 50 的要求，表明了该部位具有较高的累积应力水平，与断口分析结果基本一致。

2. 转子材料性能

（1）化学性能。转子材料化学分析结果见表 4-1，符合 26Cr2Ni4MoV 合金钢化学元素成分的要求。

表 4-1　转子材料化学成分　（单位：%）

成分		质量分数
碳	C	0.27
硅	Si	0.25
锰	Mn	0.27
硫	S	0.0095
磷	P	0.0091
铬	Cr	1.72
镍	Ni	3.42
钼	Mo	0.45
氮	N	0.0084
铼	Re	0.0027
钒	V	0.12

（2）力学性能。转子断口附近材料力学性能试验结果见表4-2。在光滑式样、旋转弯曲、循环次数为2×10^6的试验条件下，疲劳极限σ_{-1}为390MPa，材料的低温脆性转变温度（fracture appearance transition temperature，FATT）为44℃。根据《300～600MW汽轮发电机转子锻件技术条件》（JB/T 7178—1993）标准的要求，冲击功$A_{kv}\geqslant$90J、材料的FATT≤−12℃，因而，该材料的A_{kv}值和FATT均不符合要求，为不合格转子。

表4-2　转子材料力学性能

屈服强度 $\sigma_{0.2}$/MPa	抗拉强度 σ_b/MPa	屈服极限 δ_5/%	断面收缩率 ψ/%	冲击功 A_{kv}/J
680～688	850～841	17～19	50～59	32～56

（3）金相组织。转子的金相组织较为均匀，发电机转子汽轮机侧和励磁机侧的组织基本一致，均以贝氏体为主，并有少量的铁素体。

3. 断口分析

中国科学院金属研究所失效分析中心对发电机转子裂纹断口进行微观和宏观分析，断口宏观形貌详见图4-2。裂纹沿周向165°，最大深度180mm，裂纹断面面积约为转子截面的三分之一。裂纹断口为新月形呈浅碟状，断面平坦呈细瓷状，断口附近未见明显的宏观形变，为亚临界裂纹扩展，系非瞬时断裂。对断口宏观形貌分析认为，断口具有贝壳纹、一次放射线和二次放射线等疲劳断裂特征，断口为高周疲劳断裂，断裂源位于励磁机引线压板槽的槽底根部R角及附近区域，裂纹源区域宏观形貌详见图4-3。

（a）裂纹源区域宏观形貌

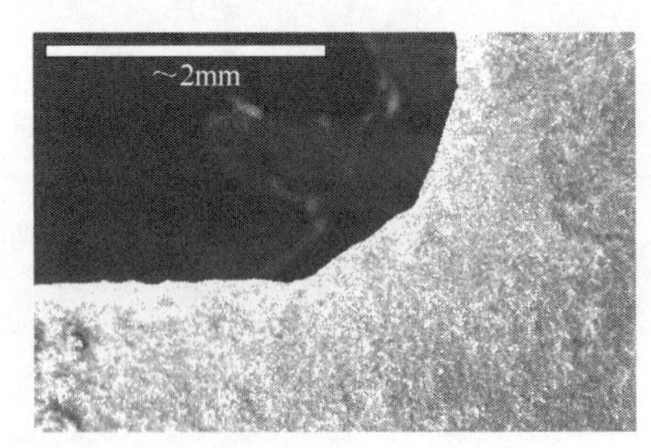

（b）压板槽槽底R角（30×）

图4-3　裂纹源区域宏观形貌

在扫描电镜下，观察断口的微观特征（详见图4-4）。断口微观形貌具有条纹、小断块和与裂纹扩展方向基本垂直的二次裂纹等疲劳特征。裂纹走向从压板槽的

槽底根部 *R* 角区域开始，在垂直于变截面过渡区主应力方向，沿径向和周向综合扩展，形成疲劳断面。有 20%～30%的断面为沿晶断裂，表明材料呈脆性，对缺口的敏感性强。

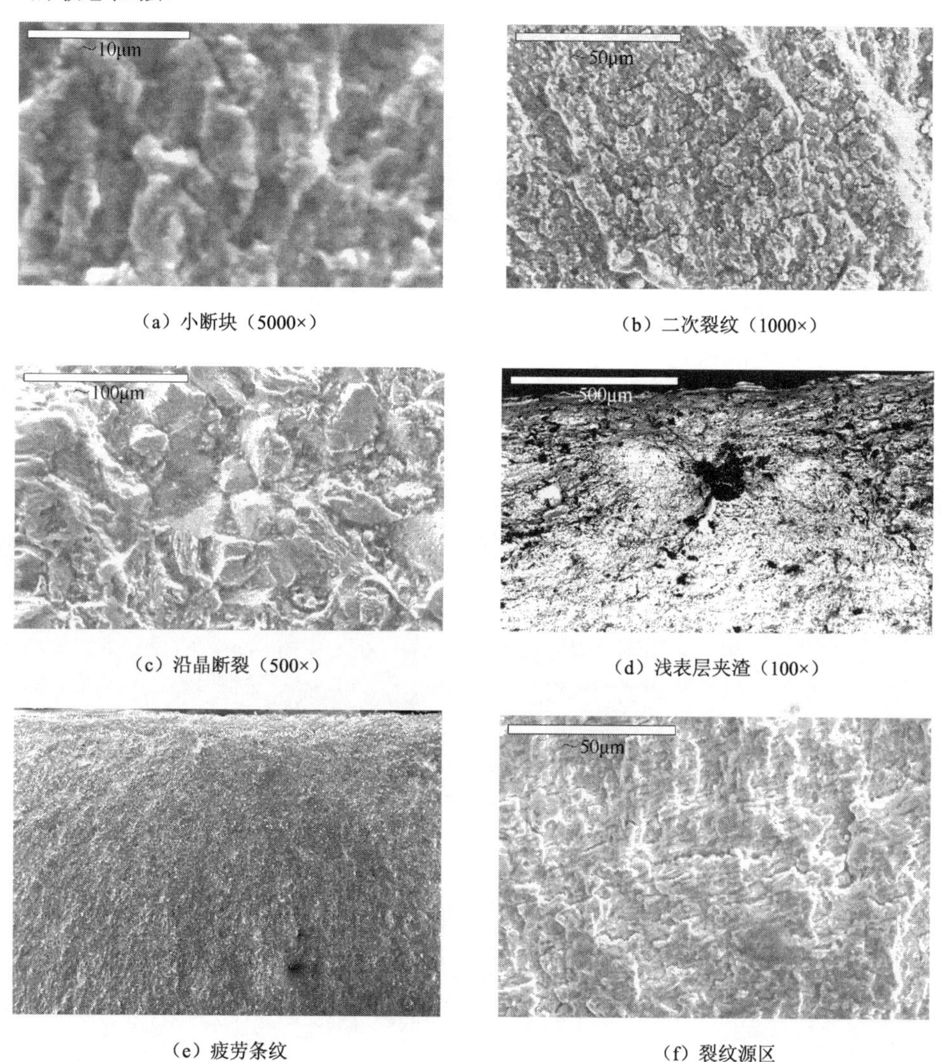

（a）小断块（5000×）　（b）二次裂纹（1000×）

（c）沿晶断裂（500×）　（d）浅表层夹渣（100×）

（e）疲劳条纹　（f）裂纹源区

图 4-4　断口微观形貌

对于励磁引线压板槽的槽底根部 *R* 角曲率半径，美国西屋电气公司原设计为 6.35mm，哈尔滨电机厂将之减小到 3mm（详见图 4-5），实际测量最小处仅约为 1mm，且形状不规则并带有尖角（详见图 4-6），应力集中情况极其严重。在励磁引线压板槽的槽底根部 *R* 角附近，距表面 0.2mm 处还存在形状不规则且带有尖角、成分为硅铝酸钙的浅表层夹渣（详见图 4-4）。

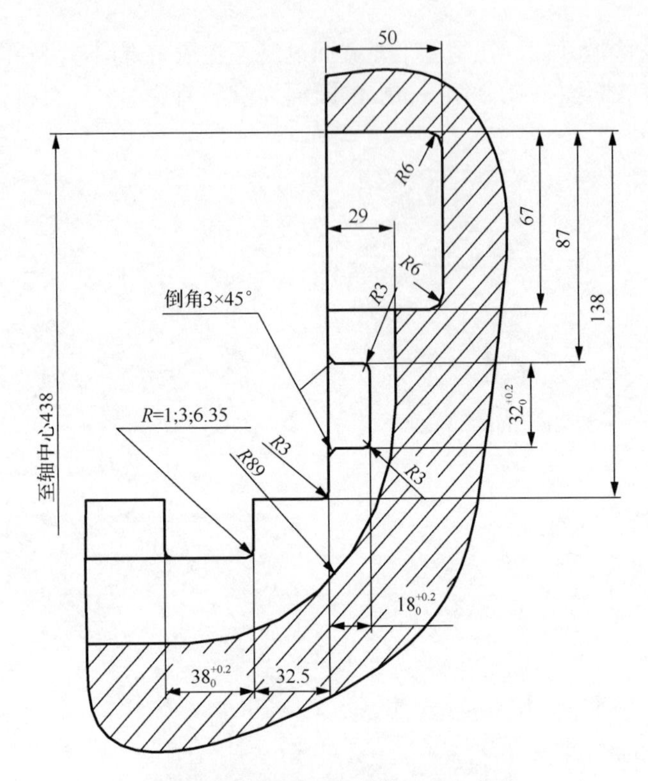

图 4-5　压板槽槽底根部 R 角结构尺寸（单位：mm）

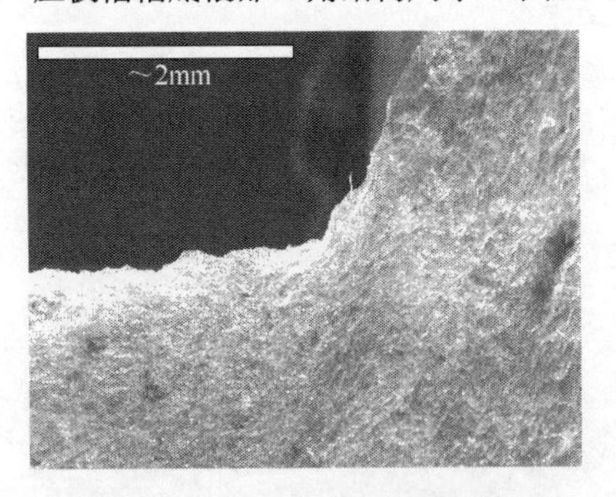

图 4-6　压板槽槽底根部 R 角

材质和断口分析结果表明：

（1）材料化学性能符合 26Cr2Ni4MoV 合金钢化学元素成分的要求；

（2）材质的 FATT 和冲击功 A_{kv} 超标；

（3）压板槽根部附近存在浅表层夹渣；

（4）励磁机引线压板槽的槽底根部 R 角处严重应力集中；

（5）转子裂纹性质为低名义应力高周疲劳开裂。

4.1.4 励磁引线压板槽 *R* 角疲劳强度校核

励磁引线压板槽 *R* 角疲劳强度校核是针对转子裂纹的性质，根据裂纹断面在设计条件下的弯矩，励磁引线压板槽的槽底根部 *R* 角的设计和实际尺寸，采用实体模型、ANSYS 有限元软件，计算了裂纹断面 *R* 角处最大弯曲交变应力。根据励磁引线压板槽的槽底根部 *R* 角处最大弯曲交变应力的计算结果、设计条件下的平均应力、实测的疲劳极限，用第三强度理论对裂纹断面 *R* 角处进行疲劳强度校核，校核计算结果列于表 4-3。

表 4-3　疲劳安全系数

曲率半径 *r*/mm	应力集中系数	疲劳安全系数 *n*（*q*=1）
1	5.75	2.07
3	5.26	2.26
6.35	4.25	2.80

裂纹断面 *R* 角处强度校核计算结果表明：采用实体模型、ANSYS 有限元软件，计算裂纹断面 *R* 角处最大弯曲交变应力，并由此计算出励磁引线压板槽的槽底根部应力集中系数。据此校核励磁引线压板槽的槽底疲劳安全系数，在 *r*=1mm 和 *r*=3mm 条件下疲劳安全系数均小于 3，不满足美国西屋电气公司规定的在不考虑机组不对中情况下 *n* 应该大于 3 的要求。另外，根据有关文献，关于变截面圆轴受弯时的应力集中公式，计算励磁引线压板槽的槽底根部 *R* 角的应力集中系数，并进行强度校核估算，校核计算结果与有限元计算结果基本一致。

4.1.5 转子裂纹事故过程振动情况

1. 机组正常工况下振动情况

在事故过程中发电机出现异常振动，尤其是二倍频，针对裂纹转子特征的二倍频响应较为明显。表 4-4 为发电机转子和轴系临界转速设计值汇总表。表 4-5 为 1999 年机组大修前后转子轴瓦轴振动幅值汇总表。

表 4-4　临界转速设计值汇总表　　　（单位：r/min）

阶数	发电机弯曲振动临界转速	轴系扭转振动临界转速
1	745	891
2	2155	1465
3	5160	1635
4	—	2755
5	—	6480

表 4-5　机组大修前后转子轴瓦轴振动幅值汇总表　　（单位：μm）

轴瓦序号	1998 年 7 月	1999 年 10 月
1	23	32
2	55	70
3	45	69
4	43	50
5	76	35
6	69	95
7	45	59
8	61	94
9	66	80
10	34	26
11	56	21

图 4-7 为 9 号轴瓦在机组大修后起动过程中一倍频和二倍频伯德图，图 4-8 为 10 号轴瓦在机组大修后起动过程中一倍频和二倍频伯德图。在发电机一阶和二阶临界转数附近的二分之一转速下，一倍频振动幅值均不大于 30μm，二倍频 9 号轴瓦的最大振动幅值约为 44μm，10 号轴瓦的最大振动幅值约为 60μm。

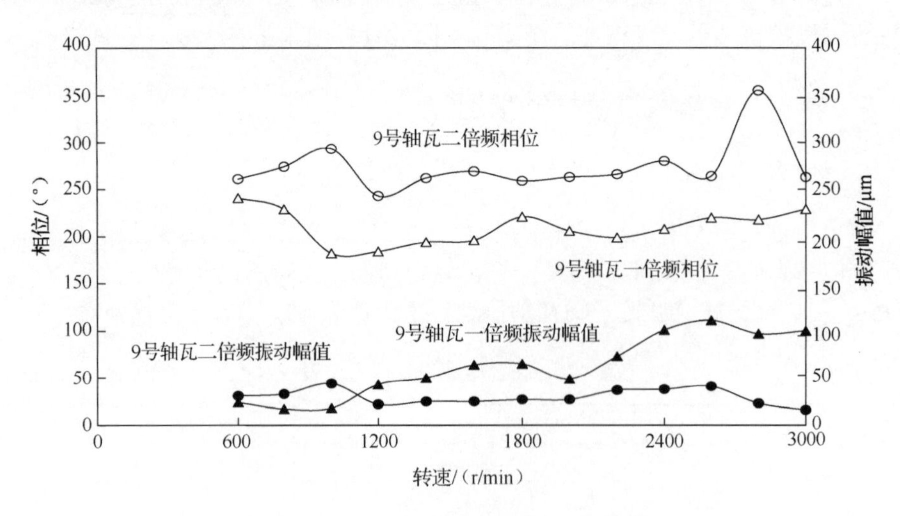

图 4-7　机组大修后起动过程 9 号轴瓦伯德图（1999 年 7 月 10 日）

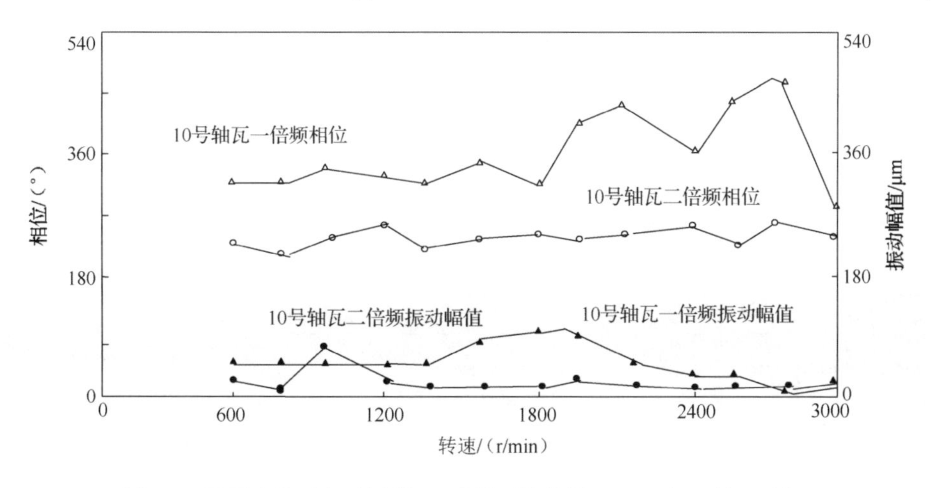

图 4-8 机组大修后起动过程 10 号轴瓦伯德图（1999 年 7 月 10 日）

发电机转子裂纹发现及处理过程汇总于表 4-6。3 号机组于 2002 年 1 月 29 日停机备用，4 月 5 日 12 时 17 分起动并网。事故前机组运行正常，有功功率 378MW、无功功率 194Mvar、定子电流 11.3kA、定子电压 19.5kV、发电机氢气压力 397kPa、发电机内冷却水温度 41℃、发电机内冷却水压力 0.27MPa、励磁机风温度 36.5℃、发电机氢气温度 38.6℃、轴向位移 0.25mm、高压缸胀差 2.68mm、低压缸胀差 9.05mm、9 号轴瓦的轴振动幅值 75μm/72μm（绝对振动/相对振动，下同）、10 号轴瓦的轴振动幅值 32μm/27μm。4 月 9 日 5 时 0 分，发现 8～11 号轴瓦的轴振动幅值均有所上升，其中 9 号轴瓦的轴振动幅值由 75μm/72μm 上升到 95μm/76μm，10 号轴瓦的轴振动幅值由 32μm/27μm 上升到 72μm/30μm。21 时 25 分，9 号轴瓦的轴振动幅值以平均(7.0μm/h)/(7.0μm/h)的变化率上升到 210μm/192μm，10 号轴瓦的轴振动幅值以平均(7.0μm/h)/(4.7μm/h)的变化率上升到 185μm/104μm，其振动历时过程详见图 4-9、表 4-7。

表 4-6 发电机转子裂纹发现及处理过程汇总表

日期/月.日	时间/时:分	轴振动幅值/μm				事件
		8 号轴瓦	9 号轴瓦	10 号轴瓦	11 号轴瓦	
4.5	12:17	—	75/72	32/27	80/19	2002 年 1 月 29 日停机备用，4 月 5 日起动并网
4.9	5:00	—	95/76	72/30	—	9 号轴瓦和 10 号轴瓦出现异常振动
4.9	8:00	—	130/125	80/30	—	调整氢气温度、励磁机风温度，变化真空、改变主汽压力、变化负荷试验，抑制异常振动无效。减负荷 9 号和 10 号轴瓦轴振动幅值上升较快
4.9	17:00	—	171/155	133/80	—	
4.9	19:30	—	186/175	164/96	202/86	
4.9	21:25	—	210/192	185/104	—	21:25 所示的轴振动幅值是机组解列前的振动幅值

续表

日期/月.日	时间/时:分	轴振动幅值/μm				事件
		8 号轴瓦	9 号轴瓦	10 号轴瓦	11 号轴瓦	
4.9	21:50	—	>500	>500	—	机组惰走，通过临界转速，转速到零，投入盘车
约 4.12	—	—	—	—	—	停机检查，9 号轴瓦外油挡磨损更换。机组热备用
4.18	8:50	103	59.3	101	77	机组起动升速，600r/min
4.18	9:02	275	499	484	343	735r/min，10 号轴瓦轴振动幅值 254μm 保护动作停机
4.18	9:55	—	—	—	—	起动升速 735r/min，打闸停机
4.18	10:27	—	—	—	—	转速到零，投盘车
约 4.22	—	—	—	—	—	停机检查、试验，抽转子
约 4.25	—	—	—	—	—	在电机厂检查、试验。励磁机侧跳动 600μm
4.28	22:00	—	—	—	—	拔护环，发现裂纹
约 6.5	—	—	—	—	—	裂纹断口解剖前试验
6.18	10:00	—	—	—	—	裂纹断口解剖

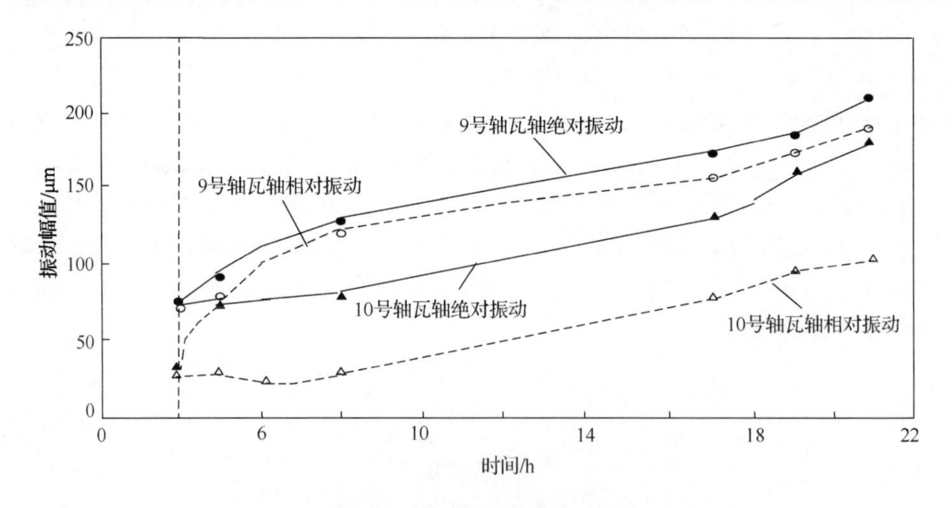

图 4-9　振动历时过程变化图

表 4-7　发电机转子异常振动汇总表（4 月 9 日）

时间/时:分	9 号轴瓦轴振　（绝对振动/相对振动）			10 号轴瓦轴振　（绝对振动/相对振动）		
	幅值/μm	变化幅值/μm	变化率/（μm/h）	幅值/μm	变化幅值/μm	变化率/（μm/h）
5:00 前	75/72	—	—	32/27	—	—
5:00	95/76	20.0/4.0	—	72/30	40.0/3.0	—

续表

时间/时:分	9号轴瓦轴振　（绝对振动/相对振动）			10号轴瓦轴振　（绝对振动/相对振动）		
	幅值/μm	变化幅值/μm	变化率/（μm/h）	幅值/μm	变化幅值/μm	变化率/（μm/h）
8:00	130/125	35.0/49.0	11.7/16.3	80/30	8.0/0.0	2.66/0.0
17:00	171/155	41.0/30.0	4.60/3.30	133/80	53.0/50.0	5.90/5.6
19:30	186/175	15.0/20.0	6.00/8.00	164/96	31.0/16.0	12.4/6.4
21:25	210/192	24.0/17.0	12.0/8.50	185/104	21.0/8.0	10.5/4.0
总变化幅值	—	135/120	—	—	153/77.0	—
平均变化率	—	—	7.0/7.0	—	—	7.0/4.7

2. 机组异常振动

4月9日5时0分至21时25分，9号轴瓦的轴振动幅值为135μm/120μm，在停机前变化率达到(12.0μm/h)/(8.5μm/h)，平均为(7.0μm/h)/(7.0μm/h)，10号轴瓦的轴振动幅值为153μm /77μm，其变化率呈现不断上升趋势，最大为(12.4μm/h)/(6.4μm/h)，平均为(7.0μm/h)/(4.7μm/h)。针对机组振动的异常现象，曾采取调整发电机氢气温度和励磁机风温度的偏差，变化真空、改变主汽压力、变化负荷等措施，但均无效。由于无法抑制机组的异常振动，决定停机检查。于21时25分与系统解列，机组惰走通过临界转速区时，9号轴瓦和10号轴瓦的轴振动幅值高达500μm。停机后对发电机进行了全面检查，发现9号轴瓦外油挡严重磨损，分析认为振动异常为油挡碰磨所致，为此更换了油挡。机组于4月12日20时0分转为备用。

3. 机组振动的处理过程

4月18日机组起动，8时50分汽轮机冲转，在升速过程中振动逐渐增大，当升速到发电机一阶临界转速区735r/min时，振动超标保护动作汽轮机跳闸。升速过程中轴振动最大幅值9号轴瓦达499μm、10号轴瓦达484μm（详见表4-8）。机组起动过程一倍频和二倍频的振动幅值列于表4-9。

表4-8　升速过程振动幅值（8时50分）　　（单位：μm）

转速/（r/min）	8号轴瓦	9号轴瓦	10号轴瓦	11号轴瓦
600	103	59.3	101	77
735	275	499	484	343

表 4-9 机组起动过程倍频振动幅值汇总表（9 时 55 分） （单位：μm）

转速 /（r/min）	9 号轴瓦			10 号轴瓦		
	一倍频	二倍频	轴振	一倍频	二倍频	轴振
390	30	40	66.4	47	80	125
662	64	42	115	125	35	130
725	101	8	128	260	70	335

9 号轴瓦在发电机一阶临界转速附近一倍频振动幅值最大，约为 101μm，二倍频振动幅值最小，约为 8μm。10 号轴瓦在发电机一阶临界转速附近一倍频振动幅值最大，约为 260μm，二倍频在 1/2 临界转速下最大，约为 80μm，其值约为大修后起动过程中，在相同转速下振动幅值的 3 倍。由于未能记录到该转速下的二倍频相位，因而仅能以二倍频振动幅值的变化进行判断，认为发电机转子结构有变化，有裂纹发生的可能或发电机转子存在严重缺陷。为了进一步查清转子设备状态，停机进行检查。经转子拔护环检查发现，在发电机励磁机侧护环下，转子本体与轴柄过渡圆角处存在裂纹，裂纹断面约为转子轴柄截面的 1/3。

4.1.6 转子产生裂纹原因分析结论

（1）在机组带负荷正常运行中，裂纹断面小于 1/3 转子截面时，转子振动没有明显变化。

（2）在机组启停的过程中，裂纹转子的一倍频振动幅值随着裂纹的扩展而增加，二倍频振动幅值在 1/2 临界转速下明显增大。

（3）材质的低温脆性转变温度和冲击韧性超标，为不合格转子。

（4）励磁引线压板槽的槽底根部 *R* 角处存在严重的应力集中，在其附近存在浅表层夹渣。

（5）转子裂纹性质为低名义应力高周疲劳开裂。

（6）励磁引线压板槽的槽底根部 *R* 角处严重应力集中，以及锻件存在冶金夹渣及材料脆性是转子产生裂纹的主要原因。

4.1.7 防范措施

（1）制造厂应认真选用转子锻件，加强、完善对转子材质的检验手段，慎重更改结构设计，严格控制加工工艺，认真落实质保体系。

（2）鉴于压板槽槽底 *R* 角过小是造成 3 号发电机转子开裂的主要原因之一，请制造厂进一步落实采用相同结构尺寸设计的转子的机组，并尽快提出处理措施。

（3）鉴于哈尔滨第三发电厂 3 号、4 号机组两根转子为同批锻件，结构设计尺寸、加工工艺相同，请制造厂对哈尔滨第三发电厂在役转子提出具体处理方案。

4.2　北京华能热电厂 2 号机组叶轮应力腐蚀断裂

2015 年 3 月 13 日 14 时 47 分，华能北京热电有限责任公司（简称北京华能热电厂）2 号汽轮发电机组由于汽轮机叶轮应力腐蚀而断裂，机组强烈振动，导致氢气爆炸着火，造成直接经济损失 988.46 万元，属于特大事故[3]。

事故发生后，国家能源局和北京市委市政府高度重视，委托国家能源局华北监管局组织调查。成立了北京华能热电厂 2 号机组“3.13”事故调查组。事故调查组按照“四不放过”和“科学严谨、依法依规、实事求是、注重实效”的原则，依据《电力安全事故应急处置和调查处理条例》（国务院令第 599 号）和《生产安全事故报告和调查处理条例》（国务院令第 493 号）开展事故调查。

通过现场勘验、查阅资料、调查取证、实验测试、检测鉴定和专家分析论证，查明了事故发生的原因、经过和直接经济损失等情况，认定了事故性质和责任，提出了对有关责任单位的处理建议，并针对事故原因及暴露出的问题，提出了事故防范措施。国家能源局华北监管局提交了《北京华能热电厂“3.13”氢爆事故调查报告》。北京华能热电厂 2 号机组“3.13”事故概况综述如下。

4.2.1　机组概况

北京华能热电厂总装机容量 1768MW，为热电联产企业，被北京市确定为东南热电中心。电厂分两期工程建设，一期工程安装 4 台苏联产燃煤发电机组，1999 年全部投产，发电装机容量 845MW，供热能力 1300MW；二期工程安装“二拖一”燃气-蒸汽联合循环机组，2011 年底投产，发电装机容量 923MW，供热能力 650MW。电厂还建有供热专用燃气热水炉，全厂供热能力占北京市集中管网供热的三分之一，供热面积 5000 余万平方米，是北京市发电能力最大、国内供热能力最大的热电厂。

北京华能热电厂 2 号机组为俄罗斯乌拉尔汽轮发动机厂制造，带工业抽汽及采暖抽汽 165MW 汽轮机，型号为 T-140/165-130/15-2；采用德国巴布科克生产的 W 型火焰带飞灰复燃装置的液态排渣塔式直流炉，型号为 WGZ830/13.7-1；发电机由俄罗斯圣彼得堡电力工厂制造，额定功率 165MW，型号为 TBB-167-2EУ3。机组于 1998 年 1 月 21 日投产，至事故前大修 3 次。主厂房为单层大跨度彩钢结构厂房，占地面积 20000m^2，建筑面积 84885m^2，建筑高度 27m。

4.2.2 事故过程

2015 年 3 月 13 日 14 时 47 分，2 号机组出力 140MW，带供热负荷 580 GJ/h。14 时 47 分，机组突然剧烈振动，在 6 号轴瓦处发生爆炸（氢气爆炸），几秒钟后其他轴瓦处接连起火，火势迅速蔓延，并引燃厂房顶棚，产生大量浓烟，2 号机组跳闸。

事故发生后，电厂值班人员立即通知电厂专职消防队进行救火。14 时 52 分，1 号机组除氧器水位快速上涨，无法维持运行，当班值长令 1 号机组破坏真空紧急停机。15 时 13 分，1 号机组转速到零，值班员投入盘车后撤离一单元控制室。15 时 17 分，受浓烟影响，值班员有序撤离二单元控制室。电厂根据火势蔓延情况及时疏散了现场所有人员。

公安局、消防局于 14 时 49 分接警，迅速调派 18 个消防中队、91 辆消防车、540 余名消防员赶赴现场处置。现场采取了“强攻近战、内外夹击、分片分段堵截、消灭火灾”的战术方法，至 16 时左右将明火全部扑灭。16 时 22 分，电厂值班员进入控制室陆续恢复其他机组的生产运行。

4.2.3 设备损坏情况

（1）事故造成 2 号机组跳闸，1 号机组、3 号机组和 4 号机组停运，全厂损失电力负荷 640MW。

（2）事故引发火灾，造成 2 号汽轮发电机组表面大部分过火，轴瓦、励磁机转子、轴瓦箱等部分设备损毁，汽轮机辅机设备大部分过火，部分损毁，2 号机组所处的厂房顶棚钢梁过火，局部顶棚烧穿，厂房 0m、4m、6m、12m 平台多数竖直钢梁、楼梯过火，相邻厂房顶棚部分损毁，部分窗户玻璃破损。

（3）事故引发的火灾主要是汽轮机油、氢气、建筑材料以及电缆等易燃物品的燃烧。根据运行记录估算，当日 2 号机溢出汽轮机油约 5000L，漏出氢气量约 15.5m^3。根据消防部门估算，过火面积约 500m^2。经中国电力企业联合会司法鉴定中心评估，本次事故直接经济损失为 988.46 万元。

4.2.4 “3.13”事故原因分析

第 20 级叶轮应力腐蚀断裂，轮缘断裂与叶片脱落 123kg，机组轴系发生剧烈振动，导致转子和轴瓦严重磨损、轴封和氢气密封系统失效，润滑油和氢气发生大量泄漏，与励磁系统火花接触后发生爆炸和燃烧，造成火灾。

（1）调查组经查勘事故现场，分析机组运行监控系统各类信号和数据，问询电厂运行和检修人员，未发现人为误操作、运行管理失职和恶意破坏的因素。调查组经技术分析后认为，事故原因是 2 号汽轮机第 20 级叶轮轮缘在运行中突然断裂。北京钢院和华北电力科学研究院技术鉴定确定，该轮缘的断裂属于在应力和腐蚀性介质共同作用下发生的应力腐蚀断裂。经核对机组原始设计资料，第 20 级叶轮正处在干、湿蒸汽交替区，具备发生应力腐蚀的条件。汽轮机长期运行过程中，在应力和腐蚀性介质共同作用下，首先在叶轮反 T 形槽内壁上方根部形成微裂纹，随着应力腐蚀裂纹的扩展，裂纹面积越来越大，剩余承载面积越来越小，当剩余承载面积不足以承受叶片离心力的作用时，剩余面积将以剪切的方式瞬时断裂，从而导致轮缘的脱落。轮缘截面详见图 4-10。

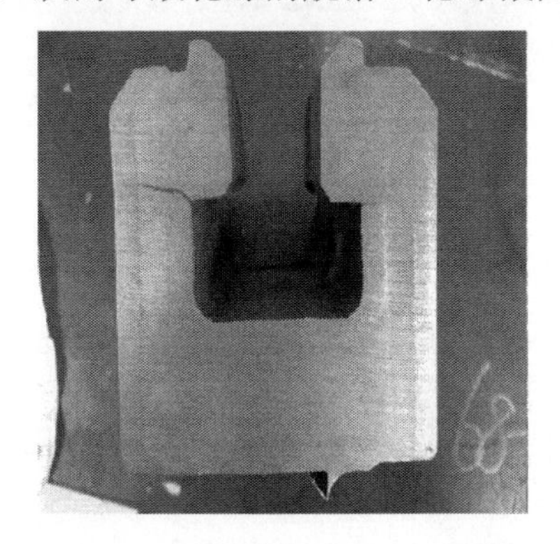

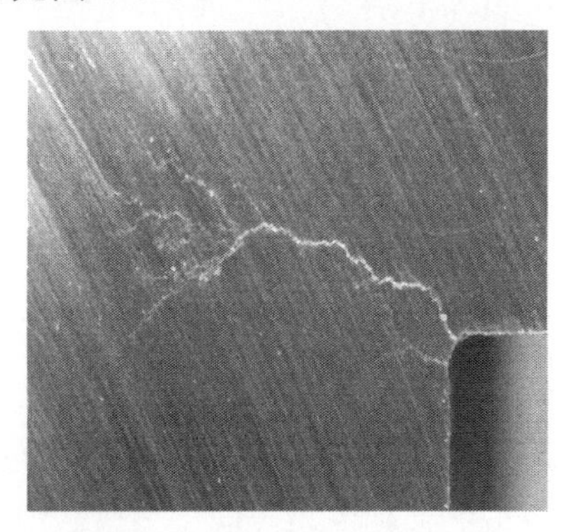

图 4-10　轮缘截面

（2）第 20 级轮缘加工工艺粗糙，材质存在缺陷。经北京重型汽轮发电机有限责任公司检测，第 20 级轮缘反 T 形槽加工工艺粗糙，多个部位粗糙度达到 6.3μm，远远大于哈尔滨汽轮机厂《汽轮机主要零部件（转子部分）加工装配技术条件》规定的 3.2μm 的要求；现场测量反 T 形槽两个 R 角低于 0.3mm，也低于上述技术条件。工艺不规范的部位会导致应力的高度集中，使断裂更易发生。第 20 级轮缘材质经华北电力科学研究院检验，材质与国产 34CrNi1Mo 型号的钢材近似，主要强度特性满足国内标准要求，但冲击韧性和断面后延伸率低于国内标准，材料表现偏脆、硬度和韧性较低。

（3）第 20 级叶轮轮缘断裂后，连带 39 片叶片脱落在汽轮机低压缸内。由于总体脱落质量达到了 123kg，汽轮发电机组轴系严重失衡，机组轴系发生了剧烈的振动，使转子和轴瓦严重磨损，同时导致轴封和氢气密封系统失效。随后，润滑油和氢气发生大量泄漏。由于润滑油和氢气都属于可燃物，接触空气后，加之存在正常运行的励磁系统火花和轴系转动部位高温，润滑油和氢气发生了剧烈的爆炸和燃烧。

第5章 汽轮机进入低温蒸汽引发的毁机事故

河南新乡火力发电厂2号机组系哈尔滨汽轮机厂1959年生产的31-50-2G型中压50MW凝汽式汽轮机，出厂编号007，主蒸汽压力3.5MPa、主蒸汽温度435℃；哈尔滨电机厂1960年生产的TQQ-50-2型氢表面冷却发电机，出厂编号3-60003。该机组于1968年12月8日投产发电，1990年1月25日由于2号锅炉汽包满水，汽轮机进入低温蒸汽，在打闸停机的过程中损坏，轴系断裂为11段，断轴、套装部件、叶片、隔板、上缸以及轴瓦等全部飞出机外数十米，甚至达百余米，发电机严重损坏，造成了整机毁灭性的特大事故（简称“1.25”事故）。

河南新乡火力发电厂2号机组“1.25”事故发生后，西安热工院受能源部的委托，在河南省电力局事故调查委员会的领导下，对事故原因进行了调查与分析。调查人员曾两次到达现场，进行了事故过程、设备损坏情况的调查研究，以及对损坏部件的取样鉴定等工作。根据河南省电力局事故调查委员会和电厂提供的有关资料，调查组针对设备的损坏状况，对主要失效部件进行了计算分析和试验研究，并对事故过程进行了综合分析，提交了《新乡火力发电厂2号机组轴系断裂事故分析》报告，认为：锅炉汽包满水、汽轮机进入265℃低温蒸汽，导致汽轮机的汽缸形变，动静部件严重碰磨是事故的直接原因；汽轮机转子一阶临界转速较高，且有较宽的频带，汽轮机转子存在原始热弯曲，以及汽轮机、发电机转子材料$\sigma_{0.02}$偏低，是事故发生的可能内在因素；机组超速加速了设备的损坏过程；转子弯曲、大不平衡振动，致使轴系断裂最终损坏。

由于事故过程时间是短暂的，破坏机理是复杂的，事故后设备的状态已是事故发生、发展的终结，它经历了碰磨、振动、弯曲、超速、松脱、扭转、断裂以及反弹等复杂的过程，因而，目前的结论是初步的认识，有些问题还有待进一步深入探讨。河南新乡火力发电厂2号机组“1.25”事故概况综述如下。

5.1 机组概况

该机组投入运行21年，累计运行168065h，检修12567h，平均年运行8000h，共经过7次大修（1989年9月最后一次大修），26次小修（1989年12月最后一次小修），设备事故造成停机5次。该机组承担电力系统调峰，负荷变动较大。历年来存在的主要缺陷及处理情况如下：

（1）1968 年汽轮机末叶片（665mm）断裂，经锯掉 205mm 处理；第 8 级 280mm 叶片曾断过两次，每次各一片；调节级喷嘴提高出力扩大了通流面积，1988 年大修时恢复了原通流面积。

（2）励磁机齿型联轴器断裂两次，1972 年改为刚性联轴器。

（3）1975 年大修时处理了发电机匝间短路。

（4）1973 年和 1987 年汽轮机调速器弹簧断裂两次。

（5）汽轮机铸铁前箱经常漏油，1986 年更换为焊接前箱，滑销系统膨胀有时不畅。

（6）汽轮机与发电机间联轴器的对轮紧力不足，1988 年大修时将对轮内孔进行了电刷镀，更换了 1 号、5 号、6 号、11 号和 12 号共 5 根螺栓，1989 年大修时又进行过检查。

（7）机组振动大且不稳定，冷态起动过程 2 号轴瓦和 3 号轴瓦的瓦振动幅值达 0.13mm，运行中最高达 0.08mm，3 号高压加热器不投机组振动大，4 号循环水泵投入机组振动大，1989 年 12 月大修后经平衡处理，振动幅值控制在 0.05mm 以下。

5.2　事故过程

事故前全厂总负荷 75MW，其中 1 号机组负荷 35MW，2 号机组负荷 30MW，3 号机组负荷 10MW。1 号锅炉蒸汽流量 170t/h，主蒸汽压力 3.7MPa，主蒸汽温度 445℃/445℃。2 号锅炉蒸汽流量 170t/h，主蒸汽压力 3.6～3.7MPa，主蒸汽温度 430℃/440℃。3 号锅炉调峰停运。主蒸汽系统为母线制运行。1 号汽轮机和 2 号汽轮机的 1 号高压加热器、2 号高压加热器和 3 号高压加热器投入运行，3 号汽轮机的高压加热器停运。1 号除氧器和 2 号除氧器并列运行，3 号除氧器作为水箱运行。2 号汽轮机的高压轴封由主蒸汽供汽。

1. 锅炉值班室

1990 年 1 月 25 日 3 时 7 分，2 号锅炉在调整燃烧、加负荷操作的过程中灭火，锅炉班的班长和锅炉司炉助手就地忙于点火，值班室内仅锅炉司炉 1 人，由于给水调整门漏流量大（达 120t/h），汽包水位由−60mm 升到+150mm，在 3 号锅炉司炉的协助下，全开了事故放水门，但水位继续升到 160～180mm 后，将定期排污门开启，水位降到 110mm。3 时 27 分锅炉蒸汽压力升到 3.65MPa，蒸汽温度 399℃

/420℃，司炉开启减温水门，值长令 2 号锅炉带负荷，同时令电气班的班长看着主蒸汽压力加负荷。用 7min 的时间，于 3 时 34 分左右全厂负荷由 45MW 加到 73MW，后又降到 69MW。在加负荷的过程中，1 号锅炉蒸汽流量由 240t/h 降到 170t/h，2 号锅炉蒸汽流量瞬时上升到 170t/h，其间无人注意水位的变化，到发现时机械式水位表已达满挡+300mm，且蒸汽温度有所下降。当值长关减温水门回到值班室时，看到蒸汽温度已降到 255℃，即令电气停止加负荷，司炉拉掉给粉机开关，同时听到两声时间很短的排汽声，高压电动机电流摆动，3～4s 后所有电动机电流均到零，厂用电中断，进行停炉操作。1 号锅炉司炉在值长令停止加负荷后，听到汽轮机间有不正常的声响，接着一声巨响，照明灯闪动至熄灭，所有电动机电流到零，随即按厂用电中断进行操作。

2. 汽轮机值班室

汽轮机加负荷后，2 号汽轮机的司机和司机助手就地调整凝结水、主抽汽器和汽封压力。在调整过程中看到 2 号机组管道间冒白汽，怀疑疏水门破裂，汽轮机司机让司机助手报告汽轮机班班长，司机助手跑回值班室，汽轮机班班长看到白汽已到主汽门，立即从值班室跑向汽轮机的机头手动打闸。汽轮机司机就地操作完毕，感到机组有异常声，在与汽轮机班班长同时跑向值班室的过程中，看到励磁机侧有气浪冲起的尘土。回到值班室，司机助手已起动了油泵，在关主蒸汽电动主闸门时，司机助手见 2 号机组转速为 3007r/min，立即按下发电机事故按钮，数分钟后听到 2 号机组发出“噜噜”和“叭叭”异常声，持续几秒钟，2 号机组突然发出爆炸声，值班室屋顶砸塌（时钟停摆指示时间为 3 时 37 分），汽轮机班班长、汽轮机司机被压，汽轮机班班长爬起来跑向 1 号机组手动打闸，随即进行救火。3 时 35 分左右 3 号汽轮机司机在主蒸汽电动主闸门附近听到 2 号机组方向有异常声响，看到 2 号机组励磁机处冒白灰，立即跑回值班室，不久听到爆炸声，看到 2 号机组有火光冲出蔓延，同时发现 3 号机组负荷到零，3 号汽轮机司机令司机助手手动打闸，进行停机操作。

3. 电气值班室

在加负荷不久，电气值班员看到 2 号机组负荷由 28MW 自动减到 24MW，数秒后甩到零，同时 2 号发电机主油开关、灭磁开关光字牌闪光，在此期间电气班的班长看到总负荷由 72MW 降到 65MW 左右，并接值长来电令停止加负荷，电话还未放下，即看到了 2 号机组负荷到零，随后 1 号机组和 3 号机组负荷也甩到零，1 号发电机主油开关、灭磁开关的光字牌闪光。110kV 上下母线、35kV 东西母线、3kV 厂用各段、380V 厂用各段全部失压，全厂厂用电源中断。

5.3　设备损坏情况

5.3.1　轴系

轴系断为 11 段，10 个断裂面，6 处为轴颈断裂，3 处为联轴器对轮螺栓断裂，1 处为轴头螺纹被拉脱，轴系三处裂纹，图 5-1 为轴系断裂面位置图，表 5-1 为轴系损坏情况汇总表，图 5-2 为转子断轴拼接图，图 5-3 为主要部件散落位置。除发电机和励磁机转子外，其余断轴全部飞离原位，主油泵连同泵座飞出 11m 落在机组控制室旁；危急保安器短轴飞落在机组控制室内；1 号轴瓦至轴封套间的轴段飞出 34m 落在 A 排墙外；第 1 级至第 3 级叶轮轴飞出 84m 落在 A 排墙外，第 4 级至第 10 级叶轮轴落在 1 号机组循环水泵坑内；2 号轴瓦处的汽轮机侧联轴器对轮轴落在发电机左侧 8m 平台上；3 号轴瓦处的发电机侧联轴器对轮轴反向落在 2 号轴瓦的轴瓦箱内；4 号轴瓦处的集电环轴落在发电机后侧 0m 处；励磁机连接短轴的轴头螺纹被拉脱，甩落在励磁机后侧 8m 平台上。1 号轴瓦至轴封套轴段、第 1 级至第 3 级叶轮轴段，以及 3 号轴瓦的发电机侧联轴器对轮轴段上各有一处裂纹。汽轮机转子弯曲形变严重，断轴拼接后的转子在第 4 级叶轮附近位置弯曲达 186mm，发电机转子有小量弯曲形变。对于机组转子上的键槽形变面，从机头至第 5 级叶轮键槽的形变面在工作面，第 6 级至励磁机之间键槽形变面在非工作面。

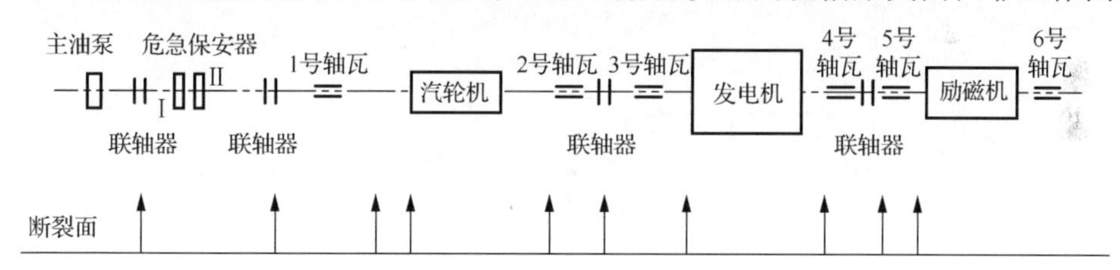

图 5-1　河南新乡火力发电厂 2 号机组轴系断裂面位置

表 5-1　轴系损坏情况汇总表

序号	断面位置	断轴名称	散落位置	损坏情况
1	主油泵弹性联轴器与危急保安器短轴变截面处断裂	主油泵断轴	机头右前方 1m 机控室旁	主油泵基本完好，与联轴器处于半脱落状态，泵轴有小量弯曲形变
2	危急保安器短轴与汽轮机主轴联轴器对轮螺栓断裂	危急保安器短轴	飞出 17m 落在机组控室内	断轴长 0.2m，连接螺栓全部断裂飞离
3	第 4 轴封套和调节级叶轮之间转子凹槽处断裂	1 号轴瓦至轴封套断轴	A 排墙外 34m	断轴长 1.1m 断口处有宏观形变。在 3 号、4 号轴封套之间有一条裂纹
4	第 3 级和第 4 级叶轮之间转子断裂	第 1 级至第 3 级叶轮断轴	A 排墙外 84m	断轴长 0.55m，断口宏观形变严重。在第 2 级叶轮前转子凹槽处，有一条长为 1/3 周长的裂纹

续表

序号	断面位置	断轴名称	散落位置	损坏情况
5	汽轮机转子 2 号轴瓦的轴颈内侧变截面处断裂	第4级至第10级叶轮断轴	1 号机组循环水泵坑内	断轴长 1.8m，断轴严重弯曲形变，断口面严重磨损
6	汽轮机与发电机联轴器对轮螺栓全部断裂	2 号轴瓦汽轮机侧联轴器对轮断轴	发电机左侧 8m 平台上	断轴长 1.2m，螺栓全部断裂
7	发电机转子与 3 号轴瓦的轴颈之间变截面处断裂	3 号轴瓦发电机侧对轮断轴	反向落在 2 号轴瓦箱内	断轴长 1.4m，断口附近弯曲形变不明显，断口附近凹槽处有 310° 弧长的裂纹
8	发电机转子与 4 号轴瓦的轴颈之间变截面处断裂	发电机转子	仍在原位，落在定子内	断轴长 5.5m，断口附近弯曲形变不明显
9	发电机与励磁机接长轴对轮螺栓断裂	4 号轴瓦集电环断轴	飞出 15 m 落在 2 号和 3 号机组间 0m 处	断轴长 1.6m，连接螺栓全部断裂，集电环仍在原位，断轴有小量弯曲形变
10	励磁机转子连接短轴脱落	励磁机连接断轴	励磁机后 8m 平台上	断轴长 0.5m，轴头螺栓螺纹被拉脱，短轴松脱甩出，传动键飞离
11	—	励磁机转子	仍在原位，转子落在定子内	断轴长 1.8m，向后位移 25mm。转子中心偏离轴线 22mm，轴端弯曲形变

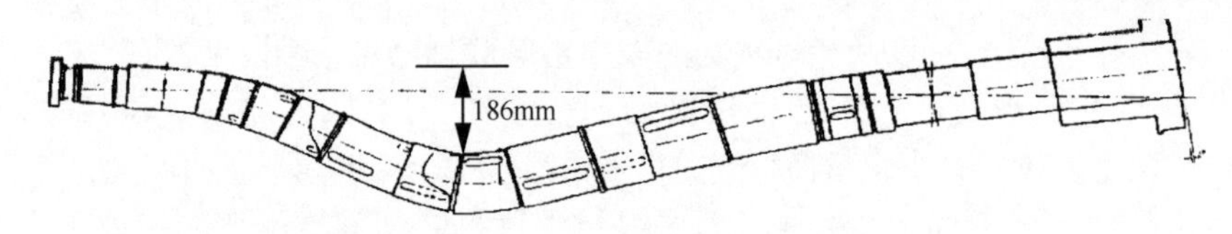

（a）汽轮机转子

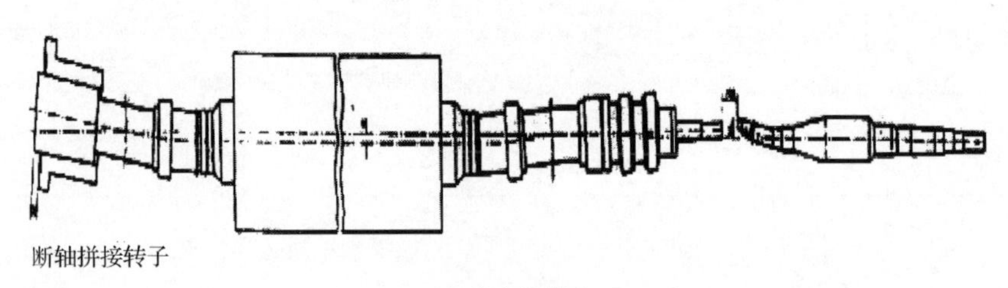

（b）发电机转子

图 5-2　转子断轴拼接图

5.3.2　套装部件

发电机转子上的套装部件仍在转子上，汽轮机转子上的套装部件，除第 8 级和第 9 级叶轮及汽轮机与发电机间联轴器的对轮仍在转子上，其他全部从转子上松脱飞出。前汽封套分别飞出 40m、18m、16m，落在 8m 平台上；推力盘飞出 44m 落在 A 排墙外；第 1 级叶轮落在汽轮机排汽缸内；第 2 级叶轮飞出 30m 穿过汽轮

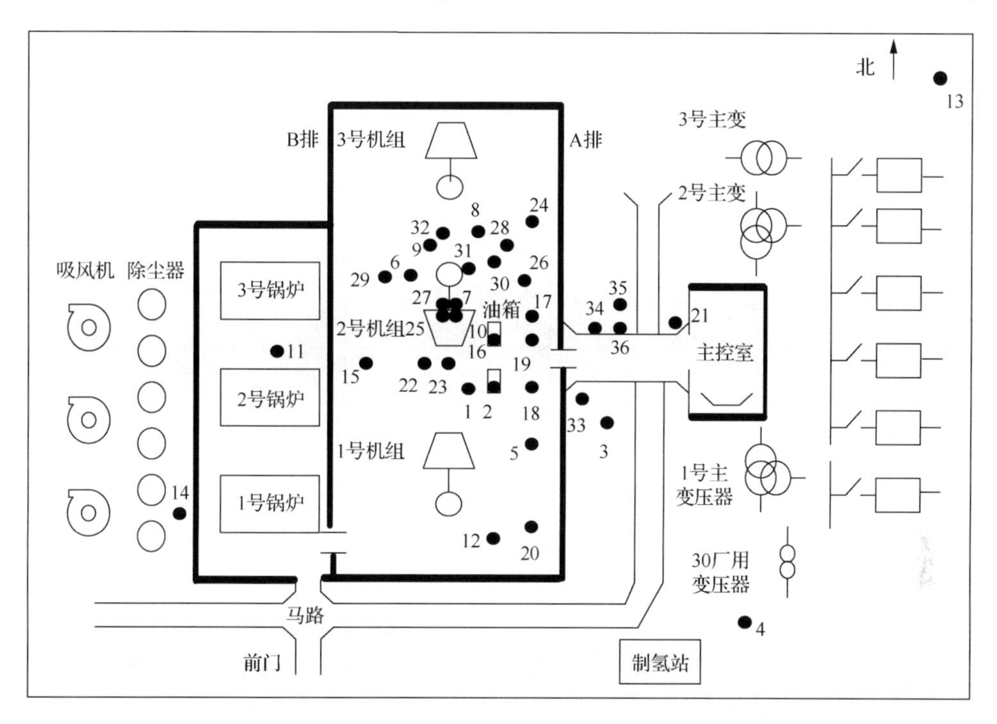

图 5-3 部件散落位置

1-主油泵 11m/8m （飞脱距离/飞落工作平台，下同）；2-危急保安器断轴 17m/8m；3- 1 号轴瓦断轴 34m/0m；4-第 1 级至第 3 级叶轮断轴 87m/0m；5-第 4 级至第 10 级叶轮断轴；6- 2 号轴瓦断轴/0m；7- 3 号轴瓦断轴；8- 4 号轴瓦断轴 15m/0m；9-励磁机接长轴/8m；10-第 1 级叶轮；11-第 2 级叶轮 30m/37.2m；12-第 3 级叶轮 43m/0m；13-第 4 级叶轮 157m/0m；14-第 5 级叶轮 54m/0m；15-第 6 级叶轮 12m/0m；16-第 7 级叶轮 8m/6m；17-第 10 级叶轮 10m/−1m；18-第 1 汽封套 18m/8m；19-第 2 汽封套 16m/8m；20-第 4 汽封套 40m/8m；21-推力盘 44m/0m；22- 1 号轴瓦上瓦；23- 1 号轴瓦下瓦；24- 2 号轴瓦上瓦；25- 2 号轴瓦下瓦；26- 3 号轴瓦上瓦/4m；27- 3 号轴瓦下瓦；28- 4 号轴瓦上瓦/0m；29- 4 号轴瓦下瓦/0m；30- 5 号轴瓦上瓦/0m；31- 5 号轴瓦下瓦/8m；32- 6 号轴瓦/8m；33-汽轮机前箱上盖 34m/0m；34-汽轮机高压上缸 31m/0m；35- 2 号调节汽门油动机 34m/0m；36-汽轮机后汽封套 33m/0m

机房，落在 37.2m 高的锅炉房屋顶上；第 3 级叶轮飞出 43m，落在 1 号机组端部 0m 处；第 4 级叶轮穿出汽轮机房，打坏变电站瓷瓶落在 158m 处；第 5 级叶轮飞出 54m，穿出汽轮机房，经过锅炉房落在除尘器间 0m 处；第 6 级叶轮飞出 12m，落在 3 号机组给水泵排水沟内；第 7 级叶轮落在主油箱内；第 10 级叶轮落在 2 号机组循环水泵坑内。所飞出的套装部件均有不同程度的形变损坏，轴孔变椭圆并呈喇叭状，孔直径增大 3～60mm。叶轮的轮体严重形变，部分轮缘被撕裂。第 1 级叶轮（双列调节级）上留有大部分叶根；第 2 级、第 3 级、第 4 级和第 7 级叶轮的轮槽内留有叶根；第 5 级和第 6 级叶轮轮缘挤压形变，叶根全部飞出；第 8 级和第 9 级叶轮的轮孔内留有部分剪断的销钉，第 10 级叶轮的轮槽内留有 41 片叶片的叶根，轮孔内留有部分剪断的销钉。所找到的叶片残骸均有不同方向的弯曲形变，有些叶片从根颈部断裂，叶根未断裂的叶片在其根颈部位有被拉伸缩颈现象。焊接隔板飞离原位，导叶脱落损坏，铸铁隔板全部碎裂。套装部件损坏情况及散落位置列于表 5-2，汽轮机通流部分损坏情况及特征列于表 5-3。

表 5-2 套装部件损坏情况及散落位置汇总表

名称	散落位置	键槽形变面	内孔形变尺寸			损坏情况
			设计直径/mm	最大形变处直径/mm	90° 处直径/mm	
推力盘	飞出 43m，A 排墙外	定位环飞离	—	—	—	工作面贴有钨金，非工作面附有少量钨金
高压第 1 轴封套	飞出 18m，1 号机组端部 8m 平台	—	340	进汽侧 385 中部 357 出汽侧 383	370 349 361	内孔变椭圆，并向机组后呈喇叭状
调节级叶轮	汽轮机排汽口	工作面	380	进汽侧 383 中部 384 出汽侧 410	382 383 393	第 1 列 3/4 轮缘被撕裂，内孔变椭圆
第 2 级叶轮	飞出 30m，锅炉间 37.2m 屋顶	工作面	390	进汽侧 420 中部 411 出汽侧 429	421 414 425	叶轮边缘约 2/5 圆周向出汽侧翻起。叶轮槽内留有大部分叶根，内孔变椭圆
第 3 级叶轮	飞出 43m，1 号机组端部	工作面	390	进汽侧 436 中部 400 出汽侧 450	415 408 —	从键槽直径处向进汽侧两边弯曲形变，轮体端面和内孔表面摩擦发黑，内孔变椭圆，轮槽内留有叶根
第 4 级叶轮	飞出 158m，坠落在变电站	工作面	400	进汽侧 425 中部 425 出汽侧 477	397 408 423	轮缘碰磨向中间挤压，1/6 周长的轮缘向出汽侧翻，轮槽内留有部分叶根，内孔变椭圆
第 5 级叶轮	飞出 54m，落在除尘器间 0m	工作面	400	进汽侧 410 出汽侧 427	406 416	约 2/5 叶轮槽被撕裂，叶轮向进汽侧凹，孔内变椭圆
第 6 级叶轮	飞出 12m，3 号给水泵 0m 排水沟内	非工作面	410	进汽侧 419 中部 415 出汽侧 427	412 416 422	部分轮缘被撕裂，进汽侧向出汽侧挤压形变，轮槽口闭合，内孔变椭圆
第 7 级叶轮	在 2 号机组主油箱内	非工作面	410	进汽侧 413 中部 410 出汽侧 414	411 410 413	轻微形变，叶根留在轮槽内
第 8 级叶轮	在断轴上	非工作面	445	—	—	叶轮两侧向中间挤压形变，槽口闭合，出汽侧轮缘有 310mm 圆弧段被撕裂，叶轮沿反向位移 30mm，向汽轮机侧位移 9mm，键挤压形变

续表

名称	散落位置	键槽形变面	内孔形变尺寸			损坏情况
			设计直径/mm	最大形变处直径/mm	90°处直径/mm	
第 9 级叶轮	在断轴上	非工作面	430	—	—	轮缘两侧向中间挤压形变，叶轮孔与转子最大间隙为 11mm，叶轮反向位移 140mm，向发电机侧位移 72mm，轮缘缺口 1/5 周长，键被挤压产生严重流变，表面呈深蓝色
第 10 级叶轮	在 2 号机循环水泵坑内	—	425	进汽侧 434 出汽侧 425	427 422	约有 1/3 周长被砸掉，轮槽内留有 41 个叶根
汽轮机与发电机间对轮（汽轮机侧）	在断轴上	非工作面	—	—	—	联轴器对轮孔挤压形变，部分开裂。结合面摩擦形变，向汽轮机侧位移 11mm
汽轮机与发电机间对轮（发电机侧）	在断轴上	非工作面	—	—	—	损坏情况与汽轮机侧联轴器对轮相同，向发电机侧位移 50mm
发电机与励磁机间对轮	励磁机后部 8m 平台上	非工作面	—	—	—	螺栓断裂飞离
集电环	在转子上	—	—	—	—	基本完好

表 5-3　汽轮机通流部分损坏情况及特征汇总表

级别	汽轮机叶片损伤情况	隔板导叶损坏情况
1	第 1 列动叶片：进汽侧轮缘约 3/4 断裂损坏，相应部位的动叶片飞脱，其他叶片已磨至叶片工作根部，叶根仍存在叶轮槽内；飞脱的叶片其工作部分及叶根完整，叶根中间体轴向汽封齿完好，但叶片顶部出汽侧有磨损痕迹；有一组叶片的围带仍留在叶片上 导向叶片：约有 35 片断裂损坏，约有 50 片弯曲，其他多数完好，铆钉头完好，约有 4 组较完好的围带仍在叶片上，完好的及弯曲的导向叶片仍在导向叶环上；导向叶片进汽侧有磨损痕迹 第 2 列动叶片：约有 2/5 叶片已磨至叶片工作根部，叶根体仍留在叶轮槽内，其他叶片于叶根颈部断裂，叶片飞脱，叶根断口为平断口	第 2～4 级隔板为焊接式隔板，板体发生弯曲形变、磨损。铣制导叶片全部脱落，板体与外环分离。导叶与外围带焊接质量较差，进汽部分点焊情况较多，没有进行封焊；板体及外环的主焊缝的焊接质量较差，存在多处夹渣、未焊透、空隙等缺陷，主焊缝深度不够，只与围带接触，导叶与主焊缝没有接触
2	约有 1/2 的动叶片于叶根颈部断裂，叶片飞脱，2 片末叶片的 4 个销钉剪切断裂，部分叶片铆钉头断；个别叶片的铆钉头、叶根完整，但叶根凸肩具有明显的挤压形变	
3	全级叶片于叶根颈部断裂，叶片飞脱，叶根仍留在叶轮槽内，2 片末叶片的 4 个销钉剪切断裂。叶片残骸无铆钉头；23 个叶根残骸，其叶根凸肩具有明显的挤压形变，最大形变量约 1.4mm，叶根凸肩挤压形变进汽侧大于出汽侧，背弧侧大于内弧侧，个别叶根已发生周向弯曲。叶轮外缘存在叶根中间体挤压的周向及轴向挤压形变	
4	全级叶片于叶根颈部断裂，叶片飞脱，叶根仍留在叶轮槽内，2 片末叶片的 4 个销钉剪切断裂。叶片残骸无铆钉头	

续表

级别	汽轮机叶片损伤情况	隔板导叶损坏情况
5	全级叶片连同叶根飞脱，2片末叶片的2个销钉剪切断裂；叶片残骸的叶根凸肩挤压损坏，但未发生剪切断裂；叶片工作部分弯曲形变、断裂	第5～10级隔板为铸入式铸铁隔板，板体及外环为粉碎性断裂，铣制导叶脱落，板型导叶断裂、弯曲损坏
6	全级叶片连同叶根飞脱，2片末叶片的4个销钉剪切断裂；叶片残骸的叶根凸肩挤压损坏，但未发生剪切断裂；叶片工作部分弯曲形变、断裂	
7	全级叶片于叶根颈部断裂，叶片飞脱，2片末叶片的4个销钉剪切断裂；叶根残骸的颈部已明显伸长，有周向及轴向弯曲，叶根凸肩已发生挤压形变	
8	全级叶片连同叶根飞脱；叶片残骸中未发现叶根销钉孔处断裂，但销钉剪切断裂，部分叶片的叶根叉向进汽侧或出汽侧弯曲，个别叶片进汽侧或出汽侧的叶根于叶根中间体处断裂。部分轮缘有裂纹	
9	全级叶片连同叶根飞脱，叉型叶根销钉剪切断裂；叶片残骸中未发现叶根叉销钉孔处断裂，部分叶片进汽侧或出汽侧的叶根于叶根中间体处断裂，叶片弯曲、断裂，少数叶片无工作部分。约1/4轮缘断裂	
10	约有71片叶片连同叶根飞脱，叉型叶根销钉剪切断裂；叶片残骸中未发现叶根销钉孔处断裂，叶片工作部分弯曲、断裂；有41片叶片的叶根仍留在叶轮槽内，有周向磨损痕迹；约1/3轮缘断裂	

5.3.3 轴瓦

轴瓦损坏情况及飞落位置列于表5-4。推力瓦块飞落在前箱内和机组外，在所找到的瓦块中，有一块工作面瓦块钨金被火烧化露出基体，其他瓦块有轻微磨损，瓦面基本完好。支持轴瓦全部被甩落。1号轴瓦的钨金全部熔化，露出钢基体，有被火烧痕迹，直径张口，上瓦增大30mm，下瓦增大85mm；2号轴瓦的上瓦钨金基本完好，瓦口有撞击痕迹，下瓦碎裂表面钨金有严重碾压痕迹；3号轴瓦的瓦面有捻压痕迹，瓦口处有撞痕；4号轴瓦的瓦面基本完好，瓦口有局部飞脱；5号轴瓦和6号轴瓦未有严重损伤，基本完好。

表5-4 轴瓦损坏情况及飞落位置汇总表

轴瓦号	飞落位置	损坏情况
1号上	前箱台板下部	钨金全部熔化，有火烧痕迹，瓦口扩张到330mm（设计值300mm）
1号下	前箱内	钨金全部熔化，露出钢基体，有局部磨损痕迹，瓦口扩张到385mm
2号上	A排第10柱0m	钨金基本完好，无磨痕，光洁度高，色正常。瓦口处有明显撞击痕迹
2号下	从瓦座移下碎裂	找到两块较大的碎块，其中一块约12cm×15cm^2。表面钨金被严重捻压，其层凹凸不平，但色泽正常
3号上	2号发电机出线端	瓦口处有撞痕，油膜上游区有挤压痕迹，局部有被拉伤痕迹
3号下	排汽缸后部	瓦面有捻压痕迹，瓦口处有撞击痕迹
4号上	0m，2号机真空泵北侧	瓦面基本正常，有被撞击痕迹，瓦口有局部破损飞脱
4号下	0m，4号给水泵与2号机组凝结水泵之间	瓦面完好，仍留有清晰的修刮瓦的痕迹，瓦口有局部破损飞脱
5号上	A排墙0m过道处	轴瓦完好
5号下	励磁机底座内	轴瓦完好

续表

轴瓦号	飞落位置	损坏情况
6 号	2 号和 3 号机组 8m 平台	轴瓦完好
推力瓦	前箱底及机外	瓦面钨金基本完好。有一块工作瓦块被火烧毁，露出机体

5.3.4　主设备

主设备损坏情况列于表 5-5。汽轮机前箱和高压缸下缸位移，前箱上盖和高压缸上缸分别被抛出 23m 和 31m，落到 A 排墙外。低压缸破碎，碎块四处飞散，下缸仍留有 1/6 缸体。排汽缸结合面翘起，后部左侧翘起 360mm，右侧翘起 20mm，前部左侧翘起 50mm，右侧翘起 40mm，缸体后左侧由发电机侧向汽轮机侧撞击形变。2 号调节汽门连同油动机被甩出 34m，落在 A 排墙外的井内。发电机转子落在定子内，转子铝槽楔第 1～18 槽距励磁机侧护环 1450mm 范围内严重损坏，磨损深度达 10mm 左右，断口呈木质状，大齿局部发蓝（详见图 5-4）。护环和集电环无明显位移。发电机定子铁芯严重损坏，风扇及风扇环全部甩落。励磁机固定螺栓全部断裂，机座位移。

表 5-5　主设备损坏情况汇总表

序号	部件名称	飞落位置及损坏情况
1	汽轮机前箱	向右前方位移 600～900mm，前端向左侧偏约 20°，端盖落在箱前，上盖飞出 34m 落到 A 排墙外
2	汽轮机高压缸	下缸向左位移约 540mm，缸体张口 170～220mm，在第 1 和第 2 抽汽口附近开裂。上缸飞出 31m 落在 A 排墙外。缸体基本完好，稍有张口形变，两侧各 11 根 M52 汽缸螺栓，除左侧第 7 根、右侧第 6 根被拉弯致断外，其余螺纹均被拉脱 10～12 齿
3	汽轮机低压缸	上缸破碎，碎块四处飞落，下缸破碎，仍留有 1/6 缸体
4	汽轮机排汽缸	上缸后部左侧由发电机侧被打向汽轮机侧，结合面翘起 360mm，右侧翘起 20mm，上缸前部结合面左侧翘起 50mm，右侧翘起 40mm。上缸左侧被击穿约 ϕ600mm、ϕ300mm 两个洞，安全门被打破。结合面螺栓全部松动，部分断裂
5	盘车装置	盘车马达操作机构、轴瓦箱及齿轮断裂件均被甩向 A 排墙，落到 2 号机循环水泵坑内
6	主油泵	基本完好，被甩落到机头右侧前方约 11m，汽机控制室旁
7	调节汽门及油动机	1 号油动机仍在原位，有 35mm 开度。2 号油动机通过 A 排墙飞落到 34m 处小井内，3 号油动机机座断裂，被甩落到 8m 层原位附近
8	主汽门	仍在原位，处于全关状态
9	调节、保安部件	全部损坏飞落，危急保安器遮断错油门滑阀及套筒被甩出机组外，飞环式危急保安器外环形变损坏，调速器弹簧片断裂
10	励磁机	机座向后位移 125mm，向右位移 70mm，固定螺栓全部断裂。转子落入定子内，向后位移 25mm，前端弯曲 12mm
11	发电机	两侧端盖均完好，风叶及风叶环全部甩落，转子落在定子内，定子、铁芯严重损坏，端部线圈固定架打坏多处并开裂。12 点和 1 点位置引线已露铜线，引线瓷瓶炸裂。转子槽楔严重磨损，第 1～18 槽距励磁机侧护环 1450mm 范围内最为严重，部分槽楔磨损深度达 10mm 左右，为木状断口，其断口的下层有分层开裂，大齿表面局部发蓝

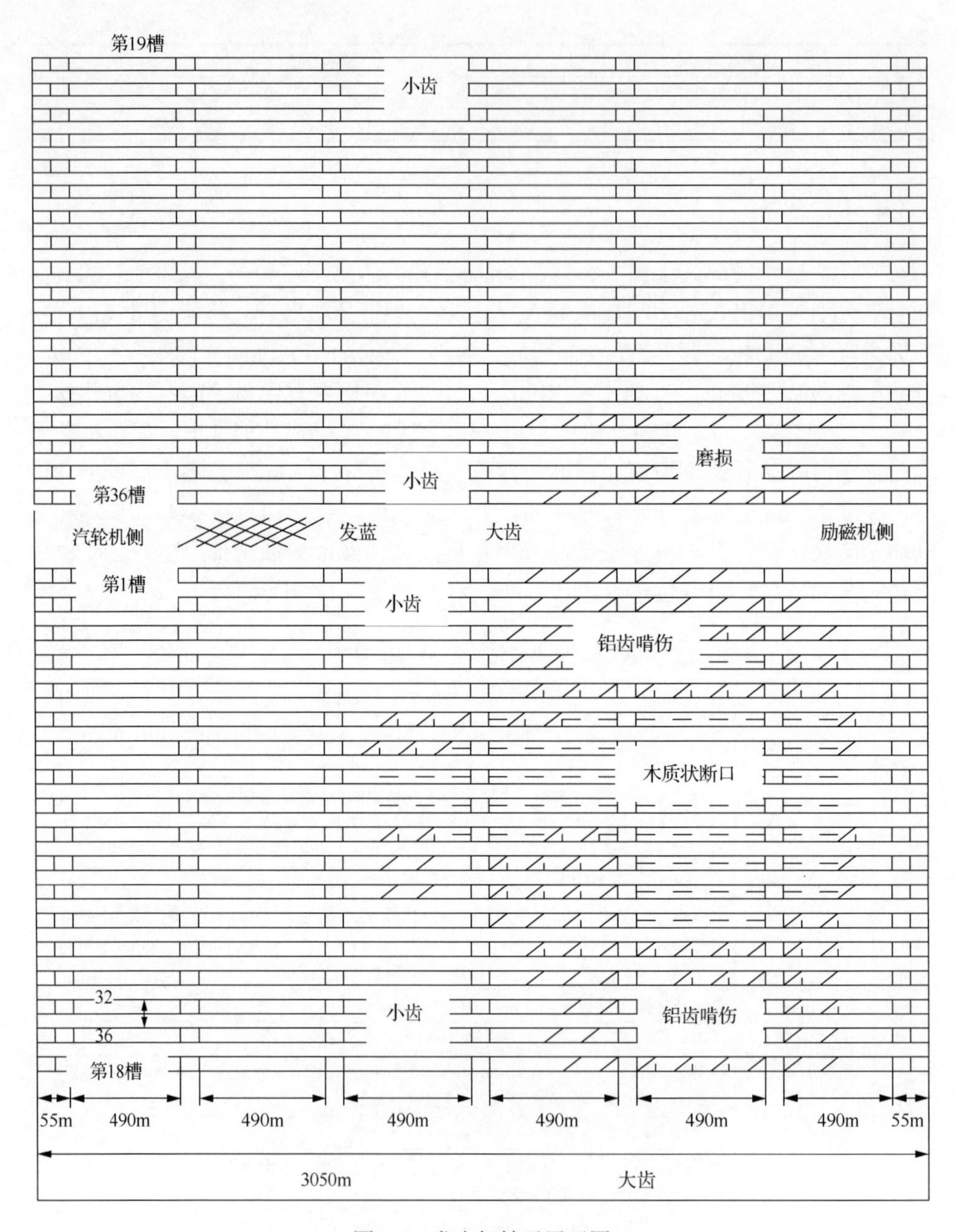

图 5-4　发电机转子展开图

5.3.5　厂房建筑及电气设备

发电机引线桥三相引线被砸坏，瓷瓶断裂。110kV 少油开关一相被砸断，两组刀闸被砸坏。厂房内 A 排第 5 号和第 6 号柱间的行车大梁被砸裂。第 6 号柱屋架上弦梁砸断 1.5m，下弦梁被砸伤。四块屋面板主筋被砸断，1 号和 2 号汽轮机控制室被砸塌。厂房建筑物及电气设备损坏情况列于表 5-6。

表 5-6 厂房建筑物及电气设备损坏情况

序号	部件名称	损坏情况
1	墙柱	A 排墙 6 号柱在 8m 平台以上 500～2600mm 全部碎裂，6 根钢筋全部断裂，外砖墙碎裂外鼓。A 排墙 5 号柱和 6 号柱之间行车大梁局部碎裂，钢筋部分断裂弯曲
2	屋架	5 号屋架下弦杆断裂，并出现裂纹。6 号屋架上弦杆断裂 1.5m，下弦杆下垂 80～100mm
3	屋面板	5 号和 6 号屋架的第 5 块和第 6 块屋面板、6 号和 7 号屋架的第 3 块和第 4 块屋面板主钢筋断裂，屋面板大小孔洞 50 余处
4	墙面	A 排外墙 5 号柱和 6 号柱间高约 15m 处砸出一个 0.6m^2 孔洞，4 号柱、5 号柱和 6 号柱、7 号柱之间钢窗全部被砸毁
5	平台	8m 平台 A 排 6 号柱北侧走道平台砸出一个约 1.5m×1.5m 孔洞，栏杆大部分损坏
6	控制室	1 号和 2 号汽轮机控制室屋顶砸塌，地面被砸穿一个 3m×3.5m 孔洞，1 号机组控制盘全部损坏，2 号机组控制盘局部损坏
7	发电机母线桥	三相支持瓷瓶部分被砸断，A 相引线在北 2 甲刀闸下口被砸断，1 号发电机组合导线 B 相悬挂瓷瓶被砸坏
8	北朱 1 开关	下刀闸辅助接点电缆被砸断，辅助接点箱形变，开关 B 相被砸断为两节，甲刀闸 C 相被砸断，引线自由下垂，开关操作箱有轻微烧伤痕迹

5.4 主要部件的材质检验和断裂、损坏原因分析

5.4.1 危急保安器短轴

危急保安器短轴通过联轴器对轮用 6 根螺栓与汽轮机主轴相连，ϕ58mm 轴头通过弹性联轴器与主油泵相连。事故中 6 根联轴器对轮螺栓全部断裂，ϕ58mm 轴头在变截面处断裂。键槽工作面挤压形变，断轴中部表面有宏观挤压形变（详见图 5-5）。

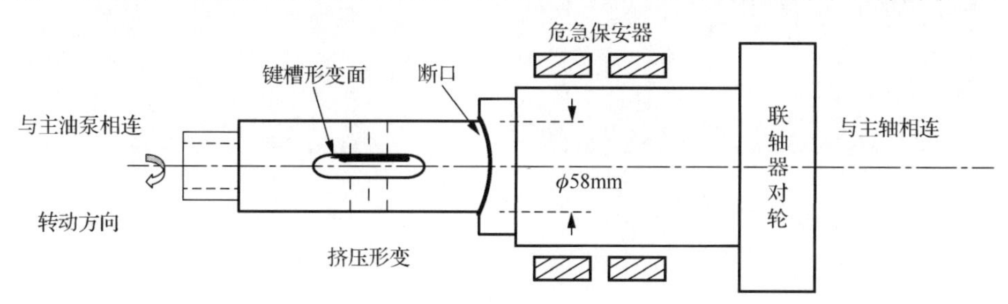

图 5-5 危急保安器短轴损坏示意图

1. 材质检验

实测材料为45号钢，硬度为180HB、175HB、177HB、175HB。由硬度估算材料抗拉强度σ_b为555～585MPa。金相组织为珠光体+铁素体（详见图5-6），为正火状态。

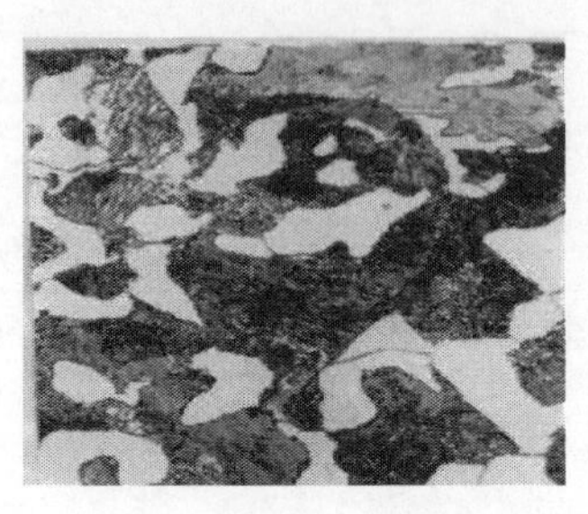

图5-6 危急保安器短轴金相组织（500×）

2. 断口分析

断口的宏观形貌详见图5-7。开裂位置在ϕ58mm轴段截面突变处，没有圆角过渡。对断口进行宏观分析和一次复型扫描电镜观察。断口分为以下三个区域。

（1）开裂区。呈月牙形、深灰色纤维状断面，断口的微观特征为韧窝（详见图5-8）。

（2）裂纹扩展区。呈结晶颗粒状银灰色断面，放射纹起源在开裂区，断口的微观特征为河流状解理（详见图5-9）。

（3）最终断裂区。断面分为两部分：一部分为结晶状银灰色断面，微观特征为河流状解理；另一部分为深灰色纤维状，微观特征为韧窝（详见图5-10）。

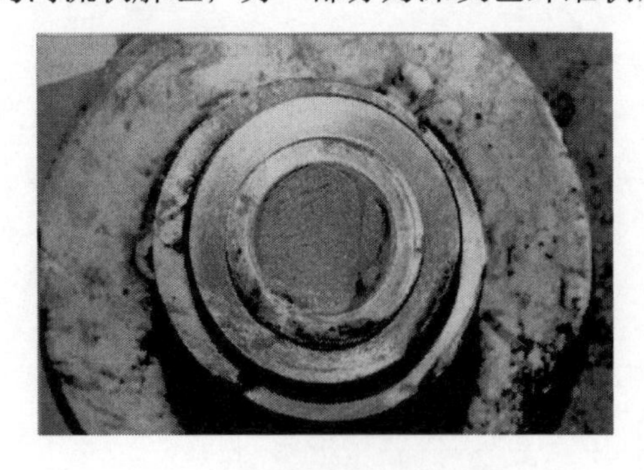

图5-7 危急保安器短轴断口宏观形貌

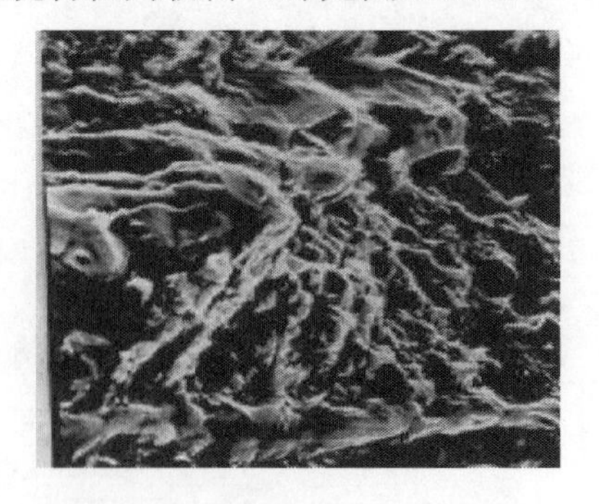

图5-8 危急保安器短轴开裂区微观形貌（640×）

图 5-9　危急保安器短轴裂纹扩展区微观形貌（640×）

图 5-10　危急保安器短轴最终断裂区微观形貌（640×）

3. 危急保安器短轴断裂原因分析结果

（1）危急保安器短轴的硬度值偏低，组织为 45 号钢正火状态。

（2）从键槽形变面分析，短轴是在汽轮机转子为主动、主油泵转子为从动状况下断裂的。

（3）根据ϕ58mm 轴段挤压形变图的特征，短轴在失效前期，曾受到往复的弯曲作用。

（4）根据开裂区断裂特征分析，短轴为缺口应力集中状况下的单向弯曲准静态断裂，其应力超过屈服极限。

（5）从断口三个区域的相对位置判断，其断裂性质为：在单向弯曲作用下的过载快速断裂。

5.4.2　汽轮机叶片

汽轮机共有 1778 片动叶片，事故后，除调节级外，没有一个完整叶片留在叶轮上，所有叶片的工作部分和根部均受到了严重的损坏，呈现弯曲、磨损和断裂。

1. 材质检验

制造厂设计图上标明的动叶片材料，第 1 级、第 5～10 级为 2Cr13，第 2～4 级为 2Cr13 或 P2 钢。对第 2 级、第 3 级和第 7 级叶片材料进行抽查。

第 2 级动叶片材料化学成分（质量分数）：碳（C）为 0.21%，硅（Si）为 0.32%，锰（Mn）为 0.5%，磷（P）为 0.018%，硫（S）为 0.006%，铬（Cr）为 13.67%。材料为 2Cr13，硬度为 241～252HB，符合工厂标准要求。第 3 级和第 7 级金相组织为回火索氏体（详见图 5-11、图 5-12），材料为马氏体不锈钢。

图 5-11　第 3 级动叶片金相组织（500×）

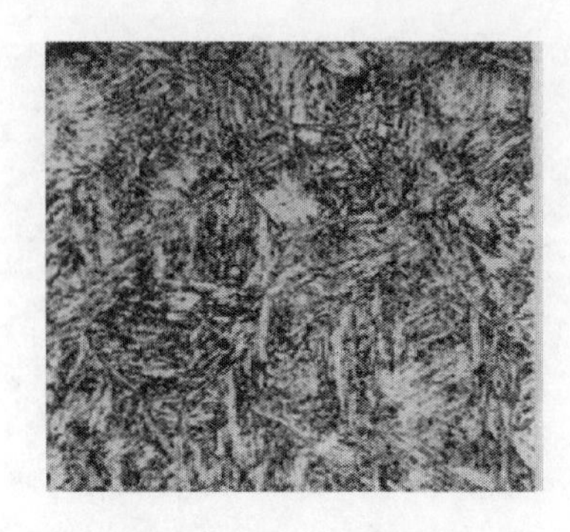

图 5-12　第 7 级动叶片金相组织（500×）

2. 损坏特征

（1）第 1～7 级叶片为 T 型叶根结构，事故中均发生了弯曲、扭转、缩颈和开裂。其损坏情况分为叶根连同叶片一起拔出（如第 5 级和第 6 级）、T 型叶根从颈部断裂并留在轮槽内（如第 2～4 级和第 7 级）两种类型。叶根肩部有进汽侧比出汽侧明显的挤压形变，叶根断口有剪切（剪切方向为进汽侧向出汽侧）和矩形杯状两种类型，断口周围有轴向和切向弯曲形变和缩颈特征。图 5-13 为第 2 级和第 3 级部分叶片 T 型叶根和叶片损坏实物照片。调节级 3/4 轮缘被撕离，成组叶片连同围带抛出。第 2 列叶片被磨至工作部分的底部。

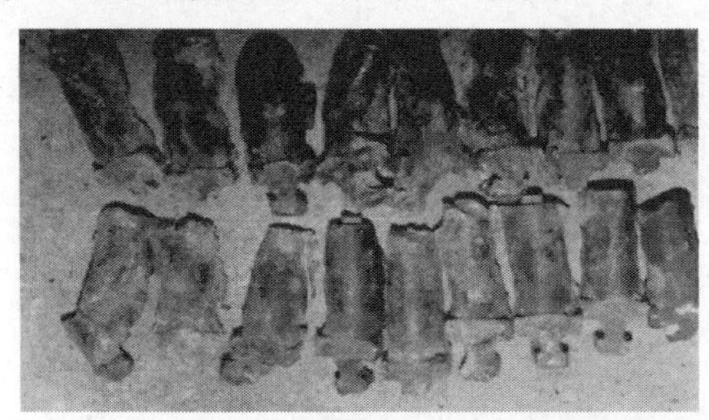

图 5-13　T 型叶根和叶片损坏实物照片

（2）第 8～10 级叶片为叉型叶根结构，第 8 级为三叉型叶根，第 9 级和第 10 级为四叉型叶根，均用骑缝销钉固定在槽内。事故后，除第 10 级叶轮上留有 41 个叶根外，其余叶片均与根部一起拔出，或从根颈部断裂，大部分销钉被剪断。

第 10 级留在轮缘上的 41 个叶根有逆旋转方向磨痕和倾斜。多数被拔出的叶根在进汽侧的叉脚处断裂，叶根严重弯曲形变（详见图 5-14、图 5-15）。大部分销钉断口的剪切方向为辐射方向（详见图 5-16），也有斜向和轴心方向的剪切。由此说明叶根的拔出不仅受到了离心力的作用，还受到了大的轴向力和切向力的作用。

图 5-14　第 9 级动叶片损坏的实物照片

图 5-15　第 10 级动叶片损坏的实物照片

（3）叶轮轮缘均受到不同程度的弯扭形变，槽口增大、槽口闭合或轮缘被撕裂。从第 6 级叶轮两侧轮缘向中心弯曲、槽口闭合。而叶片连同叶根一起拔出的事实表明，叶根拔出在先，槽口闭合在后，并均由动静部件的碰磨及轴向碰撞引起。

在所有叶轮中，第 7 级损坏最轻，第 3 级和第 7 级轮缘槽内的叶根断口保留的较好，并在第 7 级取样进行分析，图 5-17 为第 7 级叶根的损坏情况。

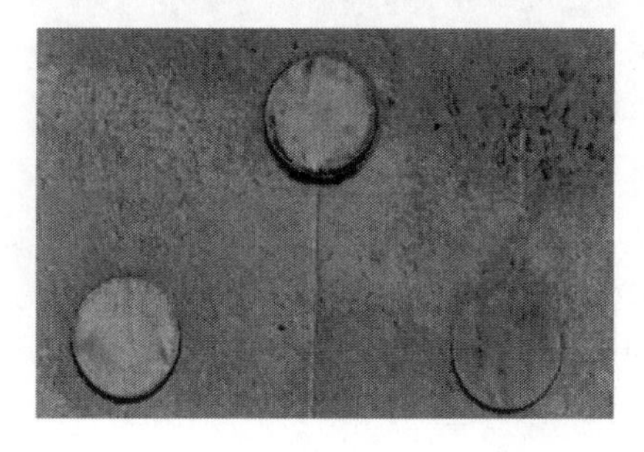

图 5-16　第 10 级叶轮上销钉的剪切断口

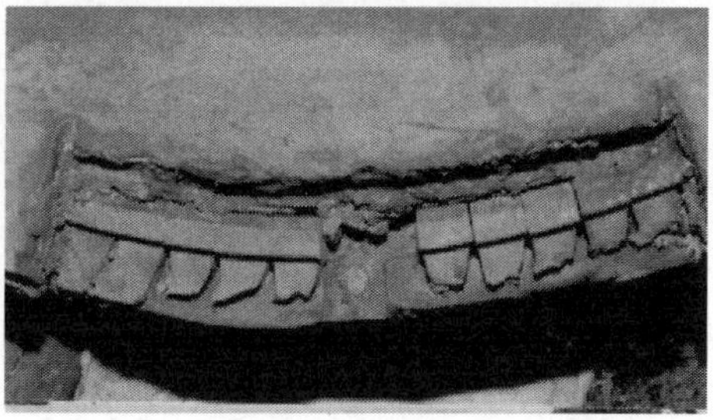

图 5-17　第 7 级叶根损坏情况

（4）在第 3 级动叶片 T 型叶根肩部的过渡圆角处，其进汽侧和出汽侧均有许多微裂纹（详见图 5-18）。裂纹走向为轴向，从两侧开裂向中间发展（详见图 5-19）。两侧裂纹发展速度接近时，形成矩形杯状断口，一侧裂纹发展速度比另一侧快，即形成剪切断口，剪切角度约为 45°。被检查的 23 个叶根中，有 14 个为矩形杯状断口，5 个为剪切断口，另外 4 个为混合型断口。断口附近均有逆旋转方向的塑性弯曲特征，开裂区为韧窝状条纹特征，条纹数 3～15 条，开裂性质属于准静态断裂（详见图 5-20、图 5-21）。挤压形变使叶根肩部向进汽侧、出汽侧、背弧和内弧侧下塌，造成叶根断裂应力低于强度极限，而高于屈服极限。

图 5-18　叶根肩部过渡区微裂纹（40×）

图 5-19　第 3 级叶片根部断口特征

图 5-20　第 3 级动叶片开裂区条纹特征（40×）

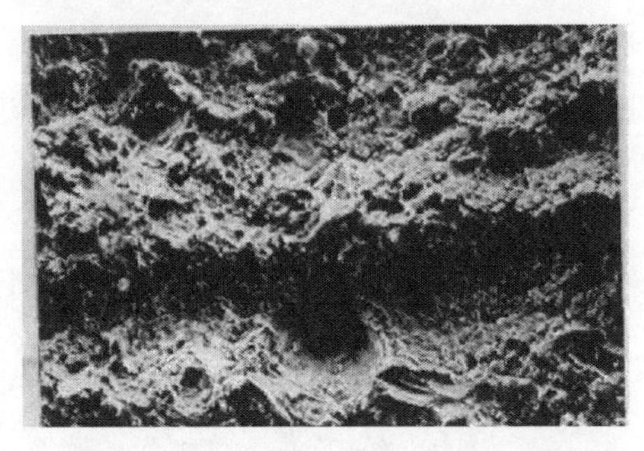

图 5-21　开裂区条纹的高倍特征（320×）

上述现象说明，叶根在瞬时断裂前，不仅受到离心力，还曾遭受到巨大的轴向和切向力的作用，其综合附加应力已超过叶片材料的屈服极限。并且，叶轮轮缘有逆旋转方向的挤压形变、槽口内壁有轴向挤压痕迹，以及 T 型叶根的开裂肩部有挤压形变等特征，说明在叶根断裂前轮缘已张口、叶根已松动。

（5）在第 7 级 21 个叶根中，有 11 个为剪切断口、6 个为矩形杯状断口，其余 4 个为混合型断口。叶根颈部有明显的轴向、切向弯曲形变和缩颈，个别叶根的圆角处有轴向裂纹。剪切断口的微观形貌为拉长韧窝（详见图 5-22）。叶根断裂性质属于瞬时静态断裂，轴向和切向等综合附加应力已超过了叶片材料的屈服强度。在纯离心力作用下其剪切断口与叶片横截面的夹角应为 45°，附加力越大，则夹角越小。实测第 7 级叶根剪切断口的夹角为 10°～30°，因而从剪切断口的角度也可说明，综合附加应力对叶根的断裂具有巨大影响，也说明了附加力的作用点高度相差较大。

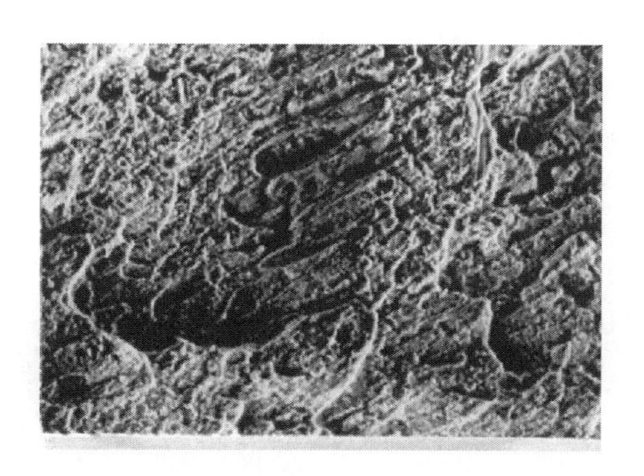

图 5-22　第 7 级叶根剪切断口的微观形貌（640×）

3. 汽轮机叶片断裂原因分析结果

（1）叶片的断裂不是单纯离心力造成的。

（2）动叶片的断裂先于汽轮机主轴的断裂。

（3）叶片受到的轴向和切向附加应力已超过材料的屈服极限，附加力来源于动静部件严重形变后的碰磨。

（4）叶根从轮槽中拔出，是在附加力和离心力的综合作用下，叶轮槽口增大、叶根肩部下塌形变造成的。

（5）第 1～5 级叶片在低温蒸汽做功的状态下发生碰磨形变，直至断裂。

（6）第 3 级叶片断裂之前，曾受到往复的轴向冲击力。

（7）在正常运行工况下，各级动叶片叶根的设计应力水平为 120～200MPa，而在事故中，动叶片所承受的附加应力已超过材料的屈服强度，因而在事故工况下，即使是在额定转速附近，也具备使叶根断裂的力学条件。

5.4.3　紧固件和法兰

1. 汽缸螺栓损坏情况

共有 22 根 M52 的汽缸紧固螺栓，汽轮机前端 6 根（两侧各三根）螺栓材料为 30CrMo，其余为 35 号钢。事故后，右侧第 6 根和左侧第 7 根，因拉弯断裂而残留在法兰孔内，右侧下法兰上仍留有 3 根完整螺栓，左侧下法兰上仍留有两根完整螺栓，在汽缸附近还有几根脱落的螺杆平直的螺栓。所有螺栓的螺纹均被拉脱 10～12 扣，拉脱深度为 1/3～1/2 齿深。图 5-23 为汽缸上残留的断裂螺栓和螺纹被拉脱的螺栓。

图 5-23　汽缸螺栓损坏实物

2. 联轴器对轮螺栓和螺孔的损坏情况

汽轮机转子和发电机转子间的联轴器，通过套装对轮，用 12 根螺栓连接，螺栓材料为 30CrMo，光杆直径约为ϕ55mm。事故后找到部分螺栓残骸，其损坏特征：螺纹被拉脱；螺母孔直径胀粗；螺纹退刀槽处断裂；螺栓严重弯曲形变，并呈现蓝色氧化皮。图 5-24 为汽轮机发电机间对轮螺栓残骸照片。

图 5-24　汽轮机发电机间对轮螺栓残骸

汽轮机和发电机间联轴器的对轮螺栓孔严重挤压形变，挤压形变面大部分在螺栓孔非工作面侧（详见图 5-25、图 5-26）。为了准确判断事故后期汽轮机和发电机转子的主从关系，对联轴器的对轮进行解剖，检查损坏特征。

（1）对轮内孔两侧有氧化皮，最厚处可达 2～3mm。

（2）汽轮机键（连同轴）相对对轮后移 11mm，发电机键（连同转子）相对对轮前移 50mm。

（3）汽轮机和发电机联轴器的对轮键均发生了挤压形变。挤压形变面和非挤压形变面界线清晰。

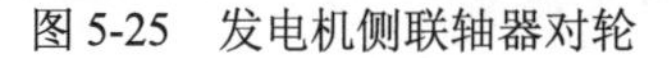

图5-25　发电机侧联轴器对轮

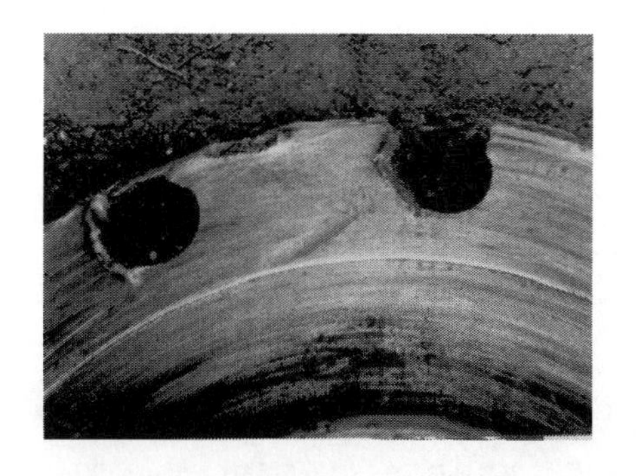

图5-26　发电机侧联轴器对轮螺栓孔的挤压形变

（4）挤压形变面均为键的非工作面（详见图5-27）。键外露端也存在挤压形变，其挤压线与留在键槽部分的挤压线连贯。挤压形变的深度为0.20～0.72mm。

发电机和励磁机联轴器上的8根紧固螺栓均在螺纹处过载断裂。断口被磨，摩擦方向呈现发电机转子为主动，联轴器为从动。危急保安器与汽轮机主轴之间联轴器对轮上的6根螺栓在螺纹处断裂，属过载断裂。

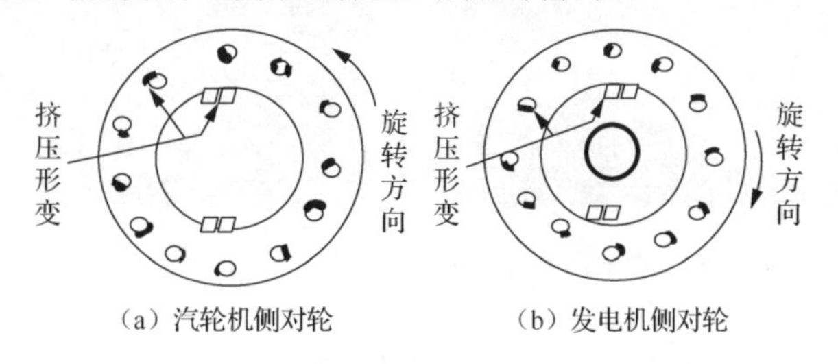

图5-27　汽轮机和发电机间联轴器对轮键槽、螺栓孔挤压形变示意图

3. 紧固件和法兰损坏原因分析结果

（1）汽轮机进入低温蒸汽，使高压缸的壁温突降，汽缸法兰和螺栓之间的温差将明显增大（150℃左右），使螺栓紧力大幅度下降，是缸内动静部件碰磨的主要诱发因素。

（2）汽缸螺栓紧力下降，促使螺栓在振动加剧情况下螺母的松动和自动退出，造成螺栓紧力消失，这是促进振动进一步增大、高压上缸被揭开的主要原因。

（3）在高压上缸揭开过程中，由于转子的弯曲急剧增大，下缸在转子碰砸的情况下严重张口和开裂。

（4）随着转子弯曲振动的加大，联轴器对轮张口变大，从而造成对轮螺栓螺纹被拉脱、螺母分离、螺栓退出、螺栓挤压形变、螺栓被剪切和弯曲断裂。

（5）根据汽轮机和发电机间联轴器对轮的键和螺孔挤压形变的特征判断：对

轮的分离是在发电机转子为主动、汽轮机转子为从动的情况下，在机组降速的过程中发生的；发电机转子的断裂，是发生在汽轮机转子断裂之后，并在降速过程中产生的。

5.4.4 叶轮

1. 损坏特征

该机共有 10 级套装叶轮，事故中，第 1～7 级和第 10 级叶轮从转子上脱离，飞落在不同位置（详见图 5-28、图 5-29）。所有叶轮的轮缘呈现不同程度的挤压形变和张口。第 8 级和第 9 级叶轮仍留在转子上，但已移位。叶轮的损坏情况及基本参数列于表 5-7，其损坏特征如下。

图 5-28　第 2 级叶轮损坏的实物照片

图 5-29　第 4 级叶轮损坏的实物照片

表 5-7　叶轮的设计参数和事故后的状态参数

叶轮级别	设计材料	强度等级（σ_s/σ_b）/MPa	设计松动转速（最小/最大）/（r/min）	设计套装过盈量 Q（最小/最大）/mm	键槽挤压形变面	内孔直径/mm		事故后测量硬度值（HB）
						设计值	事故后增大值	
1	34×H₃M	735/882	3940/4250	0.47/0.55	工作面	380	2～30	316～332
2	$24CrMoV_{55}$	588/764	3400/3772	0.43/0.42	工作面	390	21～39	249～258
3	$24CrMoV_{55}$	588/764	3460/3850	0.43/0.42	工作面	390	10～60	228～234
4	$24CrMoV_{55}$	588/764	3590/3940	0.39/0.47	工作面	400	−3～47	222～246

续表

叶轮级别	设计材料	强度等级（σ_s/σ_b）/MPa	设计松动转速（最小/最大）/（r/min）	设计套装过盈量 Q（最小/最大）/mm	键槽挤压形变面	内孔直径/mm		事故后测量硬度值（HB）
						设计值	事故后增大值	
5	$24CrMoV_{55}$	588/764	3510/3847	0.39/0.47	工作面	400	5～27	254～287
6	$24CrMoV_{55}$	686/813	3572/3890	0.43/0.51	非工作面	410	2～17	244～270
7	$24CrMoV_{55}$	686/813	3440/3746	0.43/0.51	非工作面	410	0～4	314～349
8	$34×H_3M$	735/882	3310/3640	0.55/0.63	非工作面	—	—	286～296
9	$34×H_3M$	735/882	3300/3520	0.58/0.66	非工作面	—	—	318～344
10	$34×H_3M$	735/882	3220/3420	0.62/0.70	没有轴向面	425	−3～12	316～344

（1）叶轮键槽的挤压形变面，第 1～5 级挤压形变面在工作面，第 6～9 级挤压形变面在非工作面。图 5-30 为第 3 级叶轮键槽工作面挤压形变图。图 5-31 为第 6 级和第 7 级叶轮键槽非工作面挤压形变图。

图 5-30 第 3 级叶轮键槽工作面挤压形变

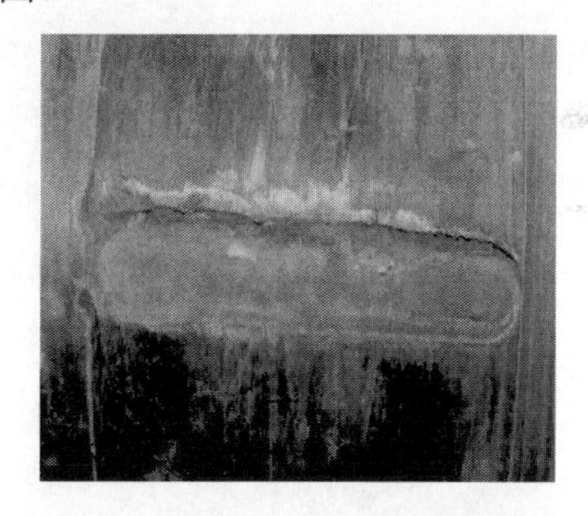

图 5-31 汽轮机转子第 6 级、第 7 级叶轮键槽非工作面挤压形变

（2）所有飞逸的叶轮，其内孔直径均明显胀粗，强度等级为 588MPa 的第 2～5 级叶轮内孔胀粗程度比其他较高强度等级的叶轮大，且飞离得也较远。

（3）叶轮内孔形变，一般是不规则的椭圆形，并向两侧呈喇叭状，边缘有挤压形变。第 3 级叶轮内孔和轮壳表面有摩擦而发黑的氧化色。实测第 4 级叶轮内孔表面硬度为 243～259HB，比轮壳处（222～246HB）高。

（4）第8级和第9级叶轮仍留在断轴上，第8级叶轮和转子的键槽相对位置沿逆转动方向位移30mm，键被挤压形变，叶轮向机头侧移位9mm。第9级叶轮内孔随转子弯曲而变椭圆，与转子的最大间隙为11mm，叶轮与转子的键槽相对位置沿逆转向位移140mm，键被挤压产生大量塑性流变，表面呈深蓝色，形变键上有17条形变条纹（详见图5-32）。

图5-32　第9级叶轮键槽位移和键塑性流变

（5）第1～7级叶轮键槽的角处均没有宏观裂纹，第8～10级叶轮键槽的外表面也未发现有裂纹。

（6）在转子的弯曲受压面上，叶轮和轴封套退出时，将轴表面挤压出多条压痕（详见图5-33、图5-34）。第7级叶轮处有18条，第10级处有20条。

图5-33　汽轮机转子低压轴封套处挤压痕迹

（a）拉伸侧

（b）受压侧

图5-34　第1～3级叶轮断轴弯曲拉伸侧和受压侧表面挤压形变

（7）调节级叶轮材料为34XH3M，该材料的使用温度应低于400℃，该处的两侧轴段已产生两个断口和两条裂纹说明，长期在高于 400℃的运行条件下，其叶轮紧力有下降的可能。

2. 叶轮损坏原因分析结果

（1）转子的弯曲是叶轮内孔胀大和叶轮松动的先决条件。在转子大弯曲振动的过程中使叶轮内孔直径进一步扩大，以致飞脱。

（2）在汽轮机进汽状态下，第 1～5 级叶轮的键逐渐失去定位作用，这为事故后期大面积的损坏储备了能量。

（3）事故后期，因转子严重弯曲形变，第 6～10 级叶轮是致使转子制动的主要部位。

5.4.5 汽轮机转子

汽轮机转子设计材料为 34CrMo，没有中心孔。事故中，汽轮机转子断成 4 段：第 1 段，1 号轴瓦至轴封套断轴（简称汽轮机前轴头）（详见图 5-35），在第 1 高压轴封和调节级叶轮之间轴槽处断裂，断裂呈明显的弯曲形变，在第 1 轴封套和第 2 轴封套之间轴槽的受拉侧有半圈宏观裂缝；第 2 段，第 1～3 级叶轮断轴（详见图 5-34），在第 3 级和第 4 级叶轮之间的轴台阶处断裂，断轴呈明显的弯曲形变，在第 2 级叶轮前的轴凹槽处弯曲拉伸侧存在半圈裂纹；第 3 段，第 4～10 级叶轮断轴（详见图 5-36），在 2 号轴瓦内侧变截面处断裂，断轴呈宏观弯曲形变；第 4 段，2 号轴瓦汽轮机侧联轴器对轮断轴（简称汽轮机后轴头）（详见图 5-37），弯曲形变集中在断口附近。

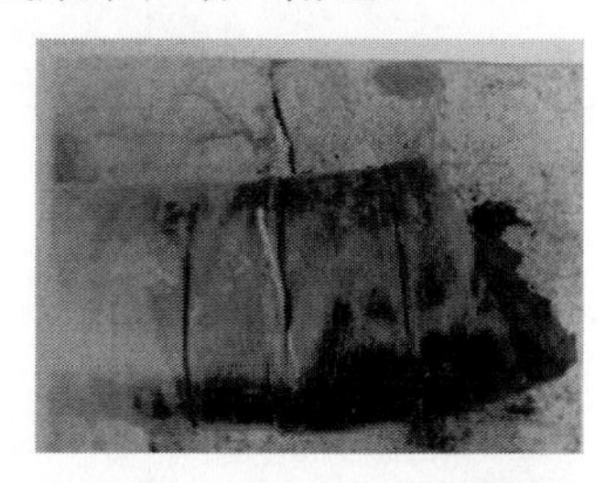

图 5-35　1 号轴瓦至轴封套断轴

图 5-36　第 4～10 级叶轮断轴

图 5-37　2 号轴瓦汽轮机侧对轮断轴

为了分析转子的断裂原因，下面进行材料的质量鉴定和断口的宏观与微观分析。

1. 材质检验

从汽轮机的前后轴颈处取样进行化学成分、室温机械性能、高温机械性能、低温脆性转变温度（FATT）、硬度测量和金相组织试验。取样位置详见图 5-38。试样编号的意义如下：

C——汽轮机前轴头的轴颈（1 号轴瓦）处材料；

P——汽轮机后轴头的轴颈（2 号轴瓦）处材料；

M——发电机的汽轮机侧转子轴颈（3 号轴瓦）处材料；

C_{00}、P_{00}、M_{00}——中心孔处的材料；

C_0、P_0、M_0——弯曲形变中性轴处材料；

C_1、P_1、M_1——弯曲形变受压侧材料；

C_2、P_2、M_2——弯曲形变受拉侧材料。

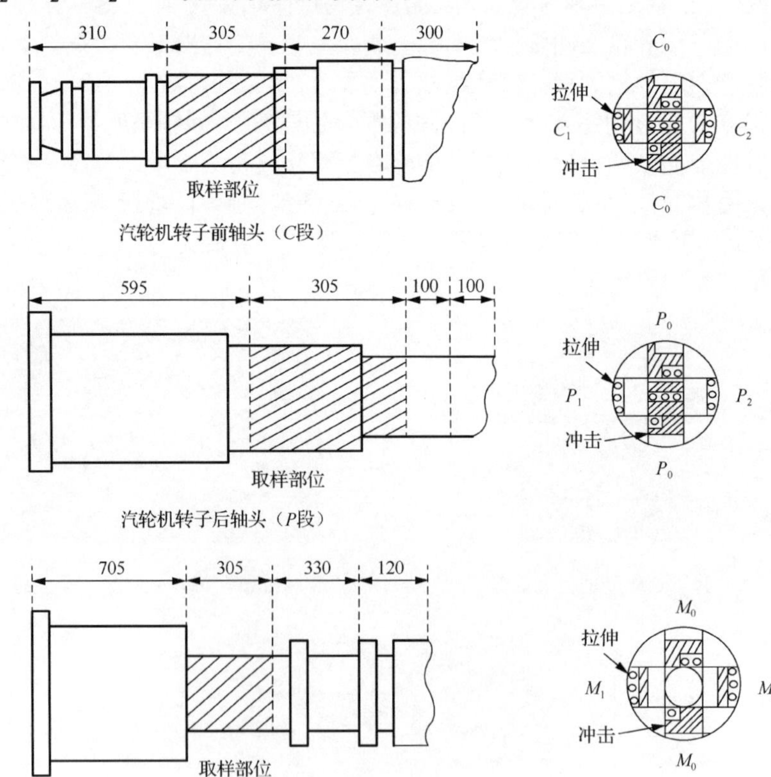

图 5-38　汽轮机和发电机转子材料取样图（单位：mm）

1）化学成分

汽轮机转子化学成分的化验结果列于表5-8。前后轴颈处的中心和边缘的化学成分偏差不大。四个部位的Mo含量均大于34CrMo的上限，而与34CrMo1A材料的Mo含量下限相近。由此可见，汽轮机转子的材料不是34CrMo，而是34CrMo1A。

表5-8 汽轮机转子的化学成分（质量分数） （单位：%）

项目	碳（C）	硅（Si）	锰（Mn）	磷（P）	硫（S）	铬（Cr）	钼（Mo）
C_0	0.36	0.29	0.58	0.014	0.020	1.09	0.40
C_{00}	0.38	0.24	0.59	0.014	0.021	1.13	0.41
P_0	0.35	0.23	0.57	0.014	0.010	1.10	0.41
P_{00}	0.30	0.23	0.57	0.014	0.008	1.07	0.39
34CrMo工厂标准	0.30～0.40	0.17～0.37	0.40～0.70	0.035	0.030	0.90～1.30	0.20～0.30
34CrMo1A技术条件	0.30～0.40	0.17～0.37	0.40～0.70	0.035	0.030	0.90～1.20	0.40～0.55

2）机械性能

机械性能试验的试样均为轴向取样，冲击试样缺口向轴外表面。前后轴颈各个部位的室温条件下的机械性能列于表5-9，从表中可看出：不同受力部位的$\sigma_{0.02}$和$\sigma_{0.2}$值差异大，受拉侧的$\sigma_{0.02}$和$\sigma_{0.2}$值比受压侧的高；不同受力部位的σ_b、δ_5、ψ、Ak值相差不大；V型缺口的冲击韧性比U型缺口的冲击韧性低得多；事故后轴材料的$\sigma_{0.2}$、σ_b、δ_5、ψ、Ak的平均值均高于34CrMo钢的设计要求最低值；汽轮机前轴颈的同一受力部位的$\sigma_{0.02}$值相差较大，如C_{00}试样，最高的$\sigma_{0.02}$值为420.2MPa，而最低值为198.6MPa；汽轮机前轴颈的不同受力部位的$\sigma_{0.2}$和$\sigma_{0.02}$的差值较大。各受力部位的$\sigma_{0.2}$和$\sigma_{0.02}$的平均值差分别为ΔP_0=77.1MPa，ΔP_{00}=143.9MPa，ΔP_1=166.8MPa，ΔP_2=163.8MPa，这种现象说明$\sigma_{0.2}$和$\sigma_{0.02}$的差值悬殊不是转轴的单向弯曲形变所造成，轴颈材料的$\sigma_{0.2}$和$\sigma_{0.02}$差值悬殊的可能原因如下。

表5-9 事故后汽轮机转子的室温机械性能

项目		弹性极限 $\sigma_{0.02}$/MPa	屈服强度 $\sigma_{0.2}$/MPa	抗拉强度 σ_b/MPa	伸长率 δ_5/%	断面收缩率 ψ/%	冲击韧性 Ak_U/（J/cm²）	冲击韧性 Ak_V/（J/cm²）
前轴头的轴颈	C_{00}	420.2	439.3	653.2	25.2	63.0	112.5	41.3
		198.6	411.3	651.0	23.0	60.1	121.3	17.5
		413.8	430.4	641.7	25.7	63.3	110	31.3

续表

项目		弹性极限 $\sigma_{0.02}$/MPa	屈服强度 $\sigma_{0.2}$/MPa	抗拉强度 σ_b/MPa	伸长率 δ_5/%	断面收缩率 ψ/%	冲击韧性 Ak_U/（J/cm²）	冲击韧性 Ak_V/（J/cm²）
前轴头的轴颈	C_0	343.8	420.2	634.1	25.5	64.0	135.6	25
		311.9	426.5	626.4	24.0	62.8	135	11.3
		257.2	422.7	639.2	26.1	63.0	125	32.5
	C_1	403.6	412.5	623.9	25.0	63.5	106.3	15.6
		399.8	407.5	622.6	26.4	63.8	127.5	38.1
		402.3	410.0	625.2	25.1	62.3	143.8	34.4
	C_2	403.6	410.0	623.9	25.8	64.2	42.5	44.4
		398.5	408.7	623.9	25.1	65.2	111.3	18.8
		384.5	407.4	620..1	25.7	65.0	101.3	12.5
后轴头的轴颈	P_{00}	309.4	369.2	542.2	28.0	66.6	43.8	18.8
		286.5	361.6	543.7	28.0	67.3	123.8	16.3
		311.0	407.4	548.8	27.4	66.6	118.1	11.3
	P_0	184.6	362.9	583.1	26.7	64.2	132.5	24.4
		241.9	365.5	571.7	28.5	65.2	105.6	16.3
		224.0	362.9	595.9	27.5	65.7	110	13.1
	P_1	224.1	396.0	625.2	24.2	64.7	142.5	58.8
		229.2	385.8	599. 7	25.9	65.2	126.3	73.8
		222.8	394.7	612.4	22.7	62.3	133.8	43.8
	P_2	390.9	560.2	604.8	21.8	64.2	121.3	61.3
		375.6	348.8	609.9	21.0	63.0	110.6	43.8
		420.2	569.1	612.4	20.7	63.5	116.3	58.1
34CrMo 工厂标准		—	≥343	≥568.4	≥17	≥40	≥49	—
34CrMo1A 技术条件		—	≥345	≥568.4	≥17	≥40	≥49	—

（1）原材料不均匀。

（2）汽轮机后轴头的轴颈和发电机前轴头的轴颈是转子中受应力较大的部位，2 号机组已经运行 21 年，起停次数较多，负荷变动较大，因疲劳损伤的积累，转子材料$\sigma_{0.02}$值逐渐降低。

（3）在事故前期，转子遭受循环应变而发生材料损伤。

在 2 号机组事故中，上述三个可能原因哪一个起主导作用，需进行深入的试验研究，以确定损伤的机制和对转子安全性的影响。

事故后汽轮机转子在 435℃条件下的机械性能列于表 5-10。试验结果表明：

不同受力部位的包辛格效应明显，受拉侧的$\sigma_{0.2}$升高，而受压侧的$\sigma_{0.2}$值有所下降；该材料在高温下的塑性较好；在高温下 V 型缺口的冲击韧性明显升高，接近 U 型缺口的冲击韧性技术要求值；事故后，转子材料的高温机械性能仍具有较高值。

表 5-10　事故后汽轮机转子在 435℃条件下的机械性能

项目		屈服强度 $\sigma_{0.2}$/MPa	抗拉强度 σ_b/MPa	伸长率 δ_5/%	断面收缩率 ψ/%	冲击韧性 Ak_U/（J/cm²）	冲击韧性 Ak_V/（J/cm²）
前轴头的轴颈	C_{00}	377.0	564.3	22.0	75	143.8	141.3
		371.9	552.8	19.4	74	153.8	143.8
		380.8	545.2	21.0	76	151.3	146.3
	C_0	393.3	545.2	20.4	75	152.5	123.8
		394.8	537.5	18.4	75	146.3	131.3
		387.2	528.6	20.8	75	160.0	132.5
	C_1	375.0	529.9	19.8	75	150.0	130.0
		319.5	533.7	21.2	76	153.8	126.3
		356.1	525.0	19.8	76	155.0	128.8
	C_2	443.6	536.0	17.8	75	138.8	136.3
		457.3	542.6	19.0	74	151.3	142.6
		442.0	542.0	22.6	75	153.8	140.6

3）FATT 试验

用 V 型缺口冲击试样，测定汽轮机前后轴头轴颈处材料的低温脆性转变温度，测定结果均为 70℃，图 5-39 是该材料的低温脆性转变温度曲线。

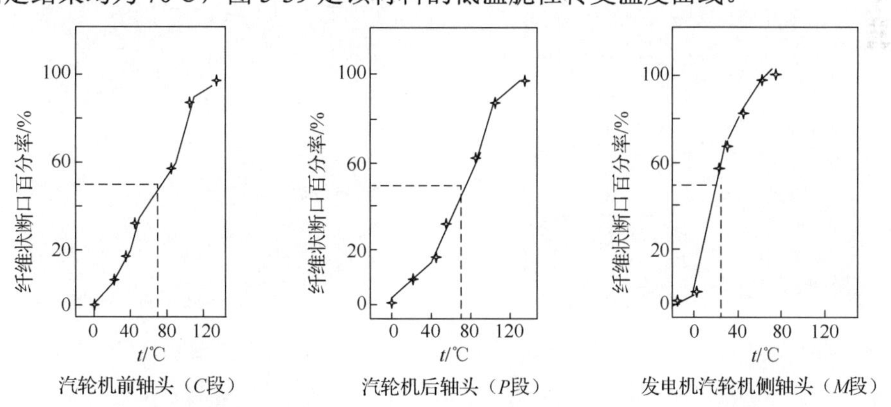

图 5-39　汽轮机和发电机转子材料的低温脆性转变温度曲线

4）硬度测量

用 Hl-D 硬度计对事故后的各断轴表面进行硬度测量，试验结果列于表 5-11。

可以看出：第二高压轴封套处的转子表面硬度有所降低，但弯曲拉伸侧硬度明显升高；第 2 级和第 7 级叶轮处和后轴头轴颈处的硬度正常，后轴头轴颈的弯曲形变对硬度影响不大。

表 5-11　事故后汽轮机转子表面的硬度

测量的位置		硬度（HB）
拉力盘	中性	177、173、180、186、173
	弯曲拉伸侧	198、199、199、198、202
第二轴封套	中性	203、206、214、205、198、214
	弯曲拉伸侧	246、240、261、238、215、237、255
第 2 级叶轮		215、225、277、226
第 7 级叶轮键槽		236、218、231、253
后轴头轴颈	弯曲拉伸侧	235、225、240、241、244
	中性	251、242、242
	弯曲受压侧	253、251、247

5）金相组织

前后轴头轴颈的外侧和中心处的夹杂物（硫化物和氧化物）一般为 1 级，个别区域可达 2 级。前轴头轴颈外侧的组织为回火索氏体（详见图 5-40），中心部位有少量铁素体。后轴头轴颈外侧的组织为回火索氏体+铁素体（详见图 5-41），中心部位的铁素体量增加，未发现异常组织。

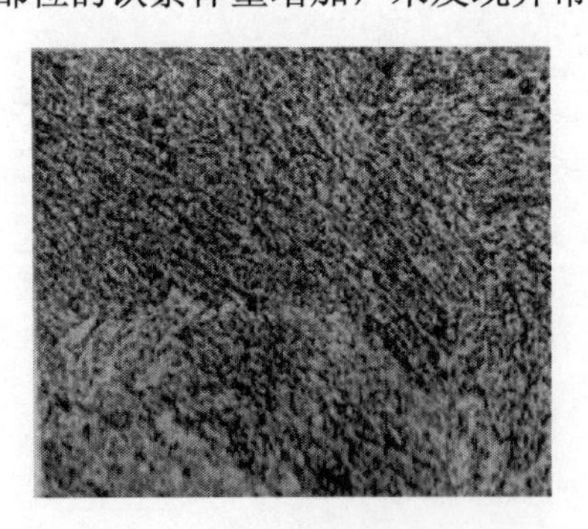

图 5-40　汽轮机前轴头轴颈金相组织（1 号轴瓦处 500×）

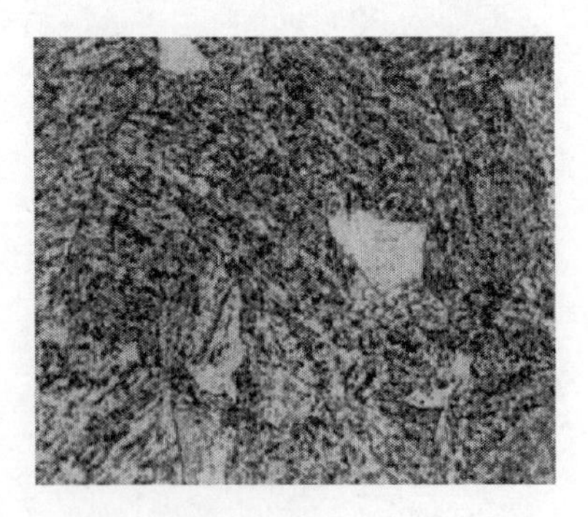

图 5-41　汽轮机后轴头轴颈金相组织（500×）

2. 断口分析

（1）Ⅰ断口。从调节级叶轮和高压第一轴封套之间的台阶处开裂，然后向第一轴封套和二轴封套之间的方向发展。从整体来看该断口为斜断口（详见图 5-42），

图 5-43（a）为裂纹走向示意图，图 5-43（b）为断口分区示意图。

图 5-42　汽轮机转子 I 断口

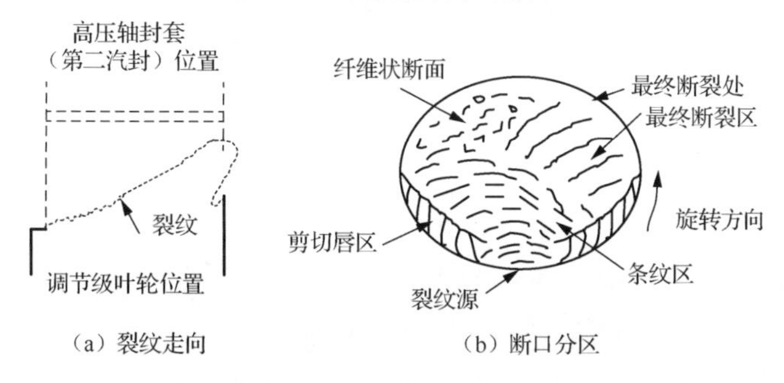

（a）裂纹走向　　（b）断口分区

图 5-43　汽轮机转子 I 断口宏观特征示意图

断口的宏观形貌可分为三个区：剪切唇区，位于裂源两侧的外圆表面，呈月牙形，裂源位于中间；条纹区，为裂纹稳定扩展区，条纹间距逐渐增大，有条纹 60～70 条；最终断裂区，分为两个部分，一部分是正应力引起的纤维状正断，另一部分为扭力和弯曲力共同作用产生的剪断。

按旋转方向测量源点和最终断裂点之间的弧度约为 140°。在第一轴封套和第二轴封套之间的凹槽处已形成半圈的宏观裂纹，凹槽处材料形变很明显，中性侧槽宽 8.5mm，受压侧槽宽 4mm，受拉侧槽宽 15.5mm（已扣除裂纹张口值）。受拉侧形成裂纹时，轴表面的延伸率已超过该材料的光滑试样高温拉伸的延伸率。这现象说明轴台阶处的裂纹形成，只能是在严重过载条件下才能实现，而不可能是在事故以前的漫长运行中形成的。I 断口为大能量塑性断裂。推测裂纹的形成扩展需要几十次的应力循环。断裂性质属于大应变的低周疲劳。

（2）II 断口。起源于转子的第 3 级和第 4 级叶轮之间台阶处，然后向第 2 级叶轮的位置发展。从整体来看为斜断（详见图 5-44），图 5-45 是 II 断口前区的局部细节，图 5-46（a）为 II 断口裂纹走向示意图，图 5-46（b）为断口的宏观形貌分区示意图。II 断口可分为四个区：开裂区，位于台阶的边缘，宽约 80mm，深约 25mm，断面较光滑，从整体看似有两条贝壳纹痕迹，该区后部有浅的放射纹路；条纹区，始于开裂区，向两侧及深度发展，条纹比 I 断口细，数量多；剪切唇区，位于开裂区两侧的表层，约 200° 弧长，深 30～40mm；最终断裂区，断面较细，断面上有纹路，指示出最终断裂点。该区为扭力和弯曲力综合作用形成的瞬时断裂。

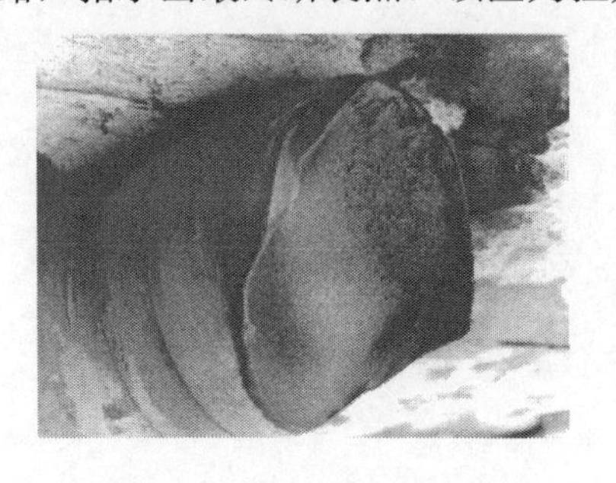

图 5-44　汽轮机转子Ⅱ断口

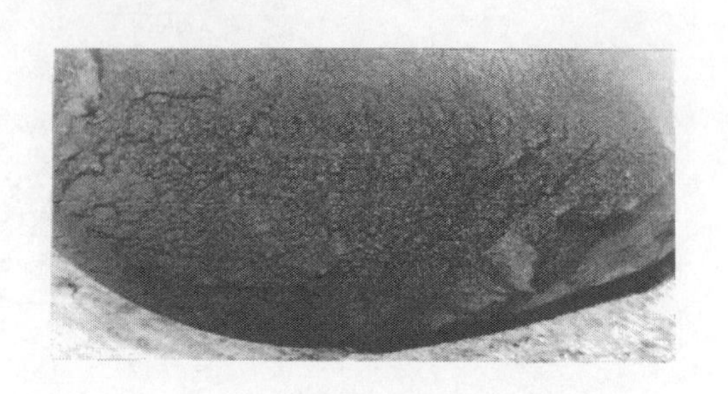

图 5-45　汽轮机转子Ⅱ断口前区形貌

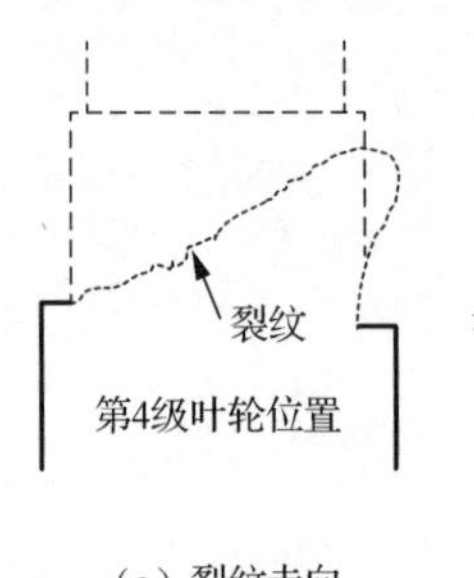

（a）裂纹走向

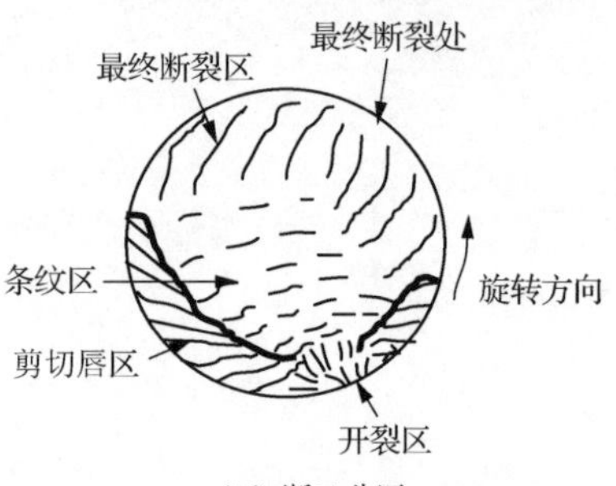

（b）断口分区

图 5-46　汽轮机转子Ⅱ断口宏观特征示意图

对Ⅱ断口作一次复型电镜观察，开裂区的微观形貌以等轴韧窝为主（详见图 5-47）；条纹区的微观形貌为拉长韧窝和等轴韧窝（详见图 5-48）；最终断裂区的微观形貌为拉长韧窝和等轴韧窝（详见图 5-49）。整个断口均为塑性过载断裂。比较Ⅰ断口和Ⅱ断口，二者具有相同和不同之处。

相同的特征：从整体来看均为塑性斜断；大能量过载断裂；都具有剪切唇区、条纹区和最终断裂区；断口周围有明显的弯曲形变，开裂点在最大弯曲拉伸处；断口附近的凹槽已产生裂纹。

图 5-47　Ⅱ断口开裂区微观形貌（640×）

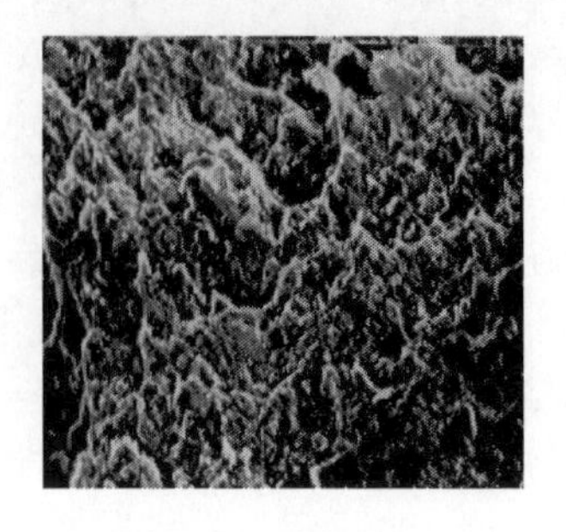

图 5-48　Ⅱ断口条纹区微观形貌（160×）

图 5-49　Ⅱ断口最终断裂区微观形貌（1250×）

不同的特征：Ⅱ断口有一个特征明显的开裂区，断面较细，这说明Ⅱ断口的开裂比Ⅰ断口的过载应力要低一些，循环应力的次数要多；Ⅱ断口的条纹区的条纹较细，而且条纹的分布和走向接近疲劳纹的特征；Ⅱ断口的最终断裂区为单一的扭力和弯曲力产生的切断，没有Ⅰ断口的纤维状正断，这说明Ⅱ断口最终断裂的瞬间，应力状态没有发生突变；Ⅱ断口的裂纹源和最终断裂点之间的弧度为130°（转动方向），比Ⅰ断口的小，说明在Ⅱ断口的断裂过程中，扭力和弯曲力的比值比Ⅰ断口的大。

根据以上的分析比较，可判断Ⅱ断口的断裂应早于Ⅰ断口，Ⅱ断口断裂所需的应力循环次数估计约为几百次。

（3）Ⅲ断口。起源于低压轴封套和轴颈之间的台阶处，沿台阶截面发展直至最终断裂为平断（详见图 5-50）。图 5-51（a）为Ⅲ断口的裂纹走向示意图，图 5-51（b）为Ⅲ断口宏观形貌分区的示意图。

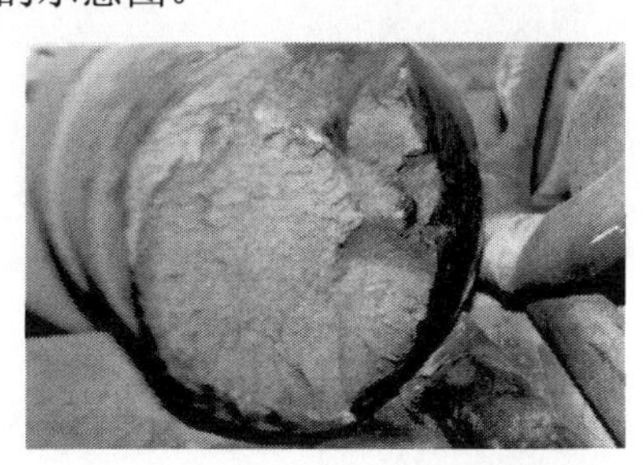

图 5-50　汽轮机转子Ⅲ断口实物照片

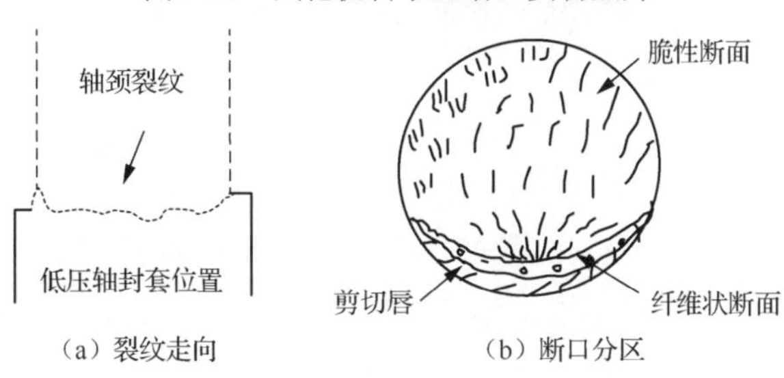

（a）裂纹走向　（b）断口分区

图 5-51　汽轮机转子Ⅲ断口宏观特征示意图

Ⅲ断口可分为三个区域：剪切唇区，位于外表层，弧长约 120°，呈月牙形，最大深度 12mm，该区面积约为整个断口面积的 3%；纤维区，在剪切唇内侧，也呈月牙形，最大深度为 14mm，断口为环形纤维状，该区占整个断口的 4%，断口的微观形貌为韧窝（详见图 5-52），该区的断裂性质属于应力集中状态下的塑性正断，约经过几次大应力（超过屈服强度）循环而断裂；脆性瞬断区，脆断发源于塑性开裂区的中部，裂纹快速传播，属于一次性冲击断裂，断面呈结晶状，断口的微观形貌为河流状解理（详见图 5-53），该区占整个断口面积的 93%，形成该区的原因可能与已开裂区造成的应力集中，冲击弯曲的能量大、速度快，材料的运行温度约为 40℃（比 FATT 低 30℃），处于脆性状态等因素有关。

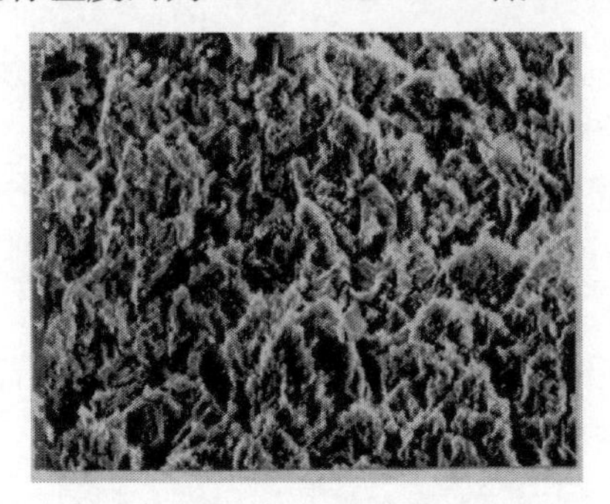

图 5-52　Ⅲ断口纤维区微观形貌（320×）

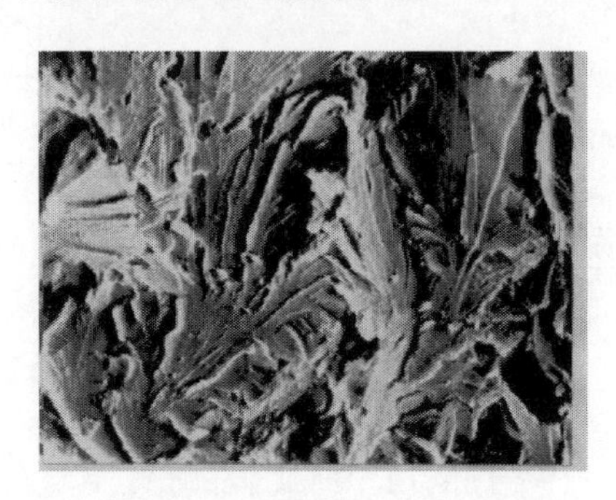

图 5-53　Ⅲ断口脆性瞬断区微观形貌（320×）

3. 汽轮机转子断裂原因分析结果

（1）事故后轴颈各部位材料的$\sigma_{0.2}$、σ_b、δ_5、ψ和 Ak 值仍符合 34CrMo 钢的设计要求。

（2）汽轮机后轴头轴颈材料的$\sigma_{0.02}$值明显降低，使转子抵抗形变的阻力逐渐减小，是转子塑性失稳、发生毁机弯曲振动的可能内在因素。

（3）在汽轮机转子上没有发现尺寸大于 3mm 的老裂纹。经长期运行，转子上危险截面处的疲劳损伤利于裂纹的产生。

（4）转子的三个断口均起源于表面的应力集中处，其断裂性质为过载断裂（转子表面应力超过屈服强度）。

（5）断口断裂顺序：Ⅱ断口先断，断裂时的冲击能量使已开裂的Ⅰ断口、Ⅲ断口最终断裂。

（6）Ⅱ断口和Ⅰ断口为大能量多次弯曲冲击塑性断裂。Ⅱ断口约需几百次大应力冲击，Ⅰ断口约需几十次大应力冲击。这两个断口均属于大应变的低周疲劳断裂。开裂应力主要是弯曲冲击力，随着轴弯曲度的增大和裂纹长度的增长，扭应力对断裂的作用相应增大。

（7）Ⅲ断口为平面应力状态下塑性启裂，然后在平面应变状态下脆性扩展断裂。这属于准静态断裂，约需几次大应力冲击。

5.4.6　发电机转子和定子铁芯磨损

1. 发电机转子磨损特征

（1）发电机转子汽轮机侧护环内端表面严重磨损而减薄，发电机转子励磁机侧护环内端表面被磨，但未有减薄现象，两侧护环均未发生位移。

（2）发电机转子（图 5-4）铝槽楔损坏情况详见图 5-54、图 5-55。第 1～18 槽的槽楔齿被磨损和撕裂（详见图 5-56），其中第 5～12 槽损坏最严重，发电机转子距励磁机侧 1450mm 范围内其齿及齿底部的铝材被撕裂（详见图 5-57、图 5-58）。断口呈木状，大量纤维被拉出、拉毛和分层，多数断口呈土黄色，少数呈蓝紫色。有些槽楔端部的下层存在宏观裂纹。第 19～36 槽的槽楔损坏较轻，第 34～36 槽靠励磁机侧的槽楔被磨损或撕裂。第 34～36 槽转子小齿上有熔铝，大齿表面局部区域呈蓝色。

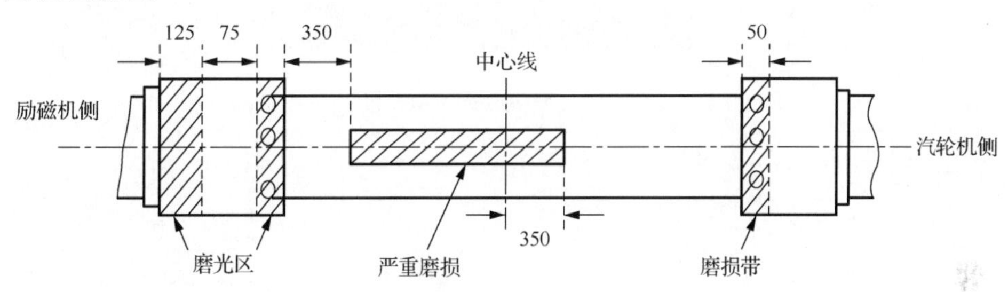

图 5-54　发电机转子磨损位置示意图（单位：mm）

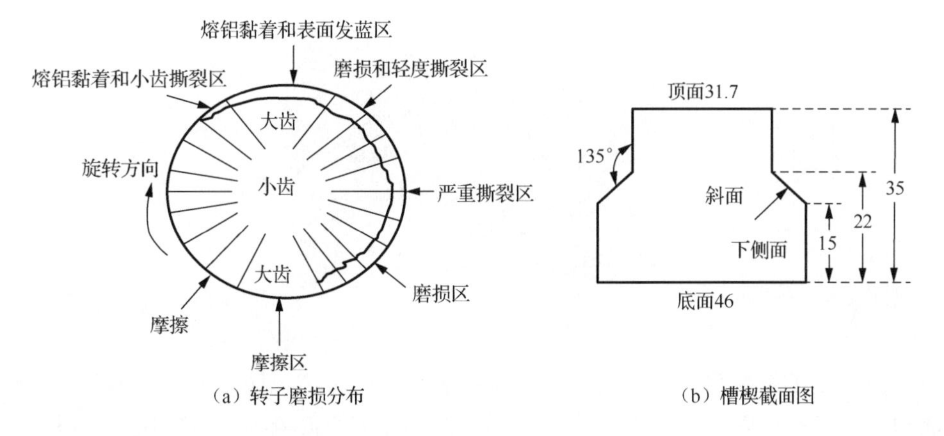

（a）转子磨损分布　　（b）槽楔截面图

图 5-55　转子磨损情况（单位：mm）

图 5-56　槽楔撕裂和摩擦特征

图 5-57　槽楔下部被撕裂情况

图 5-58　槽楔木状断口特征

2. 定子铁芯的磨损特征

（1）护环与铁芯严重磨损。定子在汽轮机侧槽口处被磨出一圈宽为 85～140mm 的压痕，其中定子下部有一道宽为 140mm 的磨痕和一道较深的宽为 75mm 的磨痕（详见图 5-59）。励磁机侧定子槽口处被磨出一圈宽度为 110～120mm 的压痕。定子下部铁芯比上部磨损严重。

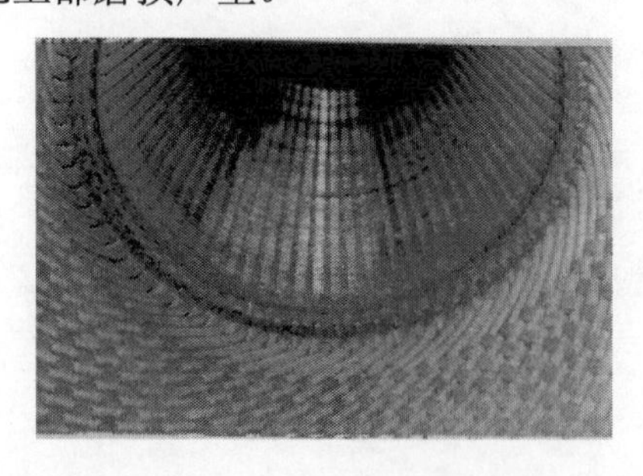

图 5-59　发电机定子汽轮机侧槽口磨损情况

（2）转子对铁芯的磨损。转子小齿和槽楔碰磨铁芯，使铁芯产生形变，并形成相应的齿槽（详见图 5-60、图 5-61）。铁芯摩擦槽楔撕下许多碎块和纤维丝，贴附在膛内。

图 5-60　定子铁芯磨损形貌 1

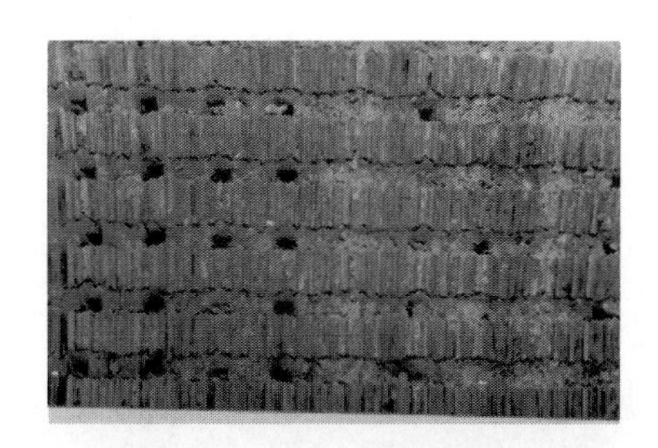

图 5-61　定子铁芯磨损形貌 2

3. 铝槽楔的材料试验和断裂分析

从第 6 槽取不同损伤程度的三段铝槽楔进行试验分析。

1）化学成分

试验结果列于表 5-12，符合 LY12 硬铝合金的化学成分要求。

表 5-12　槽楔的化学成分（质量分数）　　（单位：%）

项目	铜（Cu）	镁（Mg）	锰（Mn）	铝（Al）	铁（Fe）	硅（Si）	锌（Zn）	镍（Ni）	铁+镍（Fe+Ni）	其他	杂质总和
槽楔	4.43	1.53	0.56	余量	0.36	0.26	0.04	0.005	0.365	—	0.67
LY12 技术条件	3.8～4.9	1.2～1.8	0.3～0.9	余量	≤0.5	≤0.5	≤0.3	≤0.1	≤0.5	≤0.1	≤1.5

2）硬度

事故后槽楔的硬度值为 92HB、91HB、93HB、91HB。据资料介绍，LY12 硬铝合金经淬火及自然时效后的硬度为 105HB 以上。

3）金相检查

槽楔材料的正常组织为α相，基体上均匀分布着时效沉淀相θ（Al_2Cu）和 S（AL_2CuMg）。

事故后，槽楔的组织为晶界二元共晶（$\alpha+\theta$）和三元共晶（$\alpha+\theta+S$），晶界周围的沉淀相回溶（详见图 5-62）。这表明槽楔局部的温度已超过 506℃。纵向组织具有条状化学成分偏析的特征。过烧的结果产生带状沿晶熔化组织特征（详见图 5-63）。在这种状态下，铝槽受到钢片的摩擦，产生木状撕裂断口和拉丝现象是容易理解的，图 5-64 为铝槽端面裂纹处的金相组织特征，裂纹沿着晶界共晶体扩展。从槽楔的顶部至底部，金相组织的过烧现象逐步减弱。在近于汽轮机侧的槽楔磨损较轻，过烧现象也较轻。

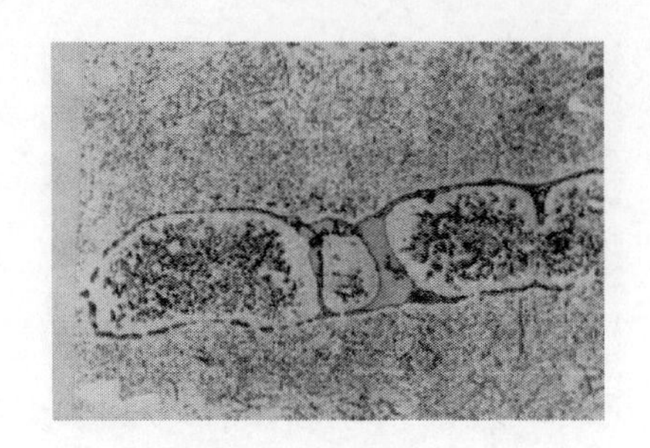

图 5-62 铝槽因超温产生的晶界熔化和晶界附近沉淀相回溶特征（1000×）

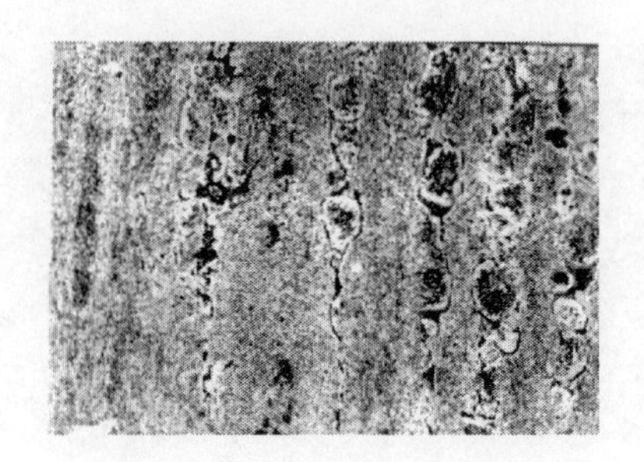

图 5-63 铝槽楔因超温形成的带状晶界熔化特征（400×）

4）体视显微镜观察

在图 5-55（b）槽楔的外表面上，不同程度地存在熔珠（详见图 5-65），尤其在端面的上部。槽楔表面磨损越严重则熔珠的颗粒越大，分布面积也越广，在一个紫色断口侧面有熔铝黏着。这充分说明槽楔材料的过烧不是热处理不当所造成，而是由摩擦发热所致。

图 5-64 铝槽楔端面裂纹处金相组织特征(200×)

图 5-65 铝槽楔端面的熔珠特征（80×）

槽楔木状断口的微观形貌（详见图 5-66）具有纤维丝清晰、纤维分层和拉起的特征。纤维丝表面形貌（详见图 5-67）具有局部熔化所致的圆滑丘状物的特征。

图 5-66 铝槽楔木状断口电镜照片（40×）

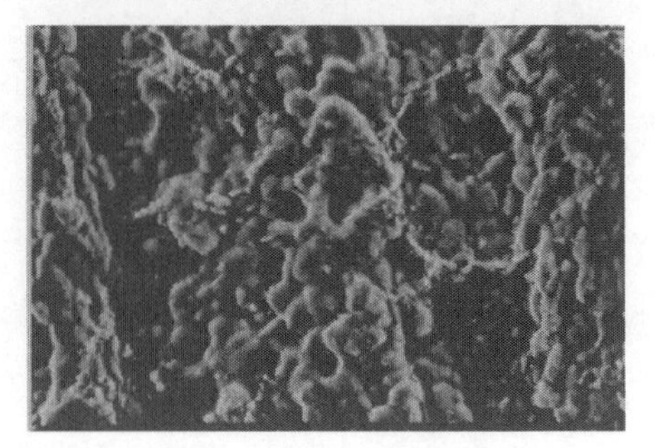

图 5-67 木状断口纤维丝表面微观特征（640×）

4. 发电机转子和定子铁芯磨损原因分析结果

（1）发电机转子和定子之间的严重碰磨是发生在发电机转子断裂之后。

（2）发电机转子汽轮机侧断裂早于励磁机侧断裂。

（3）发电机转子铝槽楔的磨损和撕裂发生在转子两侧断裂之后，在转子齿和定子钢片之间挤压摩擦过程中，铝槽楔的温度超过 506℃。因材料局部过热，槽楔大面积损伤。

5.4.7　发电机转子断裂原因分析

事故中，发电机转子断为 3 段。第 1 段，3 号轴瓦的发电机侧联轴器对轮处（简称发电机的汽轮机侧轴头）断裂（详见图 5-68），在转子与 3 号轴瓦的轴颈之间变截面处断裂，断口附近有宏观弯曲形变；第 2 段，发电机转子落在定子膛内，两侧风扇飞离，护环仍在原位，转子弯曲严重磨损；第 3 段，4 号轴瓦至集电环转子（简称发电机励磁机侧轴头，详见图 5-69），在转子与 4 号轴瓦的轴颈之间变截面处断裂，断口附近有宏观弯曲形变，两个集电环仍在原位。

图 5-68　3 号轴瓦发电机侧联轴器对轮处断轴

图 5-69　4 号轴瓦至集电环转子处断轴

1. 材质检验

从发电机转子汽轮机侧轴头的轴颈处取样进行材质检查，取样位置详见图 5-38。

1）化学成分

轴颈处的化学成分列于表 5-13。该化学成分与 34CrNi1Mo 钢较为接近，但含碳量稍低于下限。发电机转子材料的强度等级为 V 级。

表 5-13　轴颈处的化学成分（质量分数）　　　　（单位：%）

项目	碳（C）	硅（Si）	锰（Mn）	铬（Cr）	镍（Ni）	钼（Mo）	硫（S）	磷（P）
断轴	0.28	0.48	0.50	1.47	1.32	0.30	0.016	0.012
ZB 21—62	0.30～0.40	0.17～0.37	0.50～0.80	1.30～1.70	1.30～1.70	0.20～0.30	≤0.035	≤0.030

2）机械性能

从发电机转子汽轮机侧轴头的不同弯曲形变位置取样，进行室温机械性能试验，试验结果列于表5-14。事故后发电机转子汽轮机侧轴头材料的性能仍符合技术要求，塑性和韧性较高，V型缺口冲击韧性也较好。

表5-14　事故后的发电机转子的室温机械性能

部位	弹性极限 $\sigma_{0.02}$/MPa	屈服强度 $\sigma_{0.2}$/MPa	抗拉强度 σ_b/MPa	伸长率 δ_5/%	断面收缩率 ψ/%	冲击韧性 Ak_U/（J/cm^2）	冲击韧性 Ak_V/（J/cm^2）
弯曲中性段	331.0	449.5	657.0	23.1	68.0	160	87.5
	454.6	530.9	668.5	21.8	66.8	163.8	116.3
	411.3	488.9	653.2	22.4	66.6	138.8	155
弯曲受压段	305.6	502.9	77.9	21.0	64.2	160	97.5
	299.2	522.0	721.9	20.9	63.5	155.6	60
	305.6	506.8	713.0	20.7	65.0	177.5	83.8
弯曲拉伸段	439.3	516.9	681.2	21.5	64.2	177.6	200
	436.7	511.8	685.0	23.1	67.7	161.3	146.9
	401.1	519.5	685.0	22.0	66.1	178.8	195
34CrNi1Mo技术要求	—	≥490	≥537	≥17	≥40	≥78.4	—

3）FATT试验

发电机转子汽轮机侧轴头处，轴颈材料的低温脆性转变温度曲线详见图5-39，发电机转子低温脆性转变温度为22℃。

4）硬度测试

在发电机转子汽轮机侧和励磁机侧轴头的不同弯曲形变部位上进行了硬度测试，未见异常，测试结果列于表5-15。

表5-15　事故后断轴表面硬度

	弯曲中性段（HB）	弯曲受压段（HB）	弯曲拉伸段（HB）
汽轮机侧轴头	257、247、251	271、256、264、277、252	262、259、266
励磁机侧轴头	—	236、253、245、237、247、254	260、256、254、260

5）金相试验

碳化物和氧化物一般为1级，个别区域达2级，组织为回火索氏体（详见图5-70）。

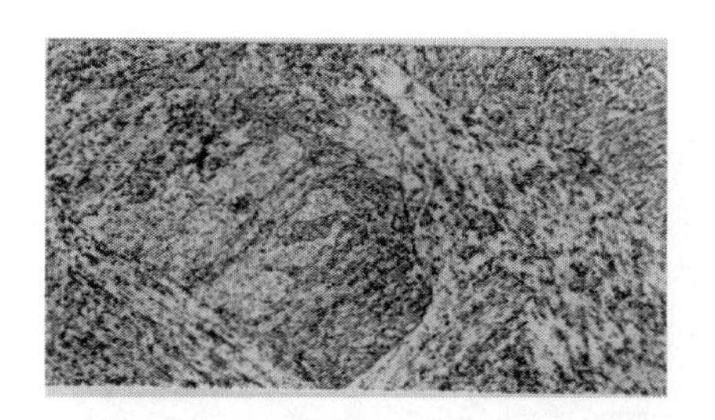

图 5-70　发电机转子材料金相组织（500×）

2. 断口分析

发电机转子汽轮机侧和励磁机侧轴头断口具有相同的特征：

（1）开裂于轴头与转子之间的截面突变处，该处没有圆弧过渡。

（2）断口的外围为 1～4mm 宽的剪切唇，断口的内圆（中心孔处）为 0～5mm 宽的剪切唇，其他均为脆性端面。图 5-71、图 5-72 分别为发电机转子汽轮机侧和励磁机侧断口，图 5-73、图 5-74 分别为发电机转子汽轮机侧和励磁机侧局部放大的断口。在发电机转子汽轮机侧断口附近的凹槽内有 310° 弧长的细裂缝（详见图 5-75）。

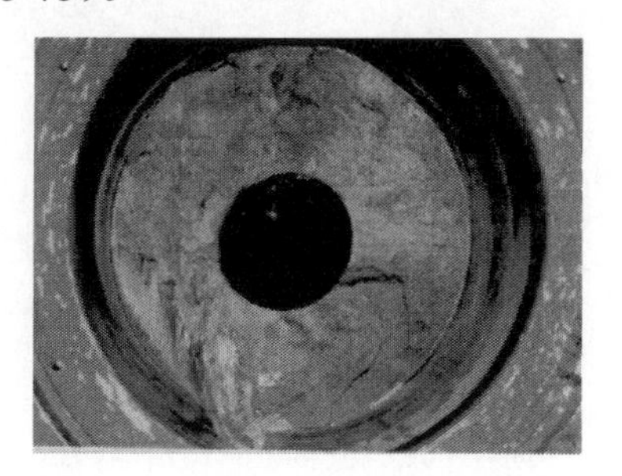

图 5-71　发电机转子汽轮机侧断口

图 5-72　发电机转子励磁机侧断口

图 5-73　发电机转子汽轮机侧断口开裂区

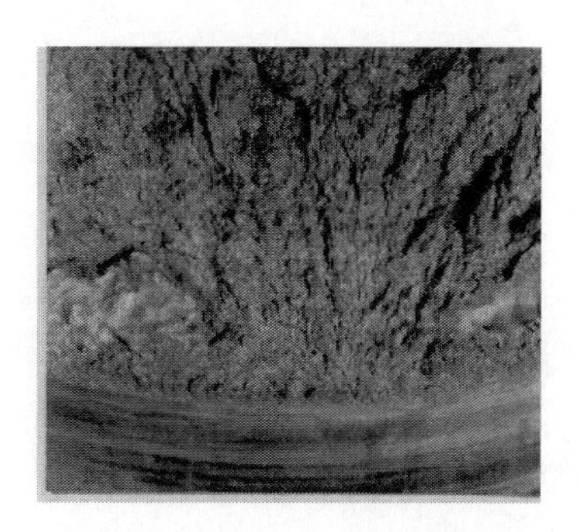

图 5-74　发电机转子励磁机侧断口开裂区

图 5-75　发电机转子汽轮机侧断口附近凹槽内裂纹

对这两个断口进行一次复型电镜观察，脆性区的微观形貌是河流状解理（详见图 5-76）。在汽轮机侧断口上还有少量的沿晶断裂特征（详见图 5-77）。从断口特征来看，这两个断口均属于一次性快速脆性断裂。

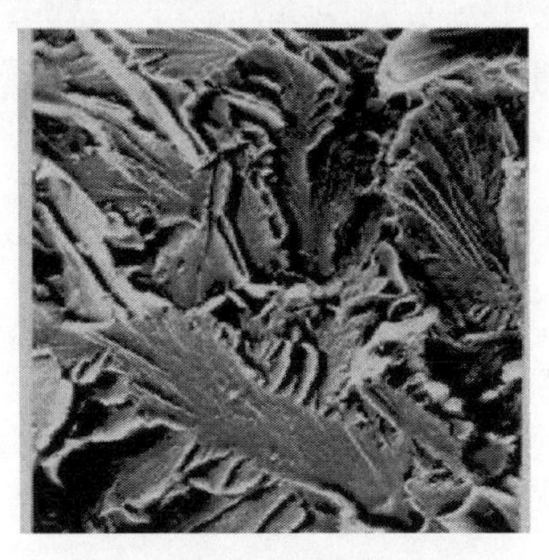

图 5-76　发电机转子断口脆性断裂微观特征（320×）

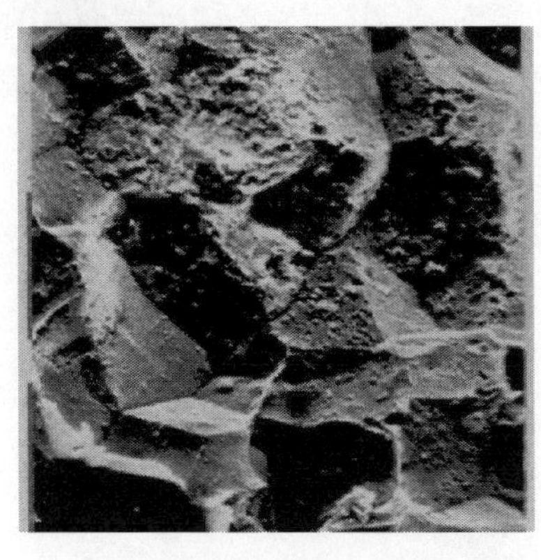

图 5-77　发电机转子断口沿晶断裂微观特征（320×）

3. 发电机转子断裂原因分析结果

（1）事故后，发电机转子前轴颈材料的$\sigma_{0.2}$、σ_b、δ_5、ψ和 Ak 平均值仍符合技术条件要求。材料的$\sigma_{0.02}$值明显低于$\sigma_{0.2}$，这与材料损伤有关。

（2）发电机两个转子断口属于一次性快速冲击脆性断裂，主要的作用力是冲击弯曲力，次之是扭矩，属于过载断裂。

（3）发电机转子在突然断裂前曾受到异常的往返弯曲应力，即汽轮机转子的弯曲振动通过联轴器对轮传递至发电机转子。

（4）发电机转子材料的低温脆性转变温度为 22℃，低于转子的工作温度（40℃）。在这种条件下，发生突然脆性断裂的可能原因如下：当汽轮机转子瞬时断裂，发电机转子带着弯曲的汽轮机后半段转子转动时，发电机转子受到巨大的冲击弯矩和扭矩；缺口处的疲劳损伤诱导脆性断裂。

（5）综合考虑其他失效部件的分析结果，可认为发电机转子断裂发生在汽轮机转子断裂之后。而在发电机的两个断口中，汽轮机侧转子先断，励磁机侧转子后断。

5.4.8　主要部件的材质检验和断裂、损坏原因分析结果

（1）在主要金属部件上，未发现宏观的老裂纹。

（2）事故后，汽轮机和发电机转子轴颈材料$\sigma_{0.2}$、σ_b、δ_5、ψ和 Ak 平均值仍符合技术条件要求。材料的$\sigma_{0.02}$ 值明显低于$\sigma_{0.2}$，是转子塑性失稳、发生毁机弯曲振动的可能内在因素。

（3）该 2 号机组“1.25”事故的主要原因是：低温蒸汽进入汽轮机的持续时间较长，汽轮机内部动静部件的温差形变，以及碰磨激烈的叠加作用得到充分的发展，使汽轮机转子的弯曲度不断增大，直至造成毁机事故。2 号机组“1.25”事故的过程，主要是汽轮机转子的弯曲、开裂和破断的过程。

（4）设备损坏的能量，事故前期来源于汽轮机大量蒸汽的作用，事故后期来源于转子的动能。

（5）汽轮机和发电机转子上的五个断口均起源于转子表面的应力集中处，断口附近有宏观的弯曲塑性形变，断裂性质属于过载断裂。

1 号轴瓦至轴封套断轴与第 1～3 级叶轮断轴之间的断口，第 1～3 级叶轮断轴与第 4～10 级叶轮之间的断口，均为大能量、多次冲击、弯曲塑性断裂，其性质为大应变的低周疲劳。第 4～10 级叶轮间的断轴与 2 号轴瓦汽轮机侧对轮断轴之间的断口，为塑性起裂、脆性快速扩展，其性质为准静态断裂。发电机转子上的两个断口均为一次性冲击脆性断裂。第 3 级和第 4 级叶轮之间为轴系断裂的主断口。

（6）汽轮机叶轮轮盘内孔的胀大与汽轮机转子的弯曲过程同时进行，并相互促进。汽轮机调节级叶轮材料为 34XH3M，强度等级（Ⅵ级）偏低，长期在 400℃以上运行，有使叶轮紧力下降的可能。

（7）汽轮机第 2～7 级动叶片是在大量蒸汽做功的工况下损坏的，动叶片所承受的附加轴向、切向应力已超过了材料的屈服极限。因此，即使在额定转速附近，在此巨大附加应力的作用下，也具备使叶片断裂的力学条件。若机组超速，则会加速部件的损坏过程。

5.5 汽轮机动叶片损坏原因分析

5.5.1 汽轮机通流部分损坏情况

汽轮机通流部分损坏主要情况及特征见表 5-3。由表 5-3 通流部分损坏情况可知：各级动叶片的工作部分及叶根发生大量断裂、飞脱、弯曲损坏，叶轮上没有残留叶片，仅存在少数的叶根；焊接式隔板的导叶全部脱落，板体产生弯曲形变并与外环分离；铸入式隔板铣制导叶脱落，板型导叶断裂损坏，铸铁板体及外环为粉碎性断裂损坏。

第 1 级动叶片磨损、断裂损坏，其中第 1 列动叶片进汽侧导叶轮缘断裂飞脱，轮缘的断裂与第 2 列动叶片叶根断裂在圆周方向上的位置为同一侧，并且与汽轮机转子最大弯曲方向是一致的。位于第 1 列动叶片与第 2 列动叶片之间的导向叶片损坏情况相对于动叶片较轻些，只有少数导向叶片发生弯曲、断裂损坏。而其他导向叶片及铆钉头较为完整，仅在导向叶片进汽侧发生局部磨损，而且约有 4 个导向叶片组的围带仍在导向叶片上并较完整。因此，汽轮机转子发生大弯曲，第 1 级动叶片与汽缸缸体发生严重碰磨，导致叶轮轮缘的断裂飞脱以及动叶片断裂损坏。

收集到的第 2～4 级叶片残骸损坏情况表明，从叶根处断裂的叶片，大部分叶片铆钉头亦断裂；收集到的第 3 级叶根完整断口 23 个，叶根断口附近进汽侧和出汽侧均有许多宏观的小裂纹，裂纹发展方向为轴向。上述情况说明，叶根断裂之前，叶片铆钉头及叶根已发生断裂及轴向裂纹。

第 5 级和第 6 级叶片连同叶根飞脱，收集到的叶片残骸，其叶根凸肩均发生挤压损坏，但未发生剪切断裂，叶片飞脱主要是叶轮形变、轮缘张口、轮缘断裂等因素造成的。

收集到第 7 级完整的 21 个叶根断口，叶根断口均位于叶根上部，叶根颈部发生明显的轴向、切向及伸长形变，大部分断口具有剪切断裂特征，断口附近出汽侧存在明显的挤压痕迹。

除第 10 级有 41 个叶根连同叶片工作根部仍留在叶轮槽内的情况外，第 8 级和第 9 级叶片及第 10 级大部分叶片均发生叶片连同叶根飞脱、叶根销钉剪切断裂、局部叶轮轮缘位于轮槽底部断裂等损坏。第 10 级留在叶轮槽内叶根均发生逆转向倾斜，叶片根部断口存在明显的周向磨损痕迹。从收集到的叶片残骸看：未发现有叶根销钉孔处断裂情况，有些叶根在进汽侧或出汽侧位于叶根中间体处断裂，有些叶根向进汽侧或出汽侧产生弯曲形变；大部分残骸叶片工作部分仍存在但已发生弯曲、扭曲及挤压损坏；部分叶片残骸工作部分已断裂，其断口已发生磨损、挤压，叶根发生弯曲、扭曲形变。

事故后发现 1 号低压加热器的多级水封联箱（ϕ129mm）两端堵板焊缝开裂。低压加热器侧焊缝开裂长度约为联箱的 1/2 周长，冷凝器侧焊缝开裂长度约为联箱的 3/4 周长，联箱内靠近冷凝器侧的隔离板焊缝开裂；排汽缸上两个大气排放门的薄膜破裂。上述情况表明，2 号汽轮机在损坏过程中，1 号低压加热器内及凝汽器内的压力有骤升的现象，尤其是多级水封联箱堵板焊缝开裂损坏，是在动态过程中造成的，即低压加热器内压力骤升，多级水封联箱内形成水冲击，导致堵板焊缝开裂损坏。这种压力骤升的原因，可能是汽轮机通流部分第 5～10 级铸铁隔板瞬间粉碎性断裂，而第 4 级后排汽压力较高（约 0.4MPa）。这种情况可从汽轮机各级叶轮键槽损坏情况得到证实：第 1～5 级叶轮键槽工作面挤压损坏，这种损坏是在本身仍在做功时，受到后部刹车作用造成的；第 6～9 级叶轮键槽非工作面挤压损坏，这种损坏是在本身失去做功能力后，又受到刹车作用造成的。巨大的刹车力来自隔板导叶断裂损坏的阻力。因此，低压加热器内及凝汽器内压力骤升是隔板导叶瞬时断裂造成的这种可能性是存在的。从汽轮机各级叶轮键槽损坏及低压加热器压力骤升分析，可以认为在主汽门关闭前，铸铁隔板已发生断裂损坏。通过上述分析及各级叶片损坏特征，可以认为低温蒸汽进入汽轮机引起汽缸形变、汽轮机大轴弯曲造成的前几级叶片径向和轴向碰磨、机组剧烈振动、隔板导叶断裂后产生的巨大的附加力等因素，是造成汽轮机叶片断裂损坏的重要因素。隔板弯曲形变及粉碎性断裂损坏、导叶与板体脱离及断裂等损坏，主要是由汽缸断裂飞脱前机组剧烈振动，汽轮机转子与隔板冲击造成的。

5.5.2　汽轮机各级叶片在离心力作用下断裂损坏的相应转速

汽轮机各级叶片断裂损坏的相应转速计算结果列于表 5-16。计算结果表明各级叶片的叶根、末叶片叶根及销钉、叉型叶根及销钉等，断裂损坏的转速是不一致的。各级叶片损坏实际情况亦不一致，即使是同一级叶片，损坏情况也是不一致的。如第 1 级动叶片损坏可分为叶根断裂、叶片飞脱及叶片磨至叶片根部三种损坏形式；第 2 级叶片约有 1/2 的叶片连同叶根飞脱，而其他叶片的叶根断裂；几乎各级末叶片叶根销钉及叉型叶根销钉均为剪切断裂，但是叶根销钉剪切断裂转速最低的第 10 级叉型叶根销钉，仍约有 1/3 的叶根销钉没有发生剪切断裂。因此，叶片断裂损坏的原因是复杂的，转速不是唯一的因素。

表 5-16　叶片叶根和销钉及轮缘发生形变、断裂时的相应转速

<table>
<tr><th rowspan="3">项目</th><th colspan="11">叶片级</th></tr>
<tr><th colspan="2">1</th><th rowspan="2">2</th><th rowspan="2">3</th><th rowspan="2">4</th><th rowspan="2">5</th><th rowspan="2">6</th><th rowspan="2">7</th><th rowspan="2">8</th><th rowspan="2">9</th><th rowspan="2">10</th></tr>
<tr><th>1a</th><th>1b</th></tr>
<tr><td>叶片工作温度/℃</td><td colspan="2">346</td><td>322</td><td>280</td><td>240</td><td>210</td><td>155</td><td>120</td><td>X（干度）= 0.973</td><td>X（干度）= 0.939</td><td>X（干度）= 0.907</td></tr>
<tr><td>叶根型式</td><td colspan="5">T 型</td><td colspan="3">外包 T 型</td><td>三叉型</td><td colspan="2">四叉型</td></tr>
<tr><td>叶片材料</td><td colspan="11">2Cr13</td></tr>
<tr><td>叶根形变转速/(r/min)</td><td>13110</td><td>28290</td><td>7850</td><td>7620</td><td>6910</td><td>7360</td><td>6710</td><td>5330</td><td>4240（销钉孔）</td><td>3740（销钉孔）</td><td>3770（销钉孔）</td></tr>
<tr><td>叶根断裂转速/(r/min)</td><td>14660</td><td>20440</td><td>8780</td><td>8520</td><td>7730</td><td>8230</td><td>7500</td><td>5960</td><td>4740（销钉孔）</td><td>4180（销钉孔）</td><td>4220（销钉孔）</td></tr>
<tr><td>叶根挤压形变转速/(r/min)</td><td>7800</td><td>8110</td><td>5400</td><td>5250</td><td>4800</td><td>4570</td><td>4140</td><td>4840</td><td>4840（销钉孔）</td><td>4560（销钉孔）</td><td>4420（销钉孔）</td></tr>
<tr><td>叶根销钉材料</td><td colspan="2">15Cr11MoV</td><td colspan="9">25Cr2MoV</td></tr>
<tr><td>叶根销钉剪切断裂转速/(r/min)</td><td>6430</td><td>7060</td><td>6940</td><td>6660</td><td>6970</td><td>5610</td><td>5750</td><td>5180</td><td>5570</td><td>5080</td><td>5050</td></tr>
<tr><td>叶轮材料</td><td colspan="2">34CrNi3Mo</td><td colspan="6">24CrMoV</td><td colspan="3">34CrNi3Mo</td></tr>
<tr><td>轮缘形变转速/(r/min)</td><td>7410</td><td>7610</td><td>5610</td><td>5380</td><td>4960</td><td>5140</td><td>5920</td><td>5620</td><td>—</td><td>—</td><td>—</td></tr>
</table>

5.5.3　根据叶片损坏情况计算汽轮机转速

根据收集到的较完整的第 3 级叶根断口及叶轮轮缘挤压损坏情况，近似估算分析叶片损坏的附加作用力及相应的汽轮机转速。

1. 第 3 级叶片 T 型叶根凸肩挤压形变

收集到很完整的 23 个叶根断口，叶根凸肩挤压形变测量平均值列于表 5-17。测量结果表明：叶根凸肩已发生明显的挤压形变，最大形变量为 1.44mm，最小形变量为 0.54mm；叶根挤压形变进汽侧大于出汽侧，最大相差为 0.34mm，最小相差为 0.17mm；叶片背弧侧挤压形变大于内弧侧，最大相差为 0.56mm，最小相差

为0.43mm。

表5-17 第3级叶根凸肩挤压形变测量平均值 （单位：mm）

项目		叶片背弧侧	中部	叶片内弧侧
叶根凸肩厚度设计值		$10.0^{-0.04}$	$10.0^{-0.04}$	$10.0^{-0.04}$
叶根进汽侧	凸肩厚度	8.56	9.29	9.12
	挤压形变量	−1.44	−0.71	−0.88
叶根出汽侧	凸肩厚度	8.90	9.46	9.33
	挤压形变量	−1.10	−0.54	−0.67

2. 第2～4级T型叶根刚度

根据制造厂的设计资料，第2～4级叶片为T型叶根，叶根型线3.6121，叶根颈部宽度为9mm。叶根刚度计算结果列于表5-18。

表5-18 第2～4级叶根刚度 （单位：kg/mm）

项目		叶片级		
		2	3	4
切向刚度	叶片	2.51×10^{-4}	1054×10^{-4}	0.55×10^{-4}
	叶根	1.01×10^{-4}	0.76×10^{-4}	0.33×10^{-4}
	叶片/叶根	2.49	2.03	1.67
轴向刚度	叶片	8.1×10^{-4}	4.98×10^{-4}	1.78×10^{-4}
	叶根	0.21×10^{-4}	0.15×10^{-4}	0.07×10^{-4}
	叶片/叶根	38.6	33.2	25.4
叶根切向刚度/叶根轴向刚度		4.84	5.10	4.77

计算结果表明，叶根刚度无论是切向或轴向均小于工作部分的刚度，轴向刚度劣于切向刚度。叶片工作部分的轴向刚度为叶根轴向刚度的25.4倍至38.6倍。这说明此类叶根的结构牢固系数较小，考虑叶片安装因素，叶根安装牢固系数亦较小，因此，汽轮机叶片在运行中易出现叶根松动现象。如果运行中汽轮机出现故障（如进入冷蒸汽、机组强烈振动等），叶片发生径向或轴向碰磨，所产生的附加作用力通过叶片工作部分传至叶根，易造成叶根断裂损坏。

3. 第3级叶片T型叶根应力状态

观察第3级叶片T型叶根断口形貌，具有拉伸断口的特征，断口附近进汽侧和出汽侧均有较多的轴向宏观小裂纹，叶根径向结合面有缩颈现象。上述特征说明，叶根断裂是在一定转速下受切向、轴向附加作用力作用造成的，因此，T 型叶根合成应力可近似用下式表示：

$$\sigma_1 = \sigma_{1.W}\left(F_t\right) + \sigma_{1.W}\left(F_a\right) + \sigma_{1.w}(n_s^2)$$

式中，$\sigma_{1.W}\left(F_t\right)$项和$\sigma_{1.W}\left(F_a\right)$项为附加切向作用力 F_t 及附加轴向作用力 F_a 产生的弯曲应力；$\sigma_{1.w}(n_s^2)$项为与转速平方 n_s^2 成正比的离心拉弯合成应力。当叶根颈部合成应力σ_1大于叶片材料抗拉强度σ_b时，叶根断裂损坏。观察 T 型叶根凸肩，已经发生挤压形变，叶根凸肩挤压形变进汽侧大于出汽侧，背弧侧大于内弧侧。

与 T 型叶根凸肩相对应的叶轮槽的接触面亦发生挤压形变，挤压形变背弧侧大于内弧侧。T 型叶根凸肩最大挤压形变量为 1.44mm。因此，叶根凸肩挤压应力可用下式近似表示：

$$\sigma_2 = \sigma_{2.g}\left(F_t\right) + \sigma_{2.g}\left(F_a\right) + \sigma_{2.g}(n_s^2)$$

式中，$\sigma_{2.g}\left(F_t\right)$项和$\sigma_{2.g}\left(F_a\right)$项为附加作用力$F_t$和$F_a$作用产生的挤压应力；$\sigma_{2.g}(n_s^2)$项为与转速平方 n_s^2 成正比的离心挤压应力。当合成挤压应力σ_2大于叶片材料的屈服强度$\sigma_{0.2}$时，叶根凸肩挤压形变损坏。

根据收集到的比较完整的第 3 级叶轮轮缘试样，叶轮外缘具有明显的挤压形变，叶片内弧侧大于背弧侧，挤压深度大于 1mm。根据叶片装配要求，叶片中间体底部与叶轮外缘之间的径向间隙为 0.05～0.16mm，在正常运行情况下二者不会发生接触、碰磨和挤压，可能存在间隙增加的趋势。在附加力作用下，叶根中间体才能与叶轮外缘发生挤压、接触及碰磨。因此，叶轮外缘挤压形变主要是由附加力作用造成的。叶轮外缘挤压应力可用下式近似表示：

$$\sigma_3 = \sigma_{3.g}\left(F_t\right) + \sigma_{3.g}\left(F_a\right) + \sigma_{3.g}(n_s^2)$$

式中，$\sigma_{3.g}\left(F_t\right)$项和$\sigma_{3.g}\left(F_a\right)$项为附加作用力$F_t$和$F_a$作用产生的挤压应力；$\sigma_{3.g}(n_s^2)$项为与转速平方$n_s^2$成正比的叶片离心挤压应力。当叶轮外缘合成挤压应力$\sigma_3$大于叶轮材料屈服强度$\sigma_{0.2}$时，叶轮外缘挤压形变损坏。

4. 汽轮机转速计算分析

根据 T 型叶根及叶轮外缘的应力状态，对第 3 级某一个叶片而言，T 型叶根损坏时，作用在叶片上的附加力为相同的（切向力和轴向力），并假定同时作用在某一叶片上，通过叶片工作部分传至叶根。因此，可根据σ_1、σ_2、σ_3的公式计算第 3 级叶片 T 型叶根损坏时的附加力（F_t、F_a）及汽轮机转速。利用同样的方式及根据第 3 级 T 型叶根选取的系数，亦可计算第 2 级、第 4 级 T 型叶根损坏时的汽轮机转速及附加力。计算结果列于表 5-19。

表 5-19　第 2 级至第 4 级叶片 T 型叶根断裂时转速及附加力

叶片级	附加力/N		转速 n_s /（r/min）
	切向作用力 F_t	轴向作用力 F_a	
2	1432	1226	3580
3	1402	1147	3480
4	1147	922	3180

同样，附加力及汽轮机转速对叶根、轮缘损坏的影响列于表 5-20。如叶根颈部断裂损坏，轴向附加力引起的叶根轴向弯曲应力，占叶根颈部合成应力σ_1的 54%，说明叶根损坏轴向附加力起了主要作用，这是符合叶根断裂损坏的实际情况的，叶根断口附近有许多轴向宏观小裂纹充分说明了这一实际情况；切向附加力亦起到重要作用，占合成应力的 29%，叶根径向面出现由切向附加力引起的缩颈现象亦说明这一点。

表 5-20　附加力及汽轮机转速对叶根和轮缘损坏的影响　　（单位：%）

项目	σ（F_t）	σ（F_a）	σ（n_s^2）
在叶根颈部合成应力σ_1中所占比例	0.29	0.54	0.17
在叶根凸肩挤压应力σ_2中所占比例	0.36	0.20	0.44
在叶轮外缘挤压应力σ_3中所占比例	0.71	0.39	—0.10

又如在叶根凸肩挤压应力中，汽轮机转速引起的叶根凸肩挤压应力占叶根合成应力σ_2的 44%，汽轮机转速起了主要作用，同样切向附加力亦起到重要作用，占合成应力的 36%，以及叶根最小挤压形变量 ε=0.54mm，叶片背弧侧叶根凸肩挤压形变大于内弧侧等损坏实际情况，说明计算结果符合实际损坏情况。同样，叶轮外缘挤压损坏，切向附加力起了主要作用，这一点亦可从叶轮外缘切向挤压形变大于轴向挤压形变得到证实。

计算结果表明，附加力对叶根损坏起了相当大的作用，导致叶根弯曲应力超过叶片材料屈服强度$\sigma_{0.2}$。计算结果还表明，根据第 2～4 级附加轴向力和附加切向力，计算叶根轴向及切向弯曲形变量，前者近似为后者 5 倍，恰与叶根切向刚度是轴向刚度的 5.1 倍的结果相吻合（详见表 5-18）。

上述分析表明，计算结果基本符合第 2～4 级 T 型叶根损坏情况，以及叶轮外缘挤压形变损坏情况。因此，近似计算得到的附加力及机组转速结果是可信的，说明汽轮机在损坏过程中，确实存在较大的附加力及汽轮机超速问题，汽轮机转速约为 3500r/min。

5.5.4 汽轮机动叶片损坏原因分析结果

（1）低压蒸汽由主蒸汽管道进入汽轮机，引起汽缸形变及汽轮机转子弯曲，机组产生剧烈振动，汽轮机转子与隔板体相互冲击，首先导致铸铁隔板断裂损坏，并对汽轮机转子产生制动作用。

（2）汽轮机损坏过程中，叶片径向及轴向碰磨、机组剧烈振动、隔板及导叶断裂损坏等产生的巨大附加力，以及叶片本身离心力等综合因素，造成汽轮机叶片断裂损坏。

（3）根据汽轮机前几级叶片大附加力及转速的计算分析，汽轮机损坏过程中，可能达到的转速约为3500r/min。

5.6 机组振动及轴系损坏原因分析

转子振动特征、轴系临界转速、机组振动历史，以及轴系不平衡相应分析表明，轴系的破坏起源于汽轮机转子严重的碰磨、运行状态下转子存在显著径向不对称温差引起的热弯曲、降速过程中的不平衡振动。

5.6.1 振动特征分析

1. 轴系破坏起源于汽轮机转子

轴系破坏的振源一般来自转子，它将通过轴瓦传至轴瓦的瓦座和基础，轴瓦特别是下瓦的损坏程度可以表明轴瓦在破坏过程中承受振动的强度和持续时间。图5-78～图5-81为1～4号轴瓦的损坏情况。

（a）上瓦

（b）下瓦

图5-78 1号轴瓦损坏情况

（a）上瓦

（b）下瓦

图 5-79　2 号轴瓦损坏情况

（a）上瓦

（b）下瓦

图 5-80　3 号轴瓦损坏情况

（a）上瓦

（b）下瓦

图 5-81　4 号轴瓦损坏情况

1 号轴瓦的钨金在事故中因着火烧化，瓦面挤压、形变严重，局部破裂；2 号轴瓦的上瓦钨金完好，下瓦的瓦面在挤压冲击下碎裂，钨金表面有形变熔化现象；3 号轴瓦和 4 号轴瓦基本完好。由此可知，汽轮机轴瓦的损坏较发电机严重，并承受了特大和持续时间较长的振动，因而大振动起源于汽轮机转子。除轴瓦外，汽轮机主设备的损坏也比发电机严重，并且散落物飞得也远。这些现象表明汽轮机转子的断裂早于发电机转子，并且有更大的动能和发生在较高的转速下。因而轴系的损坏起源于汽轮机转子，与断口分析结论一致。

2. 汽轮机转子断裂呈一阶振型

转子断裂后的弯曲形状是轴系断裂损坏过程的真实记录，汽轮机、发电机转子损坏情况见图 5-2。由此可见汽轮机转子断轴拼接后呈明显的一阶振型，最大弯曲部位在第 3 级至第 4 级叶轮附近，永久弯曲约达 186mm。转子的弯曲形状和最大弯曲部位（详见图 5-2）与图 5-82 振型计算结果基本相符。

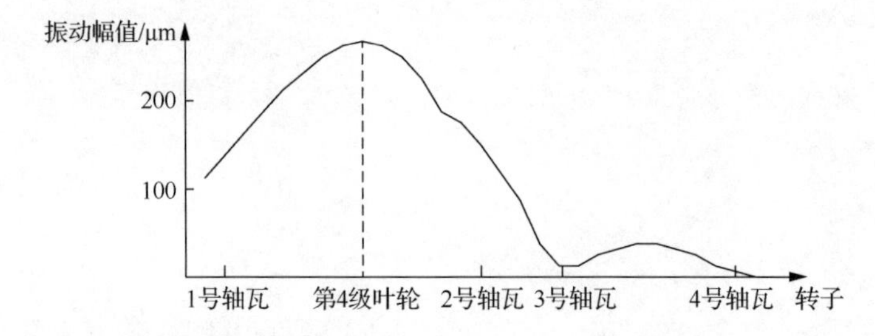

图 5-82　汽轮机转子计算振型（一阶振型）

在转子最大弯曲部位附近的叶轮和断轴飞得最远，第 2～5 级叶轮飞出 43～158m，第 1～3 级叶轮断轴飞出 87m。所有套装部件的内孔都明显增大且呈椭圆形，增大约 3～60mm，在最大弯曲部位增大的最多，以第 3 级最为严重，约增大 60mm。上述事实表明汽轮机转子断裂时呈现出特大的一阶弯曲振动。

转子产生明显的一阶振型必须同时具备转速在第一临界转速附近和转子上存在显著的一阶不平衡两个必要条件，或转子存在自激振动。对汽轮机转子来说，在事故转速下，还不能形成油膜振荡，因此汽轮机转子的一阶振型只能是在转子第一临界转速附近由大不平衡引起。

估算第 4 级叶轮飞出 158m 时转轴的弯曲值，以实测汽轮机转子第一临界转速 2350r/min 为叶轮飞出时的计算转速，飞出轨迹与水平夹角约为 50°。在不同飞出阻力下转子弯曲值列于表 5-21。实测第 4 级叶轮处永久弯曲值为 186mm，考虑转子断裂时还存在一定量的弹性弯曲，若为永久弯曲的 50%，则转子断裂时弯曲振动的单振动幅值可达 270～285mm，与表中初速度损失 40%的估算结果基本相符。

表 5-21　不同飞出阻力下转子弯曲值

飞行阻力	初速度/（m/s）	弯曲值/mm
无阻力（理想状态）	40	160
初速度损失 20%	50	203
初速度损失 40%	67	270
初速度损失 50%	80	325

3. 轴系弯曲振动高点是涡动的

所有套装叶轮的轮壳内孔增大且呈椭圆形，短轴方向也增大，并在叶轮处的轴颈上留有明显的环状压痕（详见图 5-33）。这种碾压（并不滑动）迹象表明，事故中有由于转子弯曲振动受阻，弯曲高点沿周向移动，即所谓涡动的可能。

一般自激振动产生的异步涡动和转子碰磨产生的摩擦涡动均可引起振动高点涡动。转子的碰磨不论发生在转子第一临界转速以上或以下，由于存在机械滞后角，摩擦高点产生的不平衡总是滞后于转子原来的不平衡，在连续接触的碰磨过程中，转子高点连续不断后退而形成了摩擦涡动。在本次事故中，已基本上排除了自激振动因素，而机组的损坏呈现严重的碰撞。因而摩擦涡动是转子弯曲振动高点涡动的原因。

4. 转轴径向严重碰磨

根据隔板、导叶、轴封（详见图 5-83）和主要部件的损坏情况分析，轴系的破坏过程伴随有转子的严重径向碰磨。转子的碰磨所引起的不平衡包含一阶、二阶等多阶分量，因而在各阶临界转速附近或倍频的情况下，均可造成或加剧转子的弯曲和振动。

（a）一段

（b）二段

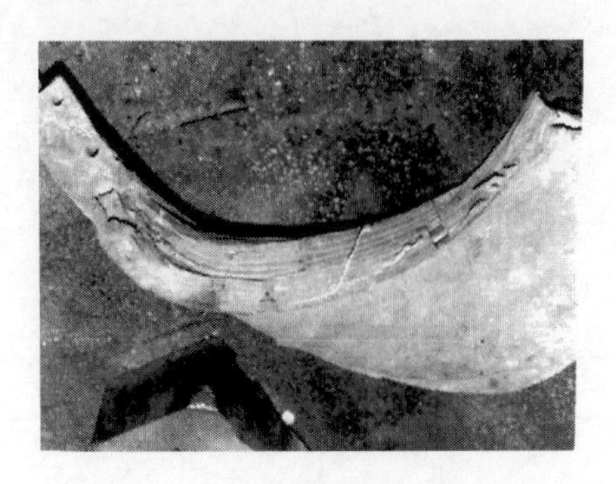

（c）三段

图 5-83　高压轴封损坏情况

事故中，新蒸汽温度的突降，引起汽轮机高压缸上缸收缩形变，在隔板、轴封叶片径向自由退让间隙消失，以及转子存在原始热弯曲的情况下产生了严重的径向碰磨。又由于该机组汽轮机一阶临界转速较高，且有较宽的频带，发电机二阶临界转速为4000～4200r/min，且对外伸端（指汽轮机转子）不平衡和挠曲特别灵敏等固有特征，因而在事故初期工作转速下，汽轮机转子的碰磨、机组剧烈振动，加大了转子的热弯曲。在超速至发电机二阶临阶转速附近，在二阶不平衡分量的作用下，又使碰磨、振动、弯曲进一步扩展而形成恶性循环。这正是打闸之后，按事故按钮之前 3000r/min 转速下，感到机组有异常声响，励磁机处有尘土飞出，以及在超速过程中自动主汽门被振落的原因。事故后期机组降速发生大不平衡振动，在汽缸飞脱过程中弯曲振动无阻挡，转子不平衡急速发散，使转子永久形变。在转子大弯曲振动和严重碰磨综合作用下机组被破坏。因而转子的径向碰磨不仅是轴系破坏的起因，也是引起轴系特大振动，并导致机组最终损坏的重要原因。

5. *轴系存在原始热弯曲*

事故后调查人员对转子套装面和套装部件的内表面进行仔细打磨检查，发现高压轴封处转子表面在 90°～120° 范围内有明显的腐蚀坑（详见图 5-84），其他部件由于表面严重挤压形变，尚未见腐蚀现象。腐蚀坑的出现表明：高压轴封在运行状态下有失去紧力的可能，以及在高速不平衡离心力的作用下，单侧出现间隙而形成腐蚀的现象；转子在运行状态下已具有因径向不对称温差而形成的热弯曲。在转子出现碰磨的情况下，其热弯曲的高点也是转子碰磨的高点，从而进一步增大了转子的热弯曲，在高速下形成了恶性循环。在汽轮机一阶转速附近，转子的热弯曲又得到了更加充分反应的条件，而产生了特大不平衡共振。因而高压轴封紧力不足，转子存在原始热弯曲是轴系破坏的可能内在因素。

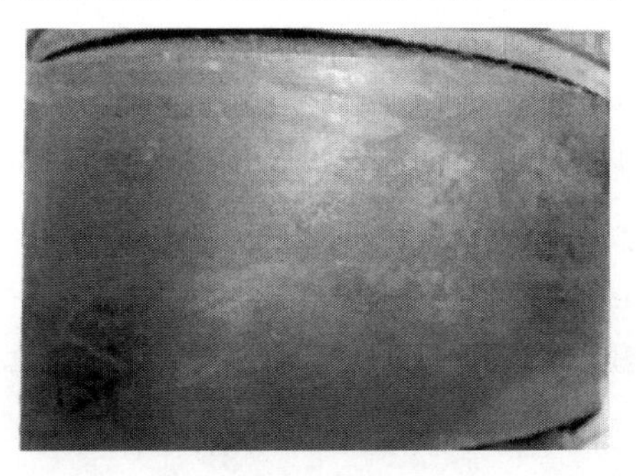

图 5-84　高压轴封套转子表面的腐蚀坑

5.6.2　轴系临界转速及机组的振动历史

1. 轴系临界转速

制造厂说明书中给出汽轮机转子第一临界转速为 2054r/min，发电机转子第一临界转速为 1400r/min。该电厂 1 号机组实测第一临界转速，发电机转子为 1350r/min，汽轮机转子为 2350r/min，且有 1800～2900r/min 较宽的频带。转子第二临界转速计算值，汽轮机转子为 5000～5500r/min，发电机转子为 4000～4200r/min。图 5-85 为 2 号轴瓦和 3 号轴瓦振动波德曲线图。

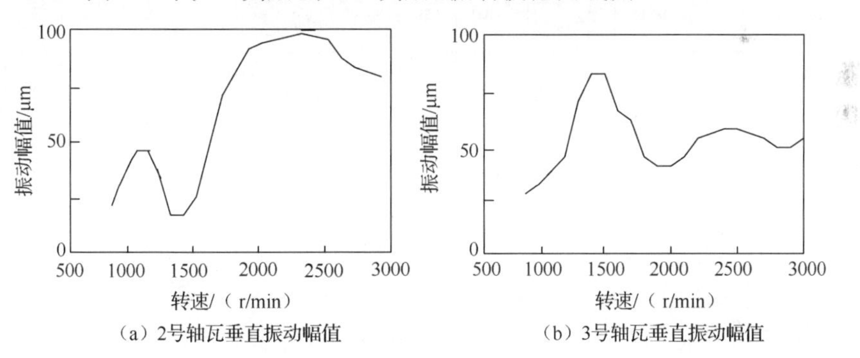

图 5-85　波德曲线

2. 振动历史

该机组投产以来一直存在 1～3 号轴瓦的振动对汽轮机运行参数特别敏感的现象，主要表现为冷态起动振动大，不投高压加热器振动大，升负荷振动大。各个时期轴瓦的振动情况列于表 5-22、表 5-23。由于该机组从投产以来经 4～5 次轴系平衡，所以表中所列不同年月的振动情况不能直接进行比较，但从相邻的两天或同一天不同工况的比较可以看出，空负荷和带负荷时其振动值相差较大。机组带负荷时轴瓦振动幅值列于表5-24，其振动幅值的方向基本稳定，但除2号轴瓦和3号轴瓦水平振动外，其他轴瓦的振动幅值均随机组带负荷运行时间的增加而减小。机组热态起动时热变量较小。上述机组振动的历史表明，在正常运行工况下，汽轮机转子存在热弯曲。排除转子材质不均匀和转子内应力过大的情况，套装部件的紧力不足是引起转子热弯曲的可能因素。这种判断与高压轴封处转子表面有腐蚀坑的事实相一致。

表5-22　2号机组各个时期轴瓦振动幅值　　　　（单位：μm）

序号	时间	测试工况	1号轴瓦			2号轴瓦			3号轴瓦			4号轴瓦		
			垂直振动	水平振动	轴向振动	垂直振动	水平振动	轴向振动	垂直振动	水平振动	轴向振动	垂直振动	水平振动	轴向振动
1	1979年12月8日2时25分	50MW	9	20	13	55	28	47	44	41	20	9	16	13
2	1980年9月19日15时35分	3000r/min	10	8	19	65	26	43	57	21	45	10	14	8
3	1980年9月20日9时50分	（冷态起动）20MW	13	17	15	31	21	18	40	15	18	6	13	18
4	1981年11月2日0时0分	3000r/min	21	21	10	70	32	59	65	5	60	—	—	—
5	1981年11月2日21时0分	20MW	23	46	16	58	41	46	92	49	58	16	16	29
6	1981年11月3日4时25分	20MW	19	35	10	44	38	58	81	43	67	23	29	16
7	1984年3月25日13时13分	40MW	—	—	—	80	—	120	62	—	128	—	—	—
8	1984年3月27日1时15分	300r/min	14	10	9	4	10	26	30	42	27	22	10	31
9	1985年10月7日17时27分	50MW	7	22	20	50	20	88	19	25	87	28	10	34
10	1989年11月11日17时27分	（未投高加）50MW	15	17	52	76	29	123	26	48	137	—	—	—
11	1989年11月12日11时0分	（投高加）40MW	—	—	—	68	25	112	34	50	114	—	—	—

表 5-23　2 号机组各个时期轴瓦振动幅值和相位

序号	时间	测试工况	1 号轴瓦			2 号轴瓦			3 号轴瓦			4 号轴瓦		
			垂直振动	水平振动	轴向振动	垂直振动	水平振动	轴向振动	垂直振动	水平振动	轴向振动	垂直振动	水平振动	轴向振动
12	1990 年 1 月 5 日 15 时 30 分	（冷态）300r/min	—	20/24	26/10	310/27	290/80	220/44	135/18	258/75	228/47	300/30	—	—
13	1990 年 1 月 5 日 16 时 45 分	（未投高加）30MW	35/10	350/51	248/28	140/38	165/15	155/60	175/6	285/26	156/60	—	—	—
14	1990 年 1 月 5 日 17 时 35 分	50MW	25/12	355/40	280/7	150/48	170/6	180/76	220/8	230/20	180/78	—	—	—
15	1990 年 1 月 6 日 19 时 45 分	50MW	40/14	345/36	166/10	170/8	195/10	220/15	235/9	281/26	225/18	115/13	20/4	100/28
16	1990 年 1 月 6 日 23 时 0 分	32MW	38/13	337/34	193/26	15/22	190/22	205/51	20/6	290/30	205/53	105/10	30/6	92/22
17	1990 年 1 月 7 日 0 时 13 分	30MW	35/12	345/41	205/14	315/4	175/19	340/15	320/3	275/28	0/16	112/10	35/6	95/23
18	1990 年 1 月 8 日 13 时 45 分	（热态）300r/min	320/5	170/8	315/14	108/16	335/13	150/52	310/20	190/32	160/70	10/10	—	350/31
19	1990 年 1 月 8 日 16 时 23 分	50MW	200/4	200/20	190/18	30/60	245/10	55/94	300/16	145/16	60/97	65/15	—	10/31
20	1990 年 1 月 8 日 17 时 5 分	50MW	250/5	200/12	180/10	10/28	240/8	60/46	280/22	170/22	60/50	8/10	—	0/26

注：表中数据斜线前是振动幅值（μm），斜线后是相位（°）

表 5-24　2 号机组事故前机组轴瓦的振动幅值和相位

序号	项目	1 号轴瓦			2 号轴瓦			3 号轴瓦			4 号轴瓦
		垂直振动	水平振动	轴向振动	垂直振动	水平振动	轴向振动	垂直振动	水平振动	轴向振动	垂直振动
1	1990 年 1 月 5 日 30MW 与 3000r/min 工况下振动之差	—	338/33	238/36	136/65	178/89	111/58	300/14	65/53	112/64	—
2	1990 年 1 月 5 日 50 MW 与 3000r/min 工况下振动之差	—	336/20	236/14	149/73	114/83	146/51	291/19	87/58	143/58	—
3	1990 年 1 月 6 日 50 MW 与 3000r/min 工况下振动之差	—	315/21	206/19	139/34	117/81	45/29	291/21	67/52	50/29	118/43
4	1990 年 1 月 6 日 32 MW 与 3000r/min 工况下振动之差	—	300/23	296/36	82/27	124/87	150/14	330/21	60/52	140/20	116/40

续表

序号	项目	1号轴瓦			2号轴瓦			3号轴瓦			4号轴瓦
		垂直振动	水平振动	轴向振动	垂直振动	水平振动	轴向振动	垂直振动	水平振动	轴向振动	垂直振动
5	1990年1月8日14时45分50 MW与3000r/min工况下振动之差	166/8	218/14	166/28	14/59	193/16	27/111	163/5	41/24	27/129	25/5
6	1990年1月8日16时20分50 MW与3000r/min工况下振动之差	190/6	239/7	154/22	332/34	186/16	147/97	216/11	47/14	12/93	290/1

注：表中数据斜线前是振动幅值（μm），斜线后是相位（°）

5.6.3 轴系不平衡响应

1985年在处理该厂1号机组（与2号机组同型号）振动时，在汽轮机末叶片上经三次加重，求得了汽轮机在第一临界转速和工作转速下，各轴瓦以及1号轴瓦和2号轴瓦处转子的振动响应，其响应的平均值列于表5-25。表中还列出了转子弯曲产生不平衡响应的计算值。根据表5-25计算汽轮机末叶片飞脱，以及汽轮机转子弯曲产生的不平衡，在汽轮机第一临界转速和工作转速下，轴瓦和转子的振动幅值计算结果列于表5-26。

表5-25　不平衡响应　　［单位：μm/（kg·m）］

序号	项目		1号轴瓦垂直振动		2号轴瓦垂直振动		3号轴瓦垂直振动	4号轴瓦垂直振动
			转子	轴瓦	转子	轴瓦	轴瓦	轴瓦
1	汽轮机末级叶轮上加重实测响应	2400r/min	215	61	184	102	—	—
		3000r/min	164	35	122	82	37	43
2	汽轮机转子弯曲产生不平衡响应	2400r/min	301	85	258	143	—	—

表5-26　汽轮机转子可能发生的大不平衡振动引起的振动幅值　（单位：μm）

序号	项目		1号轴瓦垂直振动		2号轴瓦垂直振动		3号轴瓦垂直振动	4号轴瓦垂直振动
			转子	轴瓦	转子	轴瓦	轴瓦	轴瓦
1	汽轮机末叶片根部同相断两片（4.9kg）	2400r/min	1053	299	902	500	—	—
		3000r/min	803	171	598	401	181	421
2	汽轮机转子中部弯曲5mm产生不平衡（46820kg·mm）	2400r/min	104092	3980	12079	6695	—	—

计算结果表明，仅仅是汽轮机末叶片同方向断两片，或次末叶片同方向断2～3片，仍不至于造成机组的如此损坏。轴系的严重破坏是转子大弯曲、不平衡共振的结果。

5.6.4　机组振动及轴系损坏原因分析结果

（1）机组轴系破坏起源于汽轮机转子，其振动性质为大不平衡振动，大不平衡质量主要来源于汽轮机转子的热弯曲。

（2）高压轴封套的紧力不足，汽轮机在运行状态下产生热弯曲是机组加重碰磨引起强烈振动的内在因素。

（3）新蒸汽温度的突降使汽缸形变，是造成转子严重径向碰磨的主要因素，也是机组强烈振动的起因。

（4）轴系的破坏是由转子径向碰磨、转子热弯曲加大、超速加重径向碰磨又加大转子热弯曲的恶性循环，在机组降速过程中，由转子弯曲大不平衡振动造成的。

5.7　机组超速和飞升转速分析

该汽轮机采用高速弹性调速器、两级放大、机械液压型调节系统。一个自动主汽门，三个调节汽门，喷嘴调节。设置两个飞环式危急保安器、附加保安器、串轴及低油压保护等装置。事故后调节、保安部件全部损坏，主油泵、危急保安器短轴、危急遮断错油门均被甩出机外，调速器弹簧片断裂，危急保安器飞环损坏。据此已无法直观判别调节系统、保护系统在事故中的状态，因而对事故后设备的状况、事故过程以及主蒸汽参数的记录曲线等进行综合分析，判断机组在事故过程中超速的可能性及可能的飞升转速。

5.7.1　机组超速分析

1. 汽轮机调节汽门状态分析

“1.25”事故后检查除氧器三段抽汽逆止阀已关闭，且动作灵活无卡涩痕迹，因而首先排除了除氧器倒汽引起超速的可能。事故后2号调节汽门及油动机飞落到机外约34m，3号调节汽门及油动机连同油管被甩落在原位附近，1号调节汽门虽在原位但仍有35mm开度，此开度与事故前的蒸汽参数及负荷所对应的汽门开度基本相当。因而根据汽门的状态确认了事故过程中1号调节汽门未关闭的事实，在无其他漏流蒸汽的情况下，这是引起机组超速的先决条件。

2. 汽轮机自动主汽门状态分析

“1.25”事故后自动主汽门仍在原位，并处于全关位置，在调节汽门未关闭的情况下，自动主汽门是否关闭，将是决定机组能否超速的关键。

根据电厂提供的当事人证明材料，汽轮机班班长的证词：“锅炉过水了，发生水冲击了，赶快停机！同时我飞跑着将2号危急保安器打跳，自动主汽门关闭，随即又一面向值班室奔跑，一面大声呼喊：快起动油泵，快关电动闸门……”说明汽轮机班班长已有手打危急保安器的操作，但在机组控制室内，未发现有自动主汽门关闭的报警和灯闪信号的出现。因而仅凭此证明材料尚不能得出自动主汽门已关闭的结论，还需作进一步论证。

3. 事故过程分析

在电厂提供的当事人证明材料中，2号汽轮机副司机的证词：“水冲击、赶快打闸、去合油泵，班长说完向危急保安器方向跑去。我迅速进入机控室合交流油泵，班长打闸后来到控制室，叫我关闭甲、乙管电动闸门，我发现2号机组转速在3007r/min不下降，此时想到发电机未解列，随即到事故按钮旁按下事故按钮。我回到司机座位前，未仔细看表盘，班长打开2号机组控制室门，听到机组内发出强烈的噜噜声，持续几秒钟，看见2号机组爆破，碎片打进机组控制室，就地起火。”电气值班员的证词：“在加负荷期间，当1号机组加到32MW、2号机组加到28MW、3号机组自己升到9MW时，我见蒸汽压力3.7MPa，1号机组无功为4.5Mvar，电气班长说把2号机组无功减一点，我见2号机组无功是17Mvar，2号机组有功自己降到24MW，过了几秒钟手还未触到2号机组操作开关，就见2号机有功甩到了零，同时见油开关动作闪光，我马上说了一声2号机组负荷到零，就在这时听到主控室房顶哗啦啦乱响，少时见1号机组和3号机组负荷到零，停了一会儿油开关动作显示也闪光了。”根据以上两份证明材料，确认了如下的事实：

（1）2号机组手打危急保安器在先，按事故按钮在后，并相隔数秒钟（本机自动主汽门动作不联跳发电机油开关）。

（2）2号机组负荷变化过程是由26MW自动减到24MW，数秒钟后甩到零。

（3）按事故按钮负荷到零与油开关动作几乎发生在同一时刻。

（4）按事故按钮油开关动作之前数秒钟，虽手打危急保安器，但未见有负荷到零工况点，表明2号发电机是在24MW负荷下解列的。

（5）1号机组有自动主汽门动作负荷到零，经数秒钟后油开关动作，与此相对照也可说明2号发电机是在24MW负荷下解列的。

上述事实表明，在事故过程中1号调节汽门和自动主汽门均未关闭（这是机组超速的主要原因），并具有相当于 24 MW 功率下的超速能量，致使机组超速。

4. 主蒸汽参数记录曲线分析

为了进一步核实汽门在事故过程中的状态，对 2 号汽轮机、锅炉主蒸汽参数的记录曲线进行分析。图 5-86 为汽轮机和锅炉的主蒸汽流量、主蒸汽压力、主蒸汽温度、汽包水位等参数的记录曲线，主要工况点的蒸汽参数列于表 5-27。

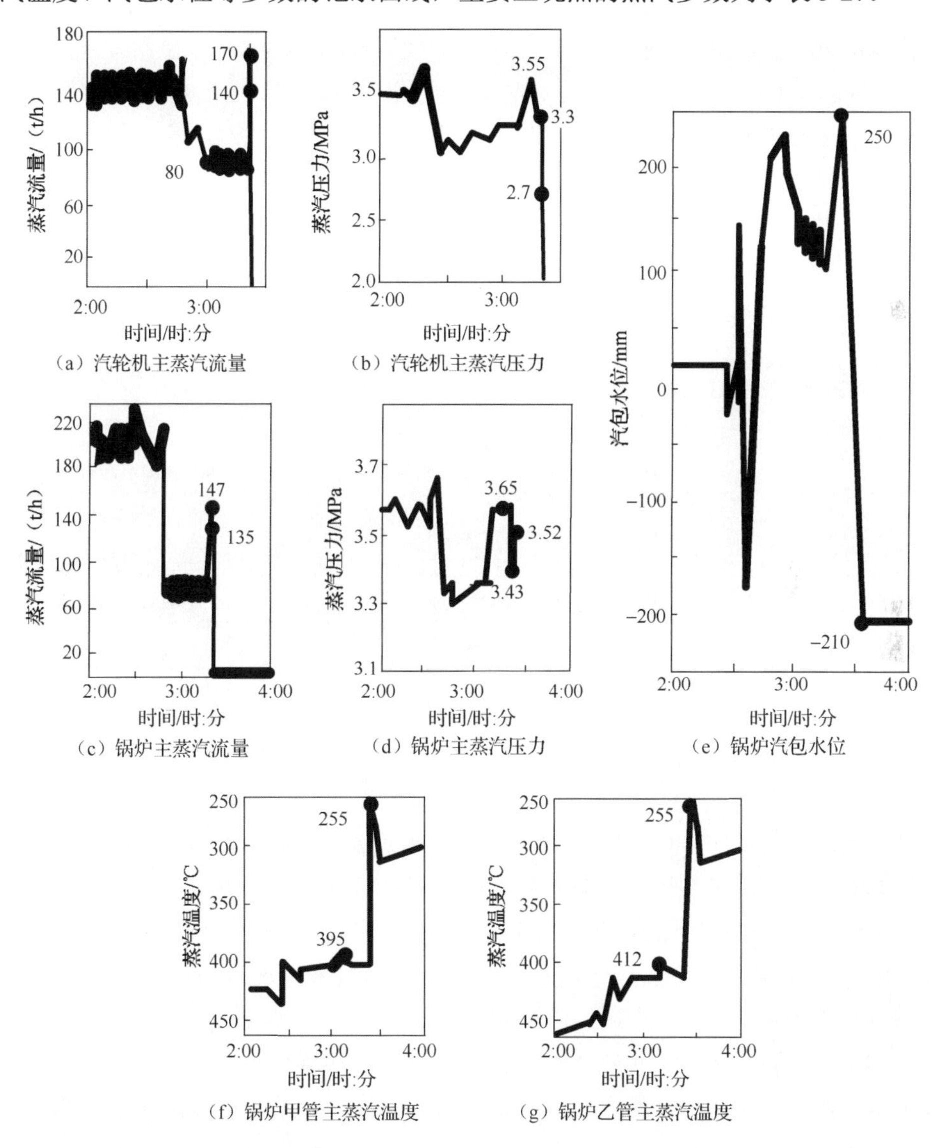

图 5-86　汽轮机、锅炉主蒸汽流量、压力、温度、汽包水位等参数的记录曲线

经分析表明：

（1）在汽轮机主蒸汽流量曲线上[详见图 5-86（a）]，有主蒸汽流量从 170t/h 瞬间降到 140t/h 并停留片刻到零的变化过程迹象。相应负荷约为 28MW 和 24MW，这与电气值班员所监视到的功率变化过程基本一致。

（2）事故前全厂主蒸汽系统为母管制运行，所以事故过程中锅炉主蒸汽压力的变化不大[详见图 5-86（d）]。由于 2 号锅炉蒸汽并入母管后，机组加负荷过快，汽轮机主蒸汽流量由 80t/h 突升到 170t/h，而使锅炉汽包满水，水位由−210mm 升到 250mm 以上[见图 5-86（e）]，主蒸汽温度大幅度下降，由 395℃/412℃降到 255℃[详见图 5-86（f）、图 5-86（g）]。这是造成汽轮机主蒸汽管道和自动主汽门冒白汽，以及在自动主汽门未关闭的情况下，使汽轮机较长时间进入低压蒸汽的主要原因，也是汽轮机班班长进行手打危急保安器操作的依据。

表 5-27　主要工况点的蒸汽参数

<table>
<tr><th rowspan="2">工况点</th><th colspan="2">汽轮机</th><th colspan="4">锅炉</th><th>电气</th><th rowspan="2">操作及状态</th></tr>
<tr><th>流量 D/（t/h）</th><th>压力 p/MPa</th><th>流量 D/（t/h）</th><th>压力 p/MPa</th><th>温度 t/℃</th><th>水位 H/mm</th><th>功率 P/MW</th></tr>
<tr><td>1</td><td>170</td><td>3.3</td><td>147</td><td>3.43</td><td>405</td><td rowspan="4">−210
～
250</td><td>28</td><td>电气加负荷，锅炉满水</td></tr>
<tr><td>2</td><td>140</td><td>2.7</td><td>135</td><td>3.43</td><td>250</td><td>24</td><td>汽轮机进低温蒸汽，手已打闸</td></tr>
<tr><td>3</td><td>140</td><td>2.7</td><td>135</td><td>3.43</td><td>250</td><td>0</td><td>按事故按钮，油开关动作</td></tr>
<tr><td>4</td><td>0</td><td>0</td><td>0</td><td>3.52</td><td>250</td><td>0</td><td>主汽门落座</td></tr>
</table>

（3）锅炉主蒸汽流量[详见图 5-86（c）]和汽轮机主蒸汽压力[详见图 5-86（b）]（电厂确认其测点安装在主汽门后）均随汽轮机主蒸汽流量的减少而降低。这种变化规律，在调节汽门未关闭的情况下，主要取决于自动主汽门的状态，但也不排除蒸汽温度降低的影响因素。因而在手打危急保安器后，自动主汽门有停留在某一位置未完全落座或关闭时间较长的可能，使汽轮机主蒸汽流量由 170t/h 减少到 140t/h，并在油开关跳开之后致使机组超速，这种可能性与汽轮机班班长手打危急保安器后，观察到汽门已动作，并与机组控制室内未发现有报警等现象也基本相符。

（4）由于机组振动，自动主汽门关闭，汽轮机和锅炉主蒸汽流量瞬时到零，在锅炉主蒸汽压力曲线上呈现出压力回升过程，因而事故后的现场未见蒸汽大量泄漏的迹象。

通过上述分析可知，所记录到的主蒸汽参数变化过程均有与事故全过程相应的变化规律，并与 1 号调节汽门、自动主汽门均未迅速关闭的事实基本吻合。

5. 导致汽门未能关闭的可能因素

1 号调节汽门事故后仍有 35mm 开度，数日后自动关闭到零，自动主汽门经分析在事故中也未曾关闭，均呈现拒动状态。该机设有三套超速保护装置和串轴、低油压保护设备，于 1989 年 12 月 23 日小修后均做过试验，事故中全失灵的可能性不大。因而主汽门、调节汽门因卡涩引起拒动的可能性最大。经解体检查，油动机均未发现有严重卡涩现象。根据事故过程的分析，汽轮机较长时间进入低温蒸汽，有由于蒸汽温度突降，汽门门杆及部件形变引起卡涩拒动，或延长了关闭时间的可能，但还有待于进一步分析查证。

5.7.2　汽轮机飞升转速的计算

1. 计算条件

（1）自动主汽门、调节汽门未关闭，机组负荷由 24MW 甩到零为超速计算工况。

（2）根据制造厂热力计算书中提供的数据，汽轮机转子转动惯量为 2314.04kg·m^2，发电机转子转动惯量为 1248.716kg·m^2。在 3000r/min、24MW 负荷下，汽轮发电机组总损失为 880kW。

（3）在转速飞升过程中，主蒸汽压力视为不变。

（4）由按事故按钮到机组有异常声响的时间，根据当事人模拟事故过程推断约为 5s，以此作为转速飞升时间。

2. 计算结果

（1）若在转速飞升时间约为 5s 的情况下，机组转速不大于 3850r/min。

（2）事故后检查发电机转子护环无明显位移。

（3）根据汽轮机叶片受力状态分析，在事故发展过程中除受到离心力作用外，还受到了附加外力的作用，叶片的损坏转速为 3200～3600r/min。

（4）机组虽有相当于 24MW 的超速能量，但由于在事故过程中动静严重碰磨，制动力矩增大，所以转子在同一飞升时间内，其实际转速可能低于计算值。

（5）通过分析认为，在事故过程中机组转速不大于 3600r/min。

5.7.3 机组超速和飞升转速分析

（1）经综合分析认为，机组在“1.25”事故过程中有超速的迹象，其转速不大于3600r/min。

（2）自动主汽门和1号调节汽门未关闭，是机组超速的主要原因。

（3）汽轮机进入低温蒸汽，使汽门门杆及部件产生形变，是造成汽门拒动的可能原因。

5.8 事故过程分析

河南新乡火力发电厂2号机组“1.25”事故发生前后，机组的状态及操作过程的时序列于表5-28。主要部件损坏过程的时序列于图5-87。通过分析可以看出：

（1）锅炉灭火后，由点火到蒸汽压力恢复正常约经20min，全厂负荷由45MW加到73MW约经6min。

（2）汽轮机主蒸汽温度由427℃降到350℃约经2min，由350℃降低到255℃约经4min。

（3）在锅炉加负荷过程中无人监视汽包水位，致使汽包水位由+110mm 升高到+300mm，使主蒸汽温度降低到255℃。

（4）在主蒸汽温度降低过程中，在汽轮机控制室内无人及时发现温度的变化，当发现主蒸汽管道间冒白汽时，也未能正确判断出汽轮机发生“水冲击”，而使汽轮机较长时间进入低温蒸汽。

（5）设备的损坏始于机组打闸之后，额定转速附近。转速增高加剧了损坏过程，在降速过程中致使机组最终损坏。

表5-28 事故发生前后的时间顺序表

时间/时:分	主要特征	操作、运行参数和事故症状
3:03前	正常运行	3号锅炉停运备用。1～3号汽轮机母管制运行。全厂电负荷75MW（1号机组35MW、2号机组30MW、3号机组10MW）
3:03	汽压升高	1号和2号锅炉主蒸汽压力升高到3.95MPa，值长令电气随主蒸汽压力的升高加负荷和锅炉降压

续表

时间/时:分	主要特征	操作、运行参数和事故症状
3:05	加负荷	全厂总负荷从 75MW 升到 85MW（1 号机组 37MW、2 号机组 33MW、3 号机组 15MW）
3:07	灭火	2 号炉在降压操作过程中炉膛压力从−30Pa 断续摆到−200Pa 灭火
3:08	减负荷	值长令减负荷。2 号机组 14MW，3 号机组 5MW
3:08～3:26	点火	2 号锅炉处于点火过程，蒸汽压力未恢复正常，水位上升。3:20，水位+160～+180mm，采取措施后水位下降到+110mm
3:27	汽压恢复	2 号锅炉蒸汽压力升到 3.65MPa，蒸汽温度 399℃/420℃，水位+110 mm，炉膛负压−50Pa，值长令 2 号锅炉带负荷和电气看着蒸汽压力升负荷
3:28～3:34	加负荷，加满水	全厂负荷用 6min 由 45MW 加到 73MW。这期间无人监视汽包水位，到发现时机械水位表已满挡（+300mm），蒸汽温度下降，2 号机组主蒸汽温度：3:30，427℃；3:33，350℃
3:34～3:35	冒白汽	2 号汽轮机司机和助手在值班室外操作，发现 2 号机管道间冒白汽，助手跑进值班室向班长汇报后，班长看到白汽已到电动主闸门和自动主汽门，判断为过水。全厂负荷从 73MW 下降到 69MW（1 号机组 32MW，2 号机组 28MW，3 号机组 9MW）
3:36	打危急保安器→损坏先兆→关电动主闸门→转速 3007r/min→打事故按钮	汽轮机班班长冲进值班室，2 号机司机打跳危急保安器，在室外操作完毕，感到声音异常，即向值班室跑，途中看到发电机尾部有汽浪冲起的尘土，班长和 2 号机司机跑进值班室，助手已起动油泵。在关电动主闸门时，看到 2 号机组转速为 3007r/min（电气值班员在主盘看到 2 号机负荷从 28MW 降到 24MW，并持续几秒钟），随即按下事故按钮（主盘处主油开关，灭磁开关闪光、主盘后有跳闸信号掉牌）。值长在锅炉值班室看到 2 号锅炉蒸汽温度降到 255℃，令电气停止加负荷（3:36），2 号锅炉主蒸汽温度 250℃/250℃
3:37	轴系断裂前负荷降到零，排汽声、巨大响声→轴系断裂→轴系断裂后	电气班长接到值长电话命令，停止加负荷时，看到 2 号机组负荷到零，北 2 开关闪光 2 号锅炉司炉在操作室听到排汽的响声，时间很短，连响两声 操作室内外的值班人员均听到难以形容的巨大响声，持续 5～10s，1 号汽轮机和 3 号汽轮机司机都看到 2 号机组励磁机处尘土状物质，2 号机组发出爆炸声响，破断的部件四处飞逸，机组起火，值班室屋顶被砸塌，时针指在 3:37，汽轮机班班长爬出压塌的值班室，打掉 1 号危急保安器 3 号汽轮机司机听到爆炸声，误判负荷到零，见 5 号循环泵电流摆动到零，令助手打掉 3 号汽轮机危急保安器，失去厂用电，灯全部熄灭

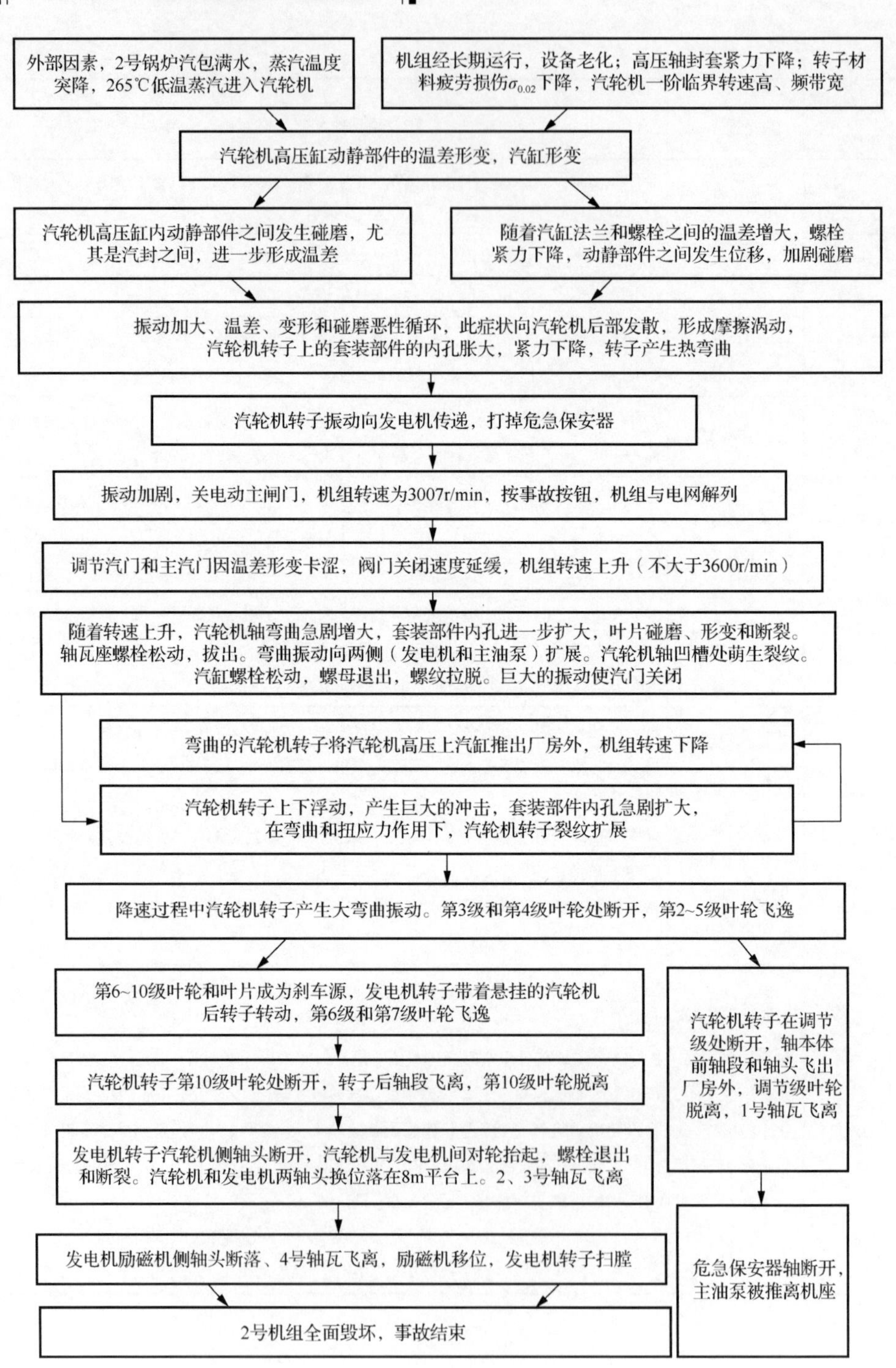

图 5-87　2 号机组主要部件的损坏过程

5.9 “1.25”事故原因分析结论

（1）河南新乡火力发电厂 2 号汽轮发电机组轴系断裂，设备严重损坏，是一起整机毁灭性的特大事故，由综合性技术原因引起的生产事故。

（2）2 号锅炉在处理灭火、点炉及加负荷过程中，对给水流量、水位的控制措施不利，又忽视了对水位的监视，以及加负荷过快，造成汽包满水，主蒸汽温度大幅度降低。2 号汽轮机值班人员未能及时发现及正确判断出汽轮机发生“水冲击”，导致汽轮机较长时间进入 255℃低温蒸汽，是事故的直接诱发因素。

（3）汽轮机转子一阶临界转速较高且频带宽和存在原始热弯曲，以及汽轮机、发电机转子材质$\sigma_{0.02}$偏低是事故的可能内在因素。

（4）事故起源于汽轮机转子，汽轮机进入低温蒸汽，造成汽缸等静止部件在温差应力的作用下形变，加之转子的原始热弯曲，在额定转速下动静部件发生严重碰磨，是事故的起因。

（5）转子经过碰磨、弯曲、超速、叶片飞脱、加大碰磨、弯曲的恶性循环，机组降速过程中，大不平衡振动致使轴系最终断裂、机组严重损坏。

（6）事故中机组有超速的迹象，最高转速不大于 3600r/min，因温差形变引起汽门门杆卡涩，是造成机组超速的可能原因。

（7）汽轮机叶片是在离心力和轴向、切向附加力的综合作用下致断损坏。汽轮机转子摩擦涡动和随转子的弯曲是叶轮的轮壳内孔增大松动的原因，并随转子的断裂而飞脱。

（8）机组的强烈振动起源于汽轮机转子，其性质为在大不平衡质量作用下的一阶弯曲振动，大不平衡质量主要来源于汽轮机转子的热弯曲。

（9）第 3 级和第 4 级叶轮之间为轴系断裂的主断口，由此向两侧沿转子依次断裂，高压轴封与调节级叶轮轴之间断口，以及第 3 级和第 4 级叶轮轴之间的断口为大应变低周疲劳、弯曲、扭转塑性断裂；第 10 级叶轮与 2 号轴瓦轴颈之间的断口为塑性起裂、脆性快速扩展、准静态断裂；发电机转子两侧断口为冲击脆性断裂。

（10）发电机转子的槽楔及定子的损坏均发生在轴系断裂之后，是转子下落、定子扫膛，发生严重碰磨而造成的。

5.10 防范措施

（1）完善运行规程、严格执行规章制度。对现有的运行、检修、试验规程进行全面的审查，对条文不具体、不明确或缺漏项应纠正补充。例如，自动主汽门与主油开关之间无横向保护；汽轮机与发电机之间事故按钮的操作步骤不明确，尤其是没有规定在操作之前负荷必须到零；有定期活动汽门试验的要求，但没有具体方法；锅炉水位在自动给水调整门失效时没有明确指出可调整手动调整门；规程中未列有汽门严密性试验项等。应按电力系统颁布的有关规程的要求逐项对照，结合电厂设备、系统实际情况，加以充实完善，使运行人员操作有章法，判断有依据。

作为技术法规，要严肃认真地执行，要把执行规程按照遵法、守法、执法对待，坚决制止不符合要求的习惯性操作，各项试验项目尤其是危急保安器等保护装置的试验，应按规程要求认真考核，以确保机组安全运行。

（2）加强技术培训，提高人员素质。人员素质与生产发展不相适应是普遍存在的现象，应引起重视，尤其是在青工较多，经验不足的现状下，要把提高人员素质作为大事对待。加强人员的岗位技术培训，建立严格的技术考核制度，做好班前的事故预想，定期开展事故演习，提高运行人员对事故的判断能力、应变能力和运行水平。要认真总结历年来的事故教训，尤其是发生多次的锅炉满水、汽轮机进水等事故的技术原因，以便提高人员的技术水平，避免类似事故再次发生。

（3）及时消除设备缺陷，杜绝事故隐患。设备健康水平是保证机组安全运行的先决条件，无论缺陷大小，尤其是机组振动过大、重要阀门的严重泄漏、调节系统和保护系统故障等重大设备缺陷，要查明原因，及时消除，决不可放过。要树立起安全第一的思想，正确处理好安全记录与安全生产的关系，按规程要求，凡是已达到停机、停炉设备停运条件的，应立即停止运行，坚决制止冒险硬顶拼设备。

（4）凡是带轴封套的汽轮机转子，在停机时严格执行停轴封汽前转速到零、真空到零的规定。对于轴瓦振动与负荷或新蒸汽流量有关，或冷态起动时振动大的机组，应认真诊断原因，必要时检查轴封套的紧力、套装面处是否存在锈蚀，一旦发现应及时采取增加紧力的措施。

（5）根据电力部 1988 年下达的“防止大轴弯曲措施”，结合本厂情况，制定切实有效的防范措施，应充分认识到每一次汽轮机弯轴事故，都存在一次轴系破坏事故的隐患。

（6）目前 50MW 以下运行年限较长的机组，其主汽门关闭速度较慢，该厂 1 号机组实测为 2s，有些机组在 2s 以上，甚至达 5s 左右，已不符合法规的要求，在事故情况下，存在使机组超速的隐患，对于这类机组应重视。对主汽门的主弹簧刚度、活塞间隙等进行试验检查，发现问题，查明原因，采取措施，及时处理。

（7）发电机硬铝槽楔，因机组参加调峰、起动频繁引起疲劳损伤的事故在国外已有报道，但在国内仍未引起注意。因而，对已运行年限较长，又参加调峰的机组，有必要在大修时检查槽楔的状况，以便及时发现缺陷，及时更换，避免事故的发生。

（8）对运行时间较长，且参加调峰的机组，应加强对主要部件的金属监督工作。

（9）转子材料$\sigma_{0.02}$值下降的原因，以及对转子安全性的影响，需做进一步试验研究。

第6章　负序电流、非同期并网、非全相解列引发的轴系损坏事故

6.1　海南海口发电厂2号机组负序电流引发轴系损坏事故

海南海口发电厂2号机组系武汉汽轮发电机厂（简称武汽厂）生产的51-51-3型高压凝汽式汽轮机，QFQ-50-2型氢冷发电机，出厂序号为5085009。1989年1月26日移交生产运行。1989年10月2日，电气设备故障导致发电机转子有5个槽的槽楔连同线棒全部甩落，定子铁芯严重磨损，汽轮机转子弯曲、轴瓦损坏，造成机组严重损坏的特大事故（简称“10.2”事故）。

海南海口发电厂2号机组“10.2”事故发生后，西安热工院受能源部安环司、电力司和科技司的委托，于1989年10月22日到达现场，进行事故原因的调查分析。初步分析认为：110kV避雷器故障为原发事故，发电机的损坏为派生事故，根据电业生产事故调查规程的有关规定，当派生事故构成特大事故时，应把派生事故作原发事故处理，因此，以发电机的损坏原因作为事故分析的重点。事故分析工作是以设备的实际损坏情况，以及海南省电力公司和电厂有关人员提供的资料为依据，经过多方面的分析、计算和试验研究等工作，编写了《海口发电厂2号机组设备严重损坏事故分析》报告，认为：2号主变压器高压C相避雷器爆炸引起单相接地短路，灭磁开关未能灭弧，又投入强励，维持了单相接地短路电流。由于负序电流的作用，发电机转子表面过热，铝槽楔机械强度大幅度下降，在额定转速离心力的作用下，以及机组急刹车的过程中5条铝槽楔连同线棒相继甩落，发电机转子严重失衡、产生强烈振动，加之氢外爆等致使机组严重损坏。海南海口发电厂2号机组“10.2”事故概况综述如下。

6.1.1　机组概况

该机组从试运行至事故前累计运行3160h，机组起停11次，小修1次，机组运行基本正常。图6-1为厂内电气系统运行方式图。事故前海南电网有功功率400MW，母线电压117kV，周波50.4Hz。海口发电厂1号机组停运，2号机组单机运行自带厂用电，发电机有功功率为26MW，无功功率为10Mvar，电压为10.4kV，

电流 I_A=1.4kA、I_B=I_C=1.5kA；励磁电压为 120V，励磁电流为 300A。厂内 110kV Ⅰ段母线 1115、1114、1113、1101 开关投入运行，Ⅱ段母线 1112、1111、1102 开关投入运行，母联开关 1100 投入运行，Ⅲ段母线作备用。厂用 6kV 系统，1 号机组由 61BⅠ段供电，2 号机组由 62BⅡ段供电。厂用直流系统由 5kV、61BⅠ段交流厂用母线供浮充蓄电池组，直流电压为 220V。高压备用变压器 601B 检修停运。

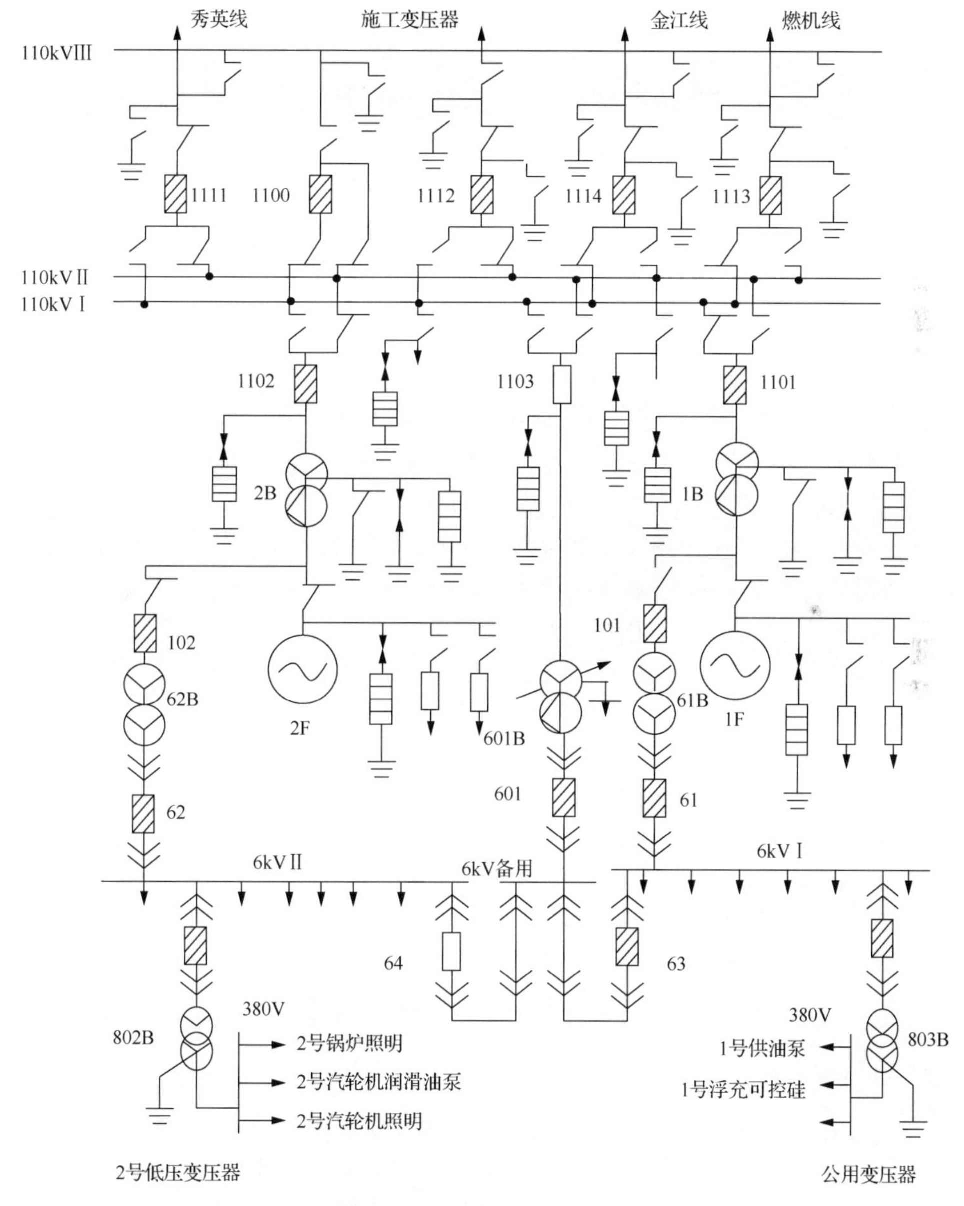

图 6-1　电气系统运行方式图

10月2日海南地区正遇26号台风，海口市阵风9级，降雨量7mm，电网线路故障较为频繁，2号机组曾受到多次冲击，如2时45分，文昌110kV线路发生短路故障，2号机组“过负荷保护”和“强励动作”信号发出，瞬时又消失，周波由50.6Hz升到51.2Hz，有功功率从38MW降到20MW，无功功率从19Mvar升到37Mvar。2时47分，周波突然降至47Hz左右，负荷从38MW升到50MW后降至12MW，然后稳定在20MW，周波从47Hz升到52Hz，然后稳定在51.5Hz。由17时0分至22时0分，机组受到电网明显的冲击达9次，如20时23分，机组负荷从38MW瞬时降到28MW，周波从50.7Hz升到51.2Hz，22时53分，负荷从35MW突升到45MW，周波从50.7Hz降到50Hz。

6.1.2 事故过程

1. 主控室

1989年10月2日22时30分，值长发现2号主变压器A相穿墙套管有放电现象，电气值班员看到2号主变压器高压侧A、B、C相氧化锌避雷器瓷裙有放电现象。23时6分，电气值班员突然听到110kV配电盘方向一声巨响，此时2号机组负荷指示为零，电气班班长和值班员同时跑到2号发电机主控制盘前，发现1102主开关和102、62厂用分支开关跳闸，灭磁开关动作，“主汽门关闭”信号灯亮，厂用交流电失压。电气班班长正准备复归1102开关时，“强励动作”“110kV开关起动油泵运转”光字牌亮，同时主变压器中性点接地刀闸位置指示器突然爆炸，汽轮机8m平台处有火光，随即复归控制开关把手，此时值长又发现6kV厂备用电源64B开关未联动，手动强行投入也未能成功，之后，听到汽轮机运转层方向一声巨响，30s后又一声巨响，从听到第一声巨响至看到火光约5s。

厂用交流失压后约30s，发现直流电压降至90V，并仍在继续降低，直流事故照明灯慢慢变暗。由于值班员误听6kV电缆着火（实为发电机和6m层着火），快速到110kV配电室跳开1101开关，致使全厂的厂用电源中断，并随即拉开1号主变1102刀闸。

大火扑灭后发现有2号发电机零序Ⅰ段、零序Ⅱ段、重瓦斯、差动、过流跳母联、过流信号、零序过流、低压公用变压器接地动作，以及1号低压厂用变压器低压出口、2号低压厂用变压器出口等保护动作。

2. 汽轮机控制室

23时6分发现2号机组厂用交流电源中断，机组负荷到零，汽轮机班班长看到2号主变压器方向有火光，立即命令汽轮机司机按下“紧急停机”按钮，并向主控发出“注意！机器危险”信号。当时未见汽轮机的机头着火，再命令汽轮机司机起动直流润滑油泵，起动电流为60A，润滑油压为0.06MPa，几秒钟后直流电消失，空气侧氢密封油泵开关虽处在联锁位置，但未能起动，另外看到自动主汽门后压力为零，自动关闭器发出关闭信号，上述过程约10s左右。汽轮机班副班长先看到发电机处着火但没烟，后看到汽轮机的机头着火，由于烟大未能开启真空破坏门和事故放油门，灭火后汽轮机班班长令汽轮机司机将“事故泵”起动开关和联锁开关置于停止位置，在交流电中断的同时，凝结水泵、给水泵均已跳闸。

3. 锅炉控制室

照明突然变暗，所有仪表电源和动力电源中断，但动力操作指示电源、事故照明电源仍正常，当时锅炉人员未听到汽轮机有任何异常声响。约20s听到“轰隆”一声巨响，锅炉通往汽轮机间的小门闪出火光，接着听到机组有振动声，持续6～8s后消失。不久事故照明及全厂电源中断。

6.1.3 设备损坏情况

1. 汽轮机本体

汽轮机的机头偏向了锅炉侧，汽轮机转子第21级和第22级叶轮之间弯曲约0.2mm，调节级叶片进汽侧边缘局部磨损，第2～18级叶片围带铆钉头均有不同程度的磨损，其中第14级较为严重，磨损1～2mm，各级阻汽片及汽封齿均已损坏，汽缸螺栓断四根，高压缸3号和4号汽缸螺栓分别有2～3个齿被拉脱，螺帽的螺纹被咬死。前汽缸两侧4个猫爪压块均已松动。同步器被烧坏。危急保安器打击板及撞击子形变。

2. 联轴器对轮

发电机与汽轮机间联轴器20根对轮螺栓均有不同程度的轴向损伤痕迹，其中两根较为严重。发电机与励磁机间联轴器对轮的内圈5根M14mm螺栓和外圈8根M14mm螺栓全部断裂脱出。联轴器对轮两侧上下错位，发电机侧低10mm。

3. 轴瓦

（1）1号轴瓦（三油楔轴瓦）阻油边钨金磨损，固定螺栓断裂1根、松动1根，上下球面与瓦枕接触面分别有2处和5处电击伤痕迹。推力瓦的工作面有挤压形变。

（2）2号轴瓦（三油楔轴瓦）阻油边钨金磨损，瓦体产生形变，锁柄被切断，上瓦和下瓦同时逆时针翻转约200°，瓦面仍存有油迹。

（3）3 号轴瓦（圆筒形轴瓦）损坏严重，钨金熔化，上瓦和下瓦同时逆时针翻转约 180°，瓦体产生形变，轴瓦的固定螺栓甩落 2 根，瓦枕螺栓甩落 3 根、松动 1 根，轴瓦的上盖及上下油挡端盖碎落，下瓦已被破坏。

（4）4 号轴瓦（圆筒形轴瓦）损坏严重，钨金全部熔化，瓦体产生形变。上瓦甩落到发电机励磁机侧下端面板与滑环架之间，下瓦翻转 180°，下瓦枕于 15° 方向落在下瓦上，轴瓦及瓦枕固定螺栓振脱，并均有 4 个齿被拉脱，上瓦盖和上下油挡端盖破碎，上瓦已损坏。

（5）5 号轴瓦和 6 号轴瓦（圆筒形轴瓦）有轻微损伤。

（6）密封瓦损坏严重，固定螺栓全部断裂，励磁机侧密封瓦破碎。

4. 发电机

1）发电机转子

（1）发电机转子第 11～14 槽共 128 个槽楔连同线棒全部甩落到定子膛内，在转子两侧端部 100～500mm 范围内留有被剪断的槽楔和线棒的残骸，槽楔的甩落均始于按旋转方向大齿后的第 1 齿，损坏情况详见图 6-2、图 6-3。

图 6-2　发电机转子槽楔甩落后的情况

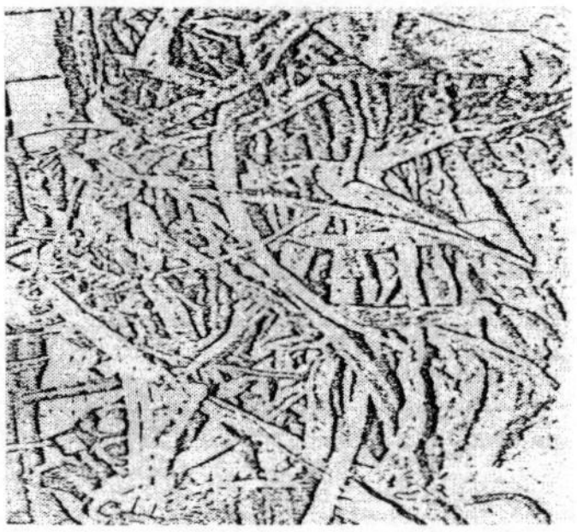

图 6-3　发电机转子线槽中甩出来的铜线

（2）发电机转子槽齿从底部沿高度方向产生严重形变，转子小齿的齿距设计值为 31mm，但中间部位的齿距，第 14 槽处缩小到 22.5mm，第 28 槽处缩小到 27mm（图中未画出），第 11 槽处增大到 34.5mm，详见图 6-4。

（3）大齿纵向通风槽端部及护环内部明显过热发蓝。槽楔接口处及与小齿的接触面除明显发蓝外，还附有铝熔渣，其中以转子端部处较为严重。由于护环尚未拔出，护环及转子端部的损伤情况未作检查。

（4）槽楔平衡孔深度的测量结果表明，尚未甩出的槽楔均有不同程度的外突现象，并有轴向位移迹象。第 11 槽、第 10 槽和第 15 槽的中部槽楔向外突出 2～6mm，槽楔端部有磨损脱落痕迹。第 15 槽至第 19 槽的全部槽楔均有位移，平衡孔处的绝缘变黑起泡。平衡孔孔深的测量结果详见图 6-5。

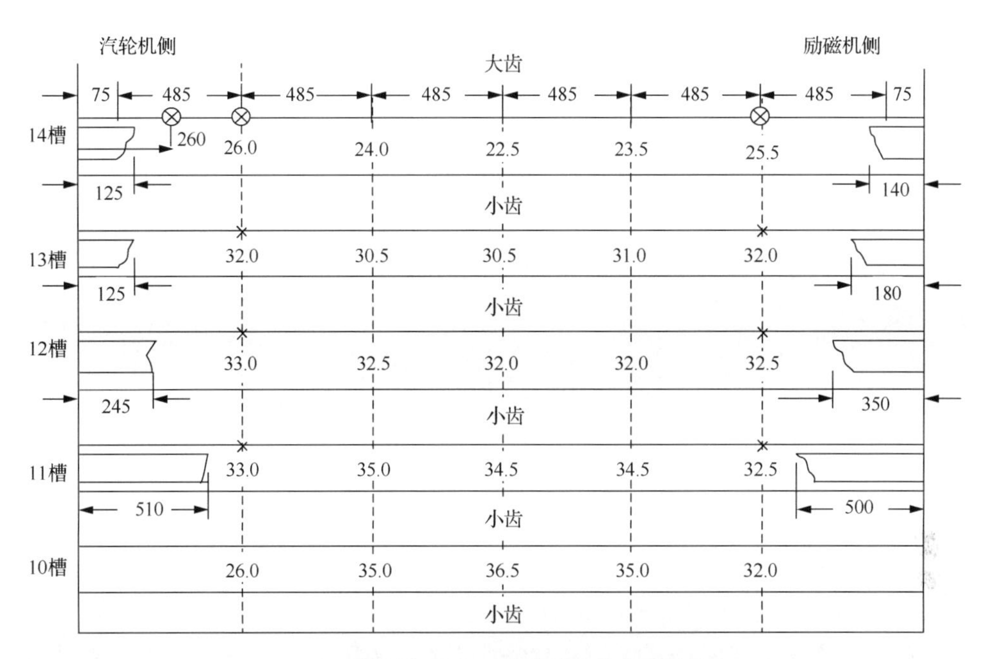

图 6-4　线槽槽口形变、槽齿过热点的测试情况

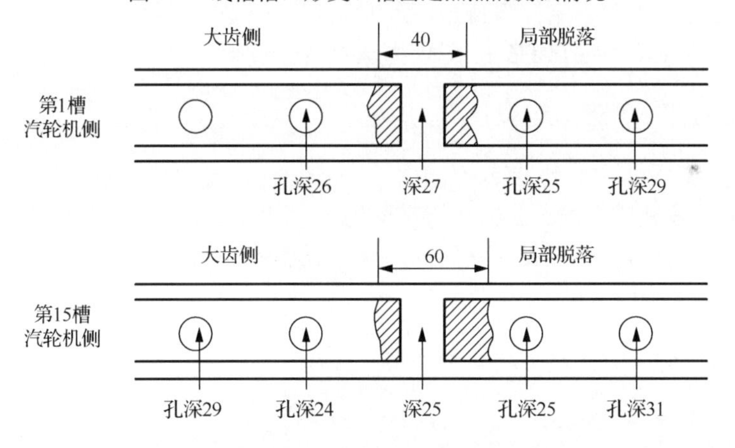

图 6-5　平衡孔孔深的测试结果（转子中部）

（5）风叶端部磨损 2～10mm，内侧滑环向励磁机侧位移 3mm，接线螺栓弯曲形变，导线烧毁，炭刷飞落。两侧护环均有明显的位移，止口处轴向间隙的测量结果详见图 6-6。

2）发电机定子

发电机定子铁芯被磨损，硅钢片大面积倒齿产生形变，镗内积有大量的铝槽楔、线棒和绝缘残骸，通风孔约损坏 80%，几乎全部被堵死，定子两端 150～550mm 范围内均有磨损，且励磁机侧较汽轮机侧严重，槽口的磨损深度达 15～25mm。

定子表面有铝和铜的附着物。发电机的励磁机侧端盖接合面处有 20 余处电击伤的痕迹。

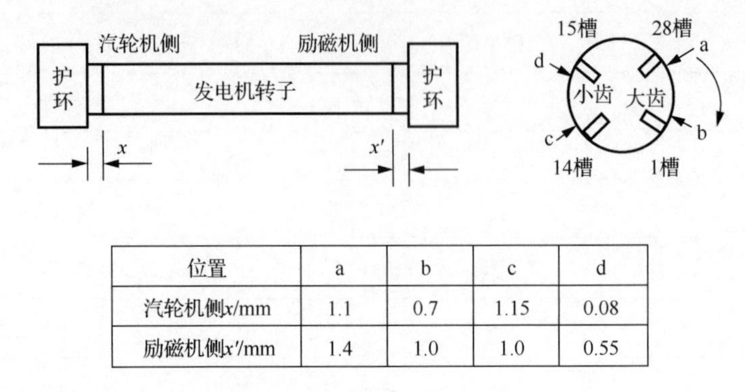

位置	a	b	c	d
汽轮机侧x/mm	1.1	0.7	1.15	0.08
励磁机侧x'/mm	1.4	1.0	1.0	0.55

图 6-6　护环与转子轴向间隙

5. 电气设备

（1）QMK 型励磁屏及 Dw10M-1500 型灭磁开关全部被烧毁。

（2）主变压器高压 C 相 Y10W-100 型氧化锌避雷器瓷套破碎成数块，氧化锌阀片基本上全部烧熔，定位塑料棒烧毁，仅剩下一些絮状物。

（3）主变压器中性点 FZ-40 型碳化硅避雷器破碎。

6. 接地线

2 号主变压器中性点接地刀闸引下线ϕ12mm 圆钢被烧断，地下线的地带ϕ14mm 圆钢被烧成数段。110kV 避雷器地下线的地带ϕ14mm 圆钢，在 A、B 相间烧断长度约 550mm，A 相向外延伸处烧损长度约 300mm。主变压器本体接地线ϕ14mm 圆钢被烧断 2 处。

7. 热工仪表

烧毁热工控制电缆 62 根，约 3450m，损坏测量仪表、控制仪表及保护装置共 55 套（台）。

6.1.4　发电机转子槽楔材料的特性分析

1. 槽楔材料的化学成分分析

对海口发电厂 2 号发电机转子槽楔的原始材料（由武汉汽轮发电机厂提供）和事故中甩出槽楔材料的化学成分进行分析，分析结果列于表 6-1。该发电机转子槽楔材料为 Ly12 硬铝合金，其中除杂质 Fe 含量略高外，基本符合 YB604-66 标准要求。

表 6-1　槽楔材料的化学成分（质量分数）　　　　（单位：%）

材料状态和标准	检验单位	主要成分				杂质成分			
		铜（Cu）	镁（Mg）	锰（Mn）	铝（Al）	锌（Zn）	镍（Ni）	硅（Si）	铁+镍（Fe+Ni）
原始材料	武汉汽轮发电机厂	4.59	1.48	0.55	—	—	—	—	—
	武汉汽轮发电机厂	4.21	1.43	0.65	—	—	—	—	—
	西安热工院	4.30	1.82	0.66	余量	0.09	0.02	0.35	0.44
甩出楔条	西安热工院	4.27	1.76	0.75	余量	0.13	0.006	0.22	0.546
标准 YB 604-66	—	3.8～4.9	1.2～1.8	0.3～0.9	余量	<0.3	<0.1	<0.5	<0.5

2. 槽楔材料的强度特性

槽楔材料 LY12CZ 为可热处理铝合金，用作发电机转子槽楔时的热处理，其状态为淬火加 96h 自然时效，在 120℃以下具有较稳定的耐热强度，允许的工作温度为 115℃。在正常运行条件下，氢冷发电机转子槽楔温度一般不超过 80℃，能满足强度设计要求。但在发电机带不平衡负荷或发生不对称故障时，定子负序电流产生的负序旋转磁场，会在转子部件或励磁线组回路中感应出两倍工频的涡流。由于该涡流沿着转子表层的极面、槽楔、齿部、护环嵌装面、护环阻尼绕组以及励磁绕组通过，所以在这些部件产生附加损耗而引起发热。LY12CZ 铝合金的拉伸试验结果见表 6-2，可见，当试验温度超过 250℃时，抗拉强度σ_b和屈服强度$\sigma_{0.2}$将会显著下降，因此 LY12CZ 硬铝槽楔的瞬时允许温度限定为 200℃。

表 6-2　LY12CZ 不同温度下的机械性能

机械性能	试验温度/℃				
	20	150	200	250	300
抗拉强度σ_b/MPa	431	373	324	215	147
屈服强度$\sigma_{0.2}$/MPa	284	260	250	191	112
伸长率δ/%	19	19	11	13	13

事故中的铝槽楔是以剪切破坏形式甩出来的，为了进一步考察事故过程中铝槽楔所经过的高温，特对原材料和事故中甩出的槽楔材料做了不同温度下的剪切强度的对比试验。剪切试样为直径 10mm、长度 36mm 的光滑圆柱。试样方向为

横向，切断方向为纵向，与实际槽楔剪断方向一致。试验是在美国 MTS810-14 试验机上进行的，试验结果详见表 6-3、图 6-7、图 6-8。

表 6-3　剪切强度试验结果

材料状态	试样号	试验温度 t/℃	剪切载荷 P/kN	剪切强度 σ/MPa
LY12CZ 原始材料	1-1	20	43.199	275
	1-2	20	42.611	271
	1-3	20	44.230	282
	1-6	200	41.091	262
	1-10	200	39.179	249
	1-7	200	41.680	265
	1-4	300	30.647	195
	1-8	300	28.391	181
	1-11	320	25.449	162
	1-5	350	18.339	117
	1-9	350	16.182	103
360℃保温20min后炉冷处理	2-5	20	24.910	159
	2-6	20	24.714	157
	2-7	20	25.351	161
	2-8	200	21.281	135
	2-2	200	24.125	154
	2-3	200	20.644	131
	2-1	300	16.182	103
	2-4	300	14.809	94
事故中甩出的槽楔	4-2	20	28.440	181
	4-3	20	26.381	168
	4-4	20	24.910	159
	4-5	200	25.596	163
	4-6	300	16.378	104
	4-7	300	15.446	98
	4-1	300	18.682	119

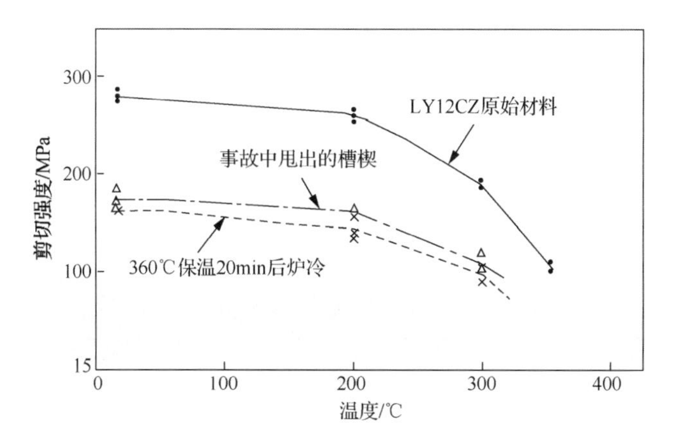

图 6-7 LY12CZ 不同温度下的剪切强度试验曲线

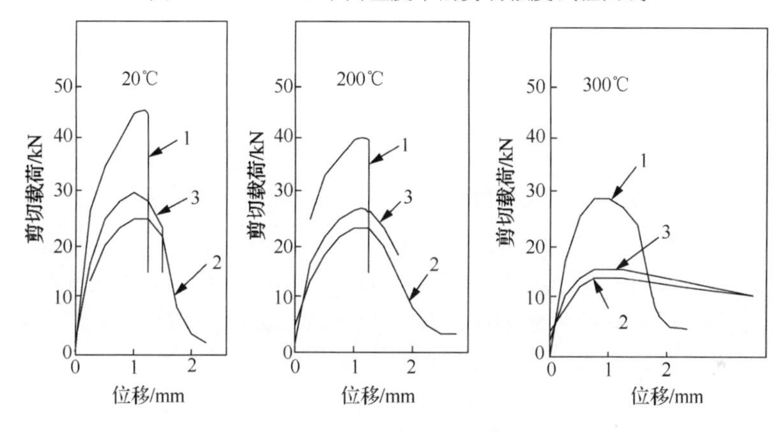

图 6-8 LY12CZ 剪切载荷位移关系曲线

1-LY12CZ 原始材料；2-360℃保温 20min 后炉冷处理；3-事故中甩出的槽楔

试验结果表明，LY12CZ 铝合金的剪切强度随试验温度升高而下降的变化趋势，与屈服强度和抗拉强度随试验温度的升高而下降的变化趋势（详见表 6-3）相近，在 200℃以下，剪切强度的下降幅度不大，试验温度超过 200℃以后，则有明显下降。LY12CZ 室温下的剪切强度约为 276MPa，350℃下的剪切强度为 110MPa。由室温升到 350℃，LY12CZ 剪切强度下降约 60%。事故中甩出的槽楔材料与 LY12CZ 原始材料相比，20℃时的剪切强度下降约 36.8%，200℃时剪切强度下降约 38%，300℃时剪切强度下降约 43%，随试验温度的提高，相对下降幅度也不断增大。

事故中甩出的槽楔材料，与武汉汽轮发电机厂提供的原始材料属于同一批材料，该机组仅运行 3160h，在正常运行条件下槽楔温度一般在 80℃以下，LY12CZ 铝合金的强度不会有这样大幅度的下降。为此，利用 LY12CZ 原始材料，经 360℃

20min 保温，随后炉冷，然后再进行不同温度下的剪切对比试验。为便于比较，试验结果列入表 6-3，并绘于图 6-7、图 6-8。

比较可见，事故中甩出的槽楔材料的剪切强度，与经 360℃加热处理材料的剪切强度较为接近，而且两者随试验温度变化的趋势也相同。布氏硬度试验结果也有类似现象（详见表 6-4）。因此，认为事故中甩出的槽楔也曾经历过类似程度高温的作用。

表 6-4　LY12CZ 不同状态下的布氏硬度测试结果

LY12CZ 铝合金的状态	布氏硬度 HB	平均值 HB
LY12CZ 原始材料	126、129、128、128、126、125、125、129	127
LY12CZ 经 360℃ 20min 炉冷处理	77.5、77.9、77.5、77.5、77.5、77.5、77.3、76.3、74.3、75.1	76.84
事故中甩出的槽楔条	76.3、76.7、75.5、75.9	76.1

3. 槽楔模型试验

该发电机转子槽楔的长度为 480mm，其横截面的形状和结构尺寸见图 6-9。为考核槽楔拐角处的应力集中对实际槽楔剪切载荷的影响，进行了槽楔的剪断模型试验。试验用材料的状态与剪切强度试验用材料状态相同。模型试样尺寸与实际槽楔尺寸相比，槽截面尺寸缩小一半，长度取 20mm。取样方向与实际槽楔的加工方向相同。试验在室温空气环境中进行。

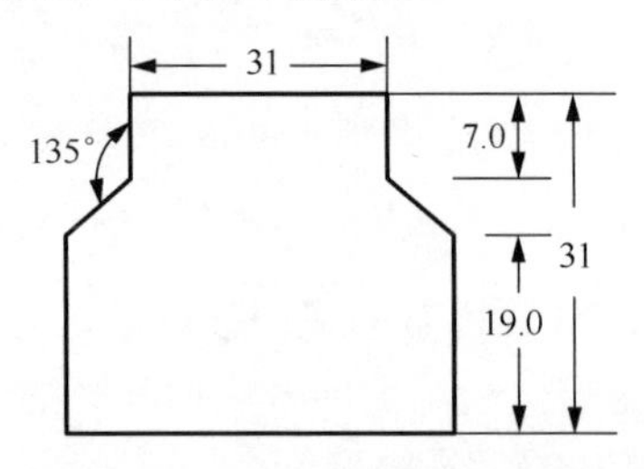

图 6-9　槽楔尺寸（单位：mm）

图 6-10 为槽楔模型试验时得到的负荷位移曲线，图 6-11 为剪切应力与位移的关系曲线，槽楔模型剪切试验的结果列于表 6-5。试验结果表明，甩出槽楔与经 360℃加热处理的剪切强度较为接近，分别为 144.8MPa 和 137.5MPa；同时还可以看出，在室温下模型槽楔的剪切强度，与相同材料光滑试样的剪切强度相比，低 13%～17%，这主要取决于拐角处的曲率半径，即应力集中的严重程度。甩出槽楔与原始材料相比，模型槽楔的剪切强度下降 36.3%，与光滑试样剪切强度的下降幅度基本相同。

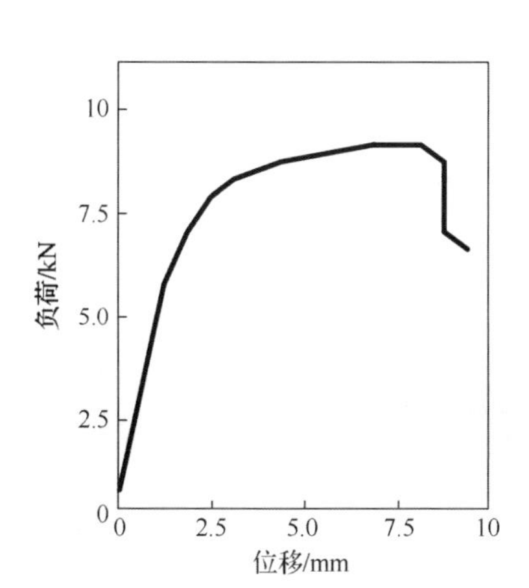

图 6-10　槽楔模型负荷位移曲线

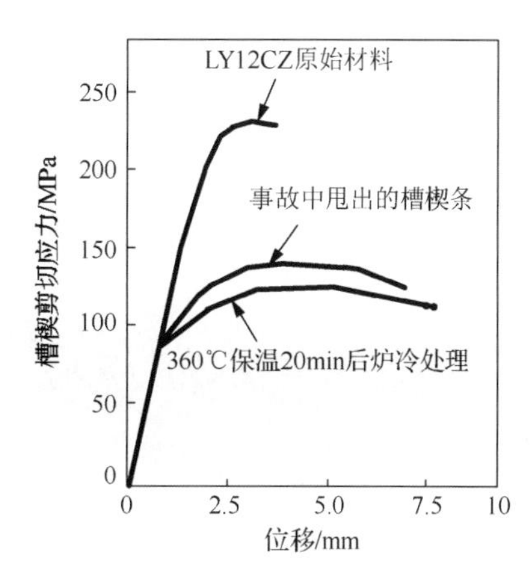

图 6-11　槽楔模型剪切应力与位移关系曲线

表 6-5　槽楔模型剪切试验结果

材料状态	断面面积 /mm^2	最大剪切载荷 /kN	剪切强度 /MPa	平均剪切强度 /MPa
LY12CZ 原始材料	204.2	46.09	225.7	227.2
	211.6	48.50	229.4	
	208.8	48.40	232.0	
	209.3	46.40	221.6	
经 360℃20min 炉冷处理	439	60.07	136.8	137.5
	437	60.56	138.6	
	445	60.96	137.0	
事故甩出的槽楔条	418	59.88	143.2	144.8
	458	68.60	149.8	
	444	62.72	141.3	

4. 金相分析

为了查明铝槽楔在事故中是否遭受过较高温度的作用，参照合金过烧检查显微组织有关标准，分别对原始状态槽楔材料和运行中甩出的受挤压、磨损较轻微的槽楔进行金相组织检验。

原始状态槽楔的金相组织，除α固溶体外，还有 $CuAl_2$（θ 相）、Al_2、CuLg（S 相）等强化相，属正常淬火组织（详见图 6-12）。

图 6-12　原材料金相组织（200×，腐蚀剂为混合酸）

运行中甩出槽楔材料的金相组织中有晶界出现（详见图 6-13），这是 LY12CZ 合金轻微过烧的典型特征。因此，金相检验的结果表明，在事故中，铝槽楔确实遭受过较高温度的作用。

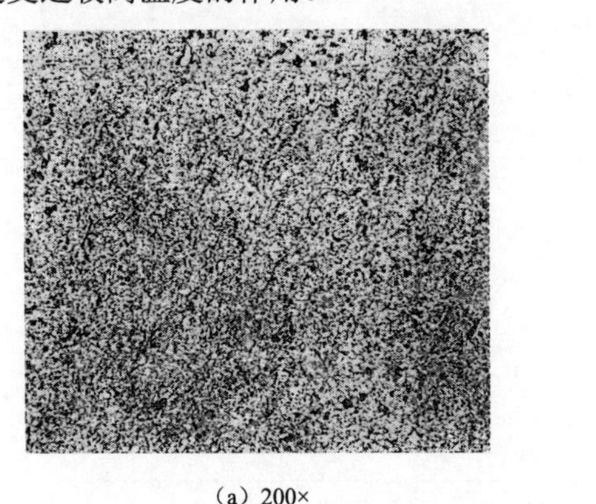

（a）200×

（b）500×

图 6-13　事故中甩出槽楔材料的金相组织（腐蚀剂为混合酸）

5. 发电机转子槽楔甩出原因分析结果

（1）发电机转子槽楔材料为 LY12CZ 硬铝合金，其化学成分基本符合标准要求。

（2）槽楔材料的剪切强度试验、布氏硬度试验、槽楔模型试验，以及金相分析结果表明，在此次事故中，槽楔经历过 350℃以上高温的作用，从强度要求方面考虑，已远超该材料的瞬时允许温度。

（3）LY12CZ 铝合金在 350℃下的剪切强度为 110MPa 左右，较常温下的剪切强度约低 60%。

（4）槽楔过热主要是由负序电流引起的，理由如下：①转子大齿纵向通风槽端部、护环环件、与槽楔接头部位相对应的小齿接触面处，均有明显的过热发蓝迹象，并在第 4 槽和第 28 槽靠大齿侧的接触面上残留有较多的铝熔渣。②在靠近大齿另外两槽未甩出的槽楔有明显的松动现象，中部两槽楔接头部位明显翘起，端部被磨掉约 5mm，并呈纤维状。③槽楔底部的绝缘板颜色变黑，个别螺孔下的绝缘板有起翘现象，并以靠近大齿的槽更为严重，已甩出的楔条螺孔中残留有较多绝缘板焦灰。④事故中甩出的槽楔正是负序电流较大的部位。据资料介绍，对于 QFQ-50-2 型汽轮发电机转子，其槽楔平均电流密度为小齿平均电流密度的 3.7 倍，大齿平均电流密度为小齿平均电流密度的 1.5 倍，紧靠大齿的槽的槽楔平均电流密度为其余槽楔平均电流密度的 1.6 倍，因此，大齿比小齿的温度高，槽楔比齿的温度高，靠近大齿槽的温度最高，这与事故中槽楔甩落位置的情况基本相符。⑤若因发电机转子下落、动静摩擦而使槽楔过热甩落，则无法解释紧靠大齿线槽对称甩落的现象，而这种甩落的对称性却与负序电流密度大小的分布规律完全相符。

6.1.5　发电机转子槽楔受力状态与应力计算分析

1. 槽楔的受力状态

在正常运行中槽楔受到在高速旋转下由于自重而产生的离心力、线棒离心力产生的挤压应力、槽与槽楔接触面上的挤压应力、受热轴向膨胀受阻而产生的轴向热应力等三维受力。由于各段槽楔间留有足够的膨胀间隙，轴向热应力可忽略不计，所以槽楔的受力可按平面应力进行计算分析。计算结果如下：

（1）每 1cm 长度槽楔的离心力为 146.98kgf;

（2）每槽 22 匝线棒 1cm 长度的离心力为 1007.1kgf;

（3）线棒作用在槽楔上的挤压应力为 359.18kg/cm^2;

（4）槽与槽楔接触面上的挤压应力为 1154.1kg/cm^2。

2. 槽楔的应力计算

采用平面应力有限元法、曲边形八节点参数单元程序，计算槽楔在正常运行中的最大主应力和最大剪切应力，计算结果绘于图 6-14、图 6-15。在 3000r/min 转速下的最大主应力为 310.2MPa，最大剪切应力为 122.3MPa。

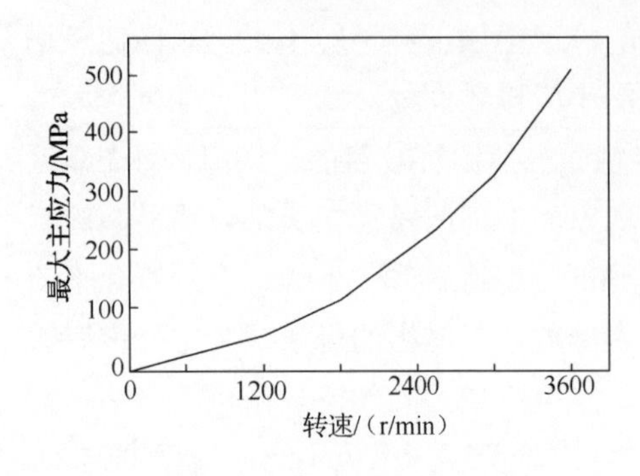

图 6-14　最大主应力随转速的变化曲线

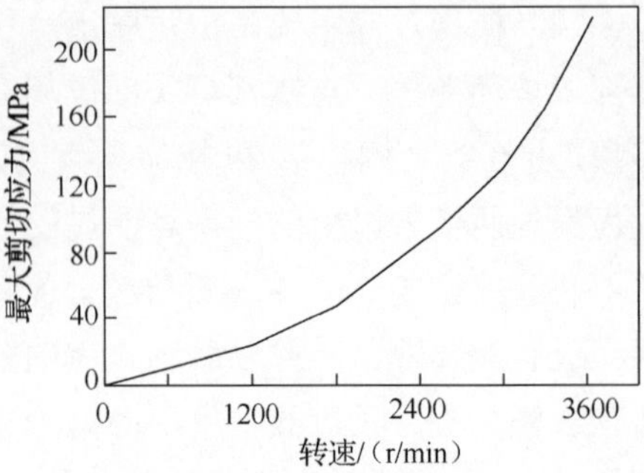

图 6-15　最大剪切应力随转速的变化曲线

3. 槽楔应力计算结果分析

（1）机组在 3000r/min 转速正常运行情况下，最大应力发生在拐角 R 附近，其最大主应力约为 310.2MPa，最大剪切应力约为 122.3MPa。

（2）槽楔剪切强度的试验分析结果表明，在本次事故中槽楔曾经历 350℃以上高温的作用，剪切强度降低到 110MPa 左右，已低于在 3000r/min 下的剪切应力。实际上事故前机组运行转速为 3024r/min，事故中甩 26MW 负荷后，若其转速达 3150r/min 左右，则由图 6-15 查得剪切应力约为 134.8MPa，远大于在 350℃下材料的剪切强度。因而槽楔过热剪切强度降低，并小于剪切应力是槽楔甩落的主要原因。

（3）剪切强度低于某一转速下的剪切应力是槽楔剪切甩落的基本条件，350℃时其剪切强度所对应的最低转速，从图 6-15 查得约为 2840r/min。

（4）在事故过程中由于强励投入，线棒过热膨胀，增大了作用在槽楔上的挤压应力，因而对槽楔的剪切甩落也具有一定的作用。

6.1.6　机组振动及损坏原因分析

1. 发电机转子不平衡响应计算

发电机转子临界转速计算结果列于表 6-6，发电机转子响应系数计算结果列于表 6-7。由槽楔剪切强度及应力状态的试验计算结果可知，槽楔在 3000r/min 转速附近被剪甩落，按表 6-7 经线性处理，分别计算槽楔在沿转子轴向端部、中部、全长三个位置上甩落，在可能的失重条件下，4 号轴瓦的轴颈附近产生的轴振动幅值，计算结果列于表 6-8。

表 6-6　发电机转子临界转速　　（单位：r/min）

一阶临界转速	二阶临界转速
730～1710	4640～4900

表 6-7　发电机转子响应系数（峰-峰值）　　（单位：μm/g）

失重部位	转速/（r/min）		
	1700	2400	3000
转子端部	0.0706	0.036	0.0805
转子中部	0.55	0.068	0.0312
转子全长	0.52	0.0281	0.0269

表 6-8　4 号轴瓦轴颈轴振动幅值

失重部位	失重长度/m	失重量/kg	振动幅值/mm		
			1700r/min	2400r/min	3000r/min
转子端部	0.15	0.47	0.333	0.016	0.0378
转子中部	1	3.16	1.738	0.214	0.09859
转子全长	2.91	9.195	4.781	0.258	0.2474

计算结果表明：在 2400～3000r/min 转速范围内，转子分别在三个位置上失重，4 号轴瓦的轴颈附近轴振动幅值最大为 0.258mm；在发电机一阶临界转速 1700r/min 附近，转子中部或全长失重，其轴振动幅值可达 1.738～4.781mm，可使轴瓦做满间隙（轴瓦间隙 0.56～0.58mm）的振动，因而槽楔的甩落是机组产生强烈振动的主要原因所在。

2. 轴瓦支反力计算

轴瓦支反力的计算结果列于表 6-9，绘于图 6-16。根据表 6-9 经线性处理，计算槽楔甩落后在 4 号轴瓦的轴颈附近所产生的支反力，计算结果列于表 6-10。

表 6-9　轴瓦支反力　　（单位：kgf）

失重部位	转速/（r/min）		
	1700	2400	3000
转子端部	3.393	4.487	3.221
转子中部	20.415	4.8	2.904
转子全长	19.38	4.2	2.5

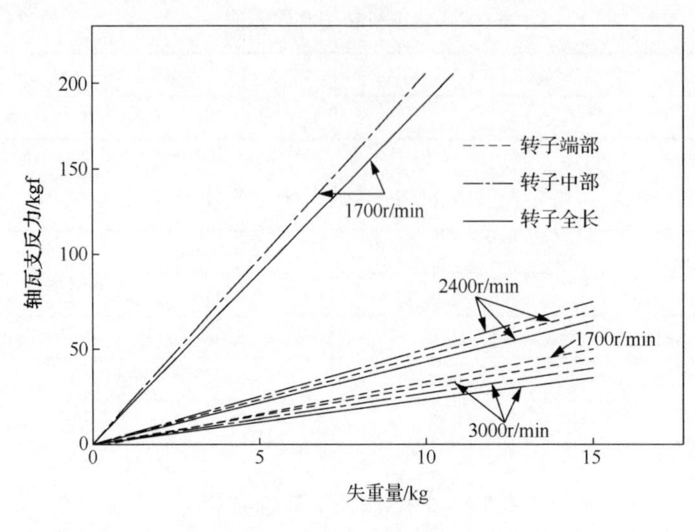

图 6-16　轴瓦支反力

表 6-10　槽楔甩落 4 号轴瓦的轴颈支反力

失重部位	失重长度/m	失重量/kg	支反力/kgf		
			1700r/min	2400r/min	3000r/min
转子端部	0.15	0.47	1.58	2.11	1.51
转子中部	1	3.16	64.51	15.17	9.18
转子全长	2.91	9.195	178.2	38.62	22.99

在事故过程中，4 号轴瓦及瓦枕共 8 根 M36 紧固螺栓全部振松，并均有四齿被拉脱，经计算拉脱载荷约为 102t，按表 6-10 及图 6-16 查得，在转速为 1700r/min 时槽楔甩落、转子失重量大于 5kg 的情况下，4 号轴瓦的轴颈附近支反力可达 100t 左右，因而一个槽的槽楔和线棒全长甩落是机组强烈振动、轴瓦掀开的主要因素。

3. 机组振动及损坏原因分析

（1）根据汽轮机和发电机损坏的特征及转子不平衡响应的计算结果，机组振动来源于发电机，其振动性质为转子在大不平衡质量作用下的弯曲振动。转子大不平衡质量来源于转子槽楔的甩落。

（2）根据转子不平衡响应及轴瓦支反力的计算结果，在 3000r/min 转速附近第 14 槽的槽楔和线棒全部甩落，是机组强烈振动的起因，随之其他槽的槽楔甩落，转速的降低使振动加剧，在 1700r/min 左右，4 号轴瓦处轴颈做满间隙的振动，油膜破坏，丧失阻尼，刚度改变，进而加剧了机组振动，1～4 号轴瓦的紧固螺栓振松，轴瓦翻转，4 号轴瓦的掀开、发电机转子的下落、氢气外漏爆炸在急刹车的过程中致使机组损坏。

（3）事故中交直流厂用电源中断，润滑油泵未能投入工作。汽轮机 1 号轴瓦和 2 号轴瓦事故后仍存有油迹的事实表明，主油泵此时仍有供油油量，轴瓦尚未达到长时间干磨而损坏的程度，所以润滑油系统断油，尚不是机组振动的起因，但由于油量的减少，油膜的破坏可加剧机组的振动。

（4）事故中空气侧直流密封油泵未能联动，使发电机氢气外漏爆炸，对设备的破坏起了一定的作用。

6.1.7　“10.2”事故原因分析结论

（1）海南海口发电厂 2 号机组“10.2”事故是电气设备故障所引起的生产事故，是一起汽轮发电机组严重损坏的特大事故。

（2）主变压器高压 C 相避雷器在台风、暴雨、无雷击的情况下爆炸，造成单相接地，发电机三相不平衡运行，是事故的诱发因素。

（3）在主油开关跳闸、机组甩负荷、故障点尚未切除的情况下，灭磁开关未能灭弧，同时又投入强励，维持了短路电流，是事故扩大的主要因素。

（4）由于负序电流，发电机转子表面过热，致使槽楔温度升至 350℃以上，抗剪能力大幅度降低，是槽楔甩落、机组强烈振动，并致使机组损坏的主要原因。氢气外漏爆炸是事故扩大的另一重要因素。

（5）交直流厂用电系统及接地网不够完善是这次事故中暴露出来的重要问题，虽不是本次事故的主要原因，但却是其他事故的隐患，应予以高度重视，尽早完善。

（6）在负序电流作用下转子损坏的实例中，50%是由主油开关三相不能同时断开或不能同时投入引起的，其中多次是由于灭磁开关不能灭磁而使事故扩大。因此除要求制造厂提高制造和检验质量外，在检修时应提高检修质量。运行中还需加强检查和维护，确保主开关和灭磁开关能够正确动作。

（7）国内 30 余台 QFQ-50-2 型汽轮发电机，已有 3 台发生过类似事故，由于电力紧张、负荷峰谷差增大，要求越来越多的机组承担调峰任务，从而带来一些新的研究课题。硬铝槽楔因频繁起停而引起疲劳损伤事故，在美国和日本已有报道，但在我国尚未引起人们的注意，为避免类似事故的发生，有必要进一步探讨槽楔损坏规律，以提高机组运行可靠性。

6.2 山西漳泽发电厂 3 号机组轴系损坏事故（非全相解列）

山西漳泽发电厂 3 号机组，列宁格勒金属工厂生产的三缸两排汽 210MW 中间再热式汽轮机，1989 年 12 月 25 日投产。2001 年 2 月 20 日，机组负荷约 180MW，由于 3 号厂高压变压器阻抗保护误动，发电机 203 A 相开关机构卡涩拒动、保护未能投入，导致非全相跳闸，造成转子断为 3 段的轴系损坏事故。两个断裂面均在联轴器对轮螺栓处，断面位置详见图 6-17。汽轮机中低压转子半挠性联轴器对轮螺栓、发电机和励磁机转子间的联轴器对轮螺栓全部剪断，汽轮机与发电机间联轴器对轮螺栓及其他联轴器对轮螺栓松动，发电机转子损坏。轴系破坏的原因是发电机非全相解列，在负序电流作用下扭转振动。

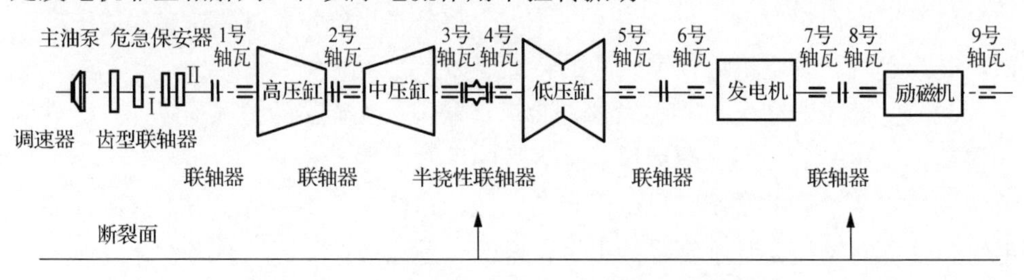

图 6-17　山西漳泽发电厂 3 号机组轴系断裂面位置

6.3 内蒙古丰镇发电厂一台机组轴系损坏事故（非同期并网）

2003 年，内蒙古丰镇发电厂一台哈尔滨汽轮机厂生产的 200MW 汽轮机，哈尔滨电机厂生产的发电机，在机组起动过程中，由于发电机主油开关误动造成非同期并网，机组转速由约 1000r/min 快速升至 3000r/min，致使发电机与励磁机间联轴器对轮螺栓断裂，造成轴系损坏事故。图 6-18 为轴系断裂面位置。

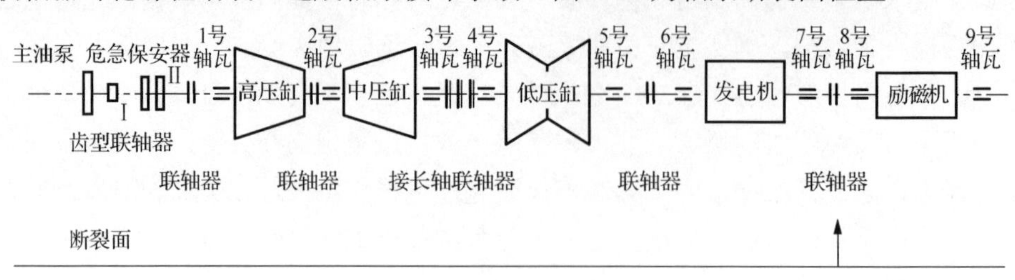

图 6-18　内蒙古丰镇发电厂轴系断裂面位置

第 7 章　严重超速引发的毁机事故

7.1　江西分宜发电厂 6 号机组严重超速引发毁机事故

江西分宜发电厂 6 号机组，系上海汽轮机厂（简称上汽厂）生产的 N50-90 型 50WM 单缸凝汽冲动式汽轮机，1975 年 1 月出厂，出厂编号为 16，主蒸汽压力 8.8MPa，主蒸汽温度 535℃，上海电机厂生产的发电机，1978 年 12 月投运。1984 年 7 月 31 日，由于电气一次系统要求对 351 开关 B 相套管加油，在倒闸操作过程中，开关 B 相负荷侧引线帽脱落，造成 B 相弧光对地短路，进而发展成两相不对称和三相短路。全厂有四台机组同时甩负荷，6 号机组在甩负荷的过程中，严重超速到 4700r/min，机组毁坏，油系统着火，造成了整机难以修复的特大事故（简称“7.31”事故）。事故全过程时间为 10～15s。

江西分宜发电厂“7.31”事故发生后，在电厂的主持下，邀请了制造厂、研究所等有关单位对事故进行了分析，认为汽轮机严重损坏事故的原因有汽轮机超速但转速不高（约 3500r/min）、汽轮发电机转子扭转共振、汽轮发电机组强迫振动三种可能原因。为了进一步查明事故的原因，在水利电力部生产司的直接领导下，西安热工院组织了汽轮机、金属材料等专业人员，再次进行了“7.31”事故原因的调查与分析。由于事故发生的全过程时间短，涉及面广，事故后部分原始记录遗失，给事故分析带来了很大的困难。但是，在电厂的大力配合下，经过两个月的调查研究，调查人员对汽轮机主要的损坏部件进行了详细的检查及全面的分析，对事故产生的原因有了明确的看法，认为汽轮机的严重损坏是由机组的严重超速造成的，给出了《分宜发电厂 6 号汽轮机严重损坏事故原因分析》报告。1985 年 6 月 28 日，水利电力部生产司《安全情况通报》（第十三期）《关于分宜电厂全厂停电及 6 号汽轮机严重损坏事故的通报》报道了江西分宜发电厂“7.31”事故的概况。江西分宜发电厂“7.31”事故的概况综述如下。

7.1.1　事故过程

图 7-1 为江西分宜发电厂电气一次系统接线示意图。“7.31”事故前，2 号机组、3 号机组、5 号机组、6 号机组运行，1 号机组和 4 号机组检修停运，4 号主

变压器为110kV系统的联络主变，110kV宜分线和新分线均在Ⅰ段母线运行，每台机组自带厂用电，全厂总负荷148MW，其中2号机组负荷25MW，3号机组负荷33MW，5号机组负荷43MW，6号机组负荷47MW。

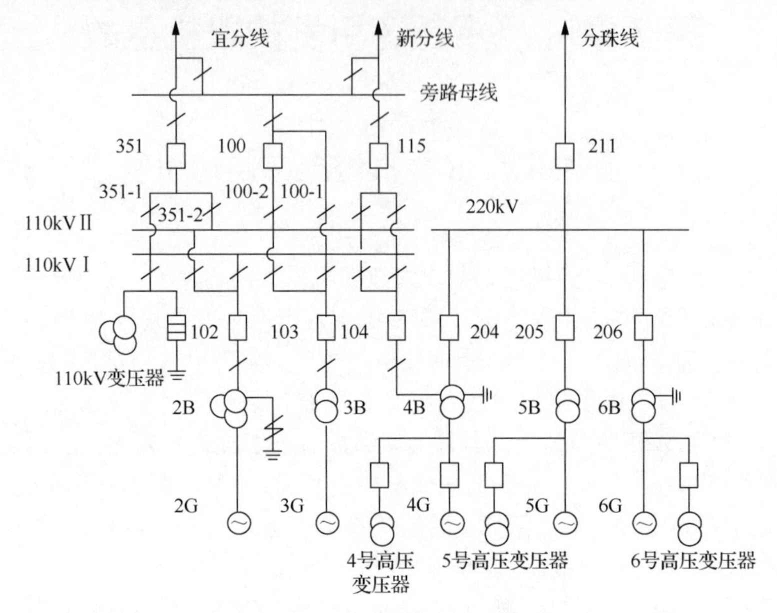

图7-1　电气一次系统接线示意图

7月31日，因351开关需要退出运行，以便对B相套管加油。根据调度的要求，将110kVⅠ段母线倒至110kVⅡ段母线运行。10时50分开始倒闸操作，先后合上100-2和100-1刀闸及100油开关，向Ⅱ段母线供电。11时20分合上351-2刀闸，在断开351-1刀闸刚刚结束的瞬间，351-2刀闸B相负荷侧引线帽脱落，并连同110kV引线一起摆到351-2刀闸B相瓷瓶底座，引起弧光对地短路，瓷瓶被烧坏，刀闸的水泥构架接地扁铁被烧断，控制电缆被烧坏，并且高压电通过电缆引起母线端子箱、主控制室110kV母线盘及中央信号盘着火，全厂联络信号中断。同时高压电串入直流控制回路，造成保护装置的误动或拒动使事故扩大。由于351-2刀闸B相接地，A、C两相电压升高，引起4号主变压器110kV侧A、C两相悬式瓷瓶弧光对构架闪络击穿，此时事故又发展为两相不对称接地和三相短路。5s后4号主变压器220kV侧，零序Ⅱ段过流保护动作，204开关跳闸，220kV侧和故障点解列。6s后分珠线高频保护及5号和6号主变压器重瓦斯保护动作，211、205和206开关跳闸，5号和6号机组甩负荷。随后110kV宜分线、新分线距离保护Ⅰ段及3号和4号低压厂用变压器重瓦斯保护动作，351、115和103开关跳闸，3号机组甩负荷而停机。但104和102开关拒动，手动跳102和104开关，2号机组就地手拍危急遮断油门停机。此时供给故障点的所有电源全部被切断。

由于厂用电中断，热工保护失灵，5 号汽轮机司机起动了直流油泵，就地打闸停机。6 号汽轮机副司机发现甩负荷后，操作了发电机事故按钮，起动了直流油泵，听到“轰”的一声巨响，机头前箱炸裂，油喷出着火，并且火苗沿着电缆，通过电缆孔洞，又引起了 5 号机组表盘着火。经过全力抢救，11 时 50 分明火被扑灭。

7.1.2　设备损坏情况

全厂电气设备、热工仪表都受到了很大的损伤，损失最严重的是 6 号机组。轴系断为 4 段，有 3 个断裂面，断面均在联轴器对轮螺栓处，断裂面位置详见图 7-2。第 20 压力级（456mm 叶片）全级叶片从跟部剪断，断叶堆积在汽缸内，前箱碎裂，残骸飞出汽缸外数米，汽轮机高中压缸垂直结合面和中压缸水平结合面张口，1 号轴瓦的上瓦甩出，其他轴瓦均有不同程度的损伤。

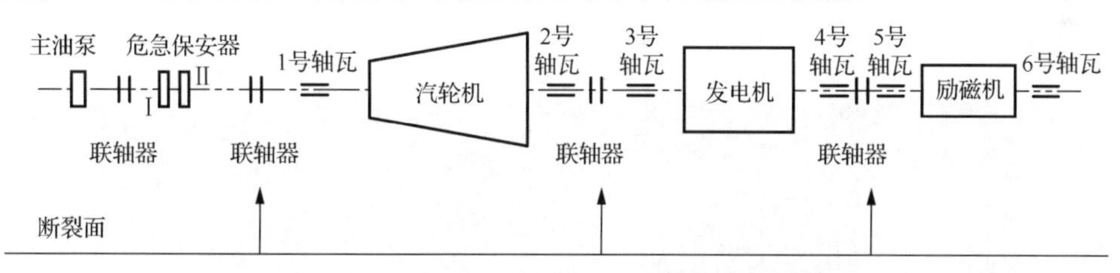

图 7-2　江西分宜发电厂 6 号机组轴系断裂面位置

1. 汽轮机本体

（1）汽轮机前轴瓦箱上盖崩裂成两块，并飞向汽轮机左右两侧。前轴瓦箱座猫爪压块，除左侧前一块外，其他三块均已飞离原位。左侧圆柱销向外移出 150mm，右侧扁销向外移出 120mm。

（2）汽轮机排汽缸 12 只地脚螺栓中 6 只已松动。汽轮机高压缸和中压缸的上缸垂直接合面左侧张口 7mm，右侧张口 1mm，汽缸连接螺栓几乎全部松动。

（3）汽轮机中压缸和低压缸的水平中分面左侧张口 5mm，汽缸连接螺栓大部分松动，汽封被磨损，盘车马达被甩到 8m 平台左侧。

2. 汽轮机与发电机联轴器对轮螺栓

（1）汽轮机与发电机联轴器对轮 20 只螺栓全部从退刀槽部位断裂，除两只外均向发电机侧退出 10mm 以上。联轴器对轮内孔及螺栓光杆部分，有相对应的局部损伤痕迹（图 7-3）。

图 7-3　汽轮机与发电机联轴器对轮螺栓损坏情况

（2）汽轮机与发电机联轴器对轮上张口 0.15mm，左侧张口 0.14mm，右侧张口 0.13mm。联轴器对轮上下错位，发电机侧比汽轮机侧高 5mm。联轴器对轮左右错位，发电机侧向右 7mm。

3. 汽轮机叶片

（1）汽轮机第 13 压力级封口叶片销钉被剪断，连同叶根一起飞出，第 13 压力级封口叶片损坏情况详见图 7-4。

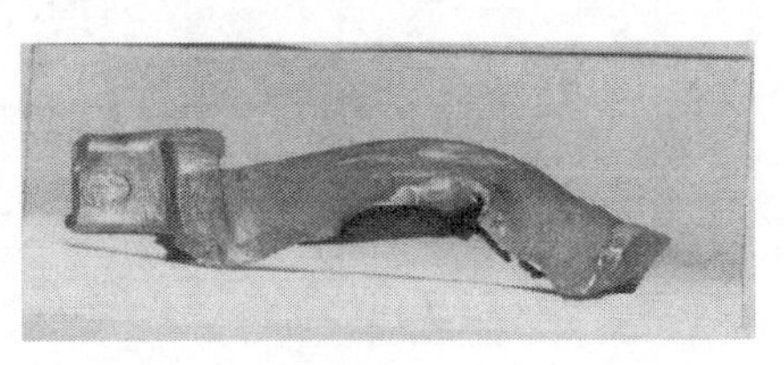

图 7-4　第 13 压力级封口叶片损坏情况

（2）汽轮机第 18 压力级封口叶片销钉被剪断，连同叶根一起飞出。普通叶片有 5 片被打弯，3 片已松动。第 18 压力级封口叶片损坏情况详见图 7-5。

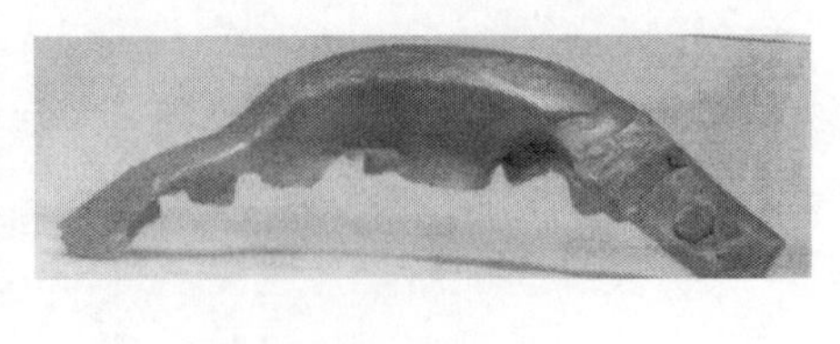

图 7-5　第 18 压力级封口叶片损坏情况

（3）汽轮机第 20 压力级封口叶片从外销部位被拉断。93 片普通叶片的内外齿根全部被剪断（详见图 7-6），叶片全部飞出，断叶大部分挤压在上缸右侧靠中分面的汽缸槽内，小部分被挤压在汽缸左侧靠中分面的汽缸槽内。

图 7-6 第 20 压力级封口叶片的损坏情况

（4）汽轮机第 21 压力级叶片被严重打坏。

（5）汽轮机第 1～18 压力级叶片复环，均有不同程度的磨损，其中第 16 压力级叶片脱落一组，第 1～21 压力级隔板也有不同程度的损坏。

4. 轴瓦

（1）1 号轴瓦的上盖、瓦枕均飞离到前箱外。下瓦翻到转子的上部，钨金被烧化。

（2）2 号轴瓦的上盖前端翘起 50～70mm。上瓦尚好，下瓦钨金右侧两端角上各有一条被刮的深痕。

（3）3 号轴瓦的上瓦尚好，下瓦钨金全部碎裂。

（4）4 号轴瓦只有轻微的磨损。5 号轴瓦和 6 号轴瓦正常。

（5）推力瓦块的工作面与非工作面各有四块飞出机外，瓦块完好。没有飞出去的瓦块，钨金全部融化。

5. 汽轮机调节系统及部件

（1）事故后汽轮机自动主汽门、调节汽门及油动机均在全关位置。左右两侧油动机活塞、错油门滑阀、继动器活塞、危急遮断油门均无严重卡涩痕迹。

（2）危急保安器遮断油门挂钩被打断，壳体的底座从固定螺栓孔处断裂。危急保安器的圆柱销产生形变，并有明显的撞击痕迹。

（3）危急保安器与主轴连接的 6 只 M16 双头螺栓全部断裂。短轴已与转子脱离（图 7-7），短轴对轮右侧张口 10mm，转子与短轴结合面严重磨损（图 7-8），并且有熔化的残迹。转子上的键被打弯。

（4）旋转阻尼器调速器严重破坏。泵壳上的 6 只 M16 螺栓全部断裂。主油泵短轴弯曲，泵轮张口 3.8mm。测量转速的小轴被打断。

（5）给除氧器供汽的三段抽汽逆止阀阀芯卡涩，仍有 40mm 开度（图 7-9）。

图 7-7　危急保安器短轴

图 7-8　转子端部磨损情况

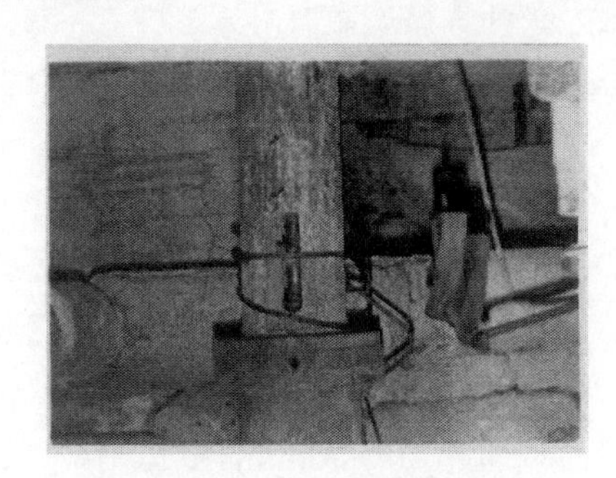

图 7-9　三段抽汽逆止阀

6. 发电机

（1）发电机转子第 20 槽的槽楔压块凸出外缘 0.3～0.5mm。

（2）励磁机侧小护环外移 1.2～1.5mm。

（3）发电机的汽轮机侧风扇叶片径向磨损 1～2mm，励磁机侧风叶径向磨损 0.5mm。

7.1.3　损坏部件的断口分析

为分析事故原因，对已经损坏的汽轮机与发电机联轴器对轮螺栓、汽轮机转子与危急保安器短轴的对轮螺栓，以及第 20 压力级普通叶片的根齿、第 18 压力级的封口叶片销钉、第 13 压力级的封口叶片销钉，分别进行了断口分析。

1. 汽轮机与发电机联轴器对轮螺栓

汽轮机与发电机联轴器对轮共有 20 只 M30 螺栓，螺帽端靠汽轮机侧，事故后全部断裂。螺栓大直径光杆部分区域有严重的轴向擦伤，其部位与对轮内孔相对应。

（1）宏观特征。20 只螺栓的断裂均发生在小直径光杆部分，断口为一次性拉断正断型断口，某些呈典型的“杯状”断口，某些呈“偏杯状”断口。图 7-10 为典型断口宏观形貌。断裂均起源于内部，外缘为明显的剪切唇部分。用肉眼或放大镜观察，发现绝大多数的断口表面呈暗灰色，较粗糙。个别断口上有明显的纹理特征。一些断口在放大镜下还可以看到较平坦的“刻面”，在光线照射下闪闪发光。

图 7-10　典型断口宏观形貌

（2）微观特征。在扫描电镜下观察其微观形貌，除了具有等轴韧窝花样外，在一些区域，尤其是在宏观断口上，有明显纹理特征花样的区域具有解理及准解理的特征。图 7-11 为典型断口微观形貌。

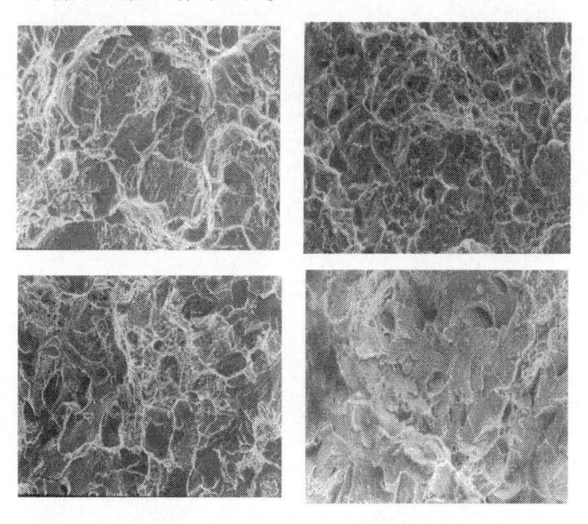

图 7-11　典型断口微观形貌扫描电镜二次电子像

(3)金属材料分析。对轮螺栓材料的金相组织为珠光体+铁素体(详见图 7-12)。化学成分符合《优质碳素结构钢钢号和一般技术条件》（GB 699—65）中对 45 号钢的要求。硬度试验结果 HRB 为 91。化学元素分析及硬度试验的结果详见表 7-1、表 7-2。

图 7-12　螺栓金相组织（500×，4% HNO_3 酒精溶液侵蚀）

表 7-1　化学元素分析结果（质量分数）　　　（单位：%）

试样	碳（C）	硅（Si）	锰（Mn）	硫（S）	磷（P）	铬（Cr）	钼（Mo）	钒（V）
45 号钢	0.42～0.50	0.17～0.37	0.50～0.80	≤0.060	≤0.040	≤0.025	≤0.025	—
M30 螺栓	0.45	0.28	0.57	0.020	0.020	—	—	—
M16 螺栓	0.43	0.23	0.62	0.021	0.028	—	—	—
2Cr13 钢	0.16～0.24	≤0.60	≤0.60	≤0.030	≤0.035	12.0～14.0	—	—
第 20 级叶片根齿	0.25	—	—	—	—	—	—	—
25Cr2MoV 钢	0.22～0.29	0.20～0.40	0.40～0.70	≤0.030	≤0.035	1.50～1.8	0.25～0.35	0.15～0.3
第 13 压力级封口叶片销钉	0.30	—	0.57	—	—	1.69	0.32	0.19
第 18 压力级封口叶片销钉	0.30	—	0.50	—	—	1.67	0.26	0.23

表 7-2　硬度试验结果

试样名称	洛氏硬度		布氏硬度
	HRB	HRC	HB
M30 螺栓	91	—	168
M16 螺栓	98	—	207
第 13 压力级销钉	—	22	233
第 18 压力级销钉	97	—	196

（4）断口分析结果表明，汽轮机与发电机 20 只对轮螺栓断裂，是在快速超载轴向拉应力作用下发生的。

2. 汽轮机转子与危急保安器短轴对轮螺栓

危急保安器短轴采用6只M16的双头刚性结构（等径）的螺栓与转子连接，依靠键传递扭矩，事故后螺栓全部断裂。短轴从连接键甩出，因滑差与转子端部产生严重磨损。对两只断后仍然残留在转子螺纹孔内的螺栓（编号为A、B）及两只掉落在前箱内的螺栓（编号为C、D）进行断口及金属材料分析。

（1）断口分析。6只螺栓断口，尤其是残留在转子螺纹孔内的螺栓断口磨损严重，很难看出能表征其断裂类型的特征花样（详见图7-13）。

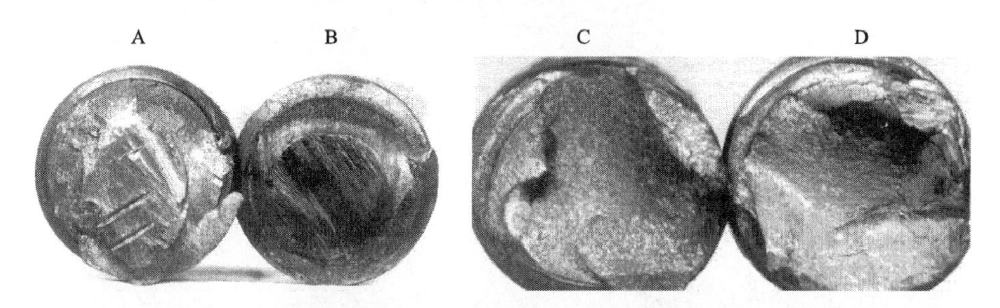

图7-13　短轴对轮螺栓断口宏观形貌

选取编号为B和C的两只断口在扫描电镜下观察，发现：B断口源点（指断裂前区）位于螺纹底部有明显的腐蚀特征，说明该区为老裂纹，前区的其他部分为等轴韧窝（详见图7-14）；编号为C的断口源点处已被磨损，无法观察，但靠源区部分，断口的显微特征为拉长韧窝（详见图7-14），说明事故前螺纹底部已有老伤。

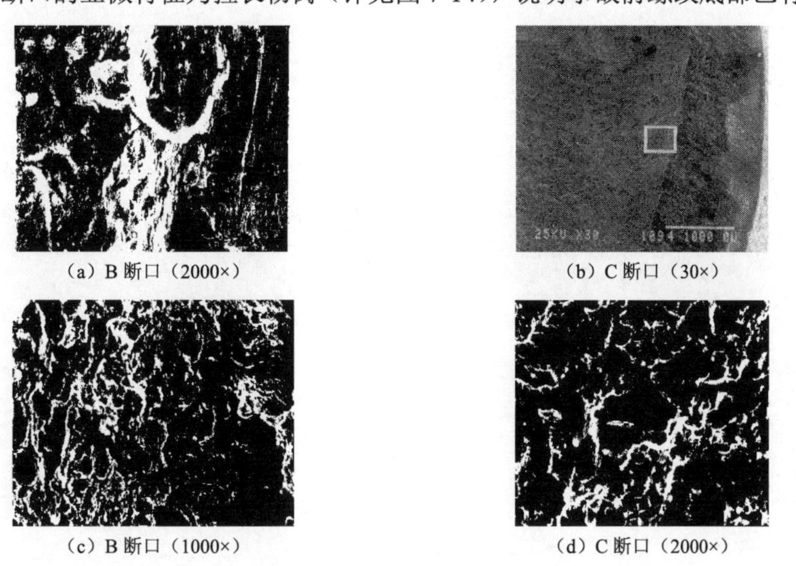

（a）B断口（2000×）　（b）C断口（30×）

（c）B断口（1000×）　（d）C断口（2000×）

图7-14　短轴对轮螺栓断口微观形貌扫描电镜二次电子像

（2）金属材质分析。危急保安器短轴对轮螺栓材质的金相组织为铁素体+珠光体（详见图 7-15），化学成分符合 45 号钢的要求。硬度试验结果 HRB 为 98，详见表 7-1 及表 7-2。

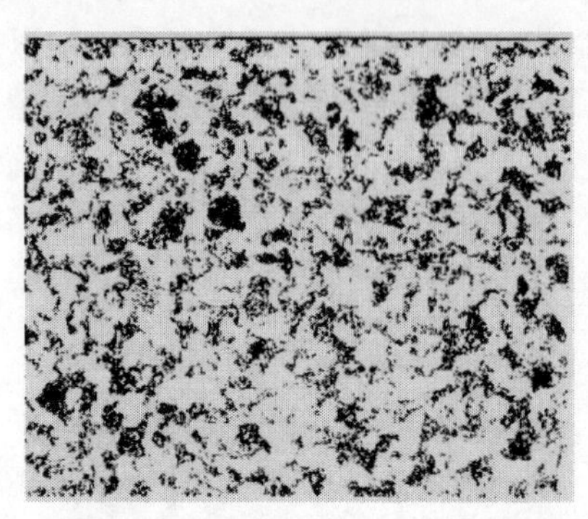

图 7-15　短轴对轮螺栓金相组织（500×，4%HNO_3 酒精溶液侵蚀）

3. 汽轮机叶片

1）汽轮机第 20 压力级叶片

汽轮机第 20 压力级叶片全部飞出，封口叶片从销钉孔薄弱截面处被拉断，其他叶片从内外根齿处剪断。封口叶片的叶根仍残留在叶轮槽内。叶根部分的断裂情况详见图 7-16，根齿部分的断口形貌详见图 7-17，均为典型剪切型断口，在超载径向力的作用下损坏的，其金相组织明显拉长（详见图 7-18）。材料化学成分列于表 7-1，均符合 2Cr13 钢的要求。

图 7-16　普通叶片叶根部分的断裂情况

图 7-17　叶片根齿部分的断口形貌

2）汽轮机第 18 压力级封口叶片

图 7-19 为汽轮机第 18 压力级封口叶片从销钉处剪断的叶根部分的形貌。销钉断口为典型的剪切型断口。在销钉的横断面（断口下部）处，制备金相磨面时，发现其内部有一个类似“蝴蝶斑”形状的区域（详见图 7-20），“蝴蝶斑”内还发现有明显微裂纹（详见图 7-21）。

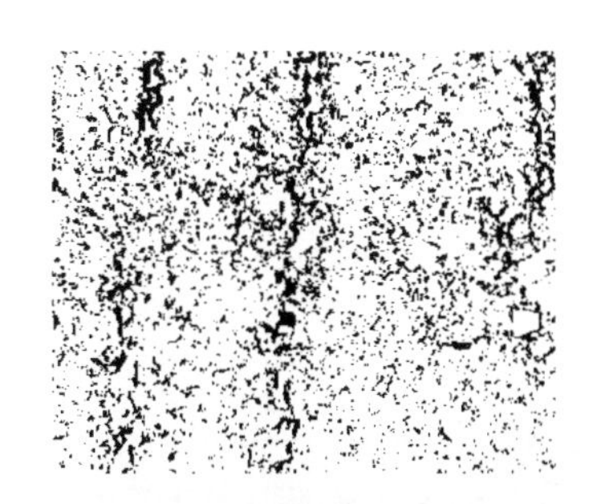

图 7-18　叶片根齿部分的金相组织（$FeCl_3$ 盐酸水溶液侵蚀）

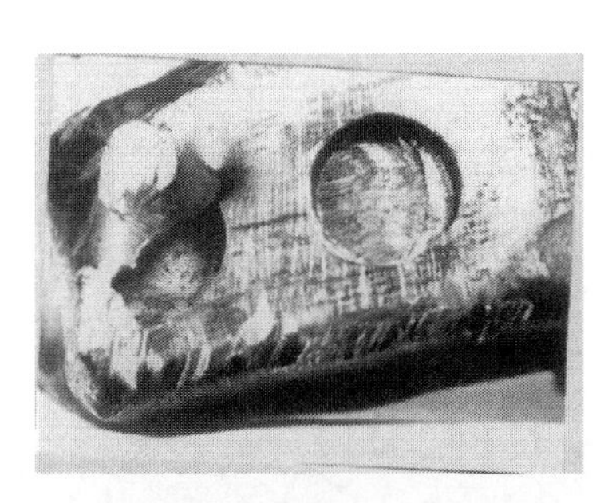

图 7-19　第 18 压力级封口叶片叶根部分形貌

图 7-20　第 18 压力级、第 13 压力级封口叶片销钉断面金相磨面

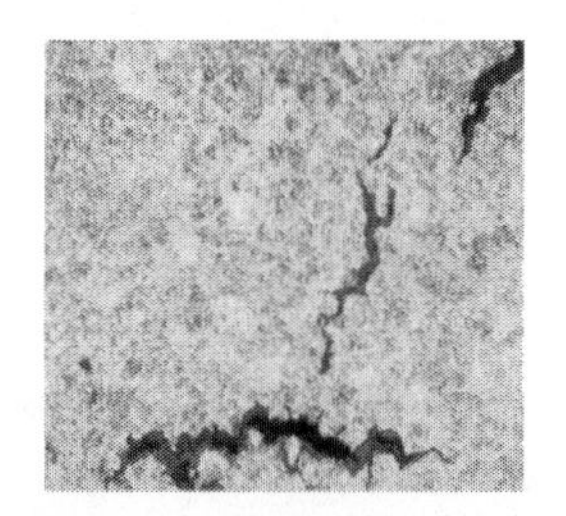

图 7-21　“蝴蝶斑”微裂纹

磨去 1.55mm 后，“蝴蝶斑”消失。分析认为，这是销钉芯部严重形变造成的，在销钉所处的条件下，形变层的深度与材料的塑性、叶根与叶轮间隙，以及剪应力的加载速度等有关。金相组织为回火索氏体。因而，第 18 压力级封口叶片是在超载的径向力作用下损坏的。

3）汽轮机第 13 压力级封口叶片

汽轮机第 13 压力级封口叶片损坏情况详见图 7-22。其销钉为典型的剪切型断口。在销钉的横断面（断口下部）上发现一些小区，这些小区在宏观照相时呈现黑色（详见图 7-23），在显微镜下呈现白色，其显微硬度值明显低于周围组织，测量结果列于表 7-3，并且这些区域沿销钉轴向是贯通的。

图 7-22　第 13 压力级封口叶片从销钉处剪断的叶根部分的形貌

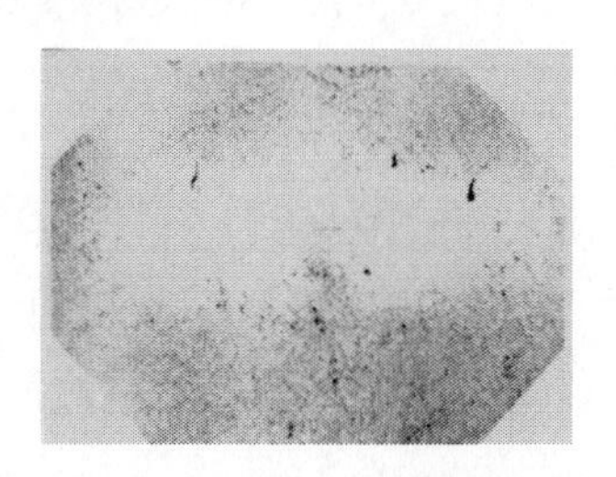

图 7-23　第 13 级销钉内小区显微形貌

表 7-3　显微硬度测定结果

	测量部位	测量结果	
		未磨	磨去 0.35mm 后
第 13 压力级销钉	1 2	1. H_{m100}=298 2. H_{m100}=295 黑区 H_{m100}=236	1. H_{m100}=252 2. H_{m100}=252 黑区 H_{m100}=171
第 18 压力级销钉	1 2 3	1.H_{m100}=238 2. H_{m100}=376 3. H_{m100}=270	1.H_{m100} =236 2. H_{m100}=239 3. H_{m100} =250 （磨去 1.55mm，“蝴蝶斑”消失）

经扫描电镜观察、X 射线能谱仪确定，这些区域为贫铬区（详见图 7-24）。为冶金因素造成的。销钉的金相组织为回火索氏体，化学成分及硬度测试结果列于表 7-1、表 7-2。

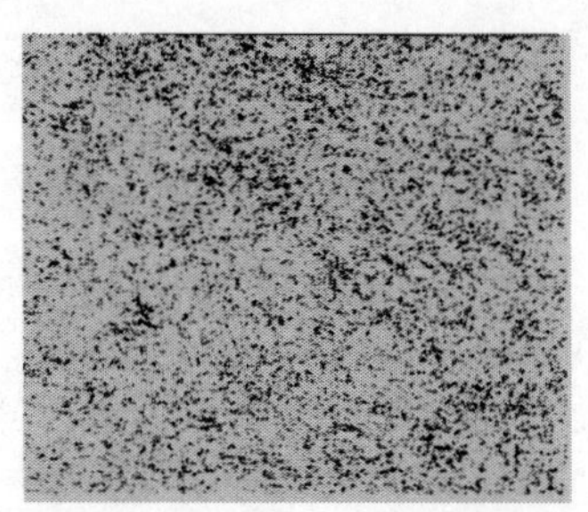

图 7-24　销钉材料之金相组织（4%HNO_3 酒精溶液侵蚀）

通过上述分析认为，由于第 13 压力级销钉中贫铬带的存在，将降低其强度极限，因销钉尺寸的限制，无法取样进行实物强度试验，故不能给出强度降低的定量数值。

7.1.4　汽轮机叶片断裂原因分析

1. 叶片断裂概况

“7.31”事故发生后，该机组汽轮机第 13 压力级和第 18 压力级的封口叶片的销钉断裂，叶片飞出，第 20 压力级的封口叶片在叶根外销钉孔的断面上断裂，叶片飞出，第 20 压力级普通叶片都在外包双 T 型叶根的两侧共四个齿处断裂，叶片全部飞出。事故后对第 19 压力级叶片的静频进行了检查，静频普遍降低，在整级 114 片叶片中，降低 10～14Hz 的有 20 片，降低 5～9Hz 的有 64 片，无变化或略升高的有9片，其余的叶片均有不同程度降低。

第13压力级和第18压力级的封口叶片销钉，以及第20压力级普通叶片的叶根齿均为典型的剪断型断口。第20压力级的封口叶片的叶根为典型的拉断型断口，断裂均是由叶片受到超载的径向作用力引起的。这种强大的径向力，来源于汽轮机超速所产生的离心力。

2. 汽轮机叶片强度校核计算

对于汽轮机叶片强度校核计算，根据制造厂汽轮机叶片强度计算的部分数据，利用各断裂面处在3000r/min时的应力值，与材料的断裂强度对比，即可求出叶片、销钉断裂时的转速。制造厂没有提供这几级叶片的2Cr13材料和销钉的25Cr2MoV材料确切的强度数据，断裂零件的尺寸较小也难以取样做材料机械性能试验。对叶片材料2Cr13，其强度极限一般为700MPa，25Cr2MoV用作销钉材料的强度极限亦为700MPa左右。这两种材料的剪切强度极限手册上均不提供，计算时取拉伸强度极限的0.75倍，这和叶片设计时剪切许用应力取拉伸（弯曲）许用应力0.75倍的一般规定也是一致的。事实上，离心力产生的应力与转速的平方成正比，因此叶片、销钉的断裂转速与材料强度极限的平方根成正比。若材料强度极限有小的偏差，对断裂转速的影响并不显著。断裂转速的计算结果列于表7-4。

表7-4中，第13压力级封口叶片销钉的断裂转速5800r/min是按25Cr2MoV的正常材料计算的，但根据叶片金属材料分析部分可知，该销钉材料存在分散的贫铬区，使强度极限下降，实际断裂转速低于5800r/min。

表7-4　叶片和销钉断裂转速　　（单位：r/min）

部件	断裂转速
第20压力级的封口叶片	4520
第20压力级的普通叶片	4762
第18压力级的封口叶片销钉	4710
第13压力级的封口叶片销钉	5800

进一步分析其他没有断裂的叶片，计算结果表明，第17压力级的封口叶片销钉的断裂转速为5730r/min，第21压力级叶片工作部分的断裂转速为5220r/min，均低于第13压力级封口叶片销钉正常材质下的计算断裂转速，说明6号机组实际超速低于5220r/min。

3. 汽轮机叶片断裂原因分析结果

根据以上分析可知，叶片及销钉断裂是汽轮机严重超速所致。第20压力级的封口叶片断裂转速为4520r/min，第20压力级的普通叶片断裂转速为4762r/min，第18压力级的封口叶片销钉断裂转速为4710r/min，因而汽轮机实际达到的最高转速为4700r/min左右。

7.1.5 汽轮机超速原因分析

通过对金属材料的分析及叶片强度的计算，认为机组的损坏是严重超速造成的。为此对超速的可能原因进行分析。

1. 三段抽汽逆止阀未关闭

该机组“7.31”事故后经检查，向6号除氧器供汽的三段抽汽逆止阀阀芯卡涩，仍有40mm开度（详见图7-9），阀门直径为150mm的逆止阀已处在全开状态。机组甩负荷后，三段抽汽中断，由于抽汽逆止阀未关闭，靠除氧器内的水蒸发倒向汽轮机内做功，是否会引起机组的严重超速，这是首先要关注的问题。

经计算，6号除氧器为孤立运行，机组甩负荷后，经过135s，机组最高转速可达4400r/min。因而由于三段抽汽逆止阀没关，在两三分钟之内才能造成汽轮机的严重超速。

进入汽轮机的蒸汽流量，不仅取决于抽汽逆止阀的通流面积，还取决于除氧器压力手动调整门的开启面积，事故后，由于此调整门经过数人次的操作，其原始开度已无法确定。因而其飞升转速应低于计算值。根据电厂人员提供的情况，阀门直径为150mm的压力调整门仅开启三圈，若按通流面积为全开面积的十分之一计算，其飞升转速仅为3470r/min。因而，三段抽汽逆止阀未关闭，对转速的飞升可能会有一定的作用，但并不是主要因素。

2. 危急保安器短轴与转子脱离

危急保安器短轴与转子脱离，可使主油泵停止转动，汽轮机调节系统开环，转速失控，是导致机组超速的另一个可能原因。如果脱离是发生在甩负荷的初期，则短轴与转子将产生转速的相对滑差，并在短轴转速下降过程中，自动主汽门仍处在全开的状态，而调节汽门却会重新开启，只要经过7s，转子的转速即可达到4700r/min。

但是，要使短轴与转子产生转速的滑差，必须使转子上的键脱开短轴上的键槽。通过对短轴结构尺寸的测量，键槽深7.1mm，键厚度14mm，咬合深度6.5mm，若使键脱开槽，其短轴必须向汽轮机的机头方向位移 6.5mm。但是，主油泵进油侧的动静间隙仅为 3mm，只有泵轮与泵壳严重磨损达 3.5mm 左右才有可能使键与键槽脱开。可是，从现场的检查结果来看，并未发现泵轮与泵壳有严重的磨损。所以，短轴与转子的脱离、结合面的磨损、泵轴的弯曲以及泵壳的破坏等，均发生在事故的后期。由此看来，危急保安器短轴与转子脱离，也不是造成机组严重超速的原因所在。因此，调节汽门、自动主汽门在事故中的状态便是寻找超速原因的重要方面。

3. 调节汽门严重漏气

该机组“7.31”事故后经检查，汽轮机调节汽门大小弹簧的自由长度普遍降低，尤其是 3 号调节汽门，小弹簧减少了 14%，大阀碟与阀座接触不均匀，阀碟有蒸汽冲刷的痕迹，说明调节汽门有漏汽现象。根据调查，事故发生之前，6 号汽轮机即存在着在热态工况下，汽轮机调节系统不能维持机组空负荷运行的现象，这种情况仅 1984 年就发生过 5 次。例如：在事故发生的前五天，1984 年 7 月 26 日 0 时 15 分，由于锅炉蒸汽温度低，6 号汽轮机手拍危急保安器停机。0 时 45 分将自动主汽门缓慢开启，汽轮机不能维持 3000r/min 运行，转速上升到 3260r/min，并且仍然有继续上升的趋势，手动控制主同步器到低限，调整辅助同步器约半圈，转速仍降不下来，后改用电动主汽门的旁路门冲转，控制转速维持在 3000r/min，于 1 时 30 分强行并入电网。因而在“7.31”事故发生之前，调节汽门即存在着严重的漏汽，以致不能维持空负荷运行的重大缺陷。一旦主汽门没能关闭或迟关，调节汽门严重漏汽（或未关）将会造成机组的严重超速。所以在事故当中自动主汽门是否被关闭，将是机组是否超速的关键。

4. 自动主汽门未及时关闭

该机组“7.31”事故发生后经检查，汽轮机自动主汽门操纵座的大弹簧有形变，弹簧刚度比设计值降低 12%，经计算，机组在额定参数下甩负荷，自动主汽门关闭后，弹簧向下的作用力至少有 2.25 倍的余量，说明自动主汽门在保护系统动作正常的条件下，是能够被关闭的。

自动主汽门关闭时间为 0.53s，手拍危急保安器到自动主汽门全关闭的时间为 0.77s，经过计算，在热态工况下，由于调节汽门的漏汽，在危急保安器正常动作、主汽门关闭之后，机组的转速飞升，仅高于危急保安器动作转速 50r/min 左右，远远达不到使机组破坏的转速。因而在调节汽门漏汽的情况下，只有自动主汽门未能及时关闭才会使机组严重超速。

进行“7.31”事故调查时，自动主汽门已处于全关闭状态，但发现门杆外露部分有两个明显的区域（详见图 7-25）。紧靠操纵座侧长度约 80mm、恰为自动主汽门开启行程的范围内有油迹，以下均有锈蚀。据了解，事故中曾用泡沫灭火器灭火，因而在自动主汽门关闭前后，门杆上呈现黑（油迹）、白（灭火器白色泡沫的残迹）鲜明分界，与事故后的状态完全相符。从而说明自动主汽门是在事故的后期，着火之后才被关闭的。为了进一步证实上述判断，摘抄如下两段事故分析记录。

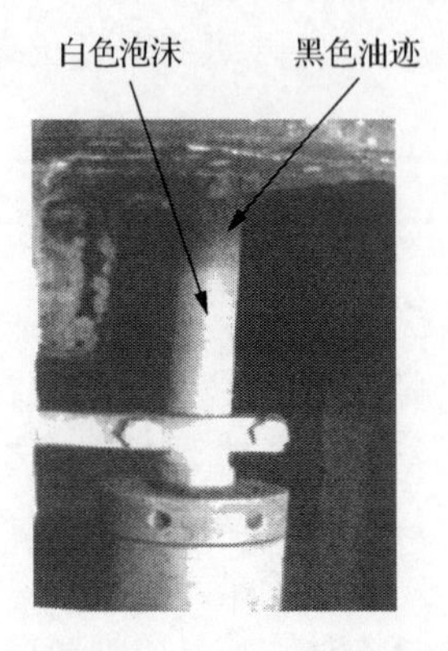

图 7-25　自动主汽门门杆

（1）1984 年 7 月 31 日，8:00～16:00 汽轮机班班长日志：11:25，6 号机组一声响，出现弧光，负荷到 0MW，厂用电中断，此时司机见 1 号轴瓦已甩开，机组声音异常，立即按发电机跳闸按钮，开启事故放油门，发出“机器危险”信号，关自动主汽门时，车头一片烟火。

（2）在某次分析会上×××的发言记录：从危急保安器结构来看不易被卡涩，事故时动作正常，危急遮断油门灵活，同时，事故发生时，从 5 号汽轮机司机和 6 号汽轮机司机听到“轰”的一声，到手动操作主汽门关闭开关的过程中，当时值班的电气班班长和 2 号汽轮机的司机都反映直流没有中断，手动操作主汽门开关还是有作用的。

通过上述的综合分析认为，自动主汽门是在汽轮机前端着火之后，即事故的后期被关闭的。因而，在事故过程中自动主汽门未能及时关闭，是造成机组严重超速的直接原因。

5. 危急保安器存在拒动隐患

本机组一次保护系统设有单只飞环式危急保安器。二次保护系统设有电磁保护及电超速保护装置。事故中二次保护装置由于厂用电的中断而失效。在事故初期汽轮机司机并未就地手拍危急遮断器。因而，自动主汽门能否被关闭，完全取决于危急保护系统的工作状态。

该机组曾有危急保安器挂钩拒脱扣的历史，例如：1983 年 12 月机组大修后，为进行危急保安器提升转速试验，机组起动了四次，做了两次提升转速试验，四次危急保安器冲油试验，飞环已飞出，但挂钩并未脱扣，停机检查，飞环与挂钩间隙为 0.8mm，飞环行程 3.7mm，挂钩止口深度 2.2mm。将止口深度调整为 1.8mm，再次起动试验，动作正常。对此并未作深入的分析，问题并未真正得到解决，所以拒脱扣的隐患依然存在。

按照运行规程的要求，运行 2000h 以后的机组应做危急保安器试验。该机组自 5 月 2 日危急保安器曾动作（是否真正动作有待于进一步证实），到本次事故发生之日止，共运行了 2150h。在此期间危急保安器未曾动作过，也未曾做过试验，因而绝不能以 5 月 2 日曾动作过为依据，来说明在这次事故中，其动作肯定是正常的。所以危急保安器存在拒动隐患，是造成自动主汽门未能及时关闭的重要可能因素。

6. 机组严重超速原因分析结果

通过上述的分析认为：危急保安器有拒动的历史，虽经处理但未能彻底解决；调节汽门在热态工况下严重漏汽，并在调节系统不能维持空负荷运行的情况下，又强行并网运行，是事故发生的重大隐患；在机组甩负荷的过程中，三段抽汽逆止阀未关闭，自动主汽门又未能及时关闭，是造成机组严重超速的主要原因。

7.1.6　“7.31”事故原因分析结论

（1）通过对金属材料分析认为：叶片均在超载的径向作用力下损坏；超载的轴向作用力致使汽轮机与发电机间 20 只对轮螺栓断裂；在所有损坏部件的断口上未发现疲劳特征。

（2）根据汽轮机叶片的材料及强度计算，造成叶片及销钉损坏的破坏转速为 4500～4700r/min，汽轮机的最高转速约为 4700r/min。

（3）该机组“7.31”事故前，危急保安器存在拒动隐患，调节汽门严重漏汽，在汽轮机调节系统和保护系统存在严重缺陷的情况下，仍采用电动主闸门的旁路门强行起动并网，严重违反了汽轮机起动运行规程，是事故的重大隐患。

（4）在电气故障机组甩负荷的过程中，调节汽门严重漏汽、三段抽汽逆止阀未关闭，自动主汽门又未能及时关闭，是造成机组严重超速的主要原因。

（5）随着转速的飞升，叶片的飞落，在大不平衡弯曲振动的作用下机组毁坏。

7.2 山西大同第二发电厂2号机组严重超速引发毁机事故

山西大同第二发电厂2号机组系东方汽轮机厂生产的N200-130-535/535型中间再热凝汽式200MW汽轮机，出厂编号79021-12，东方电机厂生产的QFQS-200-2型水、氢、氢冷发电机，出厂序号第13号，1984年12月17日投入运行。1985年10月29日该机组单机单线供电运行，在降负荷处理风机事故结束后，锅炉升压，负荷由130MW增至170MW，但励磁电流未作调整。加负荷后不久，由于发电机失步保护动作，在机组甩负荷的过程中，旁路系统未能联动开启，汽轮机中压主汽门和中压调节汽门未能及时关闭，依靠再热蒸汽蓄能加速了转子的飞升，机组严重超速，目测到3830r/min和4380r/min两个转速，汽轮机中低压转子接长轴对轮螺栓断裂24根，机组轴系断为五段。汽轮机第26级叶片全部飞脱，1号轴瓦和3号轴瓦甩出，并引起油系统着火，造成机组严重损坏的特大事故（简称“10.29”事故）。事故全过程时间约为30s，直接经济损失1300万元。

该机组“10.29”事故发生后，西安热工院受水利电力部生产司、科技司的委托，参加了由山西省电力局领导的“10.29”事故调查委员会，并组织了汽轮机、金属材料专业人员对汽轮机严重超速、设备损坏事故的原因进行了调查分析。

山西大同第二发电厂2号机组“10.29”事故发生的过程是短暂的，起因及发展涉及很多方面。由于现场记录表计不全，仅记录到事故过程中主蒸汽压力的变化，以及一段电气故障录波图，目测到3830r/min和4380r/min两个转速，未能提供对事故分析具有更重要意义的运行参数的变化、事故过程中设备的实际状态，以及事故全过程的时间序列等。因而，分析工作是根据设备的实际损坏情况、事故调查委员会提供的资料，以及在现场调查的基础上进行的。对主要损坏部件——汽轮机中低压转子接长轴对轮螺栓的断口进行了详细的金相分析，对汽轮机第26级末叶片销钉进行了剪切试验，对叶片的强度、机组的振动响应、超速过程均做了计算分析。通过近六个月的工作，对事故的起因及发展过程有了明确的结论：汽轮机严重损坏是在调节系统部件故障，对轮螺栓存在材质、工艺、结构等缺陷的情况下，在机组超速、振动、断轴、严重超速的过程中造成的。山西大同第二发电厂2号机组“10.29”事故概况综述如下。

7.2.1 机组概况

该机组1984年12月17日移交生产，至“10.29”事故前累计运行4905h，起停机30次，其中热态起动23次，冷态起动7次。临时检修20次，小修1次，临时停用1454h。设备事故9次，责任事故1次，事故停用1333h。

在机组试运行期间，于1984年12月5日曾做过危急保安器提升转速试验。移交生产后，汽轮机调节系统、保护系统均未做过任何试验。机组发生过4次发电机故障，引起机组甩负荷，主油开关掉闸，自动主汽门关闭，但机组的最高转速及危急保安器是否动作均未作记录。因此，机组甩负荷后能否维持空负荷运行尚不清楚。

图7-26为电气系统运行方式图。事故前1号机组和3号机组停运，2号机组厂内单机运行，有功功率170MW，无功功率49Mvar。通过255开关约有104MW负荷与津京唐电网相连。经251开关接大北线北郊变电站地区负荷约51MW，通过256开关与山西电网互联作热备用。厂用系统621、622、623、624开关投入运行。2号机组厂用负荷约15MW，021、022开关作热备用。厂内照明在公用段供电，由备用变压器接带。发电机自动励磁装置事故前切到手动位置，励磁电流1200A。

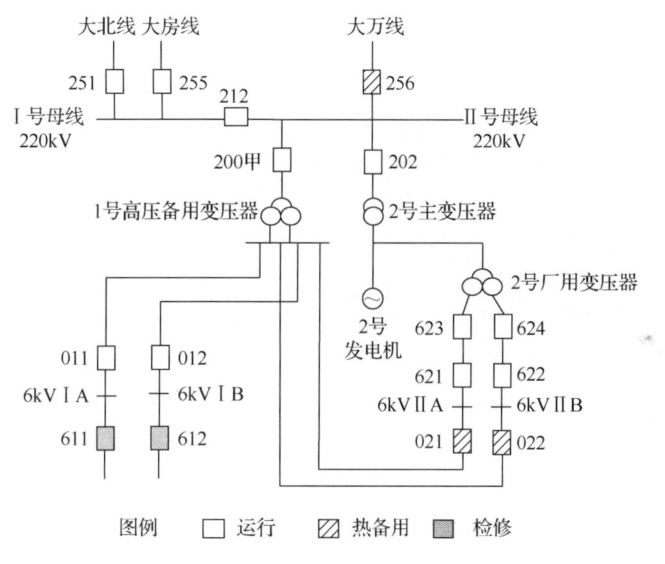

图7-26　事故前电气系统运行方式

汽轮机自动主汽门前蒸汽压力12.5MPa，温度525℃，凝汽器真空81.3kPa（610mmHg）。回热系统除一级抽汽停用外，其余均投入运行。电超速保护因测速电机软轴断裂，于27日（事故前两天）机组起动前退出运行。

7.2.2　事故过程

1985年10月29日18时25分，2号锅炉1号引风机因故障需要停风机处理，18时30分负荷降到130MW，21时0分负荷为140MW。风机工作结束后，21时25分锅炉升压，21时30分发电机有功功率增至170MW。励磁电流未做调整。

加负荷后不久，网络控制室“装置故障”光字牌亮，值班员发现 255 开关掉闸，但无保护动作信号，手把着 256 开关，并立即派人到盘后检查，当检查人员回到盘前时，值班员说 256 开关自投成功，202 开关已掉闸，回头看到机房起火。

一单元控制室照明先暗后亮，特亮到正常，电气值班员听到事故喇叭响。表计大幅度摆动，发电机“失磁”光字牌亮。202、励磁、灭磁开关掉闸。但厂用系统开关未跳，随后手动操作拉掉 621、622、623、624 开关，021、022 开关因厂用母线失压而自投成功。

2 号汽轮机副司机听到事故喇叭响，机组声音异常，看到表计摆动，盘面转速指示已达 3830r/min，立即远方手动停机，关电动主汽门。临时在 2 号机组值班的 3 号汽轮机司机和 2 号汽轮机另一名副司机急速跑向车头，此时机房尘土飞扬。正在二单元开会的 2 号汽轮机司机在照明先暗后亮后也向车头跑去，并先行到达，看到车头转速高达 4380r/min，立即手操危急遮断油门停机。当 2 号汽轮机司机和 3 号汽轮机司机同时复位同步器和起动阀至零时，听到 1 号轴瓦发出巨响，车头起火，火势向车尾迅速蔓延，经全力抢救，大火于 22 时 30 分扑灭。

锅炉值班员在照明先暗后亮，特别亮到正常之后，看到所有表计大幅度摆动，锅炉汽包水位迅速下降到-200mm，主蒸汽压力上升（不如以往甩负荷后升压速度快），立即切断给粉机电源，停排粉机，紧急停炉。当汽压上升到 14.024MPa 时，开启过热器和再热器的对空排汽门和汽包安全门。

7.2.3 设备损坏情况

1. 轴系

轴系断为 5 段（详见图 7-27）。Ⅰ断面为两只危急保安器飞锤之间，Ⅱ断面为汽轮机中压转子与接长轴对轮之间，Ⅲ断面为汽轮机低压转子与接长轴对轮之间，Ⅳ断面为发电机与励磁机间联轴器对轮之间。

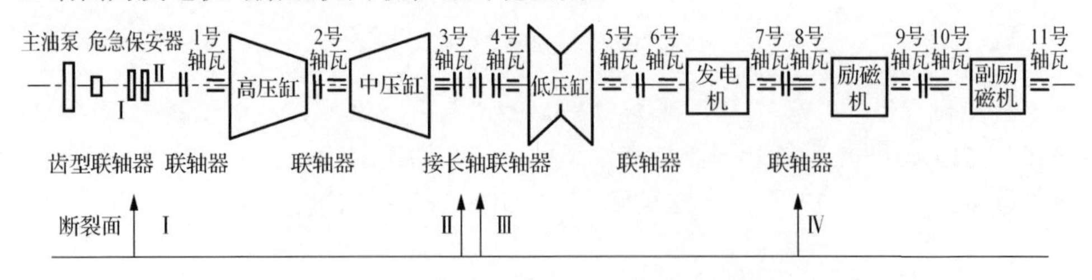

图 7-27　山西大同第二发电厂 2 号机组轴系断裂面位置

汽轮机中压转子接长轴甩落在运转平台上，汽轮机低压转子接长轴与低压转子对轮最大张口 7mm。汽轮机高中压转子联轴器对轮最大张口 3mm，发电机与低压转子联轴器对轮，发电机端向汽轮机侧轴向位移 0.4～0.48mm。楔形键外移

0.34mm。断面Ⅰ事故后被损坏，断面Ⅱ、Ⅲ的接长轴对轮螺栓大部分从退刀槽部位断裂（详见图7-28）。已找到的断裂头均与螺母分离，丝扣被咬死、拉脱及发生形变（详见图7-29）。断面Ⅳ的8根联轴器对轮螺栓也全部断裂。

图7-28　螺栓断裂形貌

图7-29　断裂头形貌

2. 汽轮机汽缸本体

汽轮机高压缸缸体尚好，汽轮机中压缸的中压段法兰面断裂，缸体垂直结合面销钉移出，螺栓松动。两个低压缸的缸体产生局部形变，焊缝开裂。盘车装置壳体断裂，盘车马达被甩到运转平台左侧。四只中压调节汽门操纵座断裂，其中三只已落到运转平台上。

3. 汽轮机叶片和隔板

（1）汽轮机高压转子：第2级、第11级、第12级复环被甩出，其余各级复环铆钉头被磨损，第2级和第3级叶轮被磨损，隔板汽封、叶顶汽封全部被磨损。

（2）汽轮机中压转子：除第24级叶片完好外，其余各级均严重损坏。其中第19级（叶高212mm）末叶片销钉形变约0.1mm。第21级（叶高301mm）和第22级（叶高360mm）末叶片的叶根销钉断裂。末叶片连同叶根一起飞脱（详见图7-30），工作叶片叶根凸肩均发生了挤压形变。第26级（叶高432mm）末叶片的叶根销钉断裂，叶片连同叶根一起飞脱（详见图7-31），全级工作叶片的叶根凸肩断裂，叶片全部飞出。第27级（叶高680mm）叶片全部产生形变。第13～23级叶片的复环大部分脱落。第26级隔板断裂，第27级静叶片全部被打断。第20级、第23～25级隔板汽封环断裂。

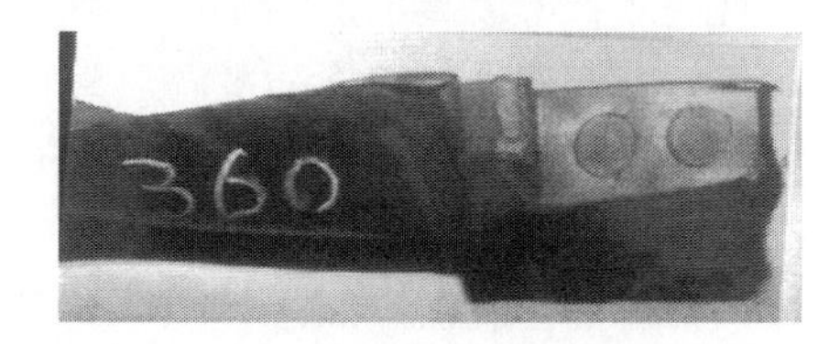

图7-30　第22级末叶片损坏情况

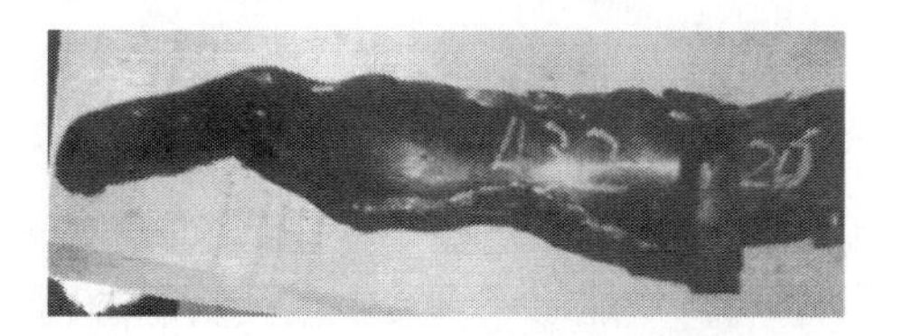

图7-31　第26级末叶片损坏情况

（3）汽轮机低压转子：第31级和第36级（叶高432mm）的末叶片叶根销钉形变0.16～0.7mm，工作叶片的叶根凸肩挤压形变0.1mm，叶根底部形变0.12～0.40mm。第32级和第37级（叶高630mm）大部分叶片产生形变。第33级和第34级叶片的复环局部脱落，隔板套断裂，第29级、第31级和第34级的隔板汽封环断裂。

4. 轴瓦

1号轴瓦和3号轴瓦均甩出，2号轴瓦烧损，4～6号轴瓦尚好，钨金有碾损。7号轴瓦钨金有碾损，6根轴瓦座紧固螺栓退出5根，上端盖4只耳环全部断裂。9号轴瓦基本上完好，上瓦有两条200mm轴向裂纹，轴瓦有逆转现象，推力瓦块全部烧毁。

5. 发电机

发电机风叶汽轮机侧两片和励磁机侧一片松动，叶顶磨损约2mm，两侧护环与静子径向气隙橡胶隔板有磨损痕迹，滑环电刷烧损。

6. 其他设备

由于油系统着火，烧毁整流盘、灭磁盘、励磁盘、动力盘（6面），以及烧毁电缆约60m，损失透平油20t。

7. 汽轮机调节系统解体检查情况

（1）主汽门：高中压自动主汽门阀座无松动，高压自动主汽门阀碟接触线清楚，线宽1.5～2mm。右侧汽门在约90mm范围内接触不良，并有局部汽流冲刷痕迹。中压自动主汽门阀碟接触线较宽，为2～11mm，右侧中压自动主汽门阀碟出现双线，并有大面积的蒸汽冲刷痕迹。右侧高压自动主汽门预启阀阀杆拉不动，有明显卡涩。

（2）调节汽门：高中压调节汽门的门座无松动。阀碟有局部氧化皮脱落现象，高压调节汽门接触线清楚，线宽2～4mm，中压调节汽门接触线较宽，为3～10mm。除中压右侧调节汽门预启阀外，其他汽门严密性基本良好。事故后由于中压调节汽门操纵座断裂，其凸轮间隙已无法测量，高压调节汽门凸轮冷态间隙，1号调节汽门为0，2号调节汽门为0.25mm，3号调节汽门为0，4号调节汽门为0.5mm，因而1号调节汽门和3号调节汽门在热态工况下有吊起的可能。

（3）中压右侧自动主汽门自动关闭器，进油节流旋塞旋出16mm。中压调节汽门油动机的缸体断裂。右侧高压调节汽门油动机的反馈错油门矩形油口外侧有一约ϕ2mm的焊渣。右侧高压调节汽门油动机的活塞上部有铁屑等异物。

（4）中间错油门：滑阀与套筒的上下两端对角侧有明显的严重偏磨痕迹，通往右侧高压调节汽门油动机的排油窗环形槽内充满黑色附着物。

（5）一只危急遮断滑阀从滑阀头部断裂，飞锤有撞击形变痕迹。

8. 事故后阀门状态

（1）主汽门、调节汽门均在关闭位置。

（2）电动主闸门关闭，凝结水再循环门开启。

（3）四段抽汽逆止阀（供除氧器）阀芯动作灵活，接触良好，在正常关闭位置。

（4）高压缸排汽逆止阀一只开启，一只关闭。一级、二级旁路门未开启。

7.2.4 接长轴对轮螺栓损坏原因分析

1. 螺栓损坏情况

汽轮机中压转子和低压转子之间用两根空心接长轴，通过前、中、后对轮分别用 12 根螺栓连接。其位置和尺寸如图 7-32 所示。

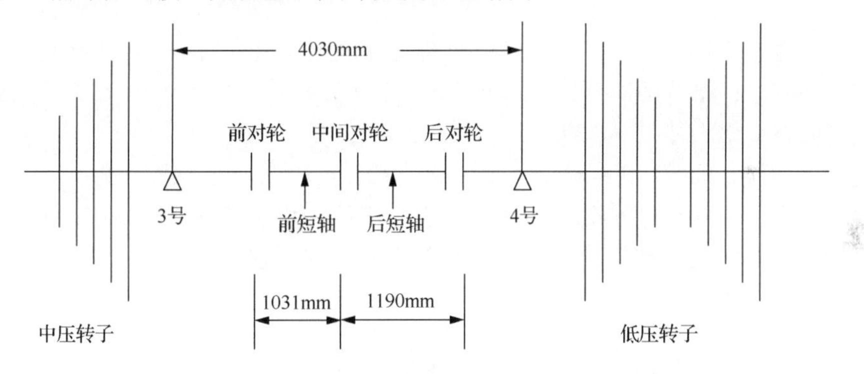

图 7-32　接长轴前、中、后对轮在轴系中的位置和尺寸

接长轴材料为 30Cr2MoV。对轮直径为 830mm，螺栓孔经铰孔后装入螺栓，间隙为 0～0.03mm。螺母材料为 35CrMoA 钢，光杆尺寸为ϕ60×85mm，退刀槽处直径为ϕ34mm，9 个螺纹齿（M42×3）。螺母的设计材料为 45 号钢，8 个螺纹齿（M42×3）。螺母具有十字形拧紧槽。螺栓顶部带有 M16 反向拧紧螺栓和防松板。采用埋头螺栓的连接结构。

事故中中压转子接长轴前短轴脱离轴系。中间对轮的结合面磨损严重，存在明显的宏观挤压摩擦形变，多数螺栓孔呈椭圆形，螺孔的长轴方向与法兰的圆周方向一致。前对轮的结合面没有明显的摩擦形变，12 个螺孔均向同一方向形变，盘车齿轮移位。

“10.29”事故后共收集到21根螺栓、22个螺母和13个断裂头。具体损坏情况如下。

（1）所有的螺栓和螺母的丝扣不同程度地发生形变、咬死和螺纹拉脱。一般螺栓的第一齿较完好，有的螺栓第二齿受到轻微的损伤。而螺母的第7齿和第8齿较完好，有的螺母第5齿和第6齿仍保留螺纹。拉脱最严重的是螺栓螺纹，第5～9齿一起被拉脱（详见图7-33）。有一个螺母的第3～8齿完好，仅1齿和2齿的1/3～1/4圈形变和拉脱。一些螺栓和螺母的螺纹，一侧受到较严重的损坏，但另一侧受到的损伤却很轻。

图7-33　从螺栓齿部拉脱螺纹呈弹簧圈状

（2）螺栓损坏情况分三类：中间对轮有两根螺栓部分退出，在光杆处被磨至与法兰面齐平；还有两根螺栓，除螺纹被拉脱外，螺栓未断裂；其余的17根螺栓均断在螺纹的退刀槽处（ϕ34mm）。

（3）前对轮的12根螺栓均在退刀槽处断裂。12根螺栓均留在螺孔中，而且从螺孔中退出50mm。事故后，前对轮有11个螺母仍留在法兰的螺母孔处。

（4）螺栓的光杆部位（ϕ60mm）处存在轻度的磨损痕迹。

（5）有的螺母发生宏观形变，螺母的十字槽面下凹，螺母的承压面凸出、直径胀粗。

（6）在所找到的螺栓断裂头和螺母中，断裂头均与螺母分离。

2. 断口分析

1）螺纹断口分析

螺纹断口是接长轴损坏的主断口。由于螺纹被拉脱的范围很广，而且被拉脱下来的螺纹大部分受到二次损坏。所以对所有的螺纹断口进行分析观察是不可能的。我们仅选取三根螺纹断口（两根为螺母螺纹断口，一根为螺栓螺纹断口）进行微观形貌分析。断口的主要特征是拉长微坑（详见图7-34、图7-35），未观察到疲劳纹。造成螺纹断裂的应力状态是剪切应力加弯曲应力，这种应力状态来源于螺栓所受的拉应力。螺纹齿的断裂是螺纹静力过载或多次大应力冲击所造成的。

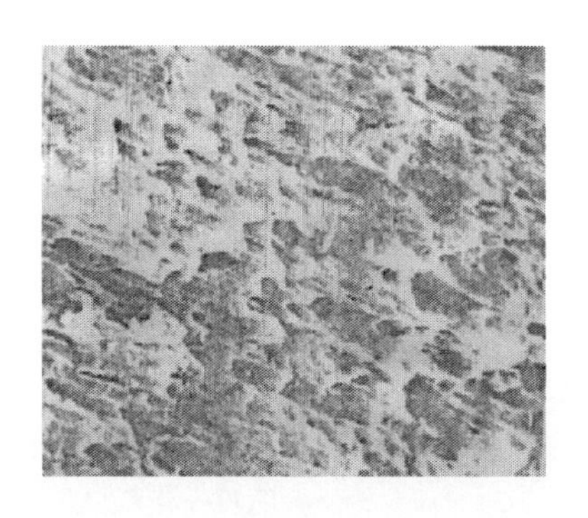

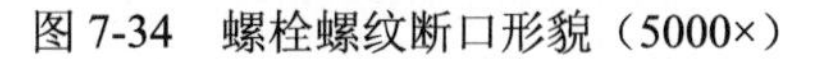

图 7-34　螺栓螺纹断口形貌（5000×）

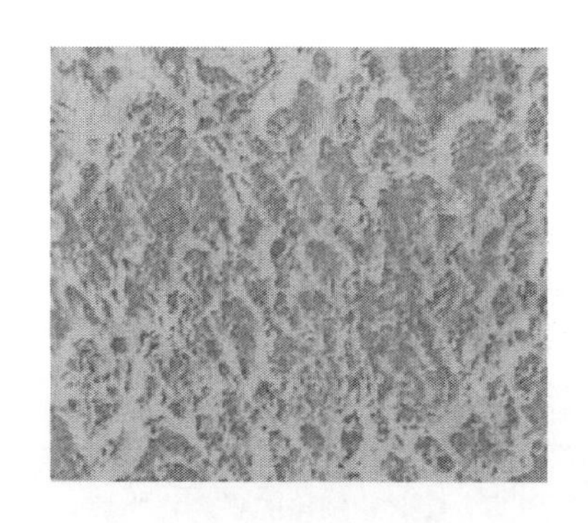

图 7-35　螺母螺纹的断口形貌（2500×）

2）螺栓退刀槽处断口分析

（1）断口的宏观分析。断口周围没有缩颈现象。螺栓的断裂头两侧的螺纹受到严重的碰撞形变（详见图 7-36）。断口周围有弯曲剪切形变的特征，形变方向与碰撞方向一致。

图 7-36　螺栓断裂的特征

断口的宏观形变均呈正皿状或偏皿状。裂纹起源于螺纹碰撞侧退刀槽的尖角处（详见图 7-37），皿状的凸出方向一致，均指向螺母侧。断口表面呈细瓷状，大部分断口受到二次损坏。在所找到的断口中，有七个断口具有类似贝壳状花样的裂纹扩展休止线，呈多次冲击下的低周疲劳特征。其中前对轮有 4 个断口，其形貌如图 7-38、图 7-39 所示。

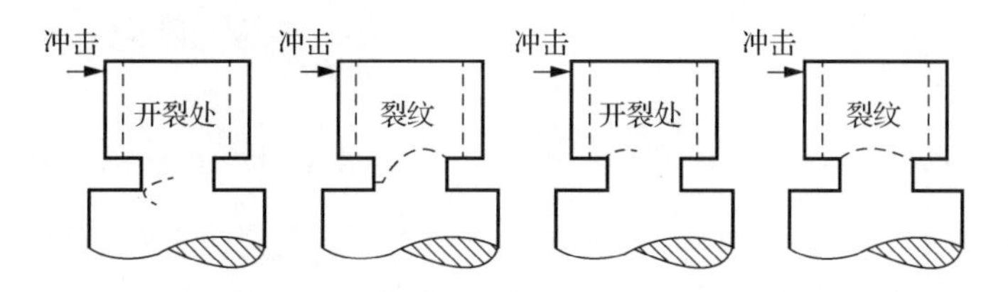

图 7-37　裂纹的起源位置及裂纹的走向

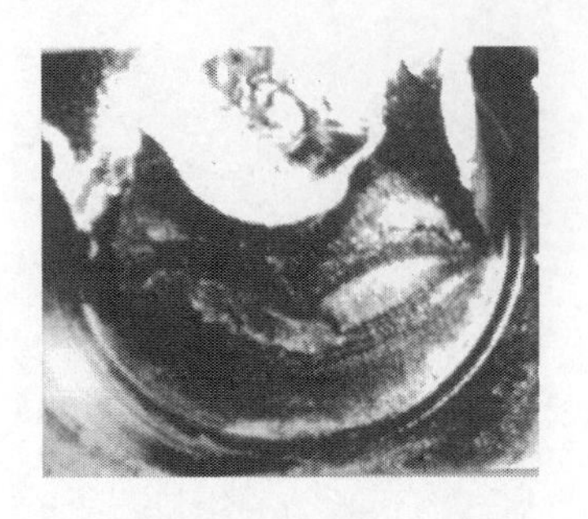

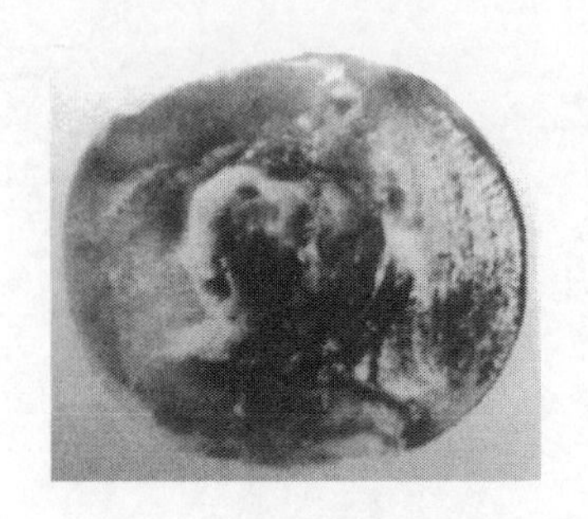

图 7-38 前对轮螺栓的贝壳状断口之一

图 7-39 前对轮螺栓的贝壳状断口之二

中间对轮有两个断口，其形貌详见图 7-40～图 7-42。有的断口具有贝壳状花样，有的断口中间部分有贝壳状花样。上述的七个断口中，三个断口的裂纹休止线呈凹弧或平直状，它们反映了尖角处应力集中的影响。另外四个断口的裂纹休止线呈凸弧状，它们与应力集中无明显关系。螺栓断口周围有明显的弯曲形变（详见图 7-43），弯曲形变的方向和裂纹扩展方向一致。

图 7-40 中间对轮螺栓贝壳状断口

图 7-41 断口局部放大照片之一

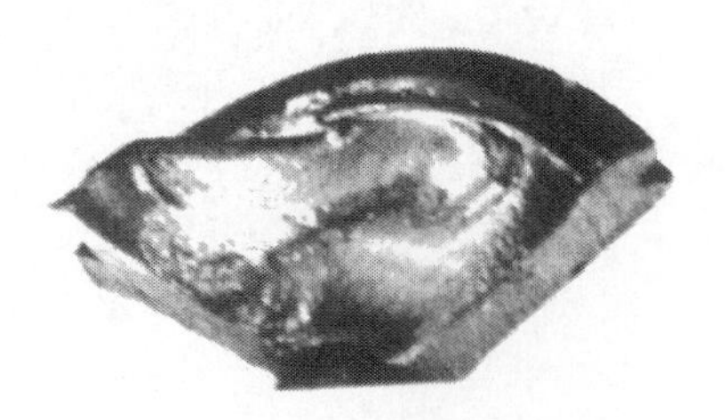

图 7-42 断口局部放大照片之二

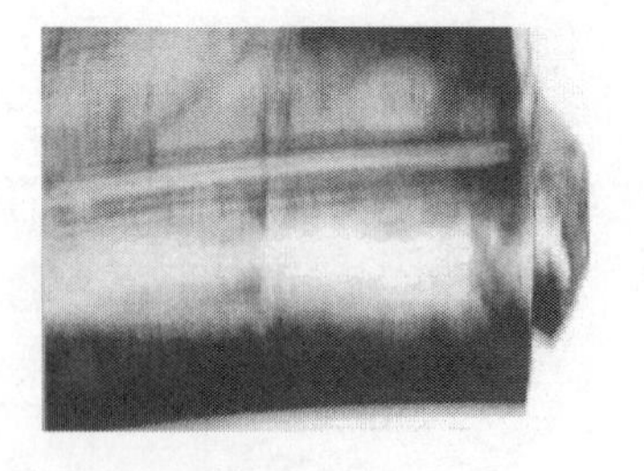

图 7-43 螺栓断口周围的形变特征

（2）断口的微观分析。对两个没有贝壳状花样的断口进行实物扫描电镜观察。断口的主要形貌是微坑，还有许多无规则的摩擦痕迹。未发现有疲劳特征。对前对轮的两个具有贝壳状的断口进行一次复型电镜观察，断口上存在微坑特征，并有大量的类似条纹的摩擦痕迹（详见图 7-44）。未观察到微观疲劳纹。对图 7-40 所示的中间对轮螺栓的贝壳状断口进行详细的实物断口电镜观察。在贝壳状区和非贝壳状区的断口特征没有本质的区别，在开裂区和最终断裂区也没有本质的区别，在断口上也未找到微观的疲劳纹。断口的基本形貌是微坑，除此之外就是擦伤痕迹。断口各部分的形貌详见图 7-45～图 7-50。

图 7-44　前对轮螺栓断口一次复型扫描电镜照片（640×）

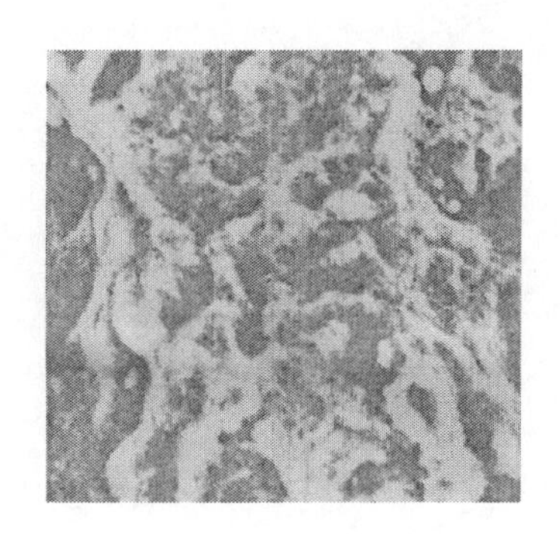

图 7-45　疲劳开裂区形貌：微坑（12500×）

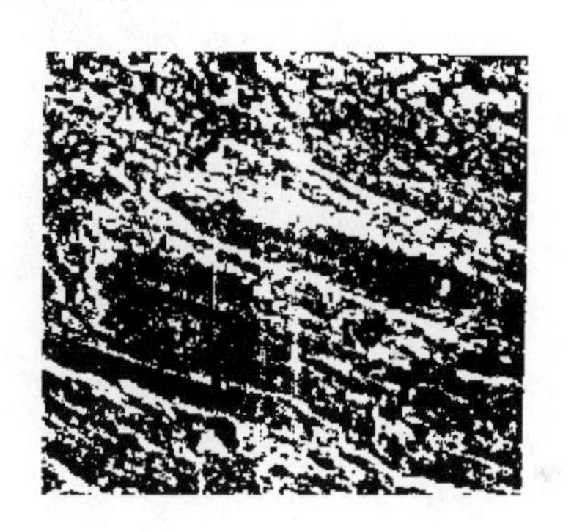

图 7-46　疲劳开裂区形貌：摩擦痕迹（12500×）

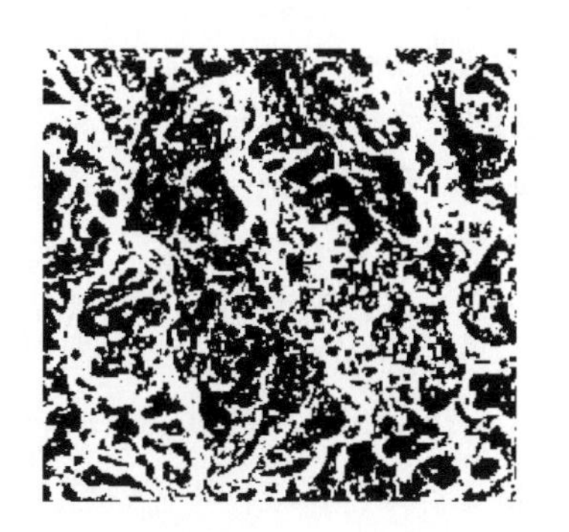

图 7-47　疲劳发展区的形貌：微坑（320×）

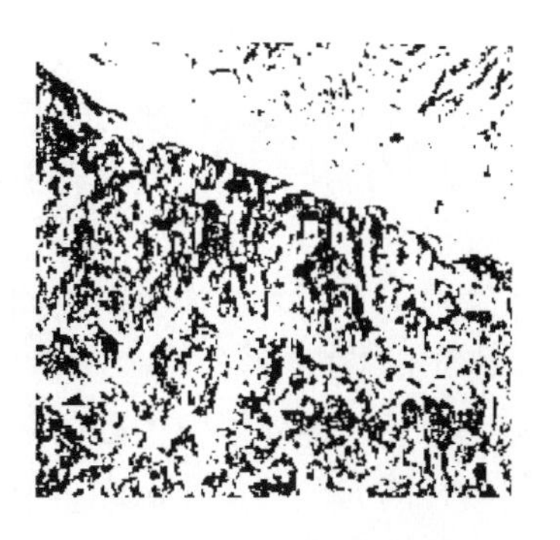

图 7-48　疲劳发展区的形貌：摩擦痕迹（320×）

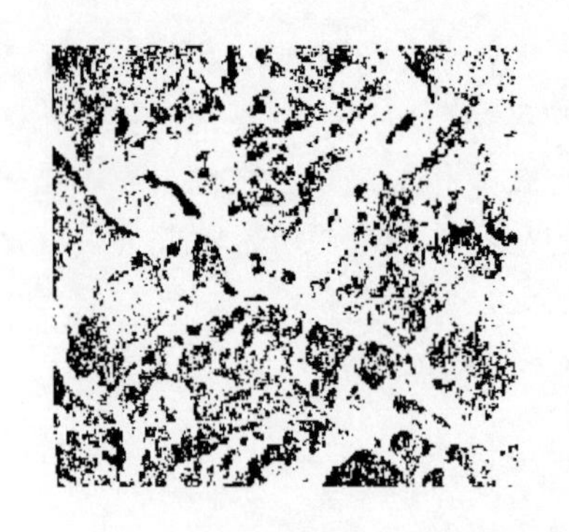

图 7-49　非贝壳区的形貌：微坑（1250×）

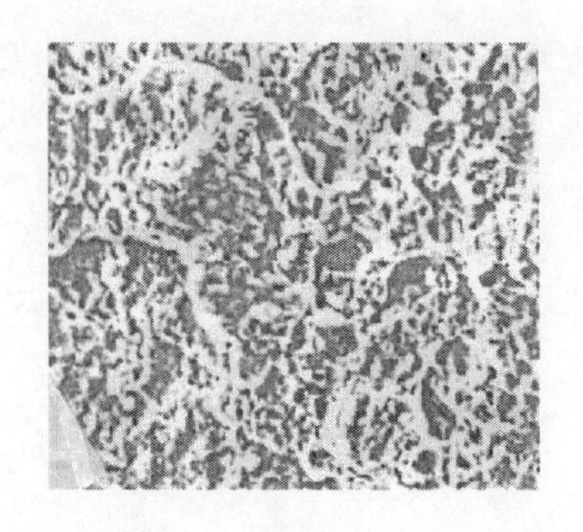

图 7-50　终断裂区的形貌：微坑（1250×）

对图 7-39 的断口进行实物断口扫描电镜观察。在贝壳状区域，表面形貌呈类似疲劳条纹的特征（详见图 7-51、图 7-52），但这些纹路不是垂直于裂纹扩展方向，而是平行于裂纹扩展方向。因此，这些纹路不是疲劳条纹，而是摩擦痕迹。在宏观贝壳区的一些未受到摩擦的部位，断口形貌为典型的微坑（详见图 7-53），说明该断口是事故中受多次冲击所形成的低周疲劳断口，未发现有高周疲劳特征。

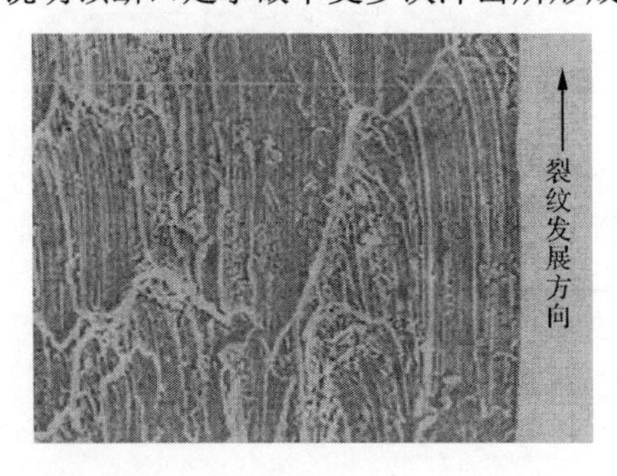

图 7-51　贝壳状断口的微观特征（320×）

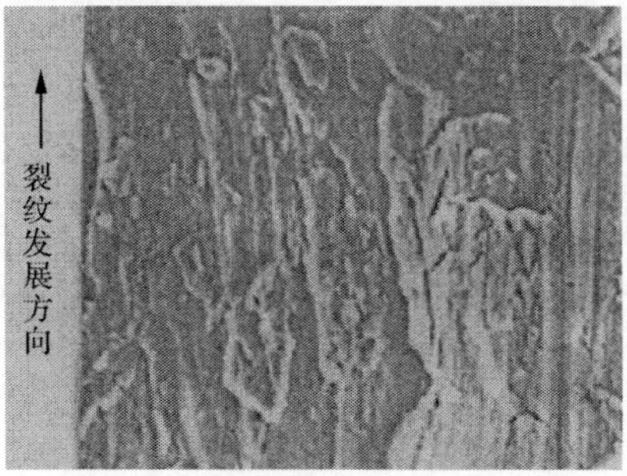

图 7-52　贝壳状断口的微观特征（1250×）

有些断口特征虽与疲劳条带相似，但都与其他损伤机理或断裂机理有关，应把涟波花样及摩擦痕迹和疲劳条纹区分开来，它们不是疲劳的标志。

为了验证螺栓断口上是否存在微观的疲劳条纹，我们特对已确定为疲劳断裂的其他 200MW 汽轮机联轴器对轮螺栓断口进行观察，断口的微观形貌详见图 7-54。疲劳条纹基本平行，在疲劳条纹间有许多二次裂纹，这属于典型的对轮螺栓的高周疲劳断裂的微观特征。

综上所述，螺栓退刀槽处的断裂，无论断口上是否有贝壳状花样，它们的断裂机制是相同的，均是孔洞聚集型断裂。宏观断口上的贝壳花样不是高周疲劳断裂（应力循环次数在 10^4 次以上）的结果，而是多次弯曲冲击超过螺栓的屈服极限，出现裂纹交替“扩展—休止”现象，使螺栓退刀槽处发生低周疲劳损坏。螺栓承受冲击的次数为几百次，它们是事故中继螺纹拉脱后的第二次断裂现象。

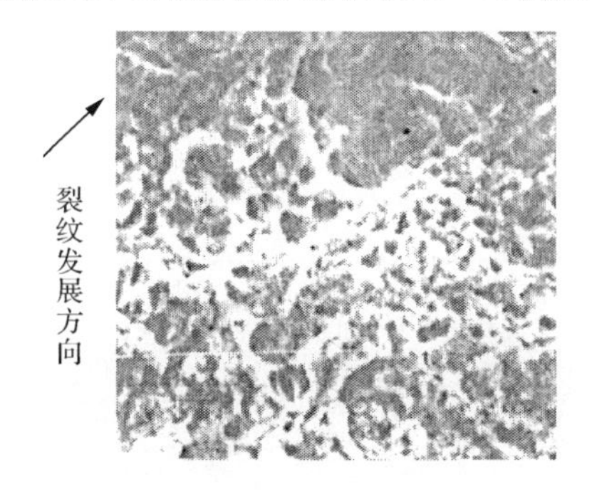

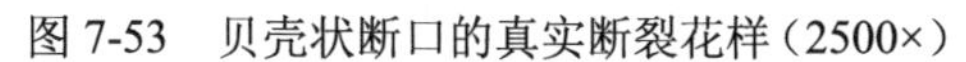
图 7-53 贝壳状断口的真实断裂花样（2500×）

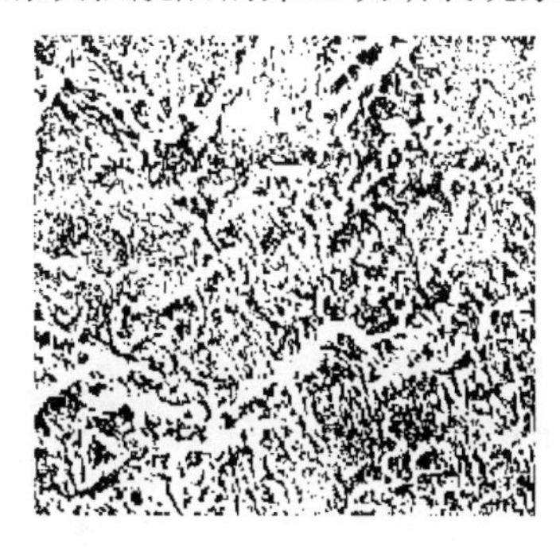

图 7-54 某 200MW 机组高中压转子对轮螺栓疲劳断口的微观特征（320×）

3. 材质检验

1）化学成分

设计要求螺栓材料为 35CrMoV，螺母材料为 45 号钢。实测的化学成分及技术条件列于表 7-5。螺栓材料含碳量低于 35CrMo，而含钼量高于 35CrMo。螺栓成分介于 35CrMo 和 34CrMo 之间。螺母的含碳量（质量分数）为 0.37%，明显低于 45 号钢的技术要求。因此，螺母材料应为 35 号钢。

表 7-5 化学成分（质量分数）及技术条件 （单位：%）

	材料	碳（C）	硅（Si）	锰（Mn）	铬（Cr）	钼（Mo）	硫（S）	磷（P）
YB 6—1971	35CrMo	0.32～0.40	0.20～0.40	0.40～0.70	0.80～3.10	0.15～0.25	≤0.03	≤0.035
工厂标准	34CrMo	0.30～0.40	0.17～0.37	0.40～0.70	0.90～1.30	0.20～0.30	≤0.030	≤0.035
实测螺栓	—	0.31	0.295	0.535	0.885	0.28	0.0095	0.026
GB 699—2015	45	0.42～0.50	0.17～0.37	0.50～0.80	≤0.25	≤0.25	≤0.040	≤0.040
GB 699—2015	35	0.32～0.40	0.17～0.37	0.50～0.80	≤0.25	≤0.25	≤0.040	≤0.040
实测螺母	—	0.37	0.28	0.63	—	—	0.013	0.011

2）硬度试验

对接长轴和螺母进行布氏硬度试验，试验结果列于表 7-6。表中“位置”栏中的“下端面”指螺母的承压面，“上端面”指螺母的带十字槽面。

表 7-6 螺栓和螺母硬度试验结果

零件	位置	硬度（HB）	平均硬度（HB）
ϕ34mm 处未断裂螺栓	光杆部位	252、250、250	251
	螺纹部位	244、242	243
ϕ34mm 处断裂螺栓	光杆部位	256、266、266	263
	螺纹部位	249、244、239	244
1 号螺母	下端面	173、176、178	176
	上端面	409、259、222	297
2 号螺母	下端面	167、164、164	165
	上端面	420、448	434
3 号螺母	下端面	185、185、188	186
	上端面	307、385	346
4 号螺母	下端面	178、179、164	174
	上端面	395、412	404

从表 7-6 可看出：

（1）ϕ34mm 处断裂螺栓和ϕ34mm 处未断裂螺栓的硬度相同，它们均处于 35CrMo 钢的正常调质性能范围。

（2）螺母的上下端面硬度相差很大，螺母的下端面硬度低于要求值。

（3）根据设计要求，为了提高十字槽的硬度，需要进行端部高频加热淬火。表面硬度 43～48HRC。事故螺母为端部火焰加热淬火，淬火后硬度不均匀，不但不同的螺母硬度相差大，而且同一螺母的同一端面，硬度相差也很大。例如 1 号螺母的上端面，硬度高值达 409HB，低值则为 222HB。

3）金相检验

解剖三个螺母进行金相检验，发现端部淬火深度效果不同。一个螺母端部加热后，未进行淬火处理，另两个虽进行淬火处理，但一个螺母的淬火影响已深入螺纹，三个螺母的下部组织（即未加热一端）为 55%铁素体+45%珠光体（详见图 7-55），上部淬火组织为马氏体（详见图 7-56），过渡区组织为沿晶托氏体+马氏体（详见图 7-57）和铁素体+托氏体+马氏体（详见图 7-58）。

螺栓的组织为回火索氏体（详见图 7-59）。沿螺母的纵向剖面进行显微硬度试验，分析硬度的变化规律，试验结果列于表 7-7。螺栓的显微硬度为 258～268HB。

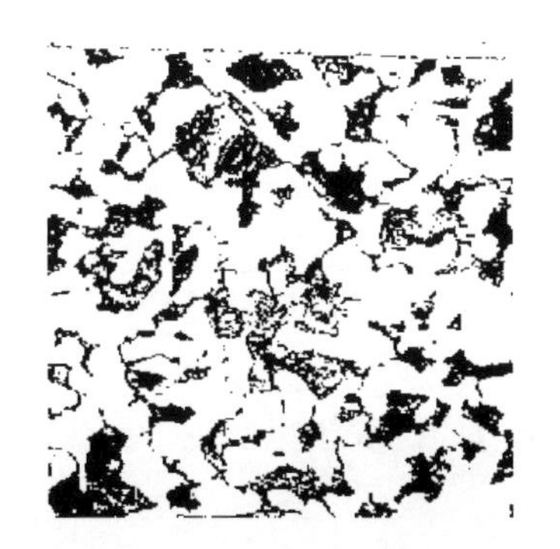

图 7-55　螺母的基体组织

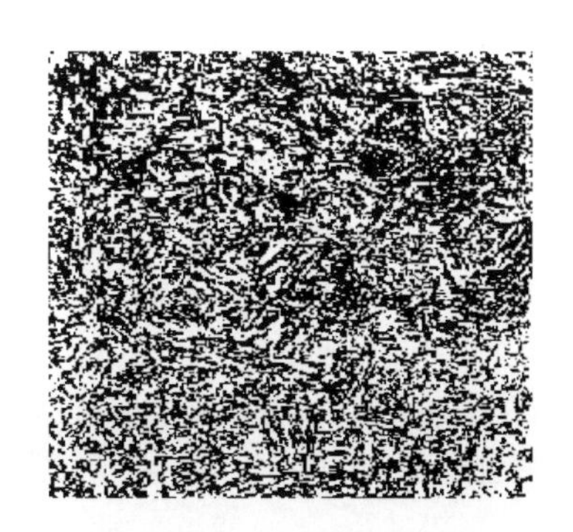

图 7-56　上部淬火组织

图 7-57　过渡区组织之一

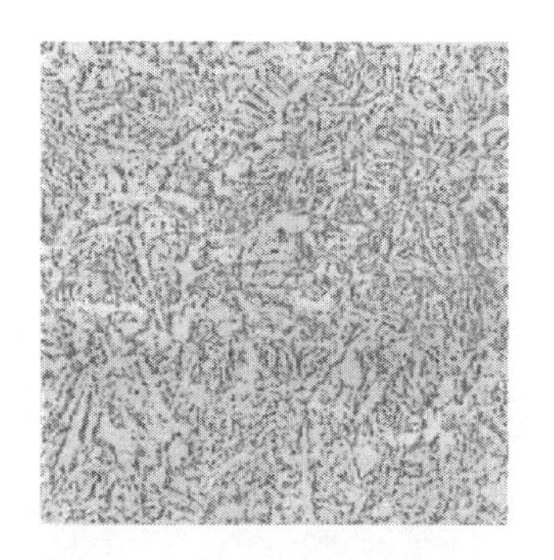

图 7-58　过渡区组织之二

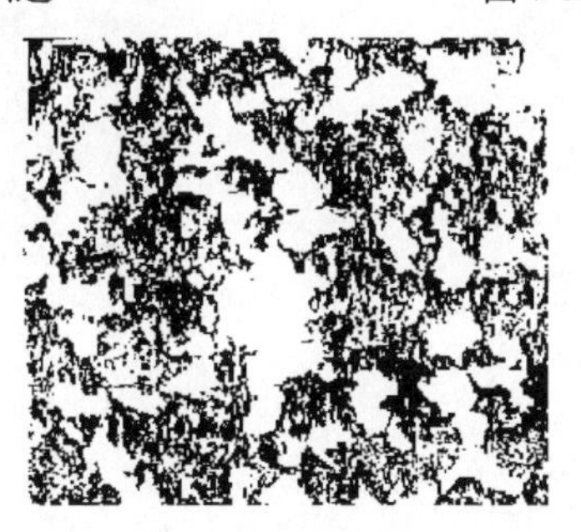

图 7-59　螺栓的金相组织

表 7-7　螺母的纵向剖面显微硬度

项目	至顶面的距离/mm											
	0	2	4	6	8	10	12	16	20	24	28	32
5号螺母的显微硬度（HB）	474	450	338	268	248	230	189	186	187	184	180	186
6号螺母的显微硬度（HB）	484	521	529	510	415	371	292	244	194	193	211	—

从金相试验结果可看出：

（1）螺栓材料组织正常。

（2）螺母材料未进行最终热处理（调质），实际使用状态为钢厂的供货状态。断轧后空冷、强度明显降低。

（3）螺母十字槽处局部硬化，采用端部火焰加热后，螺母整体浸入淬火剂中，淬火后未进行回火处理。

（4）螺母上的局部淬火深度不均匀，一些螺母的螺纹齿也发生了相变，其硬度超过螺栓硬度。

4. 螺母和螺栓螺纹损坏特征

该机组“10.29”事故后，螺母和螺栓断裂头保留了长短不同的被拉脱的螺纹齿，为了揭示螺纹损坏的规律，对螺母和螺栓的螺纹部位做纵向低倍检验，分析螺纹的形变、咬死和拉脱特征及其与材质的关系。试验结果详见图 7-60～图 7-63。螺纹损坏特征如下：

（1）在螺母局部淬火中已发生相变的螺纹，具有较大的形变抗力。它们能把螺栓螺纹拉脱，而自身却保持完好。

（2）比较图 7-60 和图 7-61 可看出，螺纹的损坏程度是直接与局部淬火的深度有关。

图 7-60　螺母纵向剖面螺纹损坏特征之一

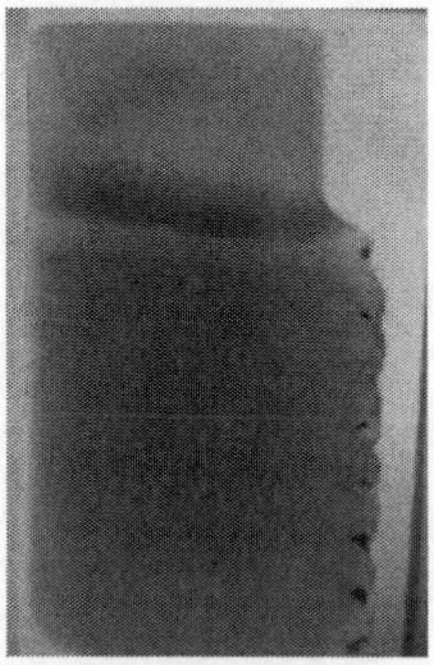

图 7-61　螺母纵向剖面螺纹损坏特征之二

（3）从图 7-62 可看出，螺母螺纹的形变程度从第 8 齿至第 1 齿逐渐增大。这说明螺母的 8 个齿发生形变是有先后的，发生形变的次序是从第 1 齿至第 8 齿。

（4）从图 7-61 可看出，螺母上的螺纹尖部，具有经较大的塑性形变后把螺栓的齿尖咬合和拉脱的特征。

（5）从图 7-63 可看出螺栓和螺母的螺纹形变，还可看出具有咬死和拉脱特征。

（6）螺纹被拉脱的深度相差较大，在齿根、中径、尖处均有被拉脱。说明螺纹的配合间隙较大。

（7）根据低倍剖面照片和对损坏的螺栓及螺母实物的测量，螺母螺纹的形变量可达 1mm 左右，螺栓螺纹的形变量可达 0.5mm 左右。

图 7-62　螺母纵向剖面螺纹损坏特征之三

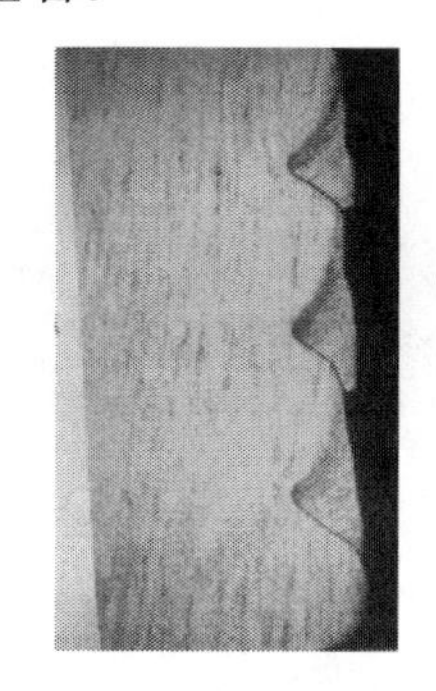

图 7-63　螺母纵向剖面螺纹咬死拉脱的特征

5. 螺栓断裂原因分析

1）螺栓结构对断裂的影响

该机组“10.29”事故后，发现汽轮机高中压转子联轴器对轮螺栓也发生了严重的损伤，但情况与接长轴对轮螺栓有明显的差别。比较高中压转子联轴器对轮螺栓和接长轴对轮螺栓的结构尺寸，可得到有意义的结果，受力状态和损伤情况详见表 7-8。

表 7-8　高中压转子联轴器对轮螺栓和接长轴对轮螺栓对比

项目	结构类型	光杆直径/mm	挤压面长度/mm	结构比值	螺栓螺纹外径/mm	丝扣数/齿	轴向拉力	动应力	光杆部位的微动磨损	螺纹损伤
高中压转子联轴器对轮螺栓	十字槽埋头螺栓	49	50	1.02	36	9	较大	大	微动磨损严重，主要分布在法兰中分线两侧	未损伤
接长轴对轮螺栓	十字槽埋头螺栓	60	40	0.67	42	8	极小	小	微动磨损轻微，分布在光杆的顶部（螺母侧）	螺纹形变、咬死和拉脱

高中压转子联轴器对轮螺栓的螺母和接长轴对轮螺栓的螺母具有同样的工艺方面的问题，而且高中压转子联轴器对轮螺栓在运行中承受较大的轴向拉力。从动应力引起的损伤来看，确实是高中压转子联轴器对轮螺栓损伤严重。但损伤是发生在螺栓的光杆部位。

接长轴螺栓虽然受的动应力和轴向拉力没有前者大，但这些力容易传递至螺母，结果损伤发生在螺栓的最薄弱环节的螺纹处。产生这种现象的主要因素是螺栓的结构比值（挤压面长度和光杆直径的比值），结构比值越大，动态和静态的弯曲应力传递至螺母就越困难，高中压转子联轴器对轮螺栓的结构比值为 1.02，而接长轴对轮螺栓的结构比值仅为 0.67。

在结构方面，接长轴螺栓还存在螺纹丝扣少、十字槽不利于拧紧、退刀槽 R 角处没有圆滑过渡等情况。这些不利因素将会降低螺栓的安全服役期，以及短时抗异常工况运行的能力。

2）螺母的工艺对断裂的影响

螺母的端部火焰淬火不均匀，造成螺栓和螺母的螺纹硬度配合不合理。一般要求螺栓和螺母有一定的硬度配合，以螺母的硬度低于螺栓 20～40HB 为合适。

螺栓实际平均硬度为 250HB，则合理的螺母硬度应为 210～230HB。实际的螺母材料为 35 号钢，又未进行调质处理，一些螺母的基体硬度为 165HB，螺纹材料的屈服强度明显地降低，而局部淬火不均匀使部分齿淬硬，硬度达 300HB，使个别螺纹材料的屈服强度大大提高。在负载提高的情况下，正常配合的螺纹仍处于承载能力范围，而不正常配合的螺纹，个别齿的应力已达到断裂强度（详见图 7-64）。这样就会造成螺纹齿（在同一螺栓里）先后断裂。尤其该螺母不易拧紧，容易出现各个螺栓之间的预紧力不同。在预紧力不均匀的情况下，螺纹的淬火硬度越高和预紧力越大，则危害性越大。

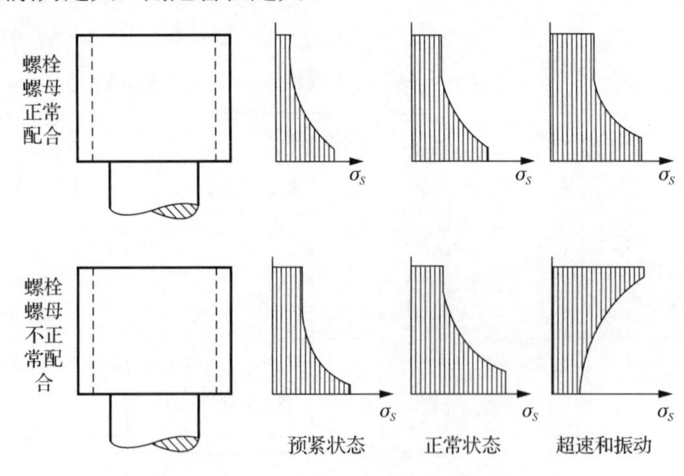

图 7-64　硬度正常和不正常配合时螺母的应力分布

3）强度计算

螺纹的形变和断裂，均按剪切应力 τ 和弯曲应力 σ_w 联合作用计算。

$$\tau = \frac{P}{K\pi d b^2}$$

$$\sigma_w = \frac{3Ph}{K\pi d b^2 Z}$$

式中，P 为最大轴向载荷；b 为螺纹齿根的宽度，b=0.87t，t 为节距；h 为螺纹齿的公称工作高度；d 为螺母内径；Z 为旋合圈数；K 为螺纹各圈载荷不均匀系数。

根据二向应力状态下的第四强度理论，针对螺纹拉脱的两种状态（在齿根和齿中径处断裂），进行事故螺母正常配合工况下螺母和螺栓的受力计算，计算结果列于表7-9。

$$\sigma_{r4} = \sqrt{\sigma_w^2 + 3\tau^2}$$

（1）使事故螺母螺纹拉脱的轴向拉力为每根 380×10^3～539×10^3N。其螺纹的承载能力比正常配合的螺纹下降21%～43%。

（2）即使采用正常配合的螺母，其螺纹拉脱的拉力为每根 686×10^3N，仍低于从螺栓退刀槽处拉脱的每根 740.9×10^3N 的拉力。

（3）当螺栓的预紧力达到每根 117.6×10^3N 时，个别事故螺母的螺纹齿即开始塑性形变。在螺栓的轴向力从每根 117.6×10^3N 升高到每根 323.4×10^3N 的过程中（例如冲击载荷、超速、振动），螺纹塑性形变增加，同时伴随着对轮张口张大。这些现象是事故螺栓中最容易和最早产生的损坏形式。

（4）当螺栓承受轴向拉应力时，螺栓光杆部分的强度裕量大大高于其他部分。例如，当光杆部分受到117.6MPa应力时，事故螺母螺纹的8个齿已发生塑性形变。

（5）事故螺母的螺纹强度是螺栓退刀槽处强度的51%～73%，因此，在本次事故中，螺纹拉脱在先，螺栓退刀槽处断裂在后，是符合强度规律的。

表7-9　螺纹、螺母的强度计算结果

螺母和螺栓的状态		破坏所需的轴向载荷	
		在齿根处破坏	在齿中径处破坏
事故螺母	8个齿均发生塑性形变/$\times10^3$N	323.4	227.4
	8个齿全被拉脱/$\times10^3$N	539	380
	第1齿开始塑性形变/$\times10^3$N	161.7	113.7
正常配合螺母	8个齿均发生塑性形变/$\times10^3$N	490	—
	8个齿全被拉脱/$\times10^3$N	686	
	第1齿开始塑性形变/$\times10^3$N	245	

续表

螺母和螺栓的状态		破坏所需的轴向载荷	
		在齿根处破坏	在齿中径处破坏
事故螺栓退刀槽	螺母 8 个齿均发生塑性形变时的应力/MPa	355.7	250.9
	螺母 8 个齿全被拉脱时的应力/MPa	593.9	418.5
	螺母第 1 齿开始塑性形变时的应力/MPa	178.4	125.4
事故螺栓光杆部分	螺母 8 个齿均发生塑性形变时的应力/MPa	117.6	803.6
	螺母 8 个齿全被拉脱时的应力/MPa	193.1	134.3
	螺母第 1 齿开始塑性形变时的应力/MPa	56.8	40.2

4）关于对轮的张口

该机组“10.29”事故中接长轴对轮螺栓的损坏，与国内其他 200MW 汽轮机对轮螺栓损坏的性质是不同的。“10.29”事故螺栓的损坏，是伴随着螺栓较大的塑性形变和对轮张口大的特征。运行中对轮张口的增大与裂纹的断裂性质及连接部位的形变有关。因此，分析对轮的张口大小将有利于认识接长轴螺栓断裂的一些现象。疲劳裂纹的产生和扩展在宏观上几乎没有形变，在某种意义上讲，疲劳断裂属于脆性断裂，只有裂纹的张口对螺栓的伸长有所贡献。

该机组“10.29”事故后高中压转子联轴器对轮已产生 3mm 的张口，螺纹未形变咬死。接长轴后对轮已产生 7mm 的张口，螺栓未脱落，但已形变咬死。那么，接长轴对轮脱开前，对轮的张口能达到什么程度，根据对螺母及螺纹的形变测量，产生螺纹拉脱的最小对轮张口量如下：

最小对轮张口量=螺母螺纹形变+螺栓螺纹形变+螺母高度方向的形变=2mm

另外，考虑其他形变因素（法兰的形变、各零件之间的安装缝隙等），接长轴中间对轮脱开时的张口大于 4mm。

综上所述，接长轴螺栓的损坏具有塑性特征。螺栓的损坏有一个过程，而这个过程与对轮张口变大过程紧密联系。

5）关于造成螺栓损坏的外力

接长轴螺栓的损坏表现为两种形式，并且造成两种损坏的外力是不同的。

（1）螺纹拉脱。在设计时，对接长轴螺栓只考虑由扭矩产生的剪切应力和挤压应力，而未考虑轴向拉力引起的应力。由于低压转子叶片对称布置的特点，在正常运行工况下螺栓受的轴向拉力是很小的。但实际上拉脱是轴向拉力过载引起的。从之前的分析已知，螺栓的塑性损坏是由对轮张口引起的。当接长轴的动挠度增大（作用在螺栓上的外力增大），使螺栓塑性形变增大，从而造成张口变大。张口变大，又会使振动加大、外力升高。这过程反复进行，直至对轮的张口达到临界值时把螺纹拉脱，因此，造成轴向拉力积累的主要是转子的超速、振动过程。

（2）螺栓退刀槽的断裂。接长轴对轮螺栓可能承受三种应力状态：动态拉应力、动态扭应力、动态弯曲应力。由于退刀槽处没有圆弧过渡，应力集中严重，裂纹将沿着尖角发展。这三种应力所引起的疲劳裂纹的走向见图 7-65（a）～（c）。在动态拉应力下，形成沿尖角发展的平直裂纹；在动态扭应力下，在尖角处形成锯齿状裂纹；在动态弯曲应力下将沿着尖角形成下凹的皿状断口。这三种断裂与螺栓的实际断口截然不同。实际的螺栓断口的起裂部位多数在尖角处，但发展区却离开尖角处，沿着一定的规律路线发展。在螺母脱落前后，螺栓头在螺孔内多次碰撞，即在多次弯曲过载冲击下，发生断裂[详见图 7-65（d）]，这是产生这种特殊裂纹发展路径的原因。

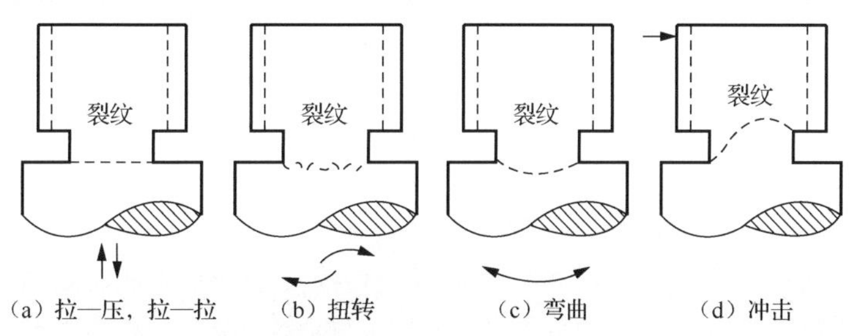

图 7-65　螺栓的受力状态和裂纹走向

6）螺栓的断裂过程

根据以上的试验分析，螺栓的断裂过程描述如下：由于接长轴对轮螺栓的材料、工艺和结构方面的问题，在机组超速过程中，振动增大，螺纹塑性形变增加，对轮开始张口。随着转速的提高，振动加剧，张口加大，螺纹大面积形变和咬死，螺纹拉脱，张口突然增大，中间对轮螺栓和螺母分离，螺栓退出。退出的螺栓在螺孔内发生多次冲击，螺栓头开始断裂，出现低周疲劳裂纹。当中间对轮 12 根螺栓中的 10 根螺栓光杆部分已退出法兰中分线时，最后两根螺栓在光杆部分断裂，8 根螺栓在退刀槽附近被冲击断裂。另外两根螺栓先行退出螺孔。接长轴中间对轮分离，前接长轴处于悬臂状态，在高速转动下甩动，中间对轮面磨损严重，前对轮螺栓承受巨大的冲击振动，螺纹拉脱，退刀槽处产生裂纹，螺栓和螺母分离，螺栓退出螺孔，螺栓头被冲击断落，接长轴前短轴脱离轴系。

6. 接长轴对轮螺栓损坏原因分析结果

（1）由于接长轴螺栓的材料、工艺和结构上存在的问题，螺栓的实际承载能力降低，在汽轮机转子受到超速和强振动的冲击下，发生螺栓损坏。

（2）事故螺母的含碳量（质量分数）为 0.37%；基体组织为 45%珠光体+55%铁素体；螺母的硬度为 165～176HB；事故螺母材料为 35 号钢，而不是设计的 45 号钢。

（3）螺母端部火焰淬火不均匀，淬火影响已达个别螺纹部分。螺栓和螺母的配合较松，存在半齿承载的现象。

（4）事故螺栓的结构存在以下缺陷：结构比值（挤压面的长度与光杆直径之比）过低（0.67）；螺纹圈数少，螺母仅 8 扣；退刀槽处没有圆滑过渡；十字槽不易拧紧等。

（5）由于事故螺栓的结构、工艺和材料质量的缺陷，螺纹的承载能力下降 21%～43%。事故螺母螺纹的强度是螺栓退刀槽处强度的 51%～73%。在事故中，螺纹拉脱在先，螺栓退刀槽处断裂在后，是符合强度规律的。

（6）接长轴螺栓的断裂分为两种情况：

主断裂——螺纹拉脱，在螺栓轴向拉力过载条件下发生。

二次断裂——螺栓退刀槽处断裂。当螺栓和螺母分离后，螺栓在螺孔内一次冲击而断裂，或多次冲击产生低周疲劳而断裂，未发现有高周疲劳损坏的特征。

（7）接长轴螺栓损坏具有大应力过载和宏观塑性形变特征。螺栓的损坏过程和对轮张口及机组超速、振动过程密切相关。

（8）螺栓的断裂过程。螺纹压强过载致使螺纹齿形变咬死、螺纹齿拉脱、螺栓和螺母分离螺栓退出。随着对轮张口变大，螺栓在振动、冲击的过程中断裂。

（9）根据接长轴对轮的损坏特征，可确定中间对轮的脱开先于前对轮，即主断裂位置在接长轴的中间对轮处。中间对轮脱开后，接长轴处于外伸悬臂状态，在剧烈的超速、振动下前对轮螺栓断裂，前接长轴甩出。

7.2.5 汽轮机叶片断裂原因分析

1. 断口分析

汽轮机第 21 级、第 22 级和第 26 级末叶片的叶根销钉都是典型的剪断型断口。第 26 级工作叶片的叶根下凸肩有宏观的剪切弯曲形变，断口稍带弧形（弧形凸面向外）。上凸肩断口平直。对凸肩断口进行扫描电镜的微观分析，断口的微观形貌具有典型的拉长微坑特征（详见图 7-66、图 7-67）。拉长方向与叶片的辐射方向一致。说明断裂的应力状态为剪切应力加一定的弯曲应力，是以剪切断裂为主的剪弯型断口，其断裂性质属于一次剪切应力过载断裂。因此，无论是末叶片的销钉还是工作叶片的叶根凸肩，其断裂都是由叶片受到超载的径向作用力而引起的。这种径向作用力来源于汽轮机严重超速，叶片自身质量所产生的离心力。

2. 强度校核计算

为了确定高中压转子和低压转子的最高转速，对叶片进行强度校核计算。材料手册中没有剪切强度的数据，一般取拉伸强度极限和屈服强度的 0.7 倍作为剪切强度的极限和屈服强度。根据通常的计算方法对叶片（叶根及销钉）形变和断裂转速进行计算。叶片强度校核计算结果列于表7-10。另外，对其他尚未断裂的各级叶片也进行相应的计算，结果显示其断裂及形变转速均高于已损坏的各级叶片。

图7-66 432叶片上凸肩断口的微观形貌

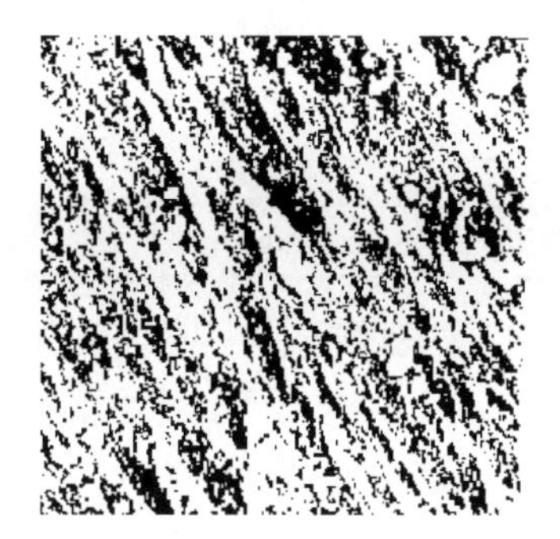

图7-67 432叶片下凸肩断口的微观形貌

表7-10 叶片强度校核计算汇总表

叶片级	项目	材料	屈服强度/MPa	抗拉强度/MPa	n=3000r/min 时应力/MPa	发生破坏或形成形变时应力/MPa	断裂转速/（r/min）
19	末叶销钉	Cr12WMoV	588.4	735.5	剪切应力149.8	剪切形变411.9	4974
21	叶根凸肩	2Cr13	490.3	686.5	挤压应力220.6	挤压形变490.3	4472
	末叶销钉	25Cr2MoV	588.4	735.5	剪切应力193.7	剪切破坏514.8	4891
22	叶根凸肩	2Cr13	490.3	686.5	挤压应力227.7	挤压形变490.3	4402
	末叶销钉	25Cr2MoV	588.4	735.5	剪切应力199.5	剪切破坏514.8	4820
26	叶根凸肩	2Cr13	490.3	686.5	主应力333.1	破坏686.5	4320
	末叶销钉	25Cr2MoV	588.4	735.5	剪切应力235.4	剪切破坏514.8	4437
31～36	叶根凸肩	2Cr13	490.3	686.5	主应力333.1	形变490.3	3650
	末叶销钉	25Cr2MoV	588.4	735.5	剪切应力235.4	剪切形变411.9	3968

3. 432mm叶片销钉剪切试验

事故后汽轮机低压转子第31级和第36级的432末叶片的叶根销钉已产生0.16mm、0.40mm、0.6mm、0.7mm的剪切形变。为了验证上述强度的计算结果，对该类型销钉进行剪切试验。试验是在西安热工院的MTS-50型材料试验机上进行的。试验销钉由东方汽轮机厂提供，其尺寸与实际尺寸相同。材料硬度分别为244HB、242HB、236HB，与实机材料硬度基本相当（244HB、249HB、240HB）。

试验销钉的抗拉强度为784.5MPa。试验结果列于表7-11。

表7-11　销钉剪切试验结果

种类	损坏形式	负载/N	相应剪切应力/MPa	相应转速/（r/min）
一根销钉	形变开始	2232908	370.7	3765
	发生0.7mm形变	2788872	443.8	4120
	剪切破坏	331465	527.6	4506
两根销钉	发生0.05mm形变	470720	374.6	3784

试验结果表明，用一根销钉或两根销钉进行试验，其形变时的相应转速是一致的，试验结果与计算结果相比较，若换算到相同材料抗拉强度735.5MPa时，其销钉剪断破坏转速为4451r/min，计算值与试验值完全一致。

4. 汽轮机叶片断裂原因分析结果

汽轮机叶片的叶根销钉为典型剪断型断口，其断裂性质为一次剪切应力过载断裂。其断裂是叶片受到超载的径向作用力而引起的，径向作用力来源于汽轮机严重超速，销钉剪断破坏转速为4451r/min。

5. 汽轮机高、中、低压转子的最高转速

东方电机厂提供的发电机护环热态松脱转速为3777～3883r/min，但未见到有关2号发电机的任何试验报告，也没有见到事故后护环形变检查的测量报告。而叶根拉力试验达到销钉相应形变量时的汽轮机低压转子最高转速为4120r/min，与东方汽轮机厂所做的叶根拉力试验结果基本一致。因此，根据叶根试验和计算分析，认为汽轮机低压转子最高转速为4000r/min左右。汽轮机高中压转子的最高转速为4500～4800r/min。

7.2.6　振动原因分析

根据螺栓断裂原因分析，接长轴对轮螺栓螺纹的拉脱是螺栓损坏的主断口，是在螺栓轴向拉力过载条件下产生的。这种大的轴向拉应力来源于转子的振动和挠曲，因而机组的强烈振动是螺栓损坏的起因。对接长轴的振动特性及振动产生的原因分析如下。

1. 接长轴振动响应分析

不平衡响应计算结果绘于图7-68，不平衡质量、转速与轴向拉力关系的计算结果绘于图7-69，轴系临界转速计算结果列于表7-12。计算结果表明：

（1）接长轴第一临界转速为 3780～3850r/min，并在 3500～4100r/min 范围内具有较宽的共振频带，放大倍数近于 3。

（2）接长轴通过第一临界转速时，由中间对轮螺孔处不平衡质量对螺栓引起的轴向拉力，500g 时为 122.5kN，850g 时为 205.8kN，1600g 时为 392kN。

（3）根据螺栓强度计算可知，事故螺母的螺纹 8 齿全部断裂时的拉力为 377.3kN，8 个齿均发生塑性形变时的拉力为 227.36kN，第一齿开始塑性形变时的拉力为 113.7kN。与计算结果相对照，在 500g 不平衡质量的条件下，不会使螺栓损坏，但能使螺纹第一齿发生形变，900g 左右能使 8 个齿全部产生形变，不平衡质量只有达到 1600～1800g 时，才能使螺纹全部拉脱。

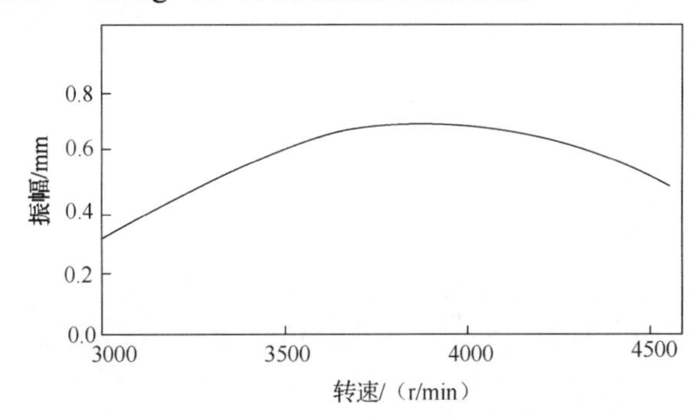

图 7-68　500g 不平衡质量引起的振动

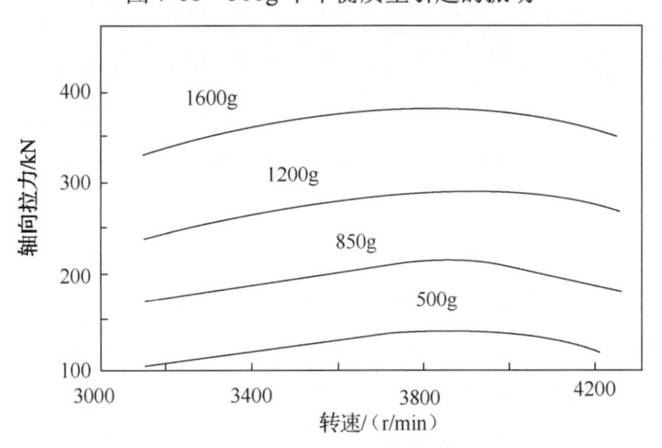

图 7-69　转速、不平衡质量与轴向拉力关系

表 7-12　临界转速汇总表　　　（单位：r/min）

项目		高压转子	中压转子	低压转子	连接轴	发电机转子
计算值	一阶临界转速	1780	1630	2020	3780～3850	1080
	二阶临界转速	—	—	—	—	3400～3500
××电厂实测一阶临界转速		2100～2120	1670	2080～2150	—	1180

上述计算和分析都是假定接长轴对轮在刚性正常连结的基础上获得的。如果其预紧力不足或对轮预紧力消失，此时接长轴的连接刚度将显著降低，临界转速降低，在一定的转速和一定的不平衡力的作用下，将引起更大的挠曲。

2. 机组产生振动的可能因素分析

1）转子不平衡

（1）残余不平衡质量。查阅该机启停的历史记录，在空负荷、带负荷及正常运行下，3 号轴瓦和 4 号轴瓦垂直振动幅值不超过 0.03mm，根据同型机组影响系数求得，在 3 号轴瓦和 4 号轴瓦之间接长轴的残余不平衡质量不超过 500g。根据不平衡响应计算这个残余不平衡质量，当转速升到接长轴的第一临界转速时，不会造成接长轴过大的挠曲而使螺栓拉脱，仅能使第一齿形变。由于制造厂对螺栓的预紧力没有规定及螺栓存在着不易拧紧的缺陷，根据电厂提供的情况，预紧力最大也不超过 98kN，计算表明，500g 不平衡质量在 3400r/min 转速下可产生 122.5kN 轴向拉力，能使对轮预紧力消失。预紧力消失使接长轴刚性降低、第一临界转速降低、作用在对轮上的弯矩加大，这是振动及螺栓损坏的起因。随着转速的升高，对轮张口的增大，形成了恶性循环，加剧了转子的振动，这是使螺栓损坏的主要可能原因之一。

（2）转动部件的飞脱。叶片飞脱：事故后汽轮机中压转子第 26 级全部叶片及第 21 级和第 22 级的末叶片已飞脱。经强度校核计算，在 4300r/min 转速以下叶片不可能飞脱，而断轴是发生在转速为 3800～3900r/min 时。因而断轴前，在中低压转子上不可能有大质量部件飞脱。接长轴中间对轮螺栓和螺母飞脱：在对轮螺栓、螺母拉脱过程中，由于对轮张口的变化，螺栓和螺母都有退出的可能，并且螺母比螺栓更容易退出飞脱。螺母也有不可忽视的质量 700g，但这些都只能发生在螺纹拉脱之后，即振动扩大后的过程中，所以它既不是振动初始突变的起因，也不是初始扩大振动的因素。

2）动静碰磨引起的振动

转子与静子部件的摩擦碰撞将引起转子非常复杂的振动。国产 200MW 机组由于采用三排汽结构，在中低压转子之间不得不采用接长轴连接。接长轴两支点间距离 4030mm，刚性及抗干扰能力均较差，是轴系中最薄弱的环节，是振动最灵敏区。油挡摩擦、排汽缸温度稍高、排油烟不畅、对轮中心不正均可激起接长轴的强烈振动。这些情况在同类型 9 台机组上相继发生过。

该机组事故以前，轴系中各轴瓦的振动幅值均在 0.03mm 以下，各部分动静间隙已被磨大的可能性较小。但在中间对轮失去紧力而有张口的情况下，轴系振动加大后，就有可能使动静部分发生摩擦碰撞而加剧转子振动，反过来又加重动静部分的摩擦、碰撞和磨损。在加速过程中，这种相互加剧的过程在很短的时间内即可使螺栓螺纹拉脱而损坏。因此，动静摩擦和碰撞虽不是振动的起因，但却是加剧振动的主要因素。

3）扭振和扭矩冲击

根据螺栓断裂原因分析，事故损坏的主断裂面是发生在接长轴中间对轮上，螺栓损坏过程是：螺纹拉脱，螺母与螺栓分离，螺栓在退刀槽处断裂。轴向拉力是螺栓破坏的主要作用力。这只有在强烈的横向振动条件下才能发生。若扭振造成螺纹拉脱，只能在螺栓与螺栓孔配合较松的情况下发生，且光杆部分应有较大的形变。但是在事故螺栓的光杆上尚未发现有任何形变。

事故前机组不具备超同步共振条件，即使产生了超同步共振，根据有关单位的计算结果，其节点位置也不在中间对轮的断面上。有一种意见认为，在发电机失步的情况下，转子将受到 4.7～5.7 倍额定转矩的冲击。但是即使失步时扭矩确实增大到额定值的 5 倍，也远低于设计能承受的 10～13 倍扭矩，而按 5 倍额定扭矩以及螺栓与螺孔间隙设计最大值为 0.03mm 计算，在一根螺栓上仅能产生不到 4.9kN 的轴向拉力，远远不能使螺纹拉脱损坏。因而，扭振和发电机失步冲击而使螺栓损坏的可能性，目前看来是不存在的，并且与机组的严重毁坏没有直接关系。

3. 机组振动原因分析结果

（1）接长轴第一临界转速为 3780r/min，并有 3500～4100r/min 较宽的共振频带，这是在超速过程中，使螺栓损坏、机组振动加剧的条件。

（2）机组转速在 3400r/min 左右，由于对轮预紧力消失，使接长轴连接的刚度降低，第一临界转速降低，转子挠曲加大。转速的升高，对轮张口的加大，又进一步增大了机组的振动，这是振动产生的可能起因。

（3）机组振动的增大，引起转子的动静碰磨，是造成机组更强烈的振动、促使螺栓损坏的另一个可能的重要因素。

（4）扭振和失步扭矩冲击与机组严重损坏无直接关系。

7.2.7　机组超速原因分析

1. 汽轮机调节系统工作状态分析

接长轴对轮螺栓的断裂，使整机分为高中压转子和低压（包括发电机）转子两段转子，是这次事故的特点。断轴后高中压转子和低压转子的转速按各自的加速度继续飞升。在调节系统工作正常的情况下机组甩负荷，若在危急保安器动作转速以下断轴，是否会造成机组的严重超速，这是我们首先关注的问题，为此作了计算。计算结果表明，在正常甩负荷过程中，无论断轴与否，其转速均达不到事故中的最高转速。尤其是低压转子，转速最高也不超过3364r/min。因而在调节系统工作正常、低转速下断轴，引起转速过度飞升的可能性显然不存在。只有在调节系统失控、高转速下断轴方有可能发生。

在调节系统失控的条件下甩负荷，由于断轴使高中压转子时间常数减少到整机转子时间常数的三分之一左右，加速了转子的飞升，低压转子时间常数增大为整机转子时间常数的三倍左右，从而减缓了转子的飞升速度。断轴后，继续进入汽轮机的蒸汽是否具有足够的能量推动高中压转子和低压转子，使其在一定的飞升时间内分别达到4500r/min以上及4000r/min左右，这是分析断轴转速和汽门状态的主要依据。大量的计算结果表明，在一定的漏流功率下，相同的飞升时间内，断轴转速愈低，高中压转子的飞升转速愈高，而低压转子所能达到的转速愈低；在相同的断轴转速下，断轴转速愈高，高中压转子和低压转子的飞升转速愈低；断轴后低压转子的最高飞升转速仅比断轴转速高100r/min左右。因而在高中压转子和低压转子最高转速已确定的基础上，经过计算分析认为：事故中断轴转速为3800～3900r/min。

事故后所有汽门均处于正常关闭位置，但这并不能认为是事故过程中汽门的真实状态。因而在高中压转子最高转速、低压转子最高转速、断轴转速已确定的条件下进一步分析。

事故中的汽门状态，则是寻找超速原因及分析“10.29”事故全过程的重要方面。根据主蒸汽压力瞬时升高的记录曲线（详见图7-70），说明高压自动主汽门可能已关闭，虽然右侧高压自动主汽门预启阀阀杆有卡涩，调节汽门有吊起的迹象，经计算仅此漏流量虽然能加速转子的飞升，但不是引起机组严重超速的主要因素。中压右侧自动主汽门自动关闭器进油节流旋塞，由于工艺结构上的缺陷，螺纹配合较松，且没有防止退出的措施导致进油节流旋塞旋出16mm。经计算，在油系统正常工作的条件下，该汽门的关闭时间将延长到17s左右，这是造成机组严重超速的先决条件。在此条件下，并在查无其他可能漏流汽源的情况下，造成严重超速的必要条件，只有中压调节汽门未能关闭。中间滑阀经解体检查发现，上下凸肩均有严重接触摩擦痕迹，因而滑阀有卡涩现象，这是调节汽门未能及时关闭的可能原因。油动机、门杆卡涩造成机组故障，已在数台200MW机组上相继发生过，这是该型机组普遍存在的缺陷。因而在高压汽门存在漏流的情况下，中压右侧自动主汽门关闭迟缓，中压调节汽门又未能及时关闭，应是事故过程中的实际状态，也是造成机组严重超速的主要原因所在。

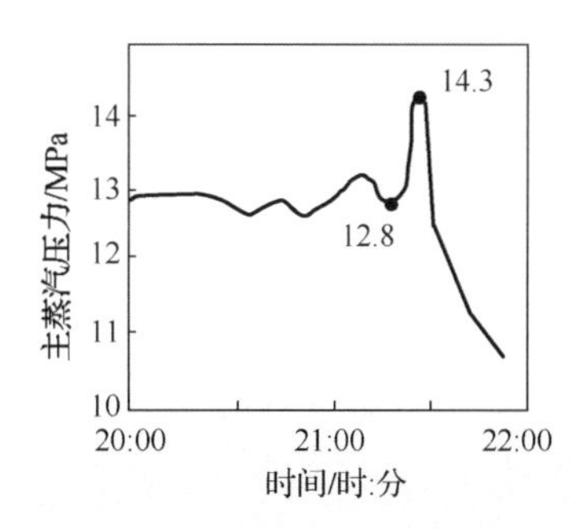

图7-70 主蒸汽压力记录曲线

为了进一步分析上述判断，按高压汽门已关闭，中压汽门处于开启状态，旁路系统未开启，对依靠再热器储能加速转子飞升的可能性，以及转速的飞升过程，进行计算分析。

2. 转速飞升计算

1）计算条件

（1）高中压转子最高转速 4500～4800r/min，低压转子最高转速 4000r/min，断轴转速 3800～3900r/min。

（2）负荷由 170MW 甩到 66MW，由 66MW 甩到 15MW（厂用电），由 15MW 甩到零，作为甩负荷的过程状态。

（3）以中压汽门进汽，依靠再热器储能作为超速计算的主要能量。

（4）转速的飞升为带负荷（厂用电）超速过程。厂用设备负荷的切投仅做近似计算，以求趋势。

（5）计算中的初始转速为 3300r/min。

2）计算方法

（1）采用能量法计算飞升转速。

机组在 202 开关动作甩负荷之后，其加速转子飞升的功率ΔP，主要取决于继续流入中压缸的再热蒸汽膨胀功率 P_0（内功率），以及机组的功率损耗 P_f。根据能量平衡列出以下方程，可求出转速 n 随时间 t 的变化：

$$\Delta P = \int_{t_0}^{t} (P_0 - P_f)\mathrm{d}t$$

$$n = \frac{60}{2\pi}\sqrt{\omega_0^2 + \frac{2\Delta P}{J}\mathrm{d}t}$$

式中，J 表示转子转动惯量；ω_0 表示转子初始角速度。

汽轮机内功率 P_0 根据再热蒸汽参数及汽门的状态，经热力计算求得。

机组功率损耗 P_f 是机组内部和外部损失的总和，在带负荷超速的过程中，其

厂用负荷为制动力矩，则

$$P_f = P_{10}\left(\frac{n}{n_0}\right)^3 + P_{20}\left(\frac{n}{n_0}\right) + P_{30}\left(\frac{n}{n_0}\right)^3\frac{p}{p_0} + p_4$$

式中，P_{10}表示主油泵、发电机风扇等转动部件额定损耗功率；P_{20}表示推力、支承轴瓦额定损耗功率；P_{30}表示叶栅摩擦、鼓风额定损失功率；p_4表示厂用负荷。

机组在断轴之前高压调节汽门遮断进汽，转子的飞升按整机参数计算，断轴后按各段转子的参数分别计算。

（2）再热蒸汽参数计算。

根据再热器容积质量及流量平衡列出以下方程：

$$\upsilon = \frac{V}{g - \int_{t_0}^{t} D\mathrm{d}t}$$

$$D = KA\sqrt{\frac{p}{\upsilon}}$$

式中，υ表示再热蒸汽比容；D表示进入汽轮机的蒸汽流量；g表示再热蒸汽初始容积质量；V表示再热器容积；K表示流量系数；A表示中压汽门通流面积；P表示再热蒸汽压力。

在再热器容积、初始压力以及汽门状态已确定的情况下，可求得蒸汽比容随时间的变化规律，以及再热蒸汽压力随时间的变化规律，并作为汽轮机中压缸的进汽参数。

再热器容积V包括再热器受热面管束、冷段和热段导管的容积。在事故过程中高压缸一只排汽逆止阀及右侧中压主汽门未能关闭，所以将高压缸及中压主汽门至调节汽门之间的导管容积也计算在内，因而总容积为170m^3。

由于转速的飞升速度及最终转速与再热器的储能及汽门的通流能力有关，所以按汽门额定通流面积的100%和50%两种汽门状态，以及再热蒸汽压力分别为0.83MPa、1.47MPa、1.57MPa、1.67MPa等情况下的储能，分别进行转速飞升的比较计算，以便确定甩负荷的初始条件。

3）飞升转速计算结果

（1）中压自动主汽门、中压调节汽门全部开启，再热蒸汽压力为0.83MPa，作为甩66MW负荷的初始状态（不考虑带负荷超速过程）。机组负荷从66MW直接甩到零，整机转子最高转速为3852r/min。若6s转速达3700r/min时断轴，高中压转子最高转速仅为4074r/min，低压转子转速为3780r/min。这显然与事故的过程不相符，其加速转子飞升的能量明显不足。

（2）右侧中压主汽门关闭迟缓，中压调节汽门部分开启为汽门的主要状态，根据能量计算，再热蒸汽压力为1.47～1.67MPa，作为甩66MW负荷的初始工况。

在 202 跳闸机组甩负荷以后，约 13s 转速达 3850r/min 时断轴，高中压转子最高转速可达 4500～4650r/min，低压转子最高转速为 3850～4000r/min，转速飞升的全过程为 30s。计算结果与实际超速过程的时间序列基本相符，因而这种工况是事故过程的可能状态。计算结果绘于图 7-71。

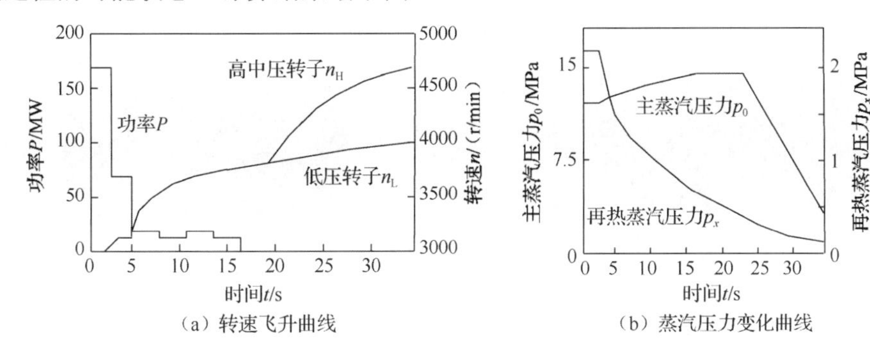

图 7-71　转速飞升曲线和蒸汽压力变化曲线

计算中机组内效率取值偏高，机组损失取值偏低，所以计算转速偏高。这也说明了实际上仅依靠再热器储能加速转子的飞升，其能量还稍显不足，只有在高压汽门存在漏流的条件下才能正确描述转速的飞升过程，弥补能量的短缺，这与汽门状态分析的结果是一致的，从而也证明了调节系统工作状态分析的结果是正确的。

由于计算是在某些假定的条件下进行的，因而不可避免地会带来一些误差，例如：断轴时间有进一步缩短的可能；断轴后低压转子转速下降的速度会更快等。但这些并不影响对超速过程趋势的判断及分析的结论。

3. 中压调节汽门操纵座断裂原因分析

四只中压调节汽门操纵座，在事故过程中全部损坏，均在壳体和拉架的窗口拐角处断裂（详见图 7-72）。断口周围没有宏观形变，未发现老伤痕迹，属于脆性断裂（详见图 7-73）。

图 7-72　中压调节汽门起动操纵座的损坏情况

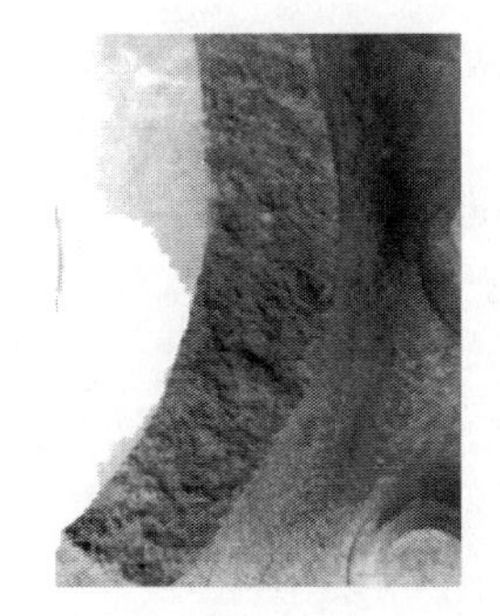

图 7-73　操纵座断口的宏观特征

壳体和拉架的材料为HT20-40-7/1。壳体的硬度为181～204HB，拉架的硬度为161～210HB。其金相组织，壳体为片状石墨+珠光体+少量铁素体，拉架为片状石墨+珠光体+铁素体（详见图7-74、图7-75）。壳体的壁厚为16～28mm，不均匀。断裂处有宏观的夹杂和疏松等铸造缺陷。用激振法及锤击法测量的操纵座自振频率在500Hz以上。

图7-74 操纵座壳体金相组织（500×）

图7-75 操纵座拉架的金相组织（500×）

通过上述的试验表明：

（1）操纵座在机组正常工作转速3000～3300r/min（相应50～55Hz）下，不具备共振条件，因而也不存在共振致使损坏的可能。

（2）操纵座的断裂属于快速脆性断裂，是在巨大的振动应力作用下造成的，这么大的振动应力来源于汽缸的强烈振动。

（3）由机组振动原因分析可知，汽缸的强烈振动是在机组严重超速、转子动静部件严重碰磨的条件下产生的。若仅仅是转子和轴瓦的强烈碰磨，并没有足够的力使操纵座振断，只有在转子和汽缸部件（特别是在中压前汽缸的部位）严重碰磨的强烈刹车阶段才能致断。所以操纵座的断裂是发生在事故的后期。

4. 机组超速原因分析结果

（1）机组严重超速是在调节系统失控条件下发生的。

（2）汽轮机高中压转子最高转速约为4650r/min，低压转子最高转速为3850～4000r/min，断轴转速约为3850r/min。

（3）机组甩负荷未能联动旁路系统开启，右侧中压主汽门及调节汽门未能及时关闭，依靠再热器储能使转子转速持续飞升，这是造成机组严重超速的主要原因。高压汽门存在漏流功率，对加速转子的飞升起一定的作用。

（4）再热蒸汽压力1.47～1.67MPa是202开关动作、机组甩66MW负荷的初始状态。

（5）机组在危急保安器未能按法规要求定期试验，电超速保护因故障退出等无可靠保护的条件下投入运行，是事故的重大隐患。油系统油质不洁是汽轮机调节系统正常工作的不利因素。高压右侧主汽门预启阀阀杆卡涩，1 号调节汽门和 3 号调节汽门有吊起的迹象，对加速转子的飞升起到了一定的作用。中压右侧主汽门自动关闭器进油节流旋塞退出 16mm 以及中压调节汽门未能及时关闭，是造成机组严重超速的主要原因。

7.2.8　事故过程分析

1. 机组甩负荷过程

表 7-13 为“10.29”事故过程时间序列表。机组有功功率从 140MW 增加到 170MW，由于发电机失步保护动作，经 2s 联跳 255 开关。根据事故调查委员会的分析，由于保护错接线，不能按定值于 255 开关跳闸后 0.5s 跳 202 开关，致使机组与系统解列后有功功率从 170MW 甩到 66MW，单机供大北线，并带本机厂用电负荷。联动 202 开关动作的保护装置共有 19 种。事故后经事故调查委员会检查分析认为均未有联跳 202 开关的可能，因而 202 开关动作的原因尚不明确，根据超速能量计算带 66MW 负荷运行不超过 3s，所以 202 开关是在 255 开关跳闸后 3s 动作的。202 开关跳闸后因厂用系统 621 开关、622 开关、623 开关、624 开关未跳，使机组带有约 15MW 负荷。厂用设备低电压保护整定时间及厂用设备的切投情况如下：1 号和 3 号给水泵因低油压保护动作而跳闸，2 号给水泵联动自投后又复跳；1 号和 2 号循环水泵按低电压整定 9s 正确跳闸；2 号凝结水泵自投后由于保护拒动而未复跳，其他设备仍在运行。说明在 202 开关跳闸后，带厂用负荷运行 9s 以上，当手动操作断开 621 开关、622 开关、623 开关、624 开关后，021 开关和 022 开关因厂用母线失压而自投，机组负荷甩至零。

表 7-13　事故过程时间序列表

时间/s	事故状态	运行参数				运行操作
		功率 P/MW	转速 n/（r/min）	主蒸汽压力 p_0/MPa	再热蒸汽压力 p/MPa	
0	发电机故障	170	3000	12.8	2.3	灯暗，表计摆动，主机正常，调节系统摆动
2	255 开关跳闸	170～66	3000～3100	升高	降低	灯亮，网控“装置故障”光字牌亮，主机声音异常
5	202 开关跳闸	66～15	>3100	升高	1.6	灯特亮，表计摆动，“失磁”光字牌亮，事故喇叭声响，主机声音异常，调节系统摆动失控

续表

时间/s	事故状态	运行参数				运行操作
		功率 P/MW	转速 n/（r/min）	主蒸汽压力 p_0/MPa	再热蒸汽压力 p/MPa	
6.5	超速	15	3400	升高	1.35	灯光正常，对轮预紧力消失，螺纹形变振动激增，中压汽门未关
8	升速振动加剧	15（波动）	3500（波动）	升高	1.25	进入接长轴第一临界及发电机第二临界转速共振区，转子动静碰磨，中压汽门未关
10	升速振动加剧	15（波动）	3600（波动）	升高	3.10	对轮张口加大，中压汽门未关
17	厂用电切除	15～0	3800	升高	0.65	对轮螺栓损坏，中压汽门未关，汽轮机控制室控制远方打闸停机操作，锅炉汽包水位-200mm，停炉操作，电气操作621～624开关
18	断轴振动加剧	0	3850	14.3	0.6	对轮螺栓断裂，轴分离，中压汽门未关，司机跑向车头，锅炉进行停炉操作
25	加速转子飞升、振动加剧	0	高中压4380	降低	0.35	第26级断叶片，中压汽门未关，汽轮机就地手打危急遮断滑阀，手操起动阀、同步器复位，锅炉对空排汽
35	机组强烈振动、车头一声巨响着火	0	高中压4650，低压4000	—	0.15	叶片飞脱，盘车马达掉落，1号和3号轴瓦飞出，油系统着火，中压调节汽门操纵座倒塌、中压调节汽门关闭，汽轮机起动阀、同步器复位至零
—	停机、救火	—	—	—	—	汽源消失，动静严重摩擦，转子无支承刹车，轴系破坏。救火

2. 转速飞升过程

机组有功功率170MW、转速3000r/min，在255开关跳闸后由于单机孤立电网，带66MW负荷运行，若按汽轮机调节系统静态特性，此时机组转速应为3100r/min，但因调节系统开环、失控，实际转速要大于3100r/min，这与实际灯光特亮的过程是相符合的。202开关跳闸后转速继续飞升，在厂用负荷切除之前，由于厂用系统惯性使转速的飞升较为平缓，在3850r/min时断轴，断轴后高中压转子转速飞升到4650r/min左右，低压转子转速飞升到约4000r/min。机组的转速从事故开始发生飞升到 3850r/min 约经过 18s，飞升到 4380r/min 约为 25s。从3380r/min飞升到4650r/min约经过10s。事故的全过程约为35s。

“10.29”事故调查委员会提供的模拟试验资料：由二单元跑到 2 号汽轮机机头，并看到机头转速指示4380r/min，根据起动阀和同步器复位至零所需要的时间判断约为10s，相当于从4380r/min飞升到4650r/min的时间。超速过程的时间序列与计算分析的结果基本一致。

3. 机组损坏过程

机组转速飞升到 3400r/min 左右，由于接长轴中间对轮螺栓存在缺陷，对轮预紧力的消失改变了轴系的连接刚度，使接长轴第一临界转速降低。作用在中间对轮螺栓上的轴向拉力增加，螺栓和螺母的螺纹第一齿发生形变，这是螺栓损坏及振动的起因。当转速飞升到 3500r/min 左右，机组落入了接长轴第一临界转速及发电机第二临界转速的共振区，以及转子动静部件碰磨的产生，加剧了接长轴的振动。在接长轴 3500～4000r/min 宽广的共振区内，伴随着转速在 3500～3700r/min范围内的平缓升速过程，恰好给螺栓的拉脱及损坏创造了更加有利的条件。在这个升速过程中，随着振动的加剧，中间对轮的张口在不断增大，在螺栓上产生巨大的轴向拉力，使螺纹逐渐被拉脱。直到 3850r/min 螺栓全部断裂，接长轴中间对轮分离。断轴后高中压转子飞升到4200～4650r/min。在离心力的作用下，使第26级全级叶片及第21级和第22级末叶片相继飞脱。从而再次加剧了机组的振动，使1号轴瓦和3号轴瓦飞出，转子失去支承，透平油喷出着火。在转子与静子部件的严重撞击汽缸发生强烈振动的情况下，中压调节汽门操纵座断裂倒塌，以及盘车马达掉落到运转平台上。在蒸汽能量消失、转子动静严重摩擦及轴无支承的情况下刹车。

接长轴对轮在断轴以后处于悬臂状态，在继续飞升、甩头、振动剧增、冲击的条件下螺栓损坏，在机组刹车降速的过程中螺栓断裂，中压接长轴掉落。接长轴后对轮短轴虽然也处于悬臂、甩头状态，但是由于低压转子在转速略有升高以后又逐渐减速，仅使接长轴后对轮张口7mm，连接螺栓和螺母螺纹拉脱、咬死而并未断裂。

所以，机组的损坏是在超速、振动加剧、断轴、再超速的过程中造成的。

7.2.9 “10.29”事故原因分析结论

（1）机组电超速保护因故障退出，无可靠保护的条件下投入运行，是事故的重大隐患。汽轮机油系统油质不洁是调节系统正常工作的不利因素。高压右侧主汽门预启阀阀杆卡涩，1 号和 3 号调节汽门起动有吊起的迹象，对加速转子的飞升起到了一定的作用。

（2）机组严重超速是在汽轮机调节系统失控的条件下发生的。中压右侧自动主汽门自动关闭器进油节流旋塞自行退出 16mm，减缓了中压右侧自动主汽门的关闭速度，其关闭时间约延长至 16s；中间滑阀有卡涩迹象，中压调节汽门未能及时关闭，高低压旁路系统未投入，依靠再热器储能加速了转子的飞升。这是造成机组严重超速的主要原因。

（3）事故中汽轮机低压转子（包括发电机转子）的转速为 3800～4000r/min，断轴转速为 3800～3900r/min，在中低压接长轴螺栓断裂之后，高中压转子在转动惯量减少三分之二的情况下，继续飞升至 4500r/min 左右。

（4）汽轮机中低压转子接长轴的中间对轮是主断裂面。连接螺栓和螺母螺纹的拉脱是接长轴损坏的主断口，螺栓的断裂为二次破坏所致。螺纹断口具有拉长微坑的特征，断裂原因为轴向应力过载。螺栓断口具有微坑及低周疲劳特征，为孔洞凝聚型断裂，是在弯曲剪切大应力过载的条件下造成的，其裂纹的萌生、发展均是在这次事故过程中产生的。

（5）螺母材质为 35 号钢。断面淬火不均，螺栓结构比值低，且退刀槽加工圆角较小。制造厂对螺栓预紧力没有规定，采用十字拧紧槽圆形螺母及埋头连接结构，使螺栓不易拧紧。螺栓螺母配合较松。在螺栓存在着结构、工艺、材质等缺陷的情况下，螺栓承载能力降低 21%～43%。这是螺栓损坏的内在原因。

（6）接长轴第一临界转速为 3780～3850r/min。并且有 3500～4100r/min 宽广的共振频带，由于接长轴抗干扰能力较差，螺栓又存在缺陷，接长轴在 3400r/min 左右中间对轮预紧力消失，连接刚性降低，这是螺栓损坏及振动产生的起因，并随着转速的升高而进一步发展。3500r/min 时进入接长轴第一临界转速及发电机第二临界转速的共振区，振动加大，并产生转子动静碰磨，这是振动加剧，使螺栓损坏的主要因素。

（7）由于汽轮机调节系统失控，接长轴对轮螺栓存在缺陷，机组在超速、振动、继续超速、振动急剧增大的过程中遭到严重损坏。

7.3 甘肃 803 发电厂 2 号机组严重超速引发毁机事故

甘肃 803 发电厂 2 号机组为 25MW 可调整抽汽式汽轮机，1993 年 11 月 25 日，在处理励磁机碳刷冒火花缺陷的过程中，汽轮机自动主汽门卡涩、调节汽门失控，造成机组严重超速达 4200r/min 以上，轴系在大不平衡的作用下，造成设备损坏。这次事故是特大事故（简称“11.25”事故），造成直接经济损失约 585 万元。

事故发生后甘肃省电力局组织调查组进行了事故分析，编写了《803 厂 2 号汽轮发电机组严重损坏事故调查的报告》。1994 年 4 月 8 日，电力部安全监察及生产协调司《安全情况通报（第七期）》报道了“甘肃 803 发电厂 25W 机组严重超速损坏”事故的概况。甘肃 803 发电厂“11.25”事故概况综述如下。

7.3.1 机组概况

该电厂装有四台锅炉、三台汽轮机，全厂总容量为 75MW，其中 2 号汽轮机为苏联斯维尔德洛夫涡轮发动机厂制造，BПT-25-4 型 25MW 可调整抽汽式汽轮机，经济功率为 25MW。该汽轮机为单缸冲动式，共有 24 级叶轮，有两个回转隔板将汽轮机叶轮分成高压、中压、低压三部分，高压部分叶轮与轴锻成一体，中压和低压部分的叶轮全部套装在轴上。汽轮机与发电机转子采用半挠性联轴器连接。苏联重型电机厂制造的 TBC-30 型额定功率为 25MW 的发电机，于 1960 年出厂。

该厂 2 号汽轮机 1966 年 11 月 28 日投产，截至事故前，累计运行 164572h。最后一次计划性大修于 1993 年 5 月 5 日开工，7 月 1 日结束。大修后存在的主要问题：整组更换的凝汽器铜管质量差；自动主汽门的门杆有 0.03mm 的弯曲；1 号、3～5 号调节汽门调整螺帽滑扣，用卡子固定。1993 年 9 月 25 日，该机完成计划性小修后，起动时进行了自动主汽门及调节汽门的严密性试验，均为合格。

1. “11.25”事故前运行方式

“11.25”事故前 2～4 号锅炉和 2 号、3 号汽轮机运行，1 号 100/10 减温减压器运行，1 号锅炉备用，1 号汽轮机停机消除陷缺。电气部分为 110kV 双母线运行，电厂通过 110kV 八嘉线和八玉线与酒玉电网环网运行，××工厂由 35kV 侧供电，负荷 6000kW。

2. “11.25”事故前机组运行参数

2 号锅炉主蒸汽流量 195t/h，主蒸汽压力 9.2MPa，主蒸汽温度 537℃。3 号锅炉主蒸汽流量 95t/h，主蒸汽压力 8.9MPa，主蒸汽温度 495℃。2 号机组负荷 30MW，主蒸汽流量 190t/h，供 0.78～1.27MPa 生产抽汽 70t/h，1 号 100/10 减温减压器供生产蒸汽 60t/h。3 号机组（TC-25 型）负荷 20MW，供 0.12～0.24MPa 采暖抽汽。“11.25”事故前，全厂电负荷 50MW，生产抽汽 130t/h，2 号发电机无功负荷 5Mvar，3 号发电机无功负荷 6Mvar。

7.3.2 事故过程

1993年11月25日9时30分，发电机一班二组检修人员甲、乙两人，在2号机组处理励磁机整流子碳刷冒火花缺陷，处理的方法是每次取下一只碳刷采用压缩空气吹拂、清扫。开始时有两只碳刷发出长约100mm细火线3～4束，9时55分左右，励磁机碳刷突然产生像电焊一样的耀眼火光。甲对乙说："你赶快申请停机。"乙跑到2号机组值班室对汽轮机司机助手说："赶快停机！"此时2号机组负荷在10MW以上大幅度摆动，汽轮机司机即令1号机组100/10减温减压器值班员加大供汽负荷，令汽轮机司机助手速与值长联系，并手动操作0.78～1.27MPa甲管电动一次门关闭按钮后，随即解列调压器，发现有功负荷突然甩到零，又看到调节汽门和自动主汽门已关下、危急保安器已动作，马上返回值班室关电动主闸门，起动交流润滑油泵，当看到表盘数字转速表指示4200～4300r/min后，停止了该润滑油泵。汽轮机司机助手及时手动操作关闭0.78～1.27MPa至除氧器的供汽门，该门关至约二分之一行程时，发现盘车处爆炸起火。

从3号机组值班室迅速赶到2号机组值班室的电厂生产技术科汽轮机运行专责工程师，发现有功负荷大幅度摆动几次后突然甩至零，见汽轮机司机已在机头处，并见汽轮机班班长用铁棒砸自动主汽门伺服机构连杆，同时确证电动主闸门正在关闭过程中，欲帮助他人关2号汽轮机进汽总汽门，进行中听到一声巨响，回头一看，汽轮机低压缸后部大火升起，同时发现汽轮机调节汽门倾倒。赶到现场的汽轮机分场运行主任见2号机组转速达4200r/min，即去机头手动操作同步器，并见到汽轮机班班长将自动主汽门砸下，移动行程10～15mm。有同志说："发现表盘数字转速表指示曾达5500r/min。"

目击者反映：当时先听到2号机组发出不同寻常的响声，同时看到励磁机处有一团火，发出像电焊一样刺眼的蓝光，不到一分钟，听到一声较大的响声，随即发现汽轮机低压缸上部冒汽，之后听到一声沉闷巨响，盘车等部件飞了起来，紧接着烟火升腾，直达主厂房屋顶，并发出一次很清脆的爆炸声，黑色浓烟很快充满整个汽轮机厂房。

9时57分，电气运行值班员发现2号发电机无功表突然由5Mvar降到零，紧接着有功功率表全刻度摆动，转子电压显示由14V下降接近于零，转子电流下降回零，定子电流表指示突然升高并摆动，定子电压表指示降低并摆动，3号机组有功负荷表指针也大幅度摆动，无功功率由6Mvar上升到20Mvar。同时，2号机组强励动作。此时电气运行值班员高喊："快！2号机不行了！"即速减有功负荷。电气运行班长、值长急跑至盘前，由值长监视调整3号机组。电气运行班长手动操作减有功负荷无效，征得值长同意后，速动油开关，联跳2号主变压器三侧开关，并向汽轮机发出“注意”“已开闸”信号，数秒后即收到汽轮机发来的“主汽门关闭”信号。2号发电机解列后，35kV母线失压，即用640开关反送电，恢复35kV系统。地区供电瞬间中断，事故时系统周波由50.8Hz下降到49Hz。

爆炸起火后，汽轮机司机、汽轮机运行技术员、分场主任等多人马上开启事故放油门，切断至除氧器汽源和发电机氢气气源。厂领导迅速赶到现场，组织指挥事故处理。全厂广大职工和地区消防人员也赶到现场，奋力救火，10时25分，灭火结束。邻机和厂房设施未受到大的损伤，未造成人员伤亡。

7.3.3　设备损坏情况

1. 轴系

轴系断为7段，有6个断裂面，2处为轴颈断裂，4处为联轴器对轮螺栓断裂，断面位置详见图7-76。发电机转子在前密封瓦处断裂，断轴长1.2m，飞落在排汽缸右侧3m处，励磁机转子在与发电机转子联轴器对轮处断裂，断轴长0.5m。1～6号轴瓦全部损坏飞离原位。

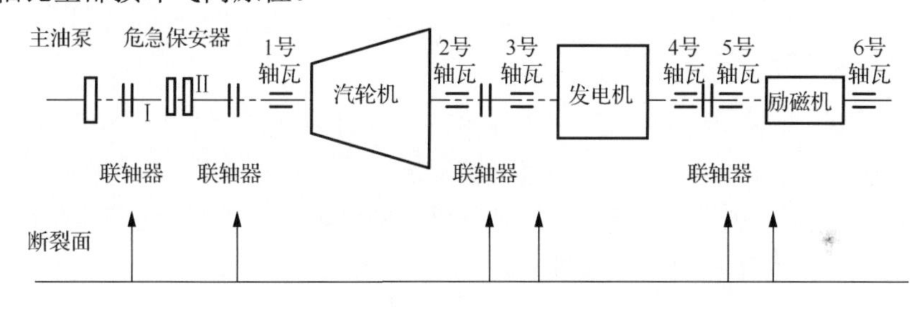

图7-76　甘肃803发电厂2号机组轴系断裂面位置

2. 发电机

发电机转子扫膛，发电机定子铁芯下部磨损弧长430mm，有由后至前逐渐加重不同程度的磨损，最大磨损深度约5mm。发电机前密封瓦损坏，后密封瓦乌金熔化。

3. 汽轮机

1～5号调节汽门及过负荷汽门全部从门座根部断裂，前箱中盖碎裂，高压伺服马达处边盖裂开；排汽缸左上侧有1个ϕ500mm的洞，右侧有1个ϕ1000mm的洞，右下部有长度为400mm的裂缝；末三级叶片全部从根部飞出，飞落至1号和2号汽轮机0m地面及8m平台，个别叶片飞至除氧器14m平台，一片叶片将厂房屋顶击穿一个洞，飞出的叶片还将1号机组（正在盘车）的2号轴瓦进油管击穿两个孔洞；汽轮机末级隔板及隔板套全部落入凝汽器内，砸坏许多铜管；汽轮机转子上的盘车大齿轮断裂甩出，飞至排汽缸右侧 0m 地面；高压汽封套结合面螺栓松动或被拉断；隔板套结合面螺栓被拉断或松动；高压轴封上部和下部汽封齿大部分磨平，隔板汽封上部和下部汽封齿磨损、歪斜。

4. 其他设备

主空气抽出器被碎片撞击损坏，部分电缆、就地仪表被烧损。

7.3.4 “11.25”事故原因分析

1. 事故隐患

该机组曾发生过励磁机碳刷冒火而被迫停机的事故，“11.25”事故前一天，也因碳刷冒火在运行中进行过处理，但未能解决问题，也未引起高度重视。主汽门存在有门杆弯曲、卡涩、关不严等重大缺陷，大修中未能彻底消除，使设备带“病”运行，是事故的隐患。

2. 违反检修规程

设备检修过程中存在习惯性违章操作，运行中未办理工作票，并在无任何安全措施的情况下，进行励磁机碳刷冒火花故障处理。原计划大修中更换主汽门门杆及门芯，但在无办理大修项目更改批准手续的情况下，仅对原已弯曲的门杆进行了校正处理，严重违反了检修规程。

3. 严重超速

在处理 2 号励磁机碳刷冒火花缺陷时引起环火，导致 2 号发电机失磁，有功负荷急剧摆动，由于调节汽门反复加速过开，调节汽门门架座损坏，调节汽门失控，为这次事故提供了条件；在 2 号机组与电网解列后，危急保安器动作，由于自动主汽门卡涩未完全关闭，仍有 10～15mm 的开度。因而，调节汽门门架损坏失控，自动主汽门严重卡涩，是造成机组严重超速的主要原因。转速约为 4200r/min 以上。

4. 设备损坏过程

机组超速，造成汽轮机末三级叶片的断裂损坏，击穿低压缸“发出第一次爆炸声”；机组强烈振动，串轴加大，轴系稳定破坏，发电机密封瓦损坏，氢气溢出发生“第二次爆炸着火”，氢爆并引燃透平油和部分电缆；轴系进一步失稳，轴瓦全部损坏，机组动静部分严重磨损、撞击；当关闭主蒸汽电动主闸门后，才完全切断进汽，转子失去转动的动力而刹车，轴系断裂，结束事故的全过程。

7.3.5　暴露的问题

（1）该机组“11.25”事故，首先暴露了该厂领导在确立“安全第一、预防为主”的思想方面的差距，对二号励磁机碳刷冒火缺陷未能高度重视，1991 年曾发生过 2 号机组因励磁机碳刷冒火而被迫停机事故。24 日即事故前一天，该机组也因碳刷冒火，切换备用励磁机运行处理一次，效果不理想，都未引起领导应有的重视。2 号汽轮机自动主汽门也曾发生过因卡涩关闭不严的问题，但未能彻底消除，其教训是沉痛的。

（2）管理制度不严，从严管理、从严要求做得很不够，如在 1993 年 5 月开工的 2 号机组大修中，原计划更换 2 号汽轮机主汽门门杆及门芯，但由于技术方案未落实，只对原已弯曲的门杆进行了校正处理。大修项目的改变也没有经过批准，各部门的责任制不落实，说明为安全生产服务的观点没有真正树立起来。

（3）职工技术培训未能跟上，近年来由于种种原因，该厂技术力量已出现断层，掌握高难度技术的职工越来越少，如励磁机碳刷调整等技术难度并非很高的工作，能掌握者也不够多。厂领导对此情况未能高度重视。

（4）这次事故还暴露了在设备检修过程中，习惯性违章的现象很严重，处理励磁机碳刷冒火花，必须办理工作票，做好安全措施，必要时应切换备用励磁机，但这一切要求都未遵守。这次事故又一次证明了“违章就是事故”的事实。

（5）对电力部颁发的《防止道路电力生产重大事故的措施》贯彻实施不力，落实不够，在“11.25”事故调查过程中，对该厂在贯彻电力部颁发的《防止电力生产重大事故的二十项重点要求》的有关内容进行了检查，虽然均按要求对调节汽门、自动主汽门和危急保安器等动作的可靠性进行了试验，但缺乏严格的作风，对自动主汽门关闭不严的问题，没有认真采取措施及时消除，以致扩大了事故。

7.4　广东××硫铁矿化工厂汽轮机严重超速引发毁机事故

广东××硫铁矿化工厂于 1999 年 5 月 13 日 12 时 25 分，在 8 万吨硫酸系统余热发电装置的调试过程中，发生一起因汽轮机严重超速至 7800r/min 引发的毁机事故[2]（简称“5.13”事故），造成现场操作人员 1 人当场死亡，1 人轻伤，设备遭粉碎性破坏。

7.4.1　事故过程

1999 年 5 月 13 日 7 时 45 分，8 万吨硫酸装置动力车间发电岗位的甲、乙、丙、丁 4 人接白班时，机组运行正常。当日午时接车间领导指令，停机进行计划性检修，处理锅炉蒸汽孔板流量计法兰发生的漏气故障。12 时 10 分左右，当班主操作人员甲派乙先到一楼将电动油泵开启，甲则把同步器操作手轮退（旋）到顶位，当乙回来后又安排他到操作室解列机组，甲在汽轮机机头处观察转速表变化，当发现转速表一直没有发生变化时，便询问乙有没有解列，乙回答“已解列”，但是甲发现操作屏上的指示灯的红灯亮（说明仍未解列），就又返回机头处，现场转速表显示还是不正常。随后又回到操作室北门口，再次询问乙解列与否，乙还没来得及回答，便从操作室向门口冲去，甲发现乙来到机头处手拍危急遮断滑阀，操作手轮关闭自动主汽门，但自动主汽门手轮拧不动，此时转速表显示转速为 6800r/min。甲忙去检查危急保安器，发现已动作，便又去关自动主汽门，自动主汽门手轮仍拧不动。随后甲又操作了轴向位移遮断器，汽轮机转速继续上升，直到 7800r/min。此时，汽轮机伴随着相当大的振动声，甲一边叫大家远离现场，一边向一楼冲去，准备关闭隔离门和油泵，还没到达操作按钮处，就听到上面一声巨响，汽轮机爆炸，并有黑烟和大量蒸汽冒出。乙因外力钝器重击胸背部造成开放性损伤、心肺严重挫伤致死，丁受轻伤。

事故发生后，集团公司立即向市公安局、市劳动局、市总工会等部门报告，上报了广东省主管单位，并邀请了有关单位、专家进行事故分析。集团公司于当天下午成立了 8 万吨硫酸装置汽轮机事故调查组，并分工落实，立即开展事故调查工作。

7.4.2 “5.13”事故原因分析

（1）汽轮机调节汽门未完全关闭，自动主汽门卡涩，致使机组解列后转速飞升，最高转速达 7800r/min。

（2）切断高压油路后自动主汽门不能自动关闭，用手动操作自动主汽门手轮也不能关闭。事故发生后，从二楼机房冒出大量蒸汽，说明自动主汽门在断油后仍然处于开启的状态，这就是造成汽轮机严重超速、毁机的主要原因。

7.5 海螺集团水泥股份有限公司 18MW 机组严重超速引发毁机事故

海螺集团水泥股份有限公司一台 18MW 汽轮发电机组于 2011 年 4 月 26 日在机组起动的过程中，发生严重超速，致使机组毁坏[2]（简称“4.26”事故）。

7.5.1 事故过程

2011 年 4 月 26 日凌晨，因供电部门变电站故障，造成生产线停产，与熟料生产线配套的 18MW 汽轮发电机组与系统解列停机。供电恢复，熟料生产线运行正常后，汽轮机开始第一次冲转，转速由 1200r/min 升至 2700r/min 的过程中，在 2460r/min 时，出现转速通道故障报警，自动主汽门关闭，复位后汽轮机转速稳定在 1200r/min，此后又进行了两次升速，均出现相同现象。经检查：DEH 系统中转速测量 1 通道转速正常，2 通道转速在 1200r/min 以后不再变化，3 通道转速波动异常。针对这一现象，现场准备检查就地测速装置及测速模块是否存在异常，将现场紧急跳闸系统（emergency trip system，ETS）总保护手动解除。在对 DEH 测速模块进行检查时，发生巨响，机组剧烈振动，安全门动作，操作人员立即打闸停机。停机后检查，盘车电机壳体开裂，末叶片大部分断裂，盘车电机负载侧端盖断裂，凝汽器内部堆积大量的叶片，后汽缸上缸有 3 处裂纹。

7.5.2 “4.26”事故原因分析

（1）汽轮机三次冲转、升压、均因转速通道报警，自动主汽门关闭，技术人员未作认真分析，误认为测速装置损坏，现场将 ETS 总保护手动退出，检查 DEH 测速模块。

（2）第四次冲转 1200r/min 暖机期间，汽轮机出现转速通道全故障停机信号，汽轮机监视装置（turbine supervisory instruments，TSI）发出 110%超速停机信号，均因 ETS 总保护被解除，保护不起作用，致使自动主汽门和调节汽门未能关闭，机组严重超速，最高转速约为 3850r/min。

（3）由于机组严重超速，转动部件飞脱，在转子大不平衡、强烈振动作用下毁坏。

7.6 浙江恒洋热电有限公司 2 号机组严重超速引发毁机事故

浙江恒洋热电有限公司有四台 130t/h 次高温次高压循环流化床锅炉、一台 24.5MW 可调整抽汽式汽轮机和三台 12MW 背压式汽轮机。2015 年 6 月 11 日，2 号机组 24.5MW 可调整抽汽式汽轮机发生了严重超速毁机事故[4]（简称“6.11”事故）。

7.6.1 设备概况

该公司 2 号汽轮机为青岛捷能汽轮机股份有限公司 2004 年制造的 C25-4.90/0.981 型次高温、次高压、单缸、可调整抽汽式汽轮机。汽轮机由前缸、中缸和后缸组成，前缸采用合金铸钢，中钢采用铸钢，后钢采用钢板焊接式结构，通过垂直中分面连接成一体。采用套装叶轮。转子通过刚性联轴器与发电机转子连接。汽轮机采用电液调节系统，设置了电超速和机械超速两套保护装置，电超速保护设定值为 110%额定转速，机械超速保护设定值为 110%～112%额定转速。

7.6.2 事故过程

根据电厂数据采集系统记录的历史数据，2015 年 6 月 11 日 20 时 10 分 9 秒，2 号机组负荷 21MW，2 号循环水泵发生断电，备用的循环水泵未自动联锁起动，造成 2 号机组凝汽器循环冷却水中断，凝汽器压力从−80kPa 开始上升，20 点 10 分 50 秒凝汽器压力上升到−64.63kPa，触发停机信号，发电机出口油开关跳闸。20 点 10 分 54 秒发电机负荷从 21MW 甩至零，2 号汽轮机的转速从 2994r/min 开始上升，20 点 10 分 57 秒转速上升到 3300r/min 发出电超速保护动作信号，但保安油压没有释放，汽轮机的自动主汽门和调节汽门未能关闭。20 点 11 分 8 秒机组转速继续飞升至 4490r/min（超出转速表量程）以上，转速飞升过程中，机械超速保护也未起作用，保安油压始终没有释放，造成自动主汽门和调节汽门不能关闭，致使机组严重超速。20 时 11 分 12 秒保安油压小于 1MPa 时报警信号才出现，此时 2 号汽轮机前后轴瓦箱已发生爆炸。

根据汽轮机厂房监视录像记录，控制室运行人员发现 2 号发电机负荷瞬间甩至零，其中一名运行人员跑出主控制室就地检查，在接近 2 号汽轮机的机头时，前轴瓦箱发生爆炸，所幸未伤及人员性命。

7.6.3 设备损坏情况

2 号汽轮发电机组因严重超速而毁坏报废。汽轮机严重超速，叶片断裂飞脱，轴瓦损坏飞离，发电机定子、转子碰撞扫膛，前后轴瓦箱内润滑油燃烧爆炸，引起厂房大面积过火，造成 0m 层辅机设备，以及相邻的 3 号汽轮发电机组不同程度受损，其中大火还造成电缆层、中央控制室、机房等受损。事故造成直接经济损失约 900 万元。

7.6.4　“6.11”事故原因分析

（1）事故前 2 号机组油系统油质不合格，汽门有卡涩迹象，是事故的隐患。

（2）循环水泵失电停泵，导致凝汽器冷却断水，是本次事故的诱发因素。

（3）在停机过程中，保护系统失效拒动，自动主汽门和调节汽门卡涩，未能正常关闭，是造成汽轮机发生严重超速事故的直接原因。

（4）在事故调查过程中，电厂无法提供 2 号汽轮发电机组的大修、小修记录和定期试验记录，因而无法判断事故前设备的安全状态。该机组没有进行过自动主汽门、调节汽门门杆定期活动试验和危急保安器注油在线动作试验。

（5）汽轮机严重超速，随之叶片断裂飞脱，轴瓦损坏飞离，机组转子在大不平衡振动的作用下损坏。

7.6.5　整改措施和建议

（1）建议增设循环水母管低水压联动备用泵功能，完善循环水泵热工自动控制系统。

（2）在电厂的《2 号汽轮机运行规程》中有明确要求：保护系统定期试验和提升转速试验，包括电提升转速试验和机械提升转速试验。应严格执行设备定期试验和功能性试验要求，并保存完整的运行试验记录，确保安全系统设备功能完好，机组处于安全的运行状态。

（3）在电厂的《2 号汽轮机运行规程》中有明确要求：每天定时检查主汽门、电动隔离阀等重要阀门的阀杆活动，防止卡死。此操作应在低负荷时进行。应根据机组运行工况，合理安排阀杆活动检查频率，并严格执行检查要求，确保重要阀门保持良好的状态。

（4）加强汽轮发电机组油系统的油质管理，要及时安排设备缺陷处理，机组不能带“病”运行，降低发生重大设备事故的风险。

7.7　张家港××钢厂自备电厂严重超速引发毁机事故

张家港××钢厂自备电厂，2015 年 10 月 17 日发生一起严重超速引发毁机事故[4]（简称“10.17”事故）。

张家港××钢厂自备电厂的一台机组，2015 年 10 月 17 日 20 时 24 分停机电磁阀动作，机组跳闸停机，运行人员未及时对保护进行恢复，使该停机电磁阀长时间带电烧毁。汽轮机冲转前未按规程要求进行机组静止状态、远方控制停机试验，使停机电磁阀损坏的重大缺陷未能及时被发现，并且在总保护开关未投入的情况下，盲目决定机组起动，致使机组在异常情况下，集控室内无采取紧急停机的手段，是造成超速事故的原因之一。

机组第一次跳机后，起动 10 余次不成功，值班人员判断电液转换器故障，在更换新的电液转换器后，在未进行任何调整的情况下，进行“拉阀”（开启、关闭汽门）试验，仅进行了一次“拉阀”试验，并在油缸反馈信号一直为零的情况下决定机组起动，是造成超速事故的直接原因。

跳机原因不明确，冲转时调节汽门起动指令偏差大，更换电液转换器后未做任何调整。冲转至 1200r/min 暖机，稍稳定后转速自动急速飞升至 4000r/min，按紧急停车无效，导致严重超速毁机。

第8章 热网蒸汽回流、炉水倒灌致使严重超速引发毁机事故

8.1 上海高桥热电厂4号机组热网蒸汽回流致使严重超速引发毁机事故

1991年2月28日13时25分，上海高桥热电厂发生4号机组严重超速事故，致使4号机组严重损坏[2]。直接经济损失达293.15万元。

1. 事故过程

上海高桥热电厂4号机组为上海汽轮机厂生产的C50-90/13-2型一段可调整抽汽、一段非调整抽汽式50MW汽轮机。1991年2月28日，按计划机组滑参数停机。该机组降负荷至40MW，调速汽门摆动，负荷降至零，调速汽门关闭，摆动停止，但负荷又自动上升至8MW，同步器已无法控制减负荷。打闸后，主汽门虽关闭，但转速急速飞升，机头转速表指示满刻度，随后一声巨响，机组爆炸（该事故简称“2.28”事故）。上海高桥热电厂4号机组“2.28”事故概况如下。

2. 设备损坏情况

转子断为6段，有5个断裂面，2处为轴颈断裂，3处为联轴器对轮螺栓断裂，断裂面位置详见图8-1。低压缸破裂，连同叶片、叶轮、断轴全部飞脱，四跨屋架塌落。

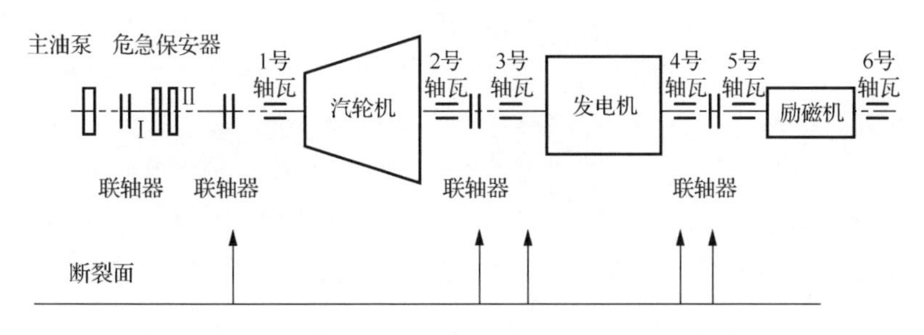

图8-1 上海高桥热电厂4号机组轴系断裂面位置

3. “2.28”事故原因分析

（1）在机组减负荷过程中，中压油动机关闭后不能开启，机组负荷滞留在8MW 位置，在值班人员未能正确判断的情况下，机组带负荷解列，严重违反了操作规程，是导致事故发生的重要因素。

（2）机组打闸之前，未预先关闭热网电动隔离门，打闸后主汽门虽已关闭，但联锁保护装置未投入，使可调整抽汽逆止阀未能关闭，致使热网蒸汽倒流，是事故的主要原因。

（3）可调整抽汽逆止阀未能关闭，机组在带负荷情况下解列，热网蒸汽倒送入汽轮机，造成机组严重超速达 4000r/min 以上，致使机组毁坏。

（4）事故教训：①电厂对可调整抽汽逆止阀联锁保护是防止机组超速措施的认识不足，该保护未投入；②操作规程不够科学，有些规定较模糊、不明确，不应该采取带负荷紧急停机的措施；③规章制度执行不严格，各自操作，没有统一指挥；④设备管理存在问题，大修后中压油动机旋转隔板未进行整定，蒸汽流量表卡涩，阀门指示灯损坏、未修复。

8.2 中国石油乌鲁木齐石油化工总厂 3 号机组热网蒸汽回流致使严重超速引发毁机事故

中国石油乌鲁木齐石油化工总厂（以下简称新疆乌石化）热电厂 3 号机组为哈尔滨汽轮机厂生产的 CC50-8.83/4.02/1.27 型高压双缸双抽汽冷凝式汽轮机，哈尔滨电机厂生产的 QF-60-2 型发电机，1997 年 1 月 30 日投产，1998 年 5 月 12 日至 6 月 18 日进行了鉴定性大修。1999 年 2 月 25 日，3 号发电机变压器组污闪，在机组甩负荷的过程中，可调整抽汽逆止阀由于故障未能关闭，热网蒸汽倒流，致使机组严重超速达 4500r/min，油系统着火，造成毁机事故[2]（简称“2.25”事故）。事故全过程时间约 132s，直接经济损失 1916 万元。

事故发生后，新疆维吾尔自治区政府、中国石油天然气集团公司领导赶赴现场，对防止事故扩大、尽快恢复生产等提出了要求。国家经贸委安全生产局也派人赶赴现场，对事故调查作出了具体安排。根据国家经贸委安全生产局的要求，由中国石油天然气集团公司、新疆维吾尔自治区经贸委、新疆电力公司等的有关专家组成事故调查组。事故调查组经过为期 14 天的调查、取证和分析，查明了事故的原因，提出了事故调查报告。新疆乌石化热电厂 3 号机组“2.25”事故概况综述如下。

8.2.1　事故过程

1999 年 2 月 25 日，汽轮机车间主任、副主任与汽轮机车间 15 名工人当班。凌晨 1 时 37 分 48 秒，3 号发电机变压器组发生污闪，使 3 号发电机组跳闸，3 号机组电功率从 41MW 甩到零。汽轮机抽汽逆止阀水压联锁保护动作，各段抽汽逆止阀关闭。转速飞升到 3159r/min 后下降。

汽轮机司机令汽轮机副司机到现场确认自动主汽门是否关闭，并确认转速。后又令值班员起动交流润滑油泵。汽轮机车间副主任赶到 3 号汽轮机的机头，看到汽轮机副司机在调整同步器，检查机组振动正常，自动主汽门和调速汽门关闭，转速为 2960r/min，认为是发电机变压器组污闪造成机组甩负荷，命令汽轮机副司机复位调压器，自己去复位同步器。

汽轮机车间主任在看到 3 号控制盘光字牌后（3 号机组控制盘上光字牌显示“发电机差动保护动作”和“自动主汽门关闭”），向汽轮机司机询问了有关情况，同意维持机组空转、开启自动主汽门，并将汽轮机热工联锁保护总开关切至“退除”位置。

随后汽轮机车间主任又赶到 3 号汽轮机的机头，看到汽轮机副司机正在退中压调压器，就令副司机去复位低压调压器，自己复位中压调压器。副司机在复位低压调压器时，出现机组加速、机头颤动、汽轮机声音越来越大等异常情况。

汽轮机车间主任看到机组转速上升到 3300r/min 时，立即手动操作危急遮断滑阀按钮，关闭自动主汽门，同时将同步器复位，但机组转速仍继续上升。汽轮机司机又数次手动操作危急遮断滑阀按钮，但转速依然飞速上升，在转速达到 3800r/min 时，下令撤离，值班员在撤退中看见的转速为 4500r/min。

1 时 40 分左右，一声巨响，机组中部有物体飞出，保温棉渣四处散落，汽轮机下方及冷油器处起火。于凌晨 4 时 20 分将火扑灭，此时，汽轮机本体仍继续向外喷出大量蒸汽，当将 1.27MPa 抽汽供外网的电动门关闭后，蒸汽喷射随即停止。

8.2.2　“2.25”事故性质及原因

1. 事故性质

该机组事故性质为：关键设备存在隐患、事故应急处理无序操作导致机组超速的责任事故。

2. 事故原因

（1）1.27MPa 可调整抽汽逆止阀阀碟铰制孔螺栓断裂，使阀碟脱落，抽汽逆止阀无法关闭，是事故的主要原因。

（2）机组甩负荷，可调整抽汽逆止阀故障而未能关闭，并在可调整抽汽电动门未关闭的情况下，解列了调压器，是致使热网蒸汽倒流，造成机组严重超速事故的直接原因。

8.2.3 改进措施

（1）组织全厂各级领导和职工，进一步学习国家有关安全生产的规定和文件，结合这次事故的教训，教育各级领导干部和职工，牢固树立“安全第一，预防为主”的思想，切实强化安全生产“责任重于泰山”的意识，强化安全保生产，安全保效益，安全保稳定的观念，使广大职工自觉地把安全生产工作纳入企业的生存和发展大局之中，尽快扭转安全工作的被动局面。

（2）进一步完善和落实各级安全生产责任制，真正做到安全生产人人有责。要严格执行岗位责任制，严格理顺生产操作程序，既要防止不到位，也要防止越位，职责必须明确。

（3）改进设计方案，不断完善汽轮发电机组的保护系统。对于抽汽式凝汽机组的调节系统和保护系统，应保证在汽轮发电机组甩负荷和故障停机的任何情形下，除应当迅速关闭自动主汽门和调速汽门外，还应同时关闭与抽汽关联的调速汽门（或旋转隔板），以防抽汽逆止阀不严，由外网蒸汽倒汽造成机组超速。

（4）在热工保护方面，为防止抽汽逆止阀不严，建议考虑装设关闭时间小于1s的快关阀，接入抽汽水压联锁保护，以实现抽汽水压联锁保护双重化。为防止运行人员事故时误操作，将可调整抽汽电动门接入热工保护的抽汽水压联锁保护。当发生发电机跳闸甩负荷或发电机故障停机时，不但关闭抽汽逆止阀，同时还关闭可调整抽汽电动门以切断汽源，防止汽轮机抽汽倒汽引起超速事故。

（5）建立健全的汽轮发电机组热工联锁保护、定期试验制度和试验方法，确保热工联锁保护完好。完善定期试验制度以明确热工联锁保护，明确维护和试验人员与汽轮发电机组运行人员的责任。采取从热工联锁保护源头发送实际信号的方法进行试验，避免人为短接的方法做试验。

（6）加强设备基础管理。要规范设备检修，建立完善的设备检修记录。对重点要害部位和关键设备的防范措施要逐项确认、逐级负责。

（7）依据企业标准制订程序，及时修订规程，完善和规范规程的编制、审核和批准责任制。特别要充实和细化生产操作中事故预案的制定，以及发现异常情况时的应急处理措施，对规程中可能引起汽轮发电机组超速的关键部分，要足够重视，确保规程准确无误。

（8）依靠计算机仿真技术，加强运行人员反事故能力的培训，努力提高运行人员的技术素质。

（9）切实加强对新建、改建和扩建以及检修项目的管理。在设备选型和工艺设计上严格把好质量关，在工程监理上严格把好验收关。不符合安全要求的坚决不放过。

（10）加大防污闪工作的力度，消除外绝缘故障，确保电网安全可靠。此次事故的起因是主变压器 35kV 侧瓷套管发生污闪，且在事故当日前后发生三次污闪，因此防污闪工作有待进一步加强。应采取多种防污闪措施并举的治理方法，如 35kV 瓷瓶应加装两片增爬裙，110kV 应至少加装 3 片增爬裙。更换普通绝缘子为防污闪绝缘子，同时刷防污闪涂料，有条件的可采用硅橡胶合成绝缘子和局部配电装置密闭。对穿墙套管采取提高一个电压等级的方法。对 35kV 和 6kV 系统，为防止污闪原因造成单项接地时产生弧光使接地过电压发展为接地短路故障，应尽可能采取自动性能较好的自动跟踪补偿的消弧线圈，以在系统运行方式变化时，能有效地将接地电容电流限制在 5A 以内，充分发挥小电流接地系统的优越性，确保电网安全可靠。

8.3　山东潍坊发电厂 2 号机组汽动给水泵炉水倒流、严重超速引发毁机事故

山东潍坊发电厂 2 号机组为东方汽轮机厂生产的 N300-16.7/537 型 300MW 汽轮机，1994 年 10 月 27 日投入运行。1996 年 1 月 28 日，机组 MFT 动作，在锅炉灭火、汽轮机自动主汽门关闭、发电机解列、联跳汽动给水泵（给水泵采用汽轮机拖动，简称汽动给水泵）的过程中，发生汽动给水泵出口逆止阀故障，锅炉炉水倒流，反冲汽动给水泵组（汽轮机和汽动给水泵合称汽动给水泵组）倒转，致使汽动给水泵组转速高达 8748r/min，造成泵组严重超速、设备损坏事故（简称“1.28”事故）。事故造成直接经济损失约 693 万元。

事故发生后，山东省电力局组织了有关单位和专家进行事故原因分析，山东潍坊发电厂“1.28”事故调查组编写了《潍坊发电厂“1.28”汽动给水泵组损坏事故调查报告书》，1996 年 4 月 29 日，电力部成套设备局“电力设备质量简讯（火电第一期）”报道了该事故的概况。潍坊发电厂“1.28”事故概况综述如下。

8.3.1　事故过程

1996 年 1 月 28 日 7 时 59 分，2 号机组带负荷 264.9MW，电动给水泵（给水

泵采用电动机拖动，简称电动给水泵）备用，汽动给水泵运行。给粉机 A、B、C、D、E 投用。煤质差，锅炉燃烧不稳定，造成炉膛负压低，MFT 动作锅炉灭火，汽轮机跳闸，发电机解列，联跳拖动给水泵的汽轮机，自动汽门关闭。由于 2 号机组跳机，厂用电切换时油泵电源失电，造成电动给水泵润滑油压低，未能联动成功，此时盘上炉膛安全监视系统（furnace safety supervision system，FSSS）首次跳闸原因显示为“炉膛负压低”。运行人员马上进行处理，准备投电动给水泵迅速恢复锅炉上水。

7 点 59 分 45 秒，汽动给水泵跳闸后，汽动给水泵组转速从 5037r/min 开始下降，历时 17s，于 8 时 0 分 2 秒转速到“0”。而后汽动给水泵组发生反转，8 时 0 分 20 秒转速达 5465r/min。

当值班人员发现汽动给水泵组转速升高时，迅速进行检查，高低压自动主汽门已关闭，主蒸汽进汽电动门已关闭，抽汽逆止阀已关闭。当时误认为转速信号为虚假信号，并通知热工人员检查。这种情况持续约 6min，此时由于大部分运行人员去起动电动给水泵，恢复锅炉上水，其他人员未意识到泵组在倒转。在泵组倒转期间，给水泵和汽轮机以及给水管路发生强烈振动。汽动给水泵出口门的电动头、电动给水泵出口电动门的电动头、汽动给水泵再循环门的电动头、再热器喷水电动出口门（汽泵抽头）的电动头，均由于振动过大在与阀体连接处折断；汽动给水泵出口电动门停留在关闭 1/3 的位置，汽动给水泵出口至汽动给水泵出口电动门之间的管道保温层几乎全部振碎，散落在运转层上；各种表管几乎全部振断；汽动给水泵入口管道支架与水泥脱离；油管道被振裂，大量润滑油泄漏，喷溅到高温部件上起火；泵的入口管振裂，水和水蒸气大量喷出，泵组转速进一步飞升至 8748r/min；由于大量高压高温水的喷出，自动将火扑灭，直至汽包和除氧器的水放干，事故结束。事故过程中，由于炉水倒流，除氧器曾满水，并短暂超压（设计 0.9MPa），锅炉有干锅现象。

8.3.2 设备损坏情况

1. 汽动给水泵损坏情况

由于汽动给水泵的强烈振动，汽动给水泵入口管振断，出口管有宽 3mm、长 200mm 的明显裂纹，但未裂透，泵轴严重弯曲扭断，齿型联轴器对轮飞出，泵芯全部报废，汽动给水泵驱动端的托架全部打碎，泵体与地基之间大部分脱离达 30mm，泵座水平移动达 50mm，地基部分振碎，泵底盘（埋在基础里的）被振出脱离基础，部分水泥中的钢筋被振出，底座下面的垫铁也全部松动，泵与底座之间的滑销全部脱出，高压侧的轴瓦盖被掀起约 5mm，泵轴头测量转速机构已全部甩掉，泵与辅助设备连接的水、油管道全部振断。泵除外壳体外基本报废，无法修复。

2. 驱动给水泵汽轮机损坏情况

自动主汽门、调速汽门的控制电缆全部烧毁，前箱盖被掀起，前箱内的轴瓦、推力瓦、测速装置、危急保安器等所有装置全部飞出前箱，转子前端断裂飞出，前端轴封盒翘起 10mm，螺栓拔断，转子第 1～3 级圆周方向围带磨损，深度为 2～4mm，轴向为 2～10mm，转子、叶片全部报废。

3. 其他设备损坏情况

汽动给水泵组的辅助密封水管道、冷却水管道和油管道全部断裂。除氧器与锅炉均没有损坏。

8.3.3　给水泵出口逆止阀解体检查

为了查清 2 号机组给水泵出口逆止阀工作失常的原因，于 1996 年 2 月 15 日组织有关单位专家，对该阀门进行了解体检查。

（1）将阀碟提升到全开位置时，发现阀碟在阀体内处于偏斜位置。当阀碟摇臂杆前端的限位斜面与阀体上的预定限位处有 19.16mm 的间隙时，顺时针方向看，阀碟左侧已与阀体内壁相碰，而阀碟的右侧与阀体内壁尚有 7.44mm 的空隙。在用手提起阀碟时，出现阀碟卡在全开位置的现象。

（2）阀碟下落时，出现歪斜下垂现象。在阀碟下部与阀体相碰时，阀碟与阀座的密封面之间尚有 55～56mm 的空隙。由于此空隙的存在，阀碟下落后有较大的泄漏流量。

（3）将阀碟摇杆销轴侧面之密封盖取下后，发现在轴孔和密封体上相应位置处各有一个被水流冲击不规范的凹坑，面积为$(4\times5)\text{mm}^2$，深 3mm，并且在密封环上有水流冲刷的痕迹。

（4）在密封体内端面与销轴的外套之间，与设计图纸相比多了两个垫片，厚度分别为 4.3mm 和 4.05mm（两垫片的总厚度为 8.35mm），装配后轴套与轴孔上的环形密封台面之间尚有 0.4mm 的游动间隙。

（5）将阀碟取出后，发现在定位螺母与阀碟外墙面之间装有三个垫片，其中两片厚度分别为 0.5mm 和 0.7mm，装在定位螺母与摇臂杆之间；另一片厚度为 5mm，装在摇臂杆与阀碟之间。阀杆与摇臂杆的轴向间隙设计值为 0.5mm，但实测为 5.9mm，远大于设计值，另外摇臂杆的孔与阀碟上的轴之间的径向间隙实测值为 2mm，大于设计值 1mm。上述两项尺寸偏差的超限是造成阀碟倾斜性下垂的主要原因之一。

（6）制造厂说明书中指明，安装时不需解体，1996 年 2 月 15 日，制造厂又重申了不需解体的有关规定，以及根据电力部对450mm以下阀门不需要解体的法规，未进行过任何解体检查。

（7）通过对双摇臂杆的阀线实测发现，摇臂杆的尺寸与图纸的相差很大，其中摇臂杆装阀碟处的内表面与通过销轴中心线的垂直平面之间的距离，设计值为75mm，实测值为62.1mm（实测值较设计值小12.9mm）；通过阀碟销轴的孔中心线的水平面与通过装销轴的孔中心线的水平面之间的距离，设计值为184mm，实测值为194.46mm（实测值比设计值大10.46mm）。这两个尺寸的严重超差，是造成阀碟卡涩的另一重要原因。

（8）制造、组装和调整尺寸与图纸不符，是造成逆止阀工作失常的根本原因。

8.3.4 “1.28”事故原因分析

1. 事故主要原因

汽动给水泵出口逆止阀工作失常是事故主要原因。制造、组装和调整尺寸与图纸不符，是造成逆止阀工作失常的根本原因。

2. 事故扩大原因

（1）在汽动给水泵组反转时，未能有效关闭汽动给水泵出口电动闸阀，扩大了事故。拖动给水泵汽轮机跳闸后，已联动关闭此阀门（阀门电机15kW，配60A熔断器，全关闭时间为85s），实际只关闭了1/3。事故后现场检查，电动头的电气控制部分（包括电动机）与减速器壳体连接处折断，电动头电气控制部分掉落地面，电动头接线盒B、C相之间有短路烧损痕迹，B、C相熔断器烧断。事故后，对电动闸阀解体检查，内部无卡涩，开关灵活，由此推断由于炉水倒流，泵体及管道振动，电动闸阀关至1/3时电动头损坏，故防止汽动给水泵反转动的第二道关口没有发挥应有的作用。

（2）运行人员未判断出汽动给水泵组倒转，只在汽轮机侧寻找拖动给水泵汽轮机重新升速的原因，因而未采取制止炉水倒流、防止事故扩大的措施。

（3）运行过程中仅对紧急停泵操作有要求，未对水侧的操作作任何规定。

（4）给水系统在省煤器入口处未设有逆止阀，是造成此次事故中锅炉干锅的原因之一。另外，“电泵反转”“汽泵反转”光字牌设在锅炉盘上方，且为白光，不利于司机观察。汽动给水泵出口电动门的电动装置刚度差。

8.3.5 经济损失

设备修复时间为37天，少发电量2亿kW·h。直接经济损失684.3万元。尚未对重要用户造成影响。

8.3.6 暴露的问题

（1）汽动给水泵出口逆止阀质量不佳是本次事故的主要原因。此种逆止阀在现场无法解体检查，工作是否正常无监视手段，只能严把制造质量关。汽动给水泵的电动门在管道振动时电动头折断，未能正常工作，客观上扩大了事故，而与电动门安装在相近位置的高压加热器三通阀（国外进口）却安然无恙。因此，如何提高设备制造质量，建议有关部门研究解决。

（2）由于本机组在给水系统设计中，省煤器入口没有逆止阀，而引进型锅炉给水系统中均装有逆止阀，对于东方锅炉是否在给水系统中，以及是否在省煤器入口加装逆止阀，建议规划设计管理部门研究解决。

（3）运行值班人员不能正确判断出汽动给水泵倒转，并进行有效的处理。

（4）高度重视产品制造质量和各方面的工作质量，对一次配套和二次配套的产品，尤其要按照 ISO 9000 要求认真贯彻执行，特别对重要配套产品的成套厂，要切实组织好专家审查和质量监检工作，坚决杜绝此类事故再次发生。

第 9 章　其他毁机事故

9.1　河南巩义市中孚公司 6 号机组毁机事故

河南巩义市中孚公司 6 号汽轮发电机组，于 1996 年 3 月 9 日 16 时 47 分，发生严重爆炸损坏事故（简称“3.09”事故），机组轴系断为 9 段，部件多处飞落，机组严重损坏。

事故发生后由河南省劳动厅等 15 个单位成立了事故调查组，1996 年 4 月 3 日由西安热工研究院、上海成套所、河南电力试验研究所组成的专家组，开展了对事故的调查、分析工作。由于这次事故是在机组正常运转，没有进行任何操作和前兆情况下突然发生的，事故前及事故瞬间都没有记录到任何参数和数据，给事故分析带来很大的难度。专家组共取样 300 余件，在实验室进行试验、计算分析，以及对有关部件的材料和断口状态进行了评定和分析，编写了《河南巩义市中孚公司 6 号汽轮发电机组事故分析综合报告》。河南巩义市中孚公司 6 号汽轮发电机组“3.09”事故概况综述如下。

9.1.1　机组概况

河南巩义市中孚公司（简称巩义电厂）6 号机组，上海汽轮机厂 1995 年 1 月制造的 C50-8.83/1.27-2 型高压 50MW 单缸可调整抽汽式汽轮机，出厂编号为 GA170-12-37，主蒸汽压力为 8.83MPa，主蒸汽温度为 535℃，汽轮机动叶片为 1 个调节级和 16 个压力级，设六段抽汽，其中第 2 段抽汽为可调整抽汽。发电机为上海电机厂 1994 年 11 月制造的 QFS-50-2 型双水内冷发电机，出厂编号为 S60078，额定功率为 60MW。励磁机系上海电机厂 1994 年 12 月制造的 ZLG-550-30 型同轴并激式励磁机，出厂编号为 60079。

该机组于 1995 年 9 月起动试运行，至 1996 年 3 月 9 日发生机组转子断裂事故，累计起停 26 次，甩负荷 9 次，运行 3349h，发电量 161220.24MW·h。其间，在 1995 年 11 月，因发电机转子冷却水管拐角处断裂漏水，曾抽出转子用烤枪加热拆装过汽轮机侧护环；1996 年 1 月，因为原励磁机整流子片间电阻差高达 26%，碳刷冒火日趋严重，而用 7 号机组的励磁机代换运行。机组投运以来，因无热负荷，故将第 2 段抽汽至热网抽汽口封闭。

该机组自 1995 年投运以来，均以纯凝汽方式运行。事故前，汽轮机设备尚未检修过，汽轮机 2 号射水泵、1 号凝结水泵、2 号冷却水泵、2 号轴封风机运行，1 号和 2 号高压加热器、1 号和 2 号低压加热器投入运行，3 号低压加热器未投，交直流油泵联锁在投入状态。锅炉引风机、制粉系统均投入。

电气运行方式见图 9-1。6 号主变压器、2 号高压备用变压器运行，开关 661、662、6002G、6026G、6027 在合位，6026 在断位，其厂用电实际状况为机组端部出线经电抗器带 6kV Ⅵ段运行，2 号高压备用变压器带 6kV Ⅶ段运行，同时作为 6kV Ⅵ段备用电源。事故前 16 时 30 分运行记录：负荷 53MW，定子电压 6.6kV，周波 49.8Hz，定子电流 5.5kA，主蒸汽压力 9.6MPa，主蒸汽温度 527℃。

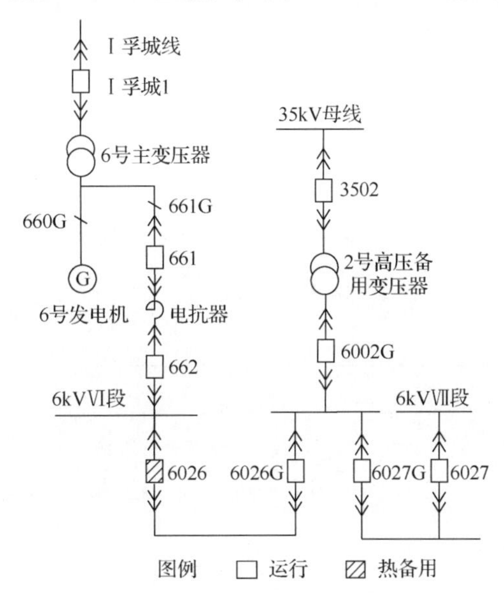

图 9-1　电气运行方式示意图

9.1.2　事故过程

1996 年 3 月 9 日 6 时 30 分，主蒸汽温度 527℃，主蒸汽压力 9.1MPa，凝汽器真空 0.089MPa，有功负荷 53MW，锅炉蒸汽流量 223t/h，均处于正常运行状态。16 时 47 分，在没有任何异常迹象情况下，操作室灯光瞬间由暗到灭，厂用电中断，随即机组相继发出两声沉闷的爆炸声响。爆炸后汽轮机的机头着火，汽轮机操作盘上的热工信号全部消失，主控室值班人员发现厂用电没有联动上后，迅速恢复了厂用电（约用 2min），同时，事故喇叭响，发现Ⅰ孚城线开关跳闸，灭磁开关跳闸光字牌出现“失磁保护”“发电机断水保护”“主汽门关闭”等动作信号，以及“微机保护呼唤”“掉牌未复归”信号。在厂用电恢复后，热工保护信号有“主汽门关闭”“电超速保护”“抽汽逆止阀关闭”等光字牌亮。

9.1.3 设备损坏情况

1. 轴系损坏情况

机组轴系断为9段，其中有4段飞离原位，汽轮机、发电机和励磁机转子各断成3段，共8个断口，其中3个为联轴器对轮螺栓断裂，1个为波形管联轴器断裂，4个为转子断裂。转子断裂均位于轴系变截面处。图9-2为轴系断裂位置示意图，图9-3为6号机组事故残骸飞散位置图。

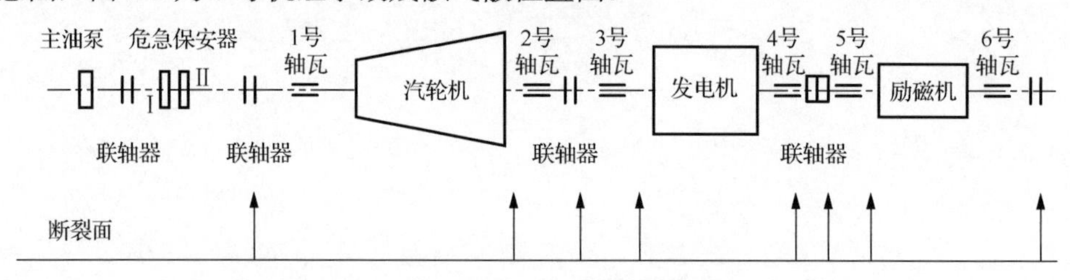

图9-2 河南巩义市中孚公司6号机组轴系断裂面位置

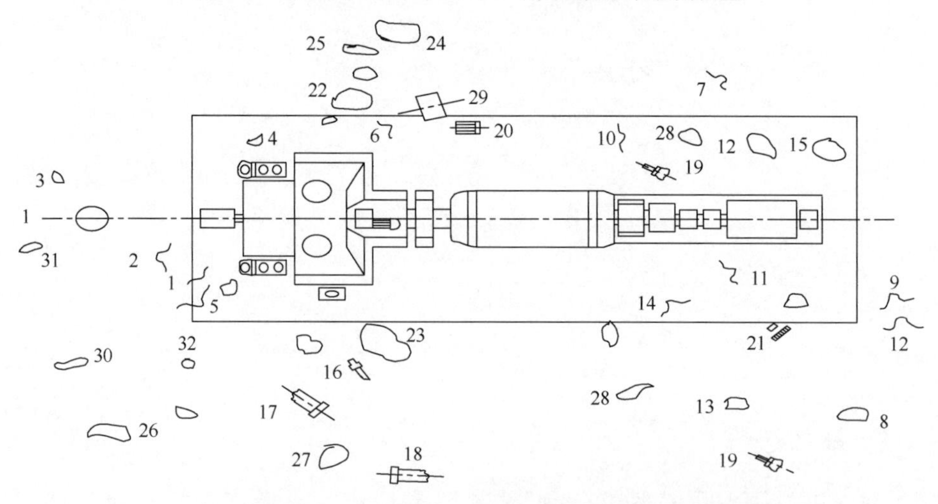

图9-3 河南巩义市中孚公司6号机组事故残骸飞散位置图

1-1号轴瓦的上瓦块；2-1号轴瓦的瓦盖；3-1号轴瓦的瓦座碎块；4-1号轴瓦的瓦座压块；5-推力瓦块；6-瓦体；7-3号轴瓦的瓦块；8-3号轴瓦的上盖碎块；9-4号轴瓦的上瓦块；10-4号轴瓦的下瓦体；11-4号轴瓦的上瓦块；12-4号轴瓦的上盖；13-4号轴瓦的上盖碎块；14-5号轴瓦的上盖；15-6号轴瓦的上盖碎块；16-末级动叶片（第16级）；17-汽轮机对轮处断轴；18-发电机对轮断轴（除氧器层，离机约25m）；19-发电机与励磁机波形节断轴（后端）（0m层5号给水泵旁）；20-盘车马达；21-盘车小齿轮及涡轮轴；22-后汽缸左侧上；23-后汽缸右上部碎块；24-发电机前端盖碎片（运转层离机6m）；25-发电机前端盖碎片（凝汽器旁）；26-发电机前端盖碎片（运转层，离机约40m）；27-发电机前端盖碎片（运转层，离机约20m）；28-发电机滑环电刷架碎块；29-发电机大护环（凝汽器旁0m）；30-发电机进水支座碎块（在运转层地面，离机约20m）；31-发电机进水支座碎块（在运转层地面距主汽门约6m）；32-发电机进水支座碎块主油泵短轴与汽轮机转子间联轴器 6 个 M16 对轮螺栓全部断裂。短轴落在前箱内，并连同部分前箱一起向前位移 60mm。

汽轮机转子前端至后汽封根部转子留在汽缸内，从第 8 级叶轮后，转子有少量弯曲形变。汽轮机与发电机间联轴器 16 个对轮螺栓全部断裂。

汽轮机后汽封根部至联轴器对轮间转子飞脱，打碎排汽缸上部，飞落在 8m 平台上。该断轴长 1.17m，断轴表面因严重碰磨发热而产生高温氧化变色，并有长度约 610mm 的轴段弯曲形变，轴封 *R* 角明显较小。

发电机转子汽轮机侧大护环在表面过渡处断裂，发电机转子汽轮机侧联轴器对轮断裂，断轴飞向右上方厂房 B 列行车大梁第 3 根立柱 18m 高处，撞裂大梁改变了方向，向上飞行约 5m，碰到水平梁反弹落于第 4 根立柱，砸弯两根蒸汽管道，滚落于 15m 层除氧器平台，距机组中心 30m。该断轴长 2.48m，重约 2.6t，有 450mm 长的弯扭塑性形变。发电机转子落在发电机定子内，向汽轮机侧窜出 1.7m 左右。

发电机与励磁机间波纹管联轴器断裂。发电机集电环至波纹管段长约 0.7m 滚落在机组左侧运行平台上，距机组中心 0.8m。励磁机前轴瓦后端变截面处断裂（详见图 9-4）。波纹管联轴器长约 0.5m，向右方飞脱撞墙后，落于 0m 地面，距机组中心 12.5m。励磁机与进水法兰连接螺栓全部断裂。励磁机仍在机壳内，断轴向后串动了约 150mm，进水法兰连同进水管被向后推移。

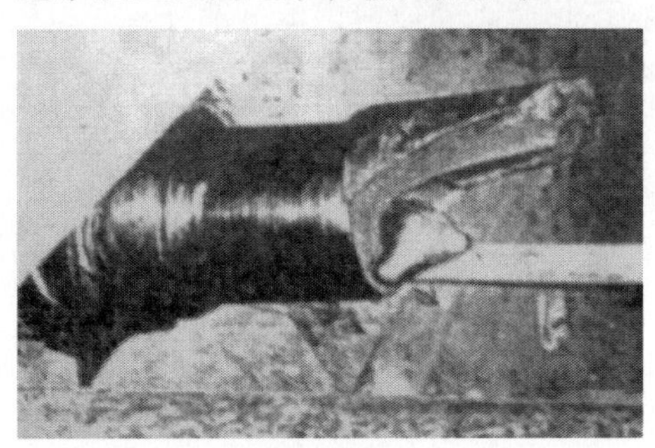

图 9-4　励磁机转子断口形貌

2. 轴瓦损坏情况

推力轴瓦的上瓦翻落在汽轮机右侧地面，推力轴瓦的瓦块全部脱落，乌金面有碰撞痕迹。

1 号轴瓦的上瓦翻落。瓦面基本完好；下瓦在原轴瓦的瓦座上，乌金完好，有两条纵向裂纹。

2 号轴瓦的瓦座碎裂，上瓦落于冷凝器内，乌金面基本完好，局部撞击损伤，有 6 条纵向裂纹；下瓦翻落于排汽缸，乌金完好，有两条纵向贯穿裂纹。

3号轴瓦的瓦座被发电机转子砸碎，上瓦和下瓦飞脱，上瓦飞落到汽轮机右侧的0m层，距机组中心4.5m，乌金基本完好，下瓦飞落在右侧8m运行平台6.8m处，瓦面有严重碰磨痕迹和碎块脱落，存在5条裂纹。上下瓦的连接螺栓拉细断裂。

4号轴瓦的瓦座破碎，地脚螺栓全部断裂，基座前移；轴瓦盖6个螺栓中右侧3个有2个脱出，1个断裂，左侧3个螺栓全部撸丝，向前弯曲。4号轴瓦的下瓦掉在滑环碳刷架上，瓦面完好，上瓦飞落到8米运行平台机组左侧3.7m处，有一条纵向贯穿裂纹，接合面两个对角处严重碰磨。

5号轴瓦的瓦座破碎，上瓦飞落到运行平台右侧2.7m处，下瓦碎成两块，其中2/3碎块部分击破厂房A列窗户飞落到厂房外35m处，一碎块落于轴瓦的瓦座下，下瓦磨损较重。

6号轴瓦的瓦座4个地脚螺栓全部向后剪切断裂，座架后移并向后倾斜。上瓦飞脱，落在机组右侧0m层距中心7m处，瓦面乌金基本完好，下瓦仍在瓦座上，乌金基本完好。上下瓦固定螺栓拉细后断裂。

3. 套装部件及叶片损坏情况

发电机转子汽轮机侧大护环飞脱，撞到左侧厂房A列墙20m高处横梁落在0m地面，距机组中心5m；大护环心环飞出，向右侧穿过锅炉房门，落在锅炉房化验室门口。心环与护环热套面处被剪切掉一部分。发电机转子汽轮机侧风叶全部飞脱；励磁机侧风叶全部松动，个别风叶断裂。

汽轮机调节级和第1～7级压力级叶片、叶轮基本完好，叶顶及叶轮出汽侧有轻微摩擦痕迹。上隔板、下隔板及静叶完好。

第8级叶片的顶部围带有碰磨痕迹，叶片完整。上下隔板及静叶完整。

第9级叶片的顶部碰磨较重，叶片完整，但向后倾斜，上下隔板完整。

第10级叶片顶部围带磨光，叶片完整，但周向弯向逆旋转方向，纵向向后倾斜。上下隔板完整。

第11级叶片顶部围带磨光，叶片完整，但周向弯向逆旋转方向，纵向向后弯曲倾斜。上隔板完整，下隔板碎裂。

第12级叶片沿轮缘处全部断裂飞脱，叶根均留在叶轮槽内，有明显缩颈现象。上隔板完整，下隔板碎裂。

第13级叶片有27片仍留在叶轮上，但碰磨严重，叶片向后和逆旋转方向弯曲，部分叶片连同叶根一起飞脱，部分叶片自叶根断裂后飞脱，叶根留于叶轮槽内，上下隔板均破碎。

第14级叶片有5片连同叶根一起飞脱，其余全部断裂飞脱，叶根留在叶轮槽内，同时锁紧末叶片，销钉未断。上下隔板破碎。

第15级叶片碰磨严重，部分叶片叶顶被截短40mm左右，叶片出汽侧有几圈宽约 70mm 的碰磨痕迹。部分叶片工作部分在轮缘处被碰磨开裂，有 11 片断掉，叶根留在轮槽内；13 片裂开 15～40mm，但未断落。第 15 级上下隔板碎裂。

第 16 级叶片连同叶根全部飞脱，叶轮根槽有张口，上下隔板破碎。第 16 级叶轮后定位套松动，固定键及键槽非工作面受力产生形变。

各级套装叶轮均未发现松动。

4. 其他设备损坏情况

汽轮机前箱沿横向断裂成前后两部分，前端连同主油泵短轴一起向前推移 60mm，后端连同轴瓦座在原位，危急遮断滑阀挂钩支架被撞断，中压油动机壳体破裂，与旋转隔板的连接杆脱落。

汽轮机的汽缸连同转子向汽轮机的机头方向移动约 50mm，致使部分抽汽管断裂。后汽缸张口，左侧张口间隙明显大于右侧张口，最大处为 45mm，部分法兰螺栓因拉长而松脱。排汽缸破碎，分别落在机组两侧。

盘车装置飞脱，盘车电机落在机组左侧运行平台上 2.5m 处，小齿轮短轴飞落到机组右侧 0m 层的凝结水泵坑内，距机组中心线 5m。

发电机前后端盖破碎，向两侧飞出；地脚螺栓、台板螺栓断裂；发电机定子前移，汽轮机侧向左侧移动了 170mm。汽轮机侧定子内有长 250mm 的碰磨痕迹，以及宽 300mm、深 100mm 的整圈碰磨沟槽，定子已严重损坏。碳刷台板地脚螺栓全部断裂，台板右端向后移动了 110mm。发电机定子和转子回路未发现电烧伤痕迹。

5. 厂房损坏情况

汽轮机主厂房 B 列第三根行车大梁立柱被砸裂，水泥脱落，损坏严重，8m 平台护栏多处被损坏，压力表控制盘架被砸坏。运行平台地面被砸凹坑多处，A 列玻璃大部分震碎。厂房屋顶被击穿多处，两个最大的孔洞尺寸约为 200mm×300mm。

9.1.4 事故原因分析

该事故是在交接班前没有任何操作情况下发生的，事故发生前没有任何明显迹象，事故后没有取得任何数据，所有记录表计都没有装上记录纸，转速表追忆电源未接上，事故追忆装置没有录下任何数据，加上事故时失去厂用电，表计失去电源，值班人员看不到当时的运行参数，目前唯一的数据是城东变电站Ⅰ孚城 2 线路，微机保护打印记录（保护未动作）。证明了当时发电机失磁，有功 50MW 和吸收无功功率 50Mvar 异步运行。

由于没有取得任何数据和参数，给事故分析带来很大的难度，只能从事故后机组损坏的残骸碎片中查找有用的证据，从残存的设备拆卸后的状态来分析数据。另外，对事故有关材料和断口状态等进行了评定和分析。

1. 最高转速分析

（1）发电机失磁，引起油开关跳闸，机组甩 50MW 负荷。

（2）第 16 级末叶销钉是剪断的，经计算剪断转速 3913r/min，但从叶片形貌来看，它除了受离心力外，还受到碰磨的切向力，金相分析证实销钉分三次逐渐挤压剪切飞出，因此销钉是受复合力剪断的，但碰磨的切向力难以确定，因此推算不出事故的最高转速。

（3）所有飞脱的叶片碰磨严重，留在叶轮内的叶片都有逆旋转方向弯曲状，也无法计算最高转速。

（4）虽然汽轮机机头的小轴已断，事故后检查危急保安器动作灵活，说明甩负荷时已动作。事故前 9 次甩负荷最高转速有一次达到 3380r/min。按此计算，机组甩负荷时动态飞升转速将达 3400～3450r/min。检查自动主汽门时，发现阀座有 2/3 明显压痕，1/3 压痕不明显，可能有非常轻微的漏汽。事故后据目击者陈述，在听到机组爆炸声后，只见一股灰尘状物体升空，未看见漏出蒸汽，这也证实当汽轮机爆炸时，主汽门已关闭，没有大量的泄露蒸汽和听到漏汽的啸叫声。调速汽门经检查已关严，抽汽逆止阀解体检查没有卡涩现象。由于除氧器是靠轴封漏汽供汽，不存在除氧返汽问题，只有高压加热器和低压加热器有少量返汽，可使转子转速飞升增加值不大于 100r/min，加上主汽门有轻微的漏汽等因素，因此最高转速可能不超过 3600r/min。

（5）发电机护环松动转速为 3700r/min（已考虑到运行温度的影响），事故后检查发电机励磁机侧护环未松动，说明事故中最高转速小于 3700r/min，汽轮机侧护环虽然飞脱，但事故前曾因冷却水管破裂漏水而拔过护环，护环在事故前至少经历了三次加热过程，紧力会有所下降，事故后检查大护环内孔最小直径，也较设计制造尺寸大 50μm 左右。另外，从发电机定子汽轮机侧碰磨痕迹看，汽轮机侧大护环曾与定子发生剧烈碰磨，经撞击而脱落。

（6）发电机出口油开关跳闸后，高压调速汽门应迅速关闭，但汽轮机电超速保护回路中使用了交流电磁阀和交流整流的直流电源，当事故失去厂用电时高压调速汽门不动作，只有当危急保安器动作后，主汽门关闭才能切断汽源，经计算动态飞升转速将达 3450r/min。

（7）当机组甩负荷后，锅炉安全门滞后 1～2min 才动作，曾怀疑汽轮机主汽门关时迟缓，大量蒸汽仍然进入汽轮机所造成事故。经查，当发电机失磁后，厂用电压降低约 23%，锅炉送风机、引风机等电机的低电压保护及过电流保护已动作。锅炉在机组甩负荷前已灭火停炉，主汽门关闭后靠炉膛余热缓慢升汽压，所以安全门动作较迟，并非蒸汽进入汽轮机所致。

（8）叶轮松动转速 3600r/min，事故后检查叶轮套装件未见明显位移，说明事故时最高转速没有超过 3600r/min。

（9）根据机组损坏的形貌，经综合分析认为，事故最高转速不大于 3600r/min。

2. 机组振动分析

机组轴系由汽轮机转子、发电机转子和励磁机转子组成。除发电机与励磁机间为波纹联轴器外，其余均为刚性连接。对机组轴系进行计算。

1）轴系临界转速计算

轴系弹性支承临界转速计算结果列于表 9-1。实测同类型 7 号机组，轴系一阶临界转速在 1300～1450r/min，计算与试验结果基本一致（详见表 9-2）。

表 9-1　轴系弹性支承临界转速　（单位：r/min）

轴系	阶次	按励磁机估算支承刚度计算	按励磁机实测支承刚度计算	按单跨励磁机估算支承刚度计算
汽轮机	水平一阶	1243	1243	—
	垂直一阶	1600	1600	—
发电机	水平一阶	1059	1059	—
	垂直一阶	1326	1326	—
	水平二阶	2708	2709	—
	垂直二阶	3644	3677	—
励磁机	水平一阶	2426	2418	2414
	垂直一阶	3339	3613	3717

表 9-2　7 号机组过临界振动情况（1996 年 4 月 7 日）　（单位：μm）

轴瓦	转速/（r/min）													
	1350	1400	1450	1500	1550	1600	1650	1700	1750	1800	1850	2000	2500	3000
1 号轴瓦	5	5	6	5	5	5	5	5	4	4	4	1	18	0
2 号轴瓦	8	8	9	6	8	8	9	9	9	9	9	10	3	9
3 号轴瓦	37	37	34	28	23	15	16	15	13	11	11	9	9	13
4 号轴瓦	34	35	26	20	16	12	10	8	8	6	6	6	4	6

2）轴系稳定性分析

采用上海成套所的有限元（模态综合法）法进行轴系稳定性计算，其轴系失稳转速大于 4000r/min，各转子对数衰减率均高于 0.18，轴系稳定性良好。

轴系各轴瓦处不平衡响应峰峰值，在 25%～85%工作转速范围内小于 229μm，在 85%～125%工作转速范围内小于 76μm。由此可见，不平衡响应特性良好。

发电机二阶临界转速和励磁机一阶临界转速虽然均达到了避开工作转速±10%的要求，但由于两者比较靠近，又接近工作转速，相互干扰影响会对振动较为敏感，特别在发生超速时，更易激起振动。

进行 4 号轴瓦和 5 号轴瓦的瓦座刚度变化对轴系临界转速影响的计算分析。计算结果表明：4 号轴瓦的瓦座刚度变化对汽轮机转子和励磁机转子无明显影响，而对发电机转子的影响明显；5 号轴瓦的瓦座刚度变化对汽轮机转子和发电机转子无明显影响，而对励磁机转子的影响明显。在 4 号轴瓦的瓦座或 5 号轴瓦的瓦座刚度降低时，汽轮机转子或励磁机转子临界转速均将落入机组工作转速范围。也就是当 4 号轴瓦的瓦座或 5 号轴瓦的瓦座螺栓松动，将给机组的安全运行带来影响。

3）轴系不平衡响应计算

模拟轴系破坏状态，计算的原始数据：汽轮机第 16 级，不平衡质量 3.92kg，偏心 0.8075m，转速 3900r/min。不平衡计算结果表明：汽轮机超速至 3900r/min，第 16 级末叶片单片飞脱时，对轴系的影响不大，轴系抗振能力强。

4）轴系扭振计算

采用引进的美国西屋电气公司的“扭振计算程序”进行轴系扭振计算，计算模型为连续质量模型，计算中可考虑转子、叶片、轮盘和转子挠性的相互影响，能更精确地反映轴系的扭振特性，该机组扭振频率计算结果列于表 9-3。由计算结果可知，该机组扭振频率合格。

表 9-3　轴系扭振频率计算结果　　（单位：Hz）

阶次	扭振频率
1 阶	33.0
2 阶	43.0
3 阶	141.4

5）计算结果结论

（1）轴系稳定性良好。

（2）轴系抗振性能良好。

（3）轴系各临界转速在考虑励磁机支承刚度安装分散度情况下，均满足避开 10%的要求。但发电机二阶水平和励磁机一阶垂直临界转速比较靠近，又接近工作转速，互相作用对振动较为敏感，特别是当发生超速时，容易激起振动，因此避开率略显不足。

（4）轴系扭振频率特性良好。

3. 转子断轴的断口分析

事故调查专家组对汽轮机、发电机和励磁机转子断裂，以及对轮螺栓等损坏部件进行断口分析。

1）汽轮机转子断轴断口

金相分析结果表明，在汽轮机转子断轴断口的表面原始缺陷及汽封倒角处，萌生了疲劳裂纹，并在运行中扩展，最终导致出现占转子截面积 10%左右月牙状的裂纹区（详见图 9-5）。

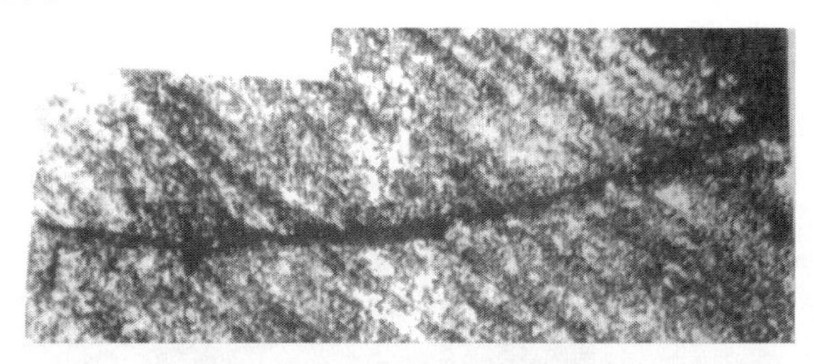

图 9-5 汽轮机转子表面裂纹缺陷

该断口在宏观上具有铸态金属的断口特征。在中心孔内表面上，发现断口两侧转子内孔表面有总长度约为 210mm 的轴向裂纹。在距断口 50～60mm 处的轴横截面解剖断面上，发现了长约 100mm、宽约 32mm 的椭圆形裂纹状缺陷。金相和扫描电镜分析表明，上述三部分缺陷实质上是相互连接的原始裂纹缺陷，详见图 9-6、图 9-7。由于转子内存在这样的原始缺陷和裂纹，并在表面、内孔等许多部位分布，从而降低了转子的疲劳强度、断裂韧性和抗弯刚度，在机组甩负荷大冲击和轴系振动的作用下，出现弯曲应力，与表面萌生并发展的疲劳裂纹共同作用，进一步加大机组振动，最终断裂。

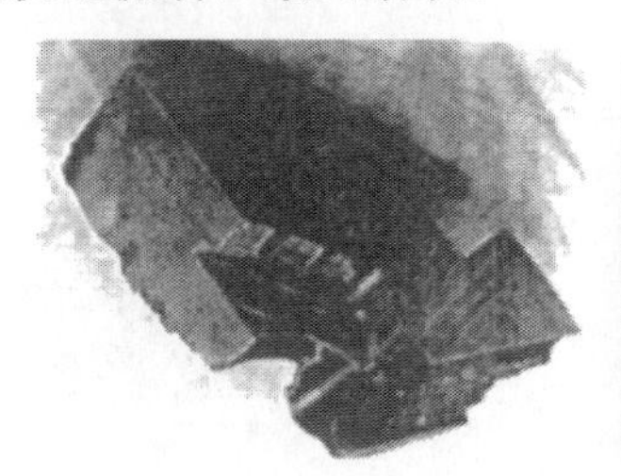

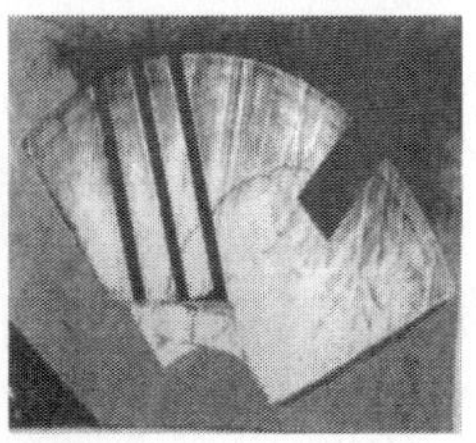

图 9-6 汽轮机转子发电机侧断口处原始缺陷

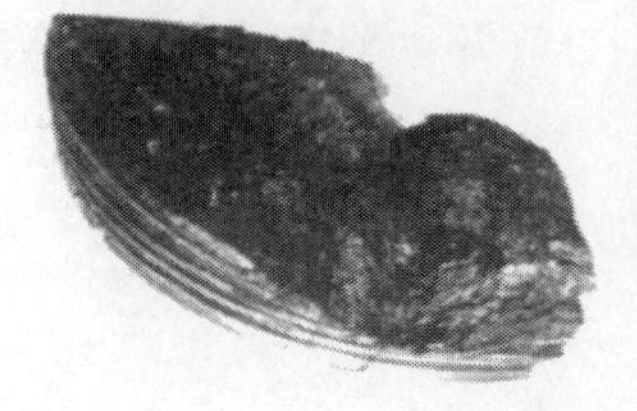

（a）汽轮机转子发电机侧断口裂纹

（b）汽轮机转子表面原始缺陷处开裂

（c）表面原始裂纹缺陷微观形貌

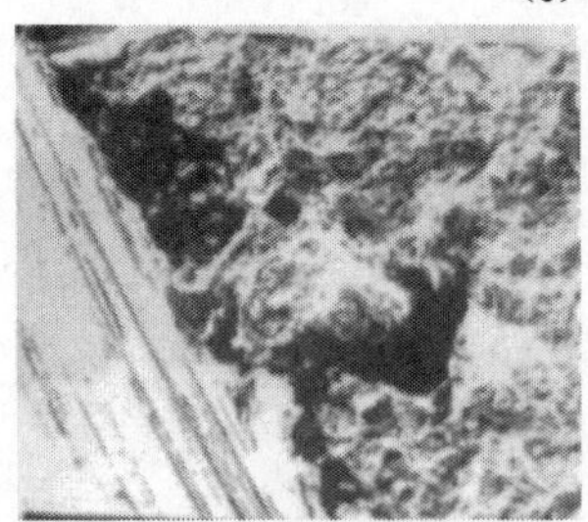

（d）汽轮机转子表面缺陷处开裂

（e）缺陷间贯通裂纹形态（疲劳形态）

（f）汽轮机转子汽轮机侧断口存在裂纹缺陷（有疲劳裂纹并扩展）

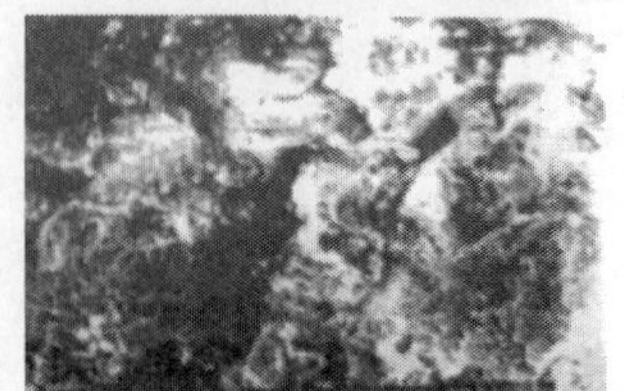

（g）汽轮机转子发电机侧断口局部有缩孔及夹渣

图 9-7　汽轮机转子断口及断口形貌

运行中多次甩负荷等应力变化，也促使汽轮机转子表面在汽封应力集中处和原始裂纹缺陷处萌生疲劳裂纹并逐渐扩展。另外，第16级叶轮键槽非工作面受力，说明汽轮机断轴前，转子严重碰磨或制动，发电机处于主动状态，汽轮机处于被动状态。发电机转子向励磁机侧串动，造成汽轮机侧护环将定子轴向碰磨约250mm，这说明只有汽轮机转子在后轴封处先已断开，才能形成发电机转子向后串动。

2）汽轮机与发电机间联轴器对轮螺栓断口

联轴器对轮在断裂前发生较大的张口形变，螺栓拉长断裂，是轴向拉力过载条件下产生的。这种大的轴向拉应力来源于转子的振动和挠曲，因此联轴器对轮张口拉断螺栓是机组强烈振动所造成的。从联轴器对轮键槽非工作面受力看，汽轮机在碰磨过程中有较大阻力或制动力矩，发电机以较大的惯性仍在高速旋转，造成发电机主动、汽轮机被动的情况。联轴器对轮螺栓的金相组织有网状分布的铁素体，对抗冲击载荷性能受到一定影响。

3）发电机转子汽轮机侧断口

在发电机转子汽轮机侧断口取样，发现有明显偏析现象。转子表面存在许多较深加工刀痕，一些刀痕已经产生形变并张口，刀痕底部已产生了显微裂纹而成为断裂源。事故过程中，裂纹沿周向迅速发展，在断口上形成一周平台区（详见图9-8）。从断口扭力作用下的断裂纹路看，在断裂过程中，发电机处于主动状态，汽轮机处于被动状态，断裂是在机组降速过程中发生的。

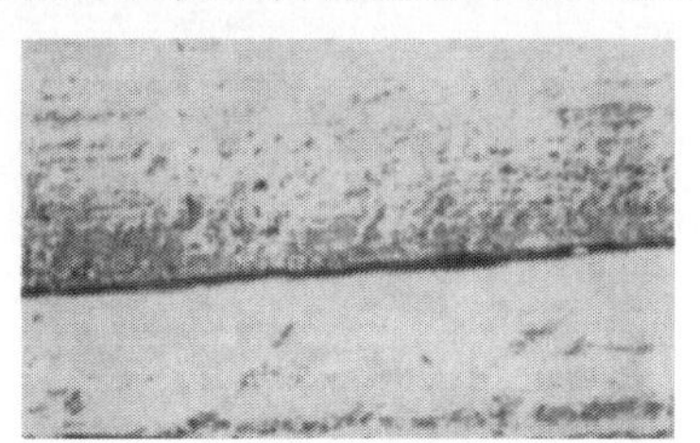

图9-8　发电机断口转子表面刀痕及裂纹

4）励磁机转子断口

励磁机转子是在振动冲击应力作用下形成裂纹发生脆断，转子表面宽而深的加工刀痕和冶金夹杂的存在，加剧变截面处的应力集中，促使了裂纹生成和断裂。

4. 机组损坏原因分析

1）机组振动

3月5日，3号轴瓦的振动明显增加，振动幅值由6μm增加到38μm，约增加了5倍，因未超标，未引起足够的重视。当事故甩负荷转速升至3600r/min时，

发电机及励磁机分别落入二阶和一阶临界转速区，激发轴系发生更大的振动，

2）护环松动引起轴系振动

发电机转子汽轮机侧甩出的大护环，因拆装过，紧力有所下降。另外，发电机失磁时，发电机铁芯端部结构件温度升高，转子铁芯产生滑差电流，从而在转子上引起损耗使温度升高，特别是转子本体端部，温升更高。虽然失磁时间较短，但温度亦会有所增加，对护环紧力减少会有影响。说明机组甩负荷后，转速升至3600r/min过程中，因护环紧力不够而松动，导致轴系振动增加，这时正好落入电机二阶临界转速中，因而产生较大的振动。

3）轴瓦座刚度变化

事故后检查机组5号轴瓦的瓦座、6号轴瓦的瓦座，其上下结合面螺栓长短不一，4号轴瓦的瓦盖右侧3个螺栓有2个退出，可能为振动时松脱而退出，这都会影响轴瓦的刚度，从而使临界转速下降。当事故发生，转子降速过程趋于同步，产生较宽的共振区，机组振动由于轴瓦的瓦座刚度变化而发散。

4）汽轮机转子内有原始缺陷

汽轮机转子发电机侧有较大的原始缺陷，加上轴封倒角较小，应力集中，并在表面缺陷处有萌生的疲劳裂纹，因而降低了转子断裂强度和疲劳强度。当机组发生强烈振动时，汽轮机后轴封有原始缺陷处，开始挠曲使动静部件碰磨，振动加剧，产生较大的轴向拉应力使对轮开始张口，导致机组振动更为强烈，使轴瓦破坏，轴瓦飞出，汽轮机轴弯曲，动静部件碰磨，形成恶性循环，直至汽轮机转子沿缺陷处断裂甩头，将后汽缸碰撞张口。事故后检查汽轮机转子从后轴封处弯曲约8°。

5）轴系断裂过程

当汽轮机后轴封处断开后，发电机至汽轮机后轴封断口处长约2.5m，重约3t，由于此段已弯曲和对轮张口，重心偏离中心位置，产生的离心力所造成的弯引力可能会超过转子材料极限强度（590N/mm^2），即会沿轴表面刀痕应力集中处首先开裂，在弯扭应力作用下使发电机轴断裂。同时联轴器对轮螺栓拉断（最后4个螺栓是剪断）飞脱。当汽轮机转子首先断开后，发电机转子跳动和前后传动将发电机与励磁机间的波形联轴器经推压和扭应力的作用断开。轴系断裂过程是由前向后发展，从对轮键槽非工作面受力看，汽轮机存在较大的阻力和制动的情况下，发电机在大的惯性力作用下按原旋转方向旋转，形成发电机主动、汽轮机被动的相反的扭矩。图9-9为事故后轴系拼接图，机组轴系的断裂是在降速时过一阶临界转速时发生的，轴系有一定弯曲塑性形变，为一阶振型。

图9-9 轴系拼接图

6）失去厂用电的后果

厂用电失去以后联动备用电源失败，经事故后检查，厂用电联动控制电缆在安装时就有两根断线，一根接地，是9次甩负荷厂用电联动不上的主要原因。

当发电机跳闸时，汽轮机电超速保护回路应迅速关闭高压调速汽门。设计该保护回路使用了交流的电磁阀和交流整流的直流电源控制高压油动机，因此失去了厂用电后高压调速汽门未关闭。

自动主汽门关闭是受24V的交流D2-52/400电磁阀控制。虽有许多保护信号可使主汽门迅速关闭，但因用了交流电磁阀和一路经整流的直流电源，在厂用电失去时，失去作用，只在危急保安器动作后方可关闭主汽门。

失去厂用电不单使机组很多设备不能操作和监视，还失去了保护和控制，并使自动主汽门关闭延迟了0.4s左右，事故是在机组无保护情况下发生的。

9.1.5 “3.09”事故原因分析结论

（1）事故是在发电机失磁、甩负荷失去厂用电时发生的。

（2）由于保护系统电源设计不可靠，机组失去电超速保护功能，高压调速汽门处于开启状态，汽轮机自动主汽门依靠机械危急保安器动作关闭，主汽门关闭延迟了约0.4s，事故时最高转速不大于3600r/min。

（3）当机组甩负荷转速升速至3600r/min时，刚好落入发电机二阶临阶转速和励磁机一阶临界转速区，加之发电机汽轮机侧护环的松动、飞脱，以及轴瓦的松动等，致使机组发生强烈振动。

（4）汽轮机后轴封部位有较大的原始缺陷，降低了转子强度。在应力集中和缺陷处引起弯曲张口，导致振动加剧、动静部件碰磨、轴瓦破坏、轴瓦飞脱的恶性循环，使事故扩大。机组在降速通过一阶临界转速的过程中，致使轴系损坏。

9.2 广东××发电厂1号机组毁机事故

1996年4月4日，广东××发电厂1号机组甩负荷，发生爆炸着火毁机特大事故（简称“4.04”事故）。

9.2.1 机组概况

广东××发电厂1号机组采用北京重型电机厂生产的N50-8.83-2型50MW凝汽式汽轮机，QFS50-2型发电机，1996年1月15日投产运行。1996年4月4日22时50分，机组满负荷50MW运行时，发电机1号冷却水泵跳闸，发电机定子断水，抢合两次备用冷却水泵不成功，断水20s后，当准备紧急停机时，保护动作，机组甩负荷，突然机头、机尾发出巨响，机组爆炸着火致使毁坏，造成直接经济损失约2000万元，属于特大事故。广东××发电厂1号机组“4.04”事故概况综述如下。

9.2.2 设备损坏情况

1. 轴系

轴系断为6段，5个断裂面，1处为轴颈断裂，3处为联轴器对轮螺栓断裂，1处为波纹节联轴器断裂，断裂面位置详见图9-10。主油泵与危急保安器短轴间联轴器对轮螺栓、危急保安器短轴与汽轮机转子间联轴器对轮螺栓、汽轮机与发电机间联轴器对轮螺栓断裂，发电机汽轮机侧轴颈断裂，发电机与励磁机间波纹节联轴器断裂。汽轮机与发电机联轴器有12个对轮螺栓，螺栓断口存在剪切与拉弯形貌。发电机与励磁机间波纹节联轴器断口周围有明显的碰撞挤扁。从轴系断裂情况看，以发电机转子汽轮机侧轴段的破坏最严重，可能是轴系破坏的第一断口，发电机联轴器断轴约1.1t，飞出数十米远。汽轮机转子呈现一阶振型。励磁机转子基本完好。

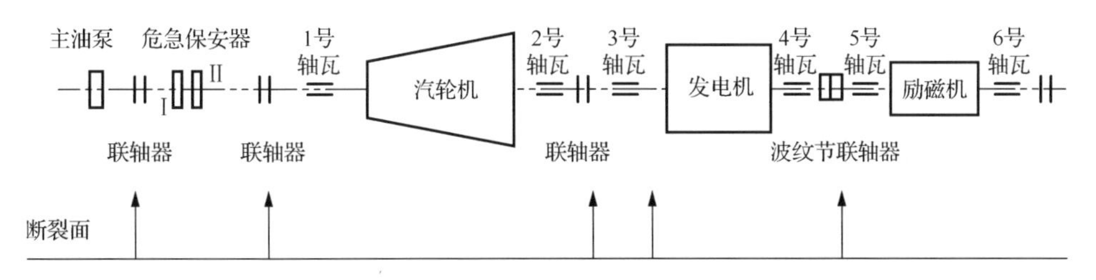

图9-10 广东××发电厂1号机组轴系断裂面位置

2. 轴瓦

1～4号轴瓦严重损坏，轴瓦的瓦块飞落在机组四周。2号轴瓦的下瓦落在右侧约1m处，2号轴瓦的上瓦落在右侧约12m处；3号轴瓦的上瓦落在左侧约10m处；4号轴瓦的下瓦落在右侧约5m处，4号轴瓦的上瓦落到左侧厂房外约16m处；5号轴瓦和6号轴瓦基本完好。

3. 套装部件

汽轮机转子及发电机转子上的全部套装部件，如叶轮、汽封套筒等仍在转子上，没有松动迹象，套装部件与转子间的定位键及键槽均完好。

4. 汽轮机叶轮与叶片

汽轮机调节级和第1～7级动叶片、叶轮、隔板基本完好。第8～12级动叶片全部飞脱，倒T型叶根大部分随叶片一起脱出，第8～21级叶轮和隔板均有挤压形变，叶根肩部呈多个台阶形变，表明叶片自叶轮脱出前承受了多次碰撞作用。部分脱落的叶片整齐排列，存留于相应隔板间。第15级叶片部分脱落。第21级（末级）叶片大部分脱落，脱落的叶片大多为叶片和叶根一起脱出。叶根将销钉剪断，部分下销钉尚完整存留在叶轮上。

所有脱落的叶片都受到严重的损坏，呈现弯曲、撞击、磨损和断裂。自颈部断裂的倒T型叶根断口又分为于径向垂直及于径向约45°角两种类型。叉型叶根的销钉口已呈不规则椭圆状。第8～21级叶轮轮缘挤压形变，有的叶根槽口增大，有的叶根槽口缩小，部分弧段轮缘撕落。

上述叶片、叶根、叶轮的损坏情况表明，叶片在脱出或叶根在断裂前，不仅受到离心力作用，还遭受到巨大的轴向和切向碰撞作用，其综合应力已超过叶轮轮槽及叶片材料的屈服极限。

5. 汽轮机隔板

汽轮机叶片脱落级的隔板均有严重的形变、磨损和位移，末级隔板静叶有少量断裂。

6. 汽轮机汽缸

汽轮机机头调速器座（约 1t）被抛到机头前 3m 处。调速汽门及执行机构严重损坏，自动主汽门未完全关闭，四个调速汽门中有一个未关闭，第 3～6 段抽汽逆止阀未关闭。中压缸的缸体断裂，缸体呈现沿周向断裂。低压排汽缸左侧形成一个约 1000mm×500mm 不规则的孔洞，断口呈击穿和撕裂状，破口处厚 20mm 的排汽缸钢片向外反折约 180°，反折的钢片上有多处明显的叶片撞击痕迹。在此大破口的斜上方还有较小的被击穿的孔口，缸内左侧斜上方与排汽缸破口对应位置处排汽导流板沿根撕裂、反折。低压排汽缸顶部两个防爆门已被冲破。汽缸地脚螺钉大部分松动，部分已断裂。盘车装置严重损坏。

7. 发电机

发电机两端的端盖严重损坏。发电机定子线圈磨损，两端部分磨损严重，以靠近汽轮机侧更严重些，磨损凹陷达 10mm，部分绝缘损坏。发电机转子靠励磁机端的风扇叶片产生弯曲形变。

8. 其他设备

部分凝汽器钢管被击穿。8m 平台的仪表盘被火烧毁。主油管及机头下的油管、抽汽管被烧产生形变。4m 层的直流油泵被烧毁。

9. 汽轮发电机组厂房

厂房波纹铁板屋顶（高 26m）有两处大面积掀开，掀开的位置在汽轮机发电机间偏左侧和机头前方右侧。屋顶、墙壁及玻璃窗有多处大小不等的穿孔。玻璃窗大部分已破碎，以汽轮机左侧最严重。厂房内墙壁全部覆盖一层浓浓的烟黑。

9.2.3 事故原因分析

1. 引起超速的因素及分析

汽轮机自动主汽门未能全部关闭，四只调节汽门中有一只未关闭，仍有一定量的高压新蒸汽进入汽轮机，成为汽轮发电机组超速的主要能量来源。第 3～6 段抽汽逆止阀未关闭，有一定压力的蒸汽回流至汽轮机，也成为汽轮发电机组超速的能源。

叶片的设计要求至少能够承受 1.2 倍额定转速，即 3600r/min 条件的应力，并仍有一定的安全系数。套装叶轮的设计要求在 3600r/min 条件下不得松动。事故中机组所有套装叶轮均未松动，叶轮与转轴间定位键与键槽完好，因而，机组事故转速可能不超过3600r/min。部分级次叶片脱落的事实，表明除了离心力外，还有其他因素的叠加引起叶片的脱落。

2. 汽轮机叶片脱落的原因和分析

汽轮机末叶片及次末叶片均为四叉型叶根。在叉型叶根销钉孔处的叶根，其计算断裂转速分别为4220r/min和4180r/min，叶根销钉的剪切断裂转速分别为5050r/min和5080r/min。以上数据表明：末叶片及次末叶片断裂所需要的转速是比较高的，且这两级叶片叶根及销钉断裂所需要的超速转速是几乎相等的。次末叶片大部分被撞击产生形变但未脱落，这种因素就是对叶轮叶片的轴向和切向碰撞。

第8～12级叶片的脱落有两种类型：叶根与叶片一起脱落，倒T型叶根断裂。第8～12级叶片叶根的离心拉伸应力要小于第13级叶片叶根，即在单纯超速离心力条件下，首先飞脱的应当是第13级叶片。现在的事实表明，一定还有其他因素导致第8～12级叶片的脱落。可以确定的因素是轴向和切向的碰撞，可能的因素是第3段抽汽（自第10级后）向汽轮机机内返冷汽或水，使缸壁局部降温、产生形变，诱发动静部件碰磨，使转子产生形变或水击叶片造成严重损坏。

3. 轴系振动的因素和分析

轴系振动特性、轴系平衡状态、临界转速等，在满足一定条件下，将会引发机组的大不平衡振动。在这次事故中，第3段抽汽（自第10级后）逆止阀未关闭，有向汽轮机机内返冷汽或水的可能，使缸壁局部降温、产生形变，诱发动静部件碰磨，使转子产生形变或水击叶片造成严重损坏，机组经过异常大振动致使机组毁坏。

9.2.4　“4.04”事故原因分析结论

（1）发电机1号冷却水泵跳闸，2号冷却水泵不能启动，发电机断水保护于20s动作，发电机与电网解列，是事故的起因。

（2）汽轮机自动主汽门和一只调节汽门未关闭，是机组事故超速的主要原因，最高转速不大于3600r/min。

（3）3段抽汽逆止阀未关闭，向汽轮机机内返冷汽或水，有在水冲击的作用下造成机组异常大振动的可能。

（4）机组在异常大振动的工况下，部件断裂、飞脱、碰撞，在轴系临界转速附近发生大不平衡振动，致使毁坏。

9.3 新疆奎屯发电厂3号机组毁机事故

新疆奎屯发电厂有3台机组，1号为6MW机组、2号为6MW机组、3号为12MW机组。3号汽轮发电机组为南京汽轮机厂（简称南汽厂）制造，1992年7月投产，1993年9月第一次大修，1994年供暖前小修投运，1995年3月曾停机消缺，并更换了励磁机电枢。发电厂经35kV线路与奎屯电业局35kV连接并入电网。1995年4月7日20时10分，发生3号机组油系统着火、超速毁机事故（简称“4.07”事故）。1995年4月17日新疆电力工业局安监处《安全通报（第三期）》报道了“4.07”事故的概况。新疆奎屯发电厂3号机组“4.07”事故的概况综述如下。

9.3.1 事故过程

该厂3号机组“4.07”事故发生前带负荷7～7.2MW。1995年4月7日20时10分，位于1号机组0m的给水泵值班员，发现3号汽轮机机头4m平台处着火，油已从油管法兰接头处外流着火，立即报告了值长。3号机组汽轮机司机在集控室发现，火从机头下部烧到7m运转平台，火势很大，司机立即采取紧急措施，向主控制室发出“注意”“机危险”信号，主控制室只收到“注意”信号，没收到“机危险”信号，看到3号机组有功功率由7MW下降到零，又立即按下“发电机主开关跳闸”和“主汽门关闭”远方操作按钮。汽轮机司机看到发电机负荷到零，但未注意“发电机主开关跳闸”和“主汽门关闭”两个指示信号，以及汽轮机转速为3420r/min，就提着灭火器到机头灭火，但火已很大，人出不去，此时一声巨响，汽轮机超速，主油压压力下降，火势增大。因3号机组碎片将1号机组油管砸裂，1号机组被迫停机，全厂停电。

奎屯市公安局消防大队接到报警后，5min即赶到现场，和电厂人员一起奋力扑救，20min将大火扑灭，并立即封锁现场。

9.3.2 设备损坏情况

经现场勘查，设备损坏主要是超速引起的。0m设备基本完好，汽轮机机头下4m层虽是初始起火处，但各蒸汽管道、阀门无明显损坏。7m平台自动主汽门表面烧损不严重。3号机组厂房屋顶钢架过火产生形变，停在此处的行车过火并严重烧损。

1. 轴系

轴系断为8段，7个断裂面，3处为轴颈断裂，4处为联轴器对轮螺栓断裂，图9-11为轴系断裂面位置示意图。汽轮机转子从末级轮盘根部断裂，连同对轮落在发电机汽轮机侧机壳内。发电机汽轮机侧转子从根部断裂飞出，碰到7m栏杆掉下，落在高压加热器旁0m处，砸坏盖板，落在地沟内。发电机励磁机侧转子从根部断裂飞出，断轴落到2号机组与3号机组之间的0m处。

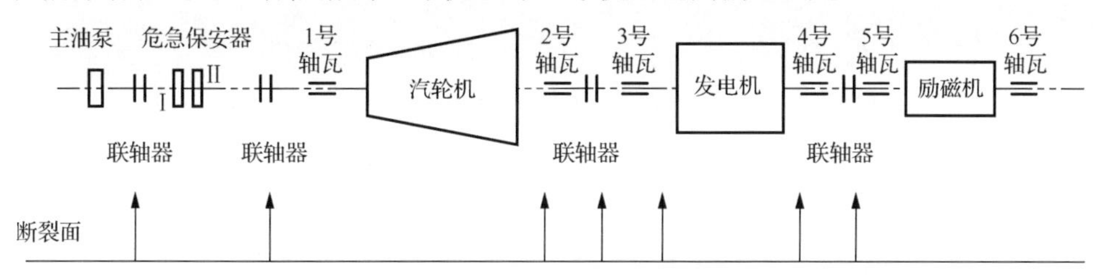

图9-11 新疆奎屯发电厂3号机组轴系断裂面位置

2. 汽缸

汽轮机低压缸破坏，残骸四处飞散，有一块500mm×800mm碎块落在2号机组与3号机组之间的0m处；汽缸地脚螺栓拔出；飞出的汽轮机末叶片将1号汽轮机端盖打了一个洞，打坏发电机内灭火水管；碎片打裂1号汽轮机5m运转平台油管，油大量外泄，被迫停机。

3. 发电机

发电机的风扇落在循环泵侧0m处；套箍飞出，从1号机组山墙16m高处穿出落在厂房外11m处；电枢从房顶飞出落在4号机组扩建端基础旁；励磁机静子落在厂房外侧平台上；发电机端盖破碎，残骸四处飞散；静子线圈散乱。

4. 屋顶

2号机组与3号机组之间的屋顶被击穿5个洞，但飞出物只找到一件。

5. 其他设备

汽轮机内部损坏情况，因未解体尚未查清。1号机组部分设备损坏，导致全厂停电。

9.3.3 “4.07”事故原因分析结论

新疆奎屯发电厂3号机组“4.07”事故原因分析：由于汽轮机机头漏油，漏在机头下热力管道上引燃，火势扩大较快（或发现较晚），烧损了机头下部油管道、部分法兰橡胶垫，大量压力油喷出，使油压下降，火势增大，烧坏了机头电气传输电缆、热工远方控制电缆，使得远方停机（关主汽门）操作失灵，汽轮机超速保护失灵（或动作迟缓），在司机远方操作跳开发电机开关，负荷由7MW至零后，自动主汽门、调节汽门不能迅速关闭，导致发生严重超速事故。由于部件的飞出，机组在大不平衡力的作用下损坏。

9.3.4 经验教训

该机组超速事故，是新疆地区发电厂多起超速事故中最严重的一次，机组报废，针对这起事故发电厂必须严格做到以下几点。

（1）消除汽轮机油系统漏油，杜绝火灾隐患。

（2）立即更换汽轮机油系统使用的全部橡胶垫，以后绝对禁止使用橡胶法兰垫。

（3）尽量减少机头下部油管法兰接头和阀门，减少此处漏油点。

（4）汽轮机下部的蒸汽管道、阀门保温要完好，符合规程要求，要用铁皮防护，与油管道有效隔离。

（5）汽轮机启动投运的各项试验必须进行，并符合规程要求，特别是提升转速试验、主汽门严密性试验，不合格不能投运。

9.4 重庆玖龙纸业自备热电厂1号机组毁机事故

2013年6月17日，重庆玖龙纸业自备热电厂1号机组发生了毁机特大事故[2]（简称“6.17”事故）。

9.4.1 机组概况

重庆玖龙纸业有限公司于2008年投资建设第三大造纸基地，该公司设有自备电厂，规划建设8台60MW机组、总装机容量480MW的自备热电厂，已投产了三台汽轮发电机组，1号机组和2号机组为上海汽轮机厂制造的60MW抽汽式汽轮机，采用循环流化床锅炉，福克斯波罗公司DCS控制系统。3号机组为20MW汽轮机，为垃圾焚烧机组，因为是纸厂，所以汽轮机需要向厂区供汽，用于煮浆加热等。

9.4.2　事故过程

该电厂一期工程机组为孤网运行方式，设置柴油发电机作为启动电源和事故保安电源。1 号机组和 2 号机组为母管制运行。根据有关资料介绍，3 号机组先甩负荷，然后是 2 号机组甩负荷，最后是 1 号机组甩负荷。厂用电全停，锅炉超压。2 号机组和 3 号机相继跳闸后，全厂负荷全部由 1 号机组承担，1 号机组严重过负荷，随后 1 号机组过负荷、低频、低压减载等保护动作。2013 年 6 月 17 日 0 时 51 分 14 秒，2 号机组跳机，1 号机组在 0 时 51 分 20 秒至 24 秒的 4s 内，从高负荷降到接近零负荷（但还没完全到零），0 时 51 分 20 秒至 26 秒的 6s 内，机组转速约由 2500r/min 飞升至 3788r/min。

9.4.3　设备损坏情况

汽轮机转子断成 3 段，有一段将汽轮机厂房屋顶击穿，飞出至输煤栈桥，且多个部件将主厂房墙壁击穿飞出厂房外，飞得最远的约有 100m，汽轮机、发电机报废。图 9-12～图 9-25 为设备损坏及断轴情况。

图 9-12　残骸穿透厂房落入工程师站

图 9-13　汽轮机机头

图 9-14　危急保安器飞环

图 9-15　汽轮机前箱

图 9-16　汽轮机排气缸

图 9-17　发电机

图 9-18　发电机及端部

图 9-19　汽轮机、发电机断轴

图 9-20　飞落到厂房外的轴瓦

图 9-21　飞落到厂房外的断轴

图 9-22　汽轮机断轴断口

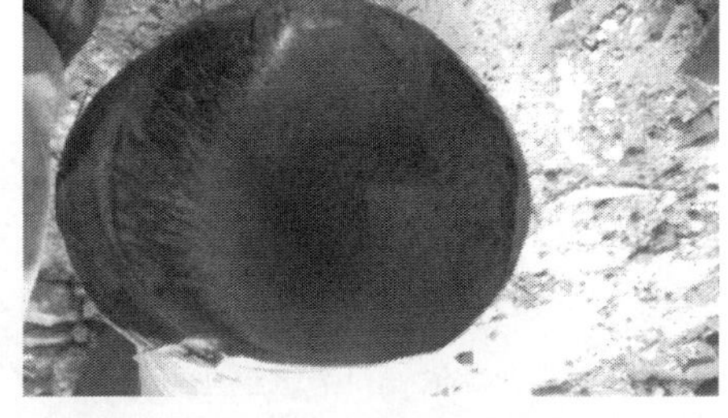

图 9-23　发电机断轴断口

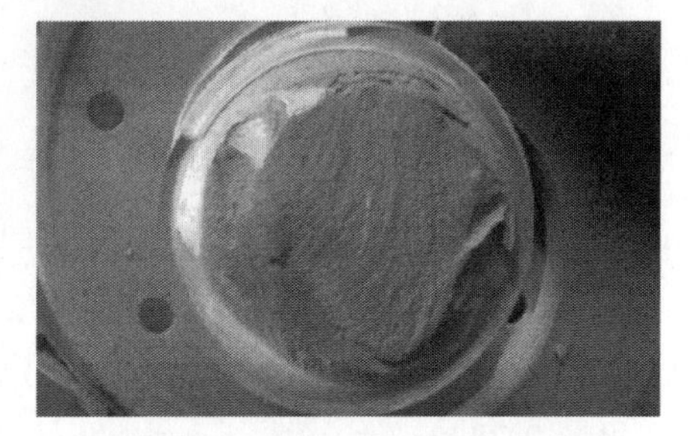

图 9-24　汽轮机排汽端断轴断口

图 9-25　厂房屋顶被击穿的孔洞

9.4.4 “6.17”事故原因分析

该机组的事故原因尚未见有明确的结论，但有不同的分析意见，认为事故的可能原因有：自动主汽门、调节汽门卡涩，保护装置拒动；在孤网运行条件下，2号机组和3号机组甩负荷，电负荷全部转移到1号机组，致使转速下降，局部网崩溃，转速上升至超速；可调整抽汽返汽，导致超速等。事故原因仍有待进一步调查、分析。

9.5 云南鑫福钢厂1号机组毁机事故

云南鑫福钢厂1号机组，为山东青岛捷能汽轮机集团股份有限公司（简称青汽厂）生产的中压25MW凝汽式汽轮机，济南发电设备厂生产的发电机，采用高炉尾气发电，设备总价820万元，电厂总投资达1.5亿，2012年5月投产。2014年1月21日21时，机组并网带负荷15MW，运行中平台振动突然很大，接着听到两声巨响，发电机冒烟起火，厂用电消失，汽轮机转子断裂，发电机整机甩落，机组发生了不可恢复的特大事故[5]（简称“1.21”事故）。云南鑫福钢厂1号机组“1.21”事故概况综述如下。

9.5.1 设备损坏情况

图9-26为云南鑫福钢厂1号机组轴系断裂面位置图。汽轮机的汽缸法兰螺栓全部失效（断裂和滑扣），1号轴瓦和2号轴瓦的上瓦飞脱，下瓦仍在原位。3号轴瓦、4号轴瓦的上瓦和下瓦均已飞出（详见图9-27）。飞出的残骸穿透厂房墙面（详见图9-28）。

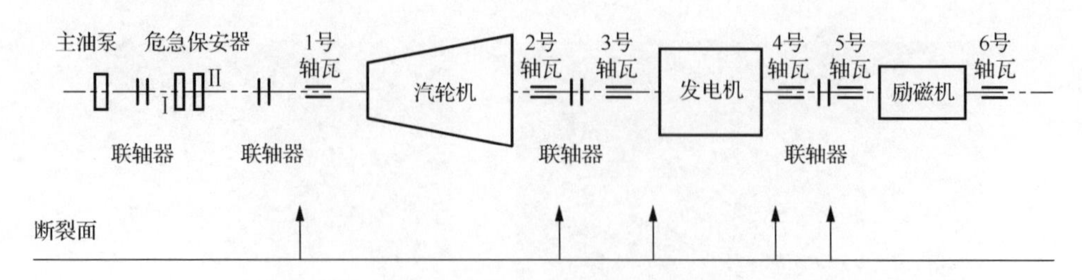

图9-26 云南鑫福钢厂1号机组轴系断裂面位置

图9-27　甩落的轴瓦

图9-28　残骸飞出穿透厂房墙面

汽轮机转子断成三段，断口均在1号轴瓦和2号轴瓦的轴颈外侧，汽轮机转子尚未落入汽缸内（详见图9-29、图9-30），汽轮机最后两级叶片完全断裂（详见图9-31），倒数第3级叶片纵树形叶根的销钉被剪断，轮缘被拉豁口。

发电机转子断成三段，断口均在轴颈内侧，转子落入静子内，汽轮机与发电机间对轮尚未断开，2号轴瓦和3号轴瓦间的断轴甩落到0m，4号轴瓦侧的断轴也甩落到0m。断口均为大弯曲应变塑性断口（详见图9-32）。

图9-29　汽轮机1号轴瓦

图9-30　汽轮机2号轴瓦

图9-31　汽轮机转子

图9-32　2号轴瓦轴颈处断口

发电机静子连同台板及地脚螺栓连根拔起，整机甩到 0m 地面（详见图 9-33～图 9-35）。转子和静子已熔焊在一起，无法抽出转子，采用割开静子的方法取出转子（详见图 9-36）。转子和静子之间空气间隙充满了绝缘烧毁的黑灰（详见图 9-37），发电机转子两端的护环被碾压成内小外大的喇叭形。发电机解体后，其内部贴有（不合格）标签并附有产品编号，材料成分有气泡（制造厂确认）。

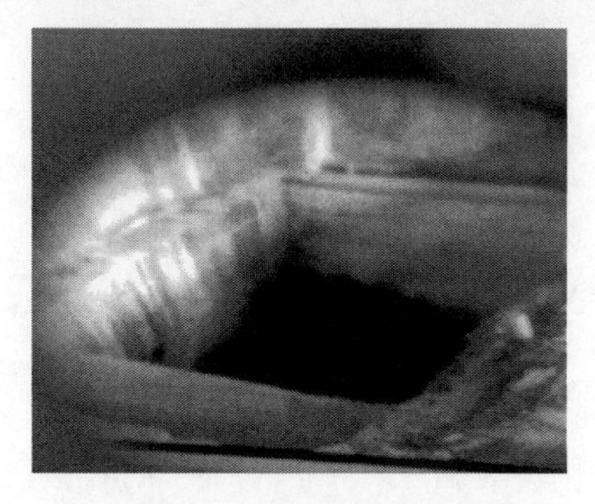

图 9-33　8m 平台发电机基座位置

图 9-34　发电机整机甩落至 0m 地面

图 9-35　甩落到 0m 地面的发电机

图 9-36　解体发电机

图 9-37　发电机绝缘烧毁

9.5.2　“1.21”事故原因分析

事故发生两个月之后，云南鑫福钢厂组织调查组进行了事故的调查分析工作，调查结果对事故原因有不同的分析意见：事故是发电机材质存在缺陷，发电机发生爆炸造成的；运行误操作，机组严重超速引起的。目前尚未见有明确的结论，有待进一步调查分析。

9.6　江苏谏壁发电厂 13 号机组拖动给水泵汽轮机严重超速毁机事故

江苏谏壁发电厂 13 号机组为 1000MW 汽轮机，拖动给水泵汽轮机发生了严重超速事故[2]。2010 年 12 月 28 日 21 时，该厂在建的 13 号机组进行拖动给水泵汽轮机提升转速试验，试验过程中拖动给水泵汽轮机转速飞升至 8000r/min，当时仪表盘上仍显示为 4000r/min。造成汽缸形变，转子断裂，整机报废。运行人员一人重伤，一人脸部受伤。事故原因尚未见有详细报道，据有关资料介绍，超速事故是由设备故障造成的。

第10章　严重超速未造成毁机事故的案例

10.1　广州珠江发电厂2号机组300MW汽轮机严重超速事故

广州珠江发电厂2号机组于1993年9月24日，在进行72小时试运期间，发生了严重超速事故（简称“9.24”事故），最高转速达4200r/min，机组受到严重损坏。事故发生后，电力部、机械工业部成立了专家调查组，对事故进行了调查分析，提出了《广州珠江发电厂2号机组超速事故报告》。广州珠江发电厂2号机组“9.24”事故综述如下。

10.1.1　事故过程

广州珠江发电厂2号机组为哈尔滨汽轮机厂生产的引进型300MW汽轮机。该机组于1993年9月21日凌晨起动，22时30分开始72小时试运行，9月23日下午锅炉炉膛负压突然显正，预热器出口排烟温度异常升高，22时左右发现右侧再热器处有剧烈喷射声。24日12时16分，炉膛负压增至+866Pa并伴有炉内剧烈声响，给水流量剧增，经调整给水，减负荷等措施，炉膛负压、水位仍难以维持，12时22分（负荷170MW、炉膛正压+780Pa、除氧器水位−800mm）手动MFT，并联跳汽轮机和发电机。油开关跳闸后，汽轮机转速飞升至4200r/min左右。由事故记忆可知，机组转速飞升时间16s，转子惰走时间60min。惰走过程机内无明显异音，投盘车后，盘车电流正常。

10.1.2　造成机组严重超速的主要因素

事故记忆中运行参数的记录，以及设备解体检查的结果初步表明，造成机组严重超速的四点可能因素如下。

（1）B侧中压调节汽门卡涩、关闭迟缓是造成超速的关键因素。

事故记录显示，B侧中压调节汽门在关闭信号发出后拒动，15s后才快速关闭。解体检查发现，该调节汽门执行机构的操纵连杆上有一条30mm宽、3mm长的镀铬层剥落痕迹，与此相对应的套筒上有一条纵向宽30mm、长约198mm的严重拉痕。另外，执行机构操纵杆与中压调节汽门门杆中心明显不对中，中心偏差 1.3mm。B 侧中压调节汽门迟关 15s，与机组转速飞升时间 16s 接近，表明中压调节汽门关闭，才能停止转速的飞升。套筒的拉痕与中压调节汽门的行程吻合，表明 B 侧中压调节汽门存在卡涩。因此，B 侧中压调节汽门卡涩、滞后关闭，是造成超速的关键因素，转子飞升的动力主要源于 B 侧中压调节汽门的进汽。

（2）中压自动主汽门的结构难以保证良好的严密性。

中压进汽回路有中压主汽门与中压调节汽门，因此，仅仅中压调节汽门关闭不及时，不足以单独造成超速到 4200r/min 左右，B 侧中压自动主汽门也存在关闭不及时或关闭不严密的问题。解体检查中压自动主汽门，仅发现密封面弧长 150mm 区段不严，有 0.9mm 间隙。另外，该型机组中压自动主汽门采用摇摆式结构，从结构上难以保证关闭严密。

（3）高压旁路联动投入、低压旁路手动投入加剧了转速的飞升。

锅炉 MFT 动作后 3s，高压旁路自动投入，低压旁路未能投入，中压汽门前保持压力较高的稳定汽源，加剧了转速的飞升。手动开启低压旁路，中压调节汽门关闭后转速才回落，说明再热蒸汽稳定压力的汽源是造成转速飞升的重要因素。

（4）部分抽汽逆止阀未关闭。

该机组“9.24”事故过程中，一段抽汽逆止阀和三段抽汽逆止阀未关闭，抽汽可返回汽轮机做功，但此因素不是构成超速的主要因素。

10.1.3　设备解体检查情况

汽轮机低压缸：个别末叶片、拉筋断裂，其他未发现明显损坏。末叶片是否拉长，由于测量方法精度不够，尚不能准确判断。

发电机：风扇叶轮紧力消失，有轴向位移，其他未发现明显损坏。发电机未拔护环检查。

10.1.4　右侧中压调节汽门油动机活塞杆、轴套损伤分析

（1）活塞杆镀铬层平均厚度 0.031mm，显微硬度 852 $HV_{0.05}$。镀铬层结合强度经热振试验和磨锯试验，未发现任何起泡和剥离现象，满足有关规程的要求。

（2）活塞杆基体材料为 35CrMo。基体硬度 22.5HRC，未达到设计图纸要求（30～35 HRC）。建议镀铬层基体硬度在 40～60HRC 范围。

（3）活塞杆上有 5mm×22mm 的疤痕，是由于活塞杆镀铬面与密封套在某种因素下发生直接接触而产生黏合，在轴向切应力的作用下，发生咬合磨损而形成的。

（4）划痕是由于活塞杆与密封套之间夹有 Si、Ca 砂类粒，在活塞杆动作时形成的。

10.1.5 机组飞升转速计算

1. 基本数据

1）机组转动惯量

根据哈尔滨汽轮机厂提供的计算数据，机组总转动惯量为 $J = 30770\ \mathrm{kg \cdot m^2}$。

2）机械磨损耗功

根据引进型 300MW 机组的计算数据：3000r/min 时，机械摩擦耗功 W_{m0}=1290kW；4103 r/min 时，机械摩擦耗功 W_m=28800kJ（摩擦耗功与转速平方成正比）。

3）事故前运行参数

根据电厂追忆：发电机功率 178MW，主蒸汽压力 14MPa，主蒸汽温度 491℃，再热蒸汽压力 2.05MPa，再热蒸汽温度 491℃，排汽压力 0.011MPa。

制造厂提供了热平衡图，根据机组功率，进汽、排汽参数，经流量平衡推算，主蒸汽流量为 590t/h，再热蒸汽流量为 470t/h。

4）机组飞升转速及飞升时间

根据电厂追忆打印：最高飞升转速为 4103r/min，飞升时间为 16s。

2. 一级抽汽回流对机组的做功

一级抽汽压力 38kg/cm^2，温度 330℃；最高转速时一级抽汽压力 8kg/cm^2（取此时调节级后压力）。一级抽汽管道容积约 1.9m^3，1 号高压加热器汽侧容积 8.7m^3，1 号高压加热器水侧容积 0.86m^3。一级抽汽管道 16s 释放的蒸汽量 G_1：

$$G_1 = V_1/v_1 - V_1/v_2 = 130\mathrm{kg}$$

式中，V_1 表示管道容积与高压加热器汽侧容积之和；v_1、v_2 表示事故前后蒸汽比容。

由 1 号高压加热器水中闪蒸出来的蒸汽量 G_2：

$$G_2 = (V_2/v_2)(h_1 - h_2)/(((h_3 - h_4)/2) - h_2) = 85\mathrm{kg}$$

式中，V_2 表示高压加热器水侧容积；v_2 表示高压加热器水侧比容；h_1、h_2 表示事故前后高压加热器水焓；h_3、h_4 表示事故前后压力下饱和蒸汽焓。

一级抽汽回流膨胀至凝汽器对机组的做功 W_1 =122000kJ。

3. 三级抽汽回流对机组的做功

三级抽汽压力 10.2 kg/cm^2，三级抽汽管道容积约 2.37m^3，三号高压加热器汽侧容积 8.4m^3，三号高压加热器水侧容积 0.865m^3。

三级抽汽管道 16s 内释放的蒸汽量 G_3=25kg。

三号高压加热器水中闪蒸出来的蒸汽量 G_4=155kg。

三级抽汽回流膨胀至凝汽器对机组的做功 W_2 = 91000kJ。

4. 中压自动主汽门泄漏对机组的做功

一只中压主汽门泄漏面积 A_1=27.5mm^2，旁通管泄漏面积 A_2=506.7mm^2，总泄漏面积 $A= A_1+ A_2$=534.2mm^2，漏汽量（按喷嘴临界流量公式计算）：

$$G_5 = 2.03A(p/v)^{0.5} = 0.708\text{kg/s}$$

式中，p 表示事故时再热蒸汽压力；v 表示再热蒸汽比容；A 表示通流面积。

事故过程 16s 泄漏量为 11.3kg，中压主汽门泄漏对机组的做功 W_3 = 8780kJ。

5. 一侧中压自动主汽门和调节汽门全开对机组的做功

根据再热蒸汽压力变化值，一侧中压自动主汽门和调节汽门全开，流量修正系数为 0.97，求得事故发生时，再热蒸汽进入中压缸的平均流量：

$$G_6 = 0.97G_0p/p_0 = 273000\text{kg/h}$$

式中，G_0 表示事故前再热蒸汽流量；p 表示事故时再热蒸汽压力；p_0 表示事故前再热蒸汽压力。

再热蒸汽进入中压缸 16s 内对机组的做功 W_4 =1110000kJ。

6. 高压缸鼓风耗功

根据电厂追忆，调节级压力及再热蒸汽压力变化值，事故开始 4s 后稳定，故高压缸在 4～16s 内处于鼓风状态，按下式计算转速在 3200～4103r/min 范围内的鼓风耗功（kJ）：

$$W_g = 0.61D\text{L}^{1.5}(u/100)^3\Upsilon$$

式中，D 表示叶轮平均直径；L 表示动叶高度；u 表示平均直径处线速度；Υ 表示蒸汽密度。

鉴于事故期间转速不断升高，故以积分求得升速期间各级平均鼓风损失之和，得出高压缸在 4～10s 时间内的鼓风耗功 W_g =58020kJ。

7. 机组转速飞升至 4103r/min 所需功率

根据能量定律：

$$P = I(\omega^2 - \omega_0^2)/(2\times1000\times t) = 76230\text{kW}$$

式中，I 表示机组转动惯量；ω 表示最高飞升转速（角速度），rad/s；ω_0 表示机组甩负荷正常飞升转速（角速度），rad/s，取 n_0 =3100r/min，ω_0=324.471rad/s；t 表示飞升时间，s。

考虑到高压缸鼓风、机械摩擦耗功，转速飞升到 4103r/min 所需功率 P =81656kW。

8. 机组飞升转速计算

机组正常甩 178MW 负荷，飞升转速不超过 3100r/min，以此为起点，计算各工况下的最高转速。最高飞升转速计算结果汇总于表 10-1。由能量平衡得

$$W = I(\omega^2 - \omega_0^2) / (2\times1000)$$

$$\omega = (2000W/I + \omega_0^2)^{0.5}$$

或

$$n = 9.55(2000W/I + \omega_0^2)^{0.5}$$

式中，W 表示蒸汽对机组所做的净功，kJ。

表 10-1 最高飞升转速汇总表

序号	计算工况	净功 W/kJ	转速 n/（r/min）
1	工况 1：一级抽汽回流	$W=W_1-W_m-W_g=35180$	3133
2	工况 2：三级抽汽回流	$W=W_2-W_m-W_g=4180$	3104
3	工况 3：中压自动主汽门泄漏	$W=W_3-W_m-W_g=-78040$	—
4	工况 4=工况 1+工况 2+工况 3	$W=W_1+W_2+W_3-W_m-W_g=134960$	3227
5	工况 5：一侧中压汽门全开	$W=W_4-W_m-W_g=1023180$	3959
6	工况 6=工况 1+工况 2+工况 5	$W=W_1+W_2+W_4-W_m-W_g=1236180$	4115

9. 机组飞升转速计算结果分析

上海成套所计算结果表明：

（1）一级抽汽回流不可能使转速升到 4103r/min。

（2）三级抽汽回流不可能使转速升到 4103r/min。

（3）中压自动主汽门总泄漏不可能使转速升到 4103r/min。

（4）以上三个因素联合作用也不可能使转速升到 4103r/min。

（5）只有一侧中压自动主汽门和中压调节汽门全开，或一侧中压自动主汽门有较大开度、中压调节汽门全开，可使机组转速达到事故最高转速。

（6）根据追忆打印数据，高压自动主汽门及时关闭，右侧中压调节汽门滞后 15s 关闭，两只中压自动主汽门没有直接记录。

综上所述，一级、三级抽汽回流和中压主汽门少量泄漏，都不可能使转速升到 4103r/min。根据计算结果认为：一侧中压调节汽门延时关闭，同侧中压自动主汽门未关闭，或有较大的开度，导致再热蒸汽进入中压缸，引起机组超速，而一级、三级抽汽回流有助于转速的飞升。

10.1.6 “9.24”事故原因分析结论

（1）B 侧中压调节汽门油缸活塞杆卡涩、滞后关闭，是造成机组严重超速的主要原因，

（2）低压旁路未能投入，再热蒸汽是造成转速飞升的重要因素。

（3）活塞杆基体硬度未达到设计图纸要求。

（4）活塞杆与密封套之间夹有 Si、Ca 砂类粒，油缸活塞杆产生划痕、卡涩，致使中压调节汽门滞后关闭。

（5）事故前机组一切正常，该机组为引进机组，原设计额定转速为 3600r/min，转速 4200r/min 仍在机组部件强度允许的转速（4320r/min）范围内。

10.2 东汽热电厂 6MW 机组严重超速事故

东汽热电厂 6MW 抽汽式机组在机组甩负荷的过程中，可调整抽汽逆止阀未动作，抽汽回流，造成机组严重超速事故，设备未受到严重损伤。

10.2.1 机组概况

东汽热电厂 6MW 机组担负着为工厂发电、提供生产用蒸汽及冬季生活供暖的任务。该机为 C6-35/10 型可调整抽汽凝汽式汽轮机，额定功率 6MW，额定转速 3000r/min，主蒸汽压力 3.5MPa，主蒸汽温度 435℃，抽汽压力为 1MPa。图 10-1 为汽轮机转子结构简图。该机组 8 个叶轮与转子全部为红套过盈配合。

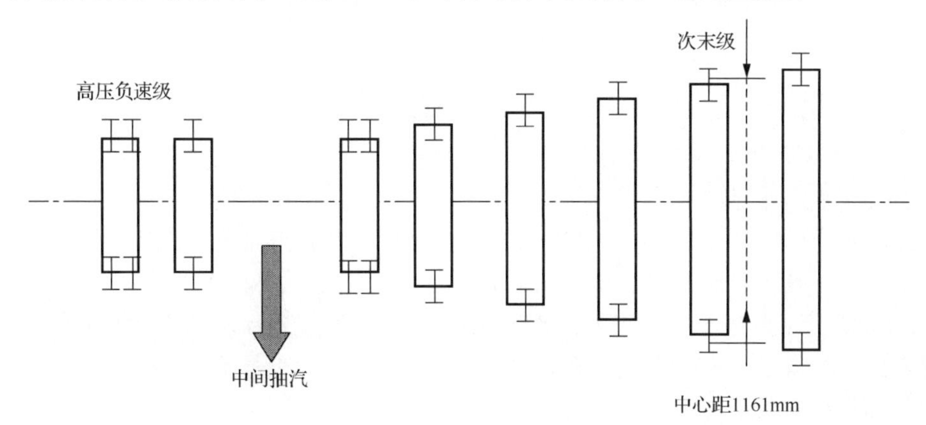

图 10-1　C6-35/10 型汽轮机转子结构简图

10.2.2 事故过程及设备损坏情况

该机组因变压器故障甩负荷，可调整抽汽逆止阀未能动作，造成抽汽回流使转子升速，机组在5700r/min高速之下运转10min，关闭抽汽管路阀门后，机组转速得以控制停机。设备损坏情况如下：

（1）高压调节级叶轮失去过盈量从转子上松落，测量表明轮孔呈椭圆形，直径最大松动量达0.33mm左右；

（2）高压调节级第一列和第二列叶栅、叶片的自带围带磨出三圈周向沟槽，有的围带已磨穿，且自由端上翘达1mm；

（3）次末叶片向背弧侧倾倒，个别叶片（5号）明显从叶栅中伸长突出。

为了掌握叶片损伤后的材质状况、补救的方法与工艺参数，抽取次末级6只叶片、高压调节级第二列4只叶片，以及第一列2只叶片，进行分析检查。

10.2.3 叶片材质超速损伤类型及程度

1. 次末叶片分析

1）次末叶片化学成分

次末叶片经光谱分析，其成分见表10-2，符合1Cr13成分要求。

表10-2 次末叶片的化学成分（质量分数） （单位：%）

项目	碳（C）	硅（Si）	锰（Mn）	铬（Cr）	钼（Mo）	镍（Ni）	钛（Ti）	磷（P）	硫（S）
次末叶片实测值	0.137	0.534	0.5	12.41	0.171	0.24	0.005	0.0217	0.0035
1Cr13技术要求	0.08～0.15	≤0.6	≤0.8	12～14	—	≤0.6	≤0.005	≤0.03	≤0.03

2）次末叶片超速损伤后的外形及尺寸变化

（1）叶片外观。

次末叶片整级240只叶片为外包倒T型叶根。在超速阶段，次末叶片发生了叶根根部不均匀拉伸伸长。5号叶片的形变显得特别突出，它比其他叶片伸长0.80mm以上。叶根根部不均匀拉伸产生形变，T型叶根颈部内弧侧伸长大于背弧侧伸长，使整圈叶片在叶轮中呈现向背弧侧方向一边倒的趋势。

（2）叶片尺寸。

由于超速，叶片离心力急剧增加。为此，对超速阶段的离心力，以及导致叶片伸长的可能性进行估算。

次末叶片基本参数为：叶片高度 L=157mm；叶片重量 M=218g；该级叶片中心距 R=1161mm；转速 n=5700r/min；叶根颈部横截面面积 A=13×8mm^2；叶片强度等级 $\sigma_{0.2}$=45kg/mm^2。

根据叶片重量估算离心力：

$$F_1 \approx M\omega^2 R = M(2\pi n/60)^2 R = 0.218\times(2\times3.14\times5700/60)^2 \times 1.161/2 = 45082\text{N} \approx 4600\text{kgf}$$

根据叶片材料强度估算叶根颈部伸长屈服力：

$$F_2 = \sigma_{0.2} A = 45\times13\times8 = 4680\text{kgf}$$

由此可见，F_1 与 F_2 已十分接近。由此推断，超速离心力 F_1 在叠加蒸汽弯曲应力后，将绝对大于叶片的材料屈服力 F_2。因此，次末叶片叶根颈部伸长是超速运转的必然结果。拉伸产生形变后的六只叶片叶根测试的数据见表 10-3。

表 10-3　次末叶片 T 型叶根颈部尺寸变化测试数据　（单位：mm）

叶片号	进汽侧 H 变化情况			出汽侧 h 变化情况			进汽侧 D 变化情况			出汽侧 d 变化情况			T 型叶根颈部尺寸	
	内弧侧 H_1	背弧侧 H_2	H_1/H_2	内弧侧 h_1	背弧侧 h_2	h_1/h_2	内弧侧 D_1	背弧侧 D_2	D_1/D_2	内弧侧 d_1	背弧侧 d_2	d_1/d_2	上部 g	下部 G
1	17.98	17.46	0.52	17.98	17.48	0.50	14.52	14.30	0.22	14.56	14.20	0.36	7.92	7.92
5	18.88	18.04	0.84	18.76	18.04	0.72	15.40	14.96	0.44	15.38	14.92	0.46	7.78	7.78
7	18.00	17.66	0.34	17.94	17.56	0.38	14.66	14.32	0.34	14.54	14.22	0.32	7.92	8.06
13	18.02	17.50	0.52	17.98	17.42	0.56	14.54	14.22	0.32	14.46	14.12	0.34	7.90	7.86
14	17.88	17.50	0.38	17.86	17.50	0.36	14.60	14.28	0.32	14.54	14.16	0.38	7.92	7.90
15	18.00	17.58	0.42	17.98	17.58	0.40	14.74	14.28	0.46	14.66	14.24	0.42	7.86	7.78

图 10-2 为表中测试数据位置。表中 H、h、D、d 四个尺寸的差值均表示叶片内弧侧的张口值，仅表示 T 型叶根颈部内弧侧相对于背弧侧的伸长，其中以 5 号叶片尺寸 H 的伸长量最为显著，达 0.84mm，而且颈部厚度也最小。按 18.04mm 伸长 0.84mm 粗略估算，T 型叶根颈部最大相对伸长率达：

$$\delta = (H_1 - H_2)/H_2 = 0.84/18.04 \approx 0.047 \approx 5\%$$

按 1Cr13 延伸率要求为 29%考虑，叶片已拉至产生微孔、缩颈过程的四分之一阶段。为此，将六只叶片除锈去氧化皮，显露出金属的银灰色，用双目体视显微镜检查叶根每一应力集中的尖角部位，没有发现任何裂纹迹象，表明叶片尚有一定使用价值。

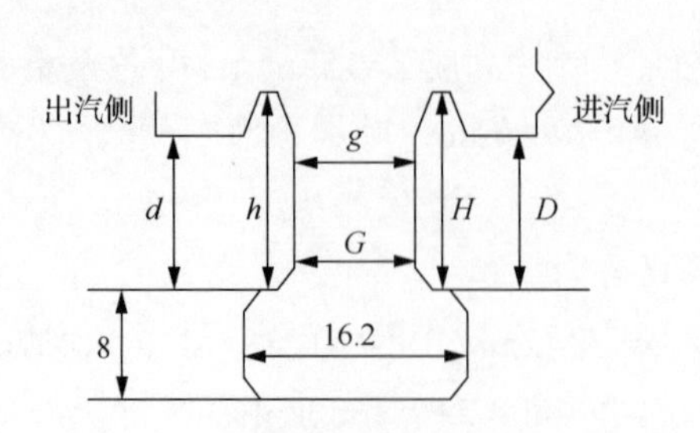

图 10-2　测试数据位置（单位：mm）

3）次末叶片硬度与材料组织的现状

（1）次末叶片硬度及组织。

用洛氏硬度计、100kg 载荷、钢球压头测试叶片的洛氏硬度，测试见表 10-4 所示。硬度检查发现 5 号叶片硬度偏低，仅相当于 180HB，已低于 1Cr13 钢 45kg/mm^2 强度等级硬度要求（187～220HB）的最低值。为进一步确认 5 号叶片材质的特殊性，决定解剖 5 号及 13 号叶片进行比较。结果，两只叶片组织有明显区别，表明 5 号叶片处于一种不合格的组织及性能状态。

表 10-4　末叶片的硬度

	叶片号					
	1 号	5 号	7 号	13 号	14 号	15 号
硬度（HB）	216	180	207	210	216	207
1Cr13 要求的硬度（HB）	187～220					

（2）T 型叶根受力关键部位的微观检查。

在双目体视显微镜宏观检查叶根无裂纹的基础上，对 5 号叶片及 13 号叶片应力集中的 *R* 部位的内部进行金相检查，结果显示叶根的危险截面位置不存在微孔缺陷。

4）次末叶片分析结论

次末叶片在 5700r/min 的超速阶段，受 T 型叶根颈部尺寸的限制，已不能承受额外剧增的离心力，发生了相应的永久伸长，其中低强度的 5 号叶片伸长尤为显著。检查已证实这种程度的形变还不至于损伤叶片材质的连续性与完好性，而且回火索氏体组织没有变化。

2. 调节级叶片的分析

1）调节级叶片的化学成分

两列高压调节级叶片材料均为 1Cr13，复验第二列叶片成分见表 10-5，与 1Cr13 要求成分相符。

表 10-5 复速级叶片的化学成分（质量分数） （单位：%）

项目	碳（C）	硅（Si）	锰（Mn）	铬（Cr）	钼（Mo）	镍（Ni）	钛（Ti）	磷（P）	硫（S）
分析值	0.14	0.249	0.303	13.5	0.032	0.115	0.0063	0.022	0.0059
1Cr13 技术要求	0.08～0.15	≤0.6	≤0.6	12～14	—	≤0.6	≤0.05	≤0.03	≤0.03

2）调节级叶片在超速过程中的损伤及程度

调节级叶片损伤后的外形如下。

（1）叶片围带磨损。

在超速阶段，调节级第 2 列叶片的锁口叶片销钉被剪断，叶片从叶轮槽中落出，造成了动静之间的摩擦，叶顶围带划出三道周向沟槽，磨损严重位置发热翘起呈拱形。

（2）叶片进汽边磨损。

长期在高温运行下的调节级叶片，叶身以褐色为整体叶片的均匀氧化色，唯进汽边有 10mm 左右上宽下窄的氧化色显得异样、呈黑色多孔高温氧化特征的区域，此外叶片进汽边上端由线磨成了一个宽度 1～2mm 的三角形小平面，意味着局部温度的骤然升高。

3）调节级叶片硬度及组织变化

由洛氏硬度计的不同压头与相应载荷，检查第二列叶片的磨损位置及叶根，发现硬度有很大差别。受磨损位置已达 43HRC 淬火态硬度，而叶根相当于 1Cr13 材料的调质硬度 190～197HB。同样，第一列叶片的硬度检查也表明，第一列叶片存在相似的围带及进汽边的磨损硬化。进一步检查金相组织，证实受磨损位置已发生完全相变。根据金相组织变化程度，估计调节级叶片在超速阶段的摩擦过程中，局部温度升高已达 1000℃或者更高。

3. 叶片性能的恢复处理

次末级与调节级共三个级别的叶片，在机组超速阶段各经历了不同寻常的损伤，但都没有达到出现孔洞、裂纹等破坏材质完整性的危险程度。经过考证，叶片型线及尺寸仍能满足使用要求。因而叶片具有挽救处理的价值及可能性。

1）次末叶片的处理

次末叶片在超速中属于拉伸塑性形变，相当于发生了一次冷作硬化。其内部存在较大内应力，因而处理以消除应力为主要目标，并力求以得到最少的加热氧化来决定热处理工艺参数。处理程序是：叶根去油除锈，检查叶根拉伸处有无裂纹，去应力回火处理。

2）调节级叶片的处理

高压调节级叶片属于局部相变淬火硬化，处理以改变材料组织结构，使之转变为回火索氏体为主要目的。经过高温回火的叶片，原硬化区硬度已降至240HB左右。与此同时，调节级叶轮也采用回火办法消除了轮孔超速长大的内应力。目前，经诊断并进行了相应处理的叶轮，三级共521只叶片，在补充约65只新叶片后，已重新顺利地进行了装配，并投入运行发电。

10.3　东风汽车公司热电厂2号机组严重超速事故

1998年1月17日，东风汽车公司热电厂2号汽轮发电机组发生了转速达3950r/min的严重超速事故[6]（简称“1.17”事故）。

东风汽车公司热电厂装备有3台上海汽轮机厂的C50-90/13-1型汽轮发电机组。1998年1月17日凌晨，2号汽轮发电机组在负荷48MW、供热抽汽140t/h、主蒸汽流量290t/h工况下正常运行。7时25分，乙组水冷泵水压低，联动甲组水冷泵成功。经运行人员对乙组水冷泵机械、电气及联锁回路仔细检查，未发现任何异常。7时40分，运行人员按规程要求进行联动泵的停运操作，当甲组水冷泵出口门关闭后，发电机内冷水压力迅速降低，断水保护动作，发电机出口油开关跳闸，汽轮机甩负荷，转速飞升，机组声音异常，出现超速征兆。运行人员立刻打闸，进行破坏真空紧急停机操作，关闭汽轮机电动主闸门、供热抽汽电动门等。但转速不能控制，最高转速达3950r/min，停留约1min后转速逐渐回落至停机。

10.3.1　超速原因分析

1. 超速保护系统简介

超速保护系统按动作转速的先后依次为电超速保护、危急保安器、超速14%额定转速磁力断路油门动作，另外，还有危急遮断滑阀脱扣手柄，以及盘内“主汽门跳闸”开关。

（1）电超速保护发电机出口油开关跳闸时，二次油电磁阀动作，泄去二次油，瞬间关闭调节汽门和旋转隔板。如果转速继续上升，当一次油压升至0.225MPa（相当于转速3050r/min）时，二次油电磁阀和调压器电磁阀动作，迅速关闭调节汽门和旋转隔板。

（2）危急保安器动作转速3300～3360r/min，危急保安器飞环被击出，拉钩脱扣，危急遮断滑阀动作，泄去安全油和二次油，关闭自动主汽门、调节汽门和旋转隔板。

（3）一次油压升至 0.283MPa，主油泵出口油压升至 1.43MPa，相当于转速 3420r/min，超速 14%额定转速磁力断路油门保护动作，安全油和二次油电磁阀动作。

2. 事故后检查情况

（1）水冷箱补水门浮球脱落在乙组水冷泵进水口附近。

（2）电动主闸门、自动主汽门、调节汽门严密性不好。

（3）一段和二段供热抽汽，水动逆止阀动作灵活，但二段抽汽至高压除氧器，水动逆止阀活塞脱落卡涩，中压旋转隔板卡在 50mm 开度处。

（4）透平油中含有大量杂质、水分，外观混浊，有乳化现象。油箱内壁脏污，整个系统及部件解体清洗后仍有少量颗粒杂质。危急遮断滑阀被纤维状杂物卡涩。

（5）超速 14%额定转速保护动作的相应油压按制造厂要求的参数定值，设计值为在额定转速下一次油压为 0.218MPa，动作转速一次油压为 0.283MPa，主油泵出口油压 1.43MPa。但实际运行中在额定转速下一次油压偏低，仅为 0.204MPa。因此实际动作转速明显偏高，试验动作转速约为 3600r/min。

3. 事故原因分析

（1）乙组水冷泵失水是本次事故的引发原因。浮球脱落后堵塞水泵入口使吸水不足，水压低联动甲泵，运行人员未能从根本上查清联动原因，联动泵停运后，导致断水保护动作，发电机解列，汽轮机甩负荷。

（2）危急保安器飞环按定值出击后，危急遮断滑阀拒动，转速进一步飞升，是本次事故的主要原因之一。

（3）因一次油压与主油泵出口油压定值不当，超速 14%额定转速磁力断路油门延迟到 3600r/min 左右动作，再次降低保安装置的可靠性，是本次事故的主要原因之二。

（4）汽轮机自动主汽门、电动主闸门、调节汽门内漏，蒸汽品质不良，结垢导致自动主汽门、调节汽门的门杆卡涩，使预启阀关闭不严，二段除氧器抽汽水动力逆止阀活塞脱落卡涩，中压旋转隔板卡涩，非正常进汽使汽轮机超速，是本次事故的主要原因之三。

10.3.2 设备损坏情况

汽轮机转子为整锻套装组合结构，共有 17 级叶片。调节级和第 1～7 级压力级采用整锻结构，第 8～16 级压力级采用套装结构。汽轮机转速升至 3950r/min 时，离心应力已达到额定转速下的 1.734 倍。过盈配合的转动部件是否松弛而产生松动，离心应力超过材料允许强度而在转动部件应力集中区产生破坏等，是事故检查处理的重点。

1. 汽轮机叶片强度校核计算

对汽轮机末三级叶片及第 11 级叶片的叶根进行强度校核计算，以检查封口叶片销钉是否产生形变和裂纹，叶根能否承受如此大的拉应力，围带及铆钉能否承受 3950r/min 下的剪切应力和拉应力等。

（1）汽轮机末三级叶片的销钉在超速至 3950r/min 时，其剪切应力最大为 4550kg/cm^2（第 16 级）。销钉材料 25Cr2MoVA 的屈服强度为 7000kg/cm^2，剪切强度为 5100～6350kg/cm^2。因此，销钉在 3950r/min 转速下，剪切应力小于该材料的许用剪切应力，销钉应不会发生形变。

（2）汽轮机末三级叶片叶根在超速至 3950r/min 时，其剪切应力最大为 3981.4kg/cm^2（第 15 级）。叶片材料 2Cr13 的屈服极限为 4500kg/cm^2，叶轮的屈服极限为 6500～7700kg/cm^2。因此，在 3950r/min 转速下，叶轮的强度可承受该拉应力。末三级叶片的叶根在 3950r/min 转速下，承受的拉应力小于材料屈服强度。此次超速不会引起叶根处产生形变。

（3）汽轮机第 11 级叶片由围带铆接成组，对该级叶片铆钉头受力状态的计算结果分析表明，围带铆钉在 3950r/min 转速下，其剪切应力和拉应力均小于材料的许用应力，可以继续运行。

（4）对汽轮机末四级叶片进行测频。测量结果表明，机组超速后各级叶片频率与 1997 年大修中测频数据对比无明显变化，均在厂家要求的合格范围内。外观检查也未发现有叶根位移及拉伸迹象。

2. 转子无损检测

转速的提高将会造成转子切向应力的增大。为了对机组超速给转子产生的损伤情况进行全面的了解，并确保机组安全运行，对汽轮机转子进行无损检测。

（1）转子中心孔表面（0～3mm 范围），经涡流检测，未发现缺陷。

（2）转子内部经超声波检测，未发现≥2mm 当量直径的缺陷。

（3）转子、叶轮、叶片、围带、拉金、靠背轮等外表面应力集中区域，经检查未发现裂纹性缺陷及塑性形变。

（4）转子在整锻与套装变截面处，超声波探伤未发现缺陷。

（5）末级叶轮定位圈圆柱端紧固螺钉松动检查，未发现裂纹及松动。

（6）对轮螺栓磁粉探伤，发现有 3 条螺栓有裂纹，为安全起见，全部更换了靠背轮螺栓。

3. 全面测量检查

进行转子弯曲测量，套装叶轮膨胀间隙检测，叶片外观检查，叶片表面着色检查，前后叶轮平衡块松动检查，旋转隔板形变检查，叶轮、推力盘、对轮瓢偏度检查等。测量、检查结果均属正常。

4. 发电机及励磁机转子检查

（1）对发电机转子两端风机叶片松动检查，着色探伤，未发现缺陷。

（2）对发电机转子进行水压试验，发现丁腈管接头多处泄漏，小护环有松动现象。

（3）在更换丁腈管时，对大小护环进行了超声波探伤，未发现缺陷。

（4）用大电流法（额定电流的 20%）测量直流电阻，检查转子线圈焊接接头，未发现断裂受损。

（5）对励磁机转子外观检查，情况正常。

（6）发电机定子做直流耐压，测量泄漏电流，无异常。

（7）试运中对发电机转子进行了动态测试，不同转速下（最高 3100r/min）的绝缘电阻、交流阻抗及功率损耗均在正常范围之内。

（8）经揭缸检查通流部分无明显异常，金相探伤无危及运行的缺陷，发电机转子各项检查及试验合格，可考虑投入试运行。

10.3.3 防范措施

1. 改进措施

（1）保护定值不能一律照搬生产厂家给的设计值，要及时按现场实际进行校核更正。超速 14%保护，重新做动态试验后，按实际核算整定一次油压为 0.270MPa，主油泵出口油压为 1.350MPa。

（2）恢复使用轴封供汽压力自动调节系统，使轴封供汽压力稳定，减少油中进水。

（3）定期核准各重点保护电接点压力表，并更换精度等级更高的压力表。

（4）选用智能转速表替换现役转速表，用转速表的报警和保护输出功能取代油压接点信号，便于日常监测和事故分析。

（5）分析优化超速保护回路，统一动作条件，对改增智能表和一次油压信号，采用先串联后并联的方式进入超速保护，以保证保护动作的可靠性。

（6）投入油净化装置，配套大功率滤油设施，严格控制透平油品质。

（7）增设热工设备工作备用电源，防止工作电源失电后热工保护（包括超速保护）失去保护功能。

（8）完善恢复机组热风烘干系统，保证能随时连续投入使用，以防止停机后部件的锈蚀。在未完善前用抽真空法加以保养。

（9）高压油动机加装电磁阀，加速二次油泄压，使调节汽门更快关闭。

2. 运行措施

（1）防止超速的各种保护和联锁均应投入运行，按要求进行试验。超速保护不能可靠动作时，禁止将机组投入运行或继续运行。

（2）定期对自动主汽门、调节汽门和抽汽逆止阀进行活动试验。当汽水品质不符合要求时，应增加活动次数和扩大行程范围。

（3）定期对自动主汽门、调节汽门和旋转隔板进行严密性试验，尽量选择停机热态进行。

（4）按规定进行危急遮断器动作试验，机组运行 2000h 后应进行注油试验。注油试验不合格时，应及时消除缺陷。

（5）加强蒸汽品质监督，防止蒸汽带盐使门杆结垢造成卡涩。

（6）正常停机时，减热电负荷到零后先打闸关自动主汽门、调节汽门和抽汽逆止阀，检查有功电度表停转或逆转后，再将发电机与系统解列。

（7）加强油箱底部定期放水工作，加强油箱排烟风机的运行检查，以及出口油管的定期放油工作。

（8）机组的重要辅机运行中联动后，应停运原运行泵，以便仔细检查原因。

3. 检修措施

（1）坚持进行调节系统静态特性试验，调节系统的速度变动率和迟缓率符合技术要求，机组在热态下应能维持空负荷运行。

（2）运行中发生可能导致超速的缺陷时（如自动主汽门、调节汽门、逆止阀卡涩等），要立刻组织处理，缺陷消除前要有防止超速的安全措施，运行中不能立即消除时要停机处理。

（3）加强对透平油的监督，定期进行油质分析化验，防止油中进水、杂物造成部件卡涩或锈蚀。油系统检修要制定工艺标准并严格执行。大修时严格控制轴封间隙。

（4）机组长期停用时，要落实机组停用保护工作，防止因此造成本体部件和调节系统存在潜伏性缺陷，对安全构成威胁。

4. 管理措施

（1）有关超速保护及汽轮机主保护因故障需停用检修时，必须经总工程师批准，并制定相应的安全措施，必须在规定时间内消除缺陷并及时投运。

（2）有关保护试验及元件系统检修要落实岗位和管理责任制，制定操作维护方法、标准并有效落实。

（3）做提升转速试验时应拟定完备的防止超速的安全技术措施，并经批准执行。

10.4　丰收发电厂 1 号机组严重超速事故

丰收发电厂 1 号机组为 60MW 汽轮机，于 1992 年 11 月 19 日，在机组起动过程中，发生了严重超速事故（简称“11.19”事故）。

1. 事故过程

丰收发电厂 1 号机组利用电网夜间低谷时间，消除轴向位移保护系统油压偏低的缺陷。工作结束后，于次日（1992 年 11 月 19 日）6 时 37 分汽轮机起动冲转，7 时 5 分转速达到额定转速。汽轮机向电气发出“注意”“已准备好”信号后，电气开始升定子电压（额定电压 6.3kV）。在此过程中，机组频率升高到 52Hz 一次，然后又恢复正常。7 时 16 分，当定子电压升高到 5.9kV 时，1 号汽轮机转速突然直线上升，汽轮机声音异常。当司机从值班室跑到机头准备打危急遮断滑阀时，发现危急保安器已经动作，此时转速已达到 4000r/min。稍后，值长跑到机头看到转速仍是 4000r/min，维持约 5s，主油压压力为 0.9～1MPa，定子电压最高达 6.5kV，破坏真空，紧急停机，汽轮机惰走 11min。

2. “11.19”事故原因分析

（1）运行人员对未并入系统的机组监视不够，没有做到连续监盘，因而出现的异常情况不能及时处理。

（2）油中含有杂质，造成调节系统卡涩，危急保安器未在规定的转速下动作，是事故的主要原因。

（3）现场规程不完善，油务管理欠缺，检修质量不良，是事故的隐患。

3. 暴露出的问题

（1）对运行人员管理不严，分工不明确，对出现的异常情况不能及时发现和正确处理。

（2）对油务监督、管理不善，违反了有关技术管理法规，以及关于定期检查油质，防止调节系统和保护系统部件锈蚀、卡涩的规定。

（3）检修质量不良，当机组转速升高后，超速保护动作不正常，超出了汽轮机危急保安器应在110%～112%额定转速动作或按制造厂规定的转速范围内动作的规定。

4. 防范措施

（1）加强运行人员的技术培训和岗位责任制教育，提高运行人员的技术素质和安全意识，在起停机组操作时，分工必须明确。

（2）加强油质的监督管理，保证油质合格。

（3）强化检修质量，确保汽轮机调节系统、保护系统工作正常可靠。

（4）认真落实防止汽轮机超速重点反事故措施。

10.5 监利凯迪生物质电厂2号机组严重超速事故

2012 年 6 月 8 日，监利凯迪生物质电厂 2 号机组在停机过程中，转速达4078r/min，发生了严重超速事故[2]（简称“6.08”事故）。

1. 事故过程

2012 年 6 月 8 日 8 时 40 分，2 号机组下达计划正常停机令。9 时 30 分，2 号机组负荷减至零，值长令电气主值班员将发电机解列。9 时 31 分，汽轮机值班人员进行了远方手动打闸停机操作，转速 2969r/min，自动主汽门及调节汽门迅速关闭，转速逐步下降至 763r/min 时，热控人员询问值长，汽轮机保护电源是否可以断电，值长回答可以，9 时 39 分热控人员断开两路直流电源。9 时 40 分，汽轮机值班人员发现汽轮机转速由 763r/min 迅速飞升至 2925r/min，迅速按下远方紧急停机按钮，同时进行关闭电动主汽门操作，打开真空破坏门和就地手打危急遮断滑阀。在处理事故过程中，听到机组发出巨响和清晰的摩擦声音，机组强烈振动，最大振动幅值 219μm，最高转速达 4078r/min。机组设备均未受到损伤。

2. “6.08”事故原因分析

机组转速在 763r/min 时，热控人员关闭了超速保护电磁阀、危急遮断电磁阀、电液伺服阀、主汽门开关电磁阀的供电电源，机组失去了保护功能，是造成机组严重超速的主要因素。

第 11 章　毁机事故失效分析

11.1　失效分析的作用、机理和基本内容

11.1.1　失效分析作用

设备或部件丧失规定功能的情况称为失效，功能可修复的情况称为故障。失效分析是从失败入手，着眼于成功和发展的科学，是从过去着眼于未来的科学。失效率标志着产品设计和制造水平，也标志着管理水平和人员素质。能否对设备失效在短期内作出正确的判断，标志着科学技术水平的高低。失效分析是一项系统工程，是可靠性工程的重要组成部分，也是保证设备可靠运行而建立的反馈系统的重要环节。失效分析和预防预测工作有不可忽视的作用：

（1）防止重大事故的重复发生，减少经济损失和伤亡，促进生产的稳定发展；

（2）吸取和总结经验教训，提高设备设计、制造、运行和管理水平；

（3）失效分析的结果也是现行技术规范、规程和标准适用性的实地检验，为其修订和制订提供依据；

（4）对引进设备的失效分析，可为经济索赔提供技术依据；

（5）对预防和预测的研究，可以促进科学技术的发展。

因而，失效分析和预防预测是非常重要的工作，特别是对于保障电力工业的高速持续发展，将起到积极的促进作用。

11.1.2　失效分析机理

设备失效分析与设备诊断技术是相关联，但是不相同的两门学科。失效分析是以机理学为基础，立足于静态；诊断是以系统论与信息论为基础，立足于动态。两者紧密结合，才能正确判断失效原因和制定有效的预防及防范措施。

广义的失效分析包括设备潜在或显在的机理，因此，分为事故前、事故中和事故后的分析。事故前的分析为故障预测，事故中的分析为故障诊断，事故后的分析为失效分析。从设备和系统的功能出发，追查探索事故的原因，一般有正向分析法和反向分析法。正向分析法是从已知原因正向推断可能发生的后果，反向分析法是从已知发生的后果反向推断可能的原因。故障诊断是采用正向分析法，

对设备的异常运行状态进行实时诊断。失效分析是采用反向分析法，立足于对事故后设备残骸的取证分析。从认识论的观点出发，对问题的认识需要从正面到反面两方面的验证，才能确定认识的可靠性，因而，把正向分析法和反向分析法相结合，把失效分析和诊断技术相结合，才能正确识别事故，寻求真实原因，建立有效对策。

11.1.3 毁机事故失效分析基本内容

目前对毁机事故原因的分析均采用反向分析法，在事故发生后进行分析。通过对记录设备、残骸的取证以及人证，进行试验、计算、推理分析，以获取可能的失效原因。我国汽轮发电机组毁机事故失效分析过程及包含的基本内容如下。

（1）收集事故机组历年来存在的主要缺陷及处理情况，查阅事故前机组的概况和运行方式，通过人证确认事故过程及事故过程中的操作，保存、查阅事故中的各种自动记录资料，确认事故后主要设备的状态及残骸的损坏特征。

（2）根据获知的事故过程、事故过程中的操作，以及自动记录资料等，经综合分析，确认或排除引发事故的人为因素。

（3）对损坏部件的金属材料进行化学成分和机械性能检测，确定或排除部件损坏的材质因素。

（4）根据事故前机组的运行方式、事故过程的描述和事故过程中的操作方式，以及残骸的损坏特征，对事故的性质、类型进行初步分析。

（5）对断裂的部件（转子、联轴器对轮螺栓等），进行断口的宏观分析、微观分析、受力计算分析，以及试验验证等，判断其部件损坏的可能原因，确定轴系主断裂面和轴系断裂性质。

（6）根据转动部件（包括汽轮机叶片、发电机风扇叶片等）的材质分析、损坏特征，通过受力计算或试验验证，分析转动部件损坏的可能原因。

（7）确认套装部件（汽轮机套装隔板、发电机护环、风扇叶轮等）的损坏特征，分析损坏的可能原因。

（8）根据汽轮机调节系统、保护系统事故后的状态，分析机组是否有超速的可能，以及可能的原因。按照事故机组的运行方式和运行参数，根据调节系统、保护系统部件的状态，进行汽轮机调节系统动态计算，获取可能达到的最高转速。并经叶片受力状态、套装部件状态等综合分析，确定事故机组可能达到的最高转速。

（9）根据事故机组的振动历史，轴瓦损坏特征，套装部件、紧固件和转动部件事故后的状态，轴系主断裂面和轴系断裂的性质等，通过对轴系临界转速、轴系稳定性和不平衡响应等机组振动特性的确认，分析造成机组强烈振动的原因、引起振动发散的因素、致使轴系损坏的可能原因，以机组强烈振动的产生和发展，描述机组毁机事故的全过程。

（10）经综合分析确认事故性质、事故原因、设备损坏原因，提出防范措施。

在毁机事故案例中，事故机组已涉及大型、中型、小型容量的机组，事故机组的类型有凝汽、抽汽、中间再热机组，以及拖动给水泵汽轮机等，基本上覆盖了汽轮发电机组的类型。虽然事故机组的容量不同、类型不同，但其事故的类型、事故的基本特征和性质，以及事故的发生、发展规律基本相同，所以，其事故分析的方法、分析的内容也基本相同。

11.2　毁机事故原因分析

11.2.1　综合分析、立足措施

1. 趋势判断

一般来说，重大、特大事故具有突发性，有些是在无任何征兆的情况下突然发生的。机组破坏过程时间是短暂的，事故中机组具有巨大的爆破能量，可使机毁甚至人亡。机组破坏的机理是复杂的，事故后设备的状态已是事故发生、发展和演变的终结，因而事故分析是一项复杂、多专业、综合性的系统工程。分析结果大多数是正确的，有些由于受到当时的技术条件和水平、记录设备、人证、物证等客观因素的限制，只能作出趋势的判断，以利于制定防范措施，以防事故重现。

例如，重庆玖龙纸业自备热电厂 1 号机组“6.17”事故（详见 9.4 节），在毁机事故的分析过程中有以下论断：自动主汽门、调节汽门卡涩，保护装置拒动；在孤网运行条件下，局部网崩溃，转速上升至超速的推论；有可调整抽汽返汽，致使超速的可能。由于条件所限，只能作出趋势的判断，机组事故的性质为严重超速毁机，但超速的原因和机组强烈振动的起因，仍有待进一步分析。

例如，云南鑫福钢厂 1 号机组“1.21”事故（详见 9.5 节），调查结果对事故原因有不同的分析意见：事故是由发电机材质存在缺陷，发电机发生爆炸造成的；事故是由运行误操作，机组严重超速引起的。事故的原因至今尚未有明确的结论，仍有待进一步论证。

目前毁机事故的原因，是在现有技术条件下的分析结果。随着科学技术的进步，事故分析水平的提高，其结论可能会有所变化，论据可能会更加充实或有新的分析结果。因而，对于毁机事故原因的分析，力求客观、准确，对于尚不能取得直接结论的事故案例，可进行趋势的判断，制定相应防范措施。

2. 重视不同观点、寻求共性

在这种复杂的事故分析中，技术上存在不同的观点是正常现象，要重视不同观点，寻求共性。各种结论都需要随时间的考验、科学技术的发展、分析手段的进步，不断地认识、不断地修正、澄清实事、加以完善。在事故分析的过程中，虽然从不同的角度，有着不同的分析方法，可以提出多种不同的分析意见，但从立足措施、防止片面、杜绝重现的大局出发，经科学严谨的综合分析，最终均能得出统一客观的结论。

例如，江西分宜发电厂6号机组“7.31”事故（详见7.1节）。事故分析过程中，在自动主汽门未能关闭的事实被查清确认之前，有虽然超速但转速不高、严重超速、扭转振动所致、强迫振动所致四种观点。最终以严重超速毁机为结论，并制定了相应的防范措施。

例如，山西大同第二发电厂2号机组“10.29”事故（详见7.2节）。事故分析过程中，有先超速后振动造成的、先振动后超速造成的、转子扭振造成的等分歧意见。最终以严重超速毁机为结论，并制定了相应的防范措施。

例如，陕西秦岭发电厂5号机组“2.12”事故（详见3.1节）。在事故的分析过程中有多种观点：机组与电网解列后再合闸所致；运行历史上存在的疲劳寿命损耗所致；发电机发生氢气爆炸所致；发电机滑环首先破坏所致；9号轴瓦的螺栓先松动所致；发电机滑环、发电机转子及低压转子断口上有旧裂纹所致等。最终以异常振动毁机为结论，并制定了相应的防范措施。

3. 全面分析事故的内在、外在因素

事故的原因一般分为事故起因和破坏原因，起因往往是机组破坏的诱发因素，是事故的外部条件。破坏原因一般取决于设备的自身状态，是事故的内在因素。有时事故的起因也可能是设备损坏的直接原因。例如，机组超速可以直接造成毁机，但并不是超速必然导致毁机。有的机组转速达到3600r/min以上，也并未造成严重后果（详见表11-1）；有的机组在3600r/min危急超速转速以下，确实造成了毁机事故；也有在正常转速范围内造成毁机的实例。

表11-1　典型严重超速事故机组设备损坏情况汇总表

电厂、机组	事故时间/（年.月）	原发事故	派生事故	超速原因	最高转速/（r/min）	设备状态
广州珠江发电厂2号机组（引进型300MW再热机组）	1993.09	锅炉保护动作	甩负荷	中压汽门操纵机构卡涩	4200（飞升16s，惰走60min）	部分末叶片拉筋断裂，发电机风扇叶轮紧力消失，惰走过程机内无明显异响

续表

电厂、机组	事故时间/（年.月）	原发事故	派生事故	超速原因	最高转速/（r/min）	设备状态
东方热电厂（6MW 抽汽机组）	—	变压器故障	甩负荷	可调整抽汽逆止阀卡涩	5700（停留 10min）	高压调节级叶轮叶片松动，高压调节级围带磨损，次末叶片倾倒部分伸长
东风汽车公司热电厂 2 号机组（50MW 抽汽机组）	1998.01	发电机断水保护动作	甩负荷	汽门卡涩保护拒动	3950（停留 1min）	3 条对轮螺栓有裂纹，小护环有松动、位移
丰收发电厂 1 号机组（60MW 凝汽机组）	1992.11	起动过程	—	调节系统卡涩	4000（停留 5s，惰走 11min）	无明显损坏
监利凯迪生物质发电厂 2 号机组（12MW 凝汽机组）	2012.06	停机过程	—	保护退出	4078	最大振动幅值 219μm

例如，广州珠江发电厂 2 号机组“9.24”事故（详见 10.1 节）。300MW 汽轮机在事故工况下，机组转速飞升 16s 达 4200r/min，停机转子惰走时间 60min。惰走过程机内无明显异常声音，投盘车后，盘车电流正常。仅汽轮机个别末叶片拉筋断裂，发电机风扇叶轮紧力消失。该机组为引进型 300MW 汽轮机，原设计额定转速 3600r/min，转速 4200r/min 仍在机组部件强度允许的转速（4320r/min）范围内，另外，机组设备状态良好。所以，该机组虽然具有外部条件——超速，但无相应的内部条件，机组安然无恙。

例如，陕西秦岭发电厂 5 号机组“2.12”事故（详见 3.1 节），在事故工况下，最高转速为 3550r/min，造成了毁机事故。

因而要全面综合分析事故的内在、外在因素，防止片面，以利于正确认识事故的原因、性质和全过程，益于制定全面的预防、预测和防范措施，防止事故的重复出现。

11.2.2　分析原因、杜绝重现

1. 设备缺陷是事故萌生和发展的隐患

设备的健康水平是保证机组安全运行的重要方面，事故是偶然的，但设备的缺陷却是隐患，在满足一定的条件下必然爆发。在毁机事故案例中，由于设备存在设计、制造等缺陷，引发了多起毁机事故，约占毁机事故的 50%。

例如，山西大同第二发电厂 2 号机组“10.29”事故（详见 7.2 节）。汽轮机中压右侧自动主汽门的自动关闭器进油节流旋塞存在制造加工缺陷，自行退出

16mm，减缓了中压右侧自动主汽门的关闭速度，造成汽轮机调节系统失控，引发了机组严重超速毁机事故。

例如，辽宁阜新发电厂01号机组“8.19”事故（详见3.2节）。汽轮机齿型联轴器存在错用材料、加工有误，以及润滑不良等严重制造加工缺陷，使齿型联轴器低寿命失效，造成汽轮机调节系统开环、转速失控，是毁机事故的起因。

例如，陕西秦岭发电厂5号机组“2.12”事故（详见3.1节）。汽轮机提升转速试验滑阀存在严重的设计缺陷，使调节系统具有开环、转速失控的条件，是造成毁机事故的重大隐患。

例如，山东潍坊发电厂2号机组“1.28”事故（详见8.3节）。汽动给水泵出口逆止阀结构尺寸与设计图纸不符，制造加工存在严重缺陷，致使逆止阀阀碟卡涩、炉水倒灌，是造成毁机事故的主要原因。

因此，无论大小缺陷都是事故的隐患，必须及时消除，杜绝事故的萌生和发展。

2. 违章操作是扩大事故的根源

检修、运行规程是法规，违规即可造成事故。在统计的毁机事故中，技术管理不善，设备缺陷不能及时消除，运行中严重违反操作规程，均是扩大事故的根源，并已造成严重的后果，约占毁机事故的30%。

例如，江西分宜发电厂6号机组“7.31”事故（详见7.1节）。汽轮机调节汽门严重漏汽、危急保安器有拒动历史等严重的设备缺陷长期以来未处理，明知有不安全的因素，但事故前仍采用电动主汽门的旁路门强行起动，并网发电，严重违反了运行规程，是机组严重超速事故的隐患，是发生毁机事故的根源。

例如，甘肃803发电厂2号机组“11.25”事故（详见7.3节）。设备检修过程中存在习惯性违章操作，运行中未办理工作票，并在无任何安全措施的情况下，进行励磁机碳刷冒火花故障处理；原计划大修中更换自动主汽门门杆及门芯，但在无办理大修项目更改批准手续的情况下，仅对原已弯曲的门杆进行了校正处理，严重违反了检修规程。该机组曾发生过励磁机碳刷冒火而被迫停机的事故。事故前一天，也因碳刷冒火运行中进行过处理，但未能解决问题，也未能引起高度重视。自动主汽门存在门杆弯曲、卡涩、关不严等重大缺陷，大修中未能彻底消除，使设备带病运行，是事故的重大隐患，是发生毁机事故的根源。

例如，海螺集团水泥股份有限公司“4.26”事故（详见7.5节）。汽轮机三次起动冲转均因转速通道报警、自动主汽门关闭、电气技术人员未作认真分析，误认为是测速装置损坏，将汽轮机ETS总保护手动退出。第四次冲转到1200r/min，在暖机期间，汽轮机监视装置发出超速停机信号，但因ETS总保护被解除，保护不起作用，致使机组严重超速。

例如，浙江恒洋热电有限公司“6.11”事故（详见7.6节）。有汽轮机油质不合格、汽门已有卡涩迹象等重大隐患，但长期以来不予以处理，不严格执行运行规程，从未进行过汽门定期活动试验，以及危急遮断器注油试验。致使保护系统失效拒动、汽门卡涩，造成机组严重超速事故。

例如，上海高桥热电厂4号机组“2.28”事故（详见8.1节）。事故机组的主汽门与可调整抽汽逆止阀联锁装置，这一重要保护在运行中却不投入，在停机过程中也不按操作规程的要求，预先关闭隔离门后再解列调压器，更严重的是，在未查明负荷减不到零的情况下，仍带负荷打闸解列，严重违反了运行操作规程，可调整抽汽逆止阀未能关闭，导致热网蒸汽倒流，是发生事故的主要原因。

例如，新疆乌石化热电厂3号机组“2.25”事故（详见8.2节）。机组甩负荷，可调整抽汽逆止阀故障，而未能关闭，并在电动门未关闭的情况下，解列了调压器，严重违反了运行操作规程，致使热网蒸汽倒流，是造成机组严重超速事故的直接原因。

因而，管理制度不严、习惯性违章操作，是扩大事故的根源。要牢记“安全第一”“安全是生命”的信念，加强技术管理，严格规范、健全规章制度，严禁违章操作，及时消除设备缺陷，杜绝事故隐患，防止事故的萌生和发展，以及事故的重现。

3. 人员素质与生产力不相适应

人员素质与生产力不相适应是普遍存在的现象，由于缺乏在事故工况下的判断和应变能力，而扩大了事故。

例如，河南新乡火力发电厂2号机组“1.25”事故（详见第5章）。2号锅炉在处理灭火、点炉及加负荷过程中，对给水流量、水位控制措施不利，又忽视了对水位的监视，以及加负荷过快，造成汽包满水，主蒸汽温度大幅度降低。2号汽轮机值班人员未能及时发现及正确判断出汽轮机发生“水冲击”，导致汽轮机较长时间进入255℃低温蒸汽，是引发毁机事故的重要因素。

例如，辽宁阜新发电厂01号机组“8.19”事故（详见3.2节）。在调节系统开环、转速失控的条件下，对事故的起因未能作出正确的判断，并在无任何转速监视手段的情况下，再次起动，致使转速急剧飞升，是引发毁机事故的重要因素。

例如，海螺集团水泥股份有限公司18MW机组“4.26”事故（详见7.5节）。汽轮机三次冲转、升压均因转速通道报警、自动主汽门关闭、技术人员未作认真分析，误认为测速装置损坏，现场将机组总保护手动退出，检查DEH测速模块。机组再次起动，汽轮机仍出现转速通道全故障停机信号，由于总保护被解除，保护不起作用，使自动主汽门和调节汽门未能关闭，导致机组严重超速毁机。

对于目前青年职工较多、经验不足、技术水平亟待提高的现状，要把提高人员素质作为头等大事对待。要认真总结历年来的事故教训，加强岗位技术培训，建立严格的技术考核制度，定期开展事故演习，提高运行人员对事故的判断、应变能力和运行水平。

11.3 汽轮机超速原因分析

11.3.1 汽轮机超速事故概况

一般机组甩负荷，汽轮机调节系统工作正常，其飞升转速在汽轮机调节系统动态特性允许的范围内，称为正常的转速飞升，要求小于危急保安器动作转速，危急保安器动作转速一般为额定转速的 110%±1%。机组甩负荷在汽轮机调节系统失控或调节汽门拒动的情况下，危急保安器动作，主汽门关闭后的飞升转速，称为汽轮机危急超速转速，一般要求危急超速最高转速不大于额定转速的 18%，转速在 3600r/min 范围内，能满足机组强度设计的要求。机组甩负荷后转速大于 3600r/min，称为严重超速，严重超速可导致汽轮发电机组严重损坏，甚至造成毁机，是汽轮发电机组设备破坏性最大的恶性事故。

超速、最高转速、超速原因是事故分析中较敏感，也是较难确定的问题，往往是事故分析的交点。有些事故较为明显，有些还需要进行深入细致的调查研究工作，以事故过程和设备实际损坏情况等人证、物证为基础，进行大量的计算、试验研究，经过综合分析才能予以确定。毁机事故机组超速原因汇总于表 11-2，在统计的毁机事故中，约 50%为严重超速，约 25%为危急超速，约有 25%在正常转速范围内。事故工况：在机组甩负荷过程中引发的超速事故约为 33%；机组在起动、停机的过程中引发的超速事故约为 38%；机组在进行提升转速试验过程中引发的超速事故约为 8%；正常运行中引发的超速事故约为 21%。在 18 起超速事故中，造成超速的直接原因：由于汽门卡涩约为 33%；由于保护退出或拒动约为 28%；由于调节系统、保护系统设备故障约为 33%；其他约为 6%。

表 11-2 毁机事故机组超速原因汇总表

序号	企业、机组	最高转速/（r/min）	超速原因
一、严重超速			
1	山东潍坊发电厂 2 号机组（汽泵）	8748	逆止阀故障、炉水倒灌、设备故障
2	江苏谏壁发电厂 13 号机组（汽泵）	8000	设备故障
3	广东××硫铁矿化工厂	7800	主汽门卡涩、调节汽门未关
4	浙江恒洋热电有限公司 2 号机组	＞4990	保护拒动、主汽门和调节汽门卡涩

续表

序号	企业、机组	最高转速/（r/min）	超速原因
5	江西分宜发电厂 6 号机组	4700	保护拒动、汽门卡涩、漏气
6	新疆乌石化热电厂 3 号机组	4500	逆止阀故障、热网蒸汽回流、设备故障
7	山西大同第二发电厂 2 号机组	高中压转子 4600 低压转子 4000	汽门故障、旁路未开、再热蒸汽加速飞升
8	甘肃 803 发电厂 2 号机组	4200	汽门卡涩、调节失控
9	上海高桥热电厂 4 号机组	＞4000	逆止阀保护退出、带负荷解列、热网蒸汽回流
10	张家港××钢厂自备电厂	4000	保护退出、调节失控
11	海螺集团水泥股份有限公司	3850	保护退出、主汽门调节汽门未关
12	重庆玖龙纸业自备热电厂 1 号机组	3788	自动主汽门、调节汽门未关，保护拒动
二、危急超速			
13	河南巩义中孚公司 6 号机组	＜3600	主汽门延时关闭、调节汽门卡涩
14	河南新乡火力发电厂 2 号机组	＜3600	汽门卡涩、带负荷解列
15	广东××发电厂 1 号机组	＜3600	主汽门、调节汽门卡涩未完全关闭
16	陕西秦岭发电厂 5 号机组	3550	保护动作迟缓、调节失控、设备故障
17	新疆奎屯发电厂 3 号机组	3420	保护失灵、调节失控
18	辽宁阜新发电厂 01 号机组	1692～3319	主油泵联轴器故障、调节失控、设备故障
三、正常转速			
19	哈尔滨第三发电厂 3 号机组	3000	材料缺陷、设备故障
20	北京华能热电厂 2 号机组	3000	材料缺陷、设备故障
21	云南鑫福钢厂 1 号机组	3000	系统正常
22	山西漳泽发电厂 3 号机组	3000	系统正常
23	内蒙古丰镇发电厂	1000～3000	系统正常
24	海南海口发电厂 2 号机组	1900～3000	系统正常

11.3.2　机组超速过程的加速能源

造成机组超速的主要能源有：主蒸汽、再热蒸汽、可调整抽汽回流、回热系统抽汽返汽等。其事故的最高转速，以及飞升过程时间，除与事故机组的转动惯量、事故发生时的负荷以及蒸汽参数有关外，还取决于事故过程的加速能源。

1. *以主蒸汽作为加速能源*

高压自动主汽门、中压自动主汽门、高调节汽门、中压调节汽门，在机组甩负荷的过程中，未能关闭、关闭迟缓或严重漏气，是致使机组超速的基本条件，也是致使机组超速的必要条件。依靠主蒸汽的加速能量，使转速急剧飞升，这是调节系统最严重的超速事故。多发生在调节系统开环、转速失控、保护系统拒动的工况下。转速飞升较高、速度最快，由典型事故案例及计算可知，达到事故转速 4000r/min 的时间为 5～15s。

江西分宜发电厂 6 号机组“7.31”事故（详见 7.1 节），在事故工况下，机组转速由 3000r/min 飞升至 4700r/min 的时间约为 10s。浙江恒洋热电有限公司 2 号机组“6.11”事故，在事故工况下，机组转速由 3300r/min 飞升至 4490r/min 的时间约为 10s。

重庆玖龙纸业自备热电厂 1 号机组“6.17”事故（详见 9.4 节），根据 1 号机组在 6s 内，转速约由 2500r/min 飞升至 3788r/min 的事实判断，机组的严重超速是以主蒸汽作为加速能量，由自动主汽门、调节汽门进汽造成的，可排除由可调整抽汽返汽引发机组严重超速的可能。

2. 以再热蒸汽作为加速能源

机组甩负荷，高压自动主汽门和高压调节汽门正常关闭，中压自动主汽门未关闭是致使机组超速的基本条件，中压调节汽门未关闭、关闭迟缓或严重漏气，汽轮机低压旁路系统未开启，是致使机组超速的必要条件。依靠再热蒸汽的加速能量，使转速急剧飞升，这是调节系统另一严重超速事故的特征，多发生在执行机构拒动等工况下。转速飞升相对较高，由典型事故及计算可知，达到事故转速 4000r/min 的时间为 15～30s。

例如，山西大同第二发电厂 2 号机组“10.29”事故（详见 7.2 节）。事故前自动主汽门前的蒸汽压力 12.5MPa，蒸汽压力温度 525℃，真空压力 81.3Pa，回热系统除一级抽汽停用外，其余均投入运行。有功功率 170MW，无功功率 49Mvar。机组甩负荷未能联动旁路系统开启，右侧中压自动主汽门故障，中压调节汽门未能及时关闭，依靠再热器储能使转速持续飞升，汽轮机高压转子和中压转子最高转速为 4500～4650r/min，低压转子最高转速为 3850～4000r/min，断轴转速约为 3850r/min。事故全过程时间约 30s。

例如，广州珠江发电厂 2 号机组“9.24”事故（详见 10.1 节）。事故前发电机有功功率 178MW，主蒸汽压力 14MPa，主蒸汽温度 491℃，再热蒸汽压力 2.05MPa，再热蒸汽温度 491℃。机组甩负荷，高压旁路自动投入，低压旁路未能联动开启，中压调节汽门卡涩，中压自动主汽门未关闭，依靠再热器储能使转速达到 4200r/min。转速飞升时间 16s，手动开启低压旁路后，机组转速得以抑制（详见图 11-1）。

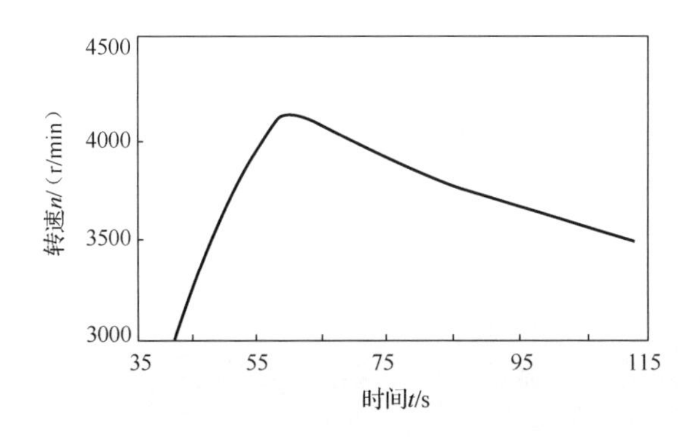

图 11-1　转速随时间变化曲线

3. 以可调整抽汽回流作为加速能源

抽汽机组甩负荷可调整抽汽逆止阀拒动，是致使机组超速的重要条件，依靠可调整抽汽回流的加速能量，使转速飞升。多发生在可调整抽汽逆止阀故障、卡涩拒动，保护系统未联动，处理事故过程中的违章操作等情况下。由典型事故案例及计算可知，达到事故转速 4000r/min 的时间为 1～2min。在毁机事故中，已有 3 台可调整抽汽式汽轮机因热网蒸汽回流引发了严重超速事故，甚至造成轴系断裂。

例如，上海高桥热电厂 4 号机组“2.28”事故（详见 8.1 节）。该机组降负荷至 40MW，调节汽门摆动，负荷降至零，调节汽门关闭，摆动停止，但负荷又自动上升至 8MW，带负荷解列，致使机组超速达 4000r/min 以上，轴系损坏。

例如，新疆乌石化热电厂 3 号机组“2.25”事故（详见 8.2 节）。机组甩负荷，可调整抽汽逆止阀故障而未能关闭，并在电动门未关闭的情况下，解列调压器，热网蒸汽倒流，致使严重超速达 4500r/min，机组损坏。事故全过程时间约 132s。

例如，东汽热电厂 6MW 机组（详见 10.2 节）。该机组因变压器故障甩负荷，可调整抽汽逆止阀未能动作，造成抽汽回流使转子升速，机组严重超速，转速达到 5700r/min，关闭抽汽管路阀门后，转速方得到抑制。

热网蒸汽倒流造成超速事故虽多发生在中小机组上，但近年来，300MW 及以上的大型可调整抽汽机组投产的数量在不断增加，老机组进行抽汽供热改造，对防止热网蒸汽倒流引发超速事故应予以高度重视。要求可调整抽汽逆止阀严密、动作可靠，联锁保护必须投入。一般电动截止阀的关闭速度较慢，在异常事故工况下为确保机组的安全，有必要设置能快速关闭的可调整抽汽截止阀，以防止在可调整抽汽逆止阀失效情况下，热网蒸汽倒流引起机组超速。在机组甩负荷的过程中，旋转隔板或抽汽调整门应关闭（要保持低压缸一定的冷却流量）。对于新建的可调整抽汽机组，其热网加热器的布置应尽量靠近汽轮机本体。

4. 以回热系统抽汽返汽作为加速能源

机组甩负荷，汽轮机回热系统供除氧器抽汽逆止阀拒动，是回热系统致使机组超速的唯一条件。依靠除氧器饱和蒸汽返汽的加速能量使转速飞升，多发生在回热系统抽汽逆止阀故障、卡涩拒动，保护系统未联动等工况。飞升转速取决于该抽汽压力调整门的开度，一般飞升转速不高，可控制在危急保安器动作转速以下，转速飞升过程时间较长，约大于 2min。

以一台 N50-90 型单缸凝汽冲动式汽轮机为例进行计算，在至除氧器的抽汽逆止阀、手动压力调整门全部开启、单台除氧器运行的条件下，机组甩全负荷，危急保安器动作后，经过 135s 机组转速飞升 1050r/min，若两台除氧器并联运行，经过 165s 机组转速飞升 1200r/min（详见图 11-2）。

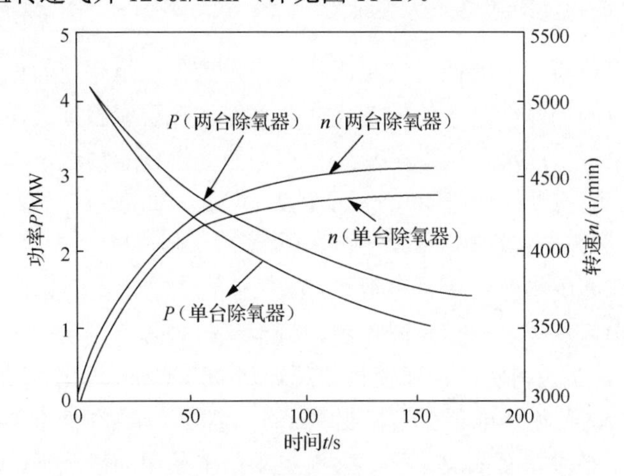

图 11-2 逆止阀拒动除氧器饱和蒸汽倒流机组转速飞升曲线

由于进入汽轮机的饱和蒸汽流量与抽汽逆止阀、手动压力调整门的通流面积成正比，所以，单台除氧器运行，在开启面积为总面积十分之一的情况下，仅使转速飞升 100～150r/min。多台除氧器并联运行，略高于单台除氧器运行引起的飞升转速。

曾有一台捷克 110MW 机组，机组与电网解列后，在 3000r/min 下运行，机组转速缓慢上升，约 2min 后，转速上升约 200r/min，为寻找故障原因，切断了所有的可能进汽源，当关闭抽汽至除氧器间的压力调整门后，转速才得到控制。故障实例与计算结果的转速变化趋势基本相同。因而，计算结果对各种容量和类型的机组均有一定的参考意义。

回热系统抽汽管道的容积（不包括至除氧器抽汽管道）都很小，管道容积蒸汽引起的转速飞升，约占汽轮机总容积蒸汽引起转速飞升的 5%以下。因而，回热系统各段抽汽管道对转速飞升的影响很小。回热系统抽汽逆止阀除可防止抽汽回流外，其主要作用是在机组甩负荷过程中，防止疏水进入汽缸造成水冲击。

11.3.3　机组超速的可能原因

1. 调节系统和保护系统状态与转速飞升的规律

事故过程中机组是否会超速、超速的最高转速均与自动主汽门、调节汽门、保护系统和调节系统的状态密切相关。表 11-3 为机组甩负荷时调节系统、保护系统状态与转速飞升相关特性。表 11-3 表明：机组甩负荷，自动主汽门和调节汽门工作不正常、拒动，无论调节系统和保护系统工作是否正常，均可引发机组严重超速；机组甩负荷自动主汽门工作不正常、拒动，调节汽门工作正常，在调节系统和保护系统工作均不正常的情况下，可引发机组严重超速；机组甩负荷，自动主汽门工作正常，调节汽门工作不正常、拒动，只要保护系统工作正常，可造成危急超速，但当保护系统滞后动作，仍可造成严重超速，保护系统工作不正常、拒动，无论调节系统工作是否正常，均可引发机组严重超速；机组甩负荷自动主汽门和调节汽门工作均正常，在调节系统和保护系统工作均不正常的情况下，可引发机组严重超速。

表 11-3　机组甩负荷时调节系统、保护系统状态与转速飞升相关特性

序号	自动主汽门	调节汽门	保护系统	调节系统	转速飞升
1-1	不正常	不正常	正常	正常	严重超速
1-2	不正常	不正常	正常	不正常	严重超速
1-3	不正常	不正常	不正常	正常	严重超速
1-4	不正常	不正常	不正常	不正常	严重超速
2-1	不正常	正常	正常	正常	正常飞升
2-2	不正常	正常	正常	不正常	正常飞升
2-3	不正常	正常	不正常	正常	正常飞升
2-4	不正常	正常	不正常	不正常	严重超速
3-1	正常	不正常	正常	正常	危急超速
3-2	正常	不正常	正常	不正常	危急超速
3-3	正常	不正常	不正常	正常	严重超速
3-4	正常	不正常	不正常	不正常	严重超速
4-1	正常	正常	正常	正常	正常飞升
4-2	正常	正常	正常	不正常	正常飞升
4-3	正常	正常	不正常	正常	正常飞升
4-4	正常	正常	不正常	不正常	严重超速

表 11-4 为典型毁机事故机组调节系统、保护系统状态与飞升转速变化，与表 11-3 机组甩负荷，调节系统、保护系统状态与转速相关特性的变化规律基本相同。

表 11-4　典型毁机事故机组调节系统、保护系统状态与飞升转速变化

电厂	自动主汽门	调节汽门	保护系统	调节系统	转速/（r/min）	超速特征
江西分宜发电厂 6 号机组	未关闭	漏气	拒动	正常	4700	严重超速
浙江恒洋热电有限公司 2 号机组	未关闭	未关闭	拒动	正常	>4490	严重超速
东风汽车公司热电厂 2 号机组	卡涩	卡涩	拒动	正常	3950	严重超速
甘肃 803 发电厂 2 号机组	卡涩	故障	正常	正常	4200	严重超速
广东××硫铁矿化工厂	卡涩	故障	正常	正常	4000	严重超速
张家港××钢厂自备电厂	正常	正常	人为退出	失控	4000	严重超速
海螺集团水泥股份有限公司	正常	正常	人为退出	失控	3850	严重超速
河南新乡火力发电厂 2 号机组	延时关闭	未关闭	正常	正常	<3600	危急超速
广东××发电厂 1 号机组	正常	未关闭	正常	正常	<3600	危急超速
河南巩义市中孚公司 6 号机组	延时关闭	延时关闭	正常	正常	<3600	危急超速
陕西秦岭发电厂 5 号机组	正常	正常	动作滞后	失控	3550	危急超速

2. 调节系统、保安系统、油系统故障

“卡”“漏”“摆”是汽轮机调节系统、保护系统、油系统的典型故障。卡：调节部件卡涩、保护部件卡涩、汽门门杆卡涩。漏：汽门漏气，油液内漏、外漏。摆：调节汽门摆动、汽门摆动。故障若不能及时发现和处理，进而可能发生异常故障，甚至导致机组超速事故。

1）油质污染、调节系统部件卡涩

对于汽轮机供油系统，透平油和抗燃油的油中含有杂质和清洁度不合格，是造成汽轮机调节系统部件卡涩的主要原因，在运行规程中明确规定：在透平油和抗燃油的油质不合格时，严禁机组起动；对于新建或大修后的机组，在油质检验合格前，不允许向调节系统和轴瓦内通油；对运行的机组，应严格按规程要求，定期进行油质化验，建立油质监督档案，防止调节系统锈蚀、卡涩。

抗燃油理化性能不合格是造成汽轮机调节系统部件故障的主要因素。清洁度不合格，易造成部件卡涩；酸值不合格易造成部件的锈蚀；电阻率不合格易造成部件的尖端腐蚀；抗燃油的油质劣化，可致使油系统中的阀门泄漏、卡涩、拒动或误动。一般要求运行中抗燃油颗粒度应≤3 级（美国 MOOG 公司），电阻率应≥$5.0\times10^{9}\ \Omega\cdot\text{cm}$。因而，运行中油液理化性能必须满足有关标准的要求，以确保系统正常工作，避免重大事故的发生。

电液转换装置是将电信号转换为液压控制信号的设备，是电液调节系统的重要部件，其工作状态直接关系到机组的安全性、稳定性。近年来电液转换装置的故障仍频繁发生，曾有统计表明，电液伺服阀故障占电液调节系统事故的 70%～80%，是电液调节系统的薄弱环节，其故障 10%为产品质量造成的，约 90%为油质污染造成的。因而抗燃油的油质颗粒度、水分、酸值和电阻率等理化性能不合格，是造成电液伺服阀故障的主要原因，透平油颗粒度超标是造成电液转换器故障的主要因素。所以应严格执行新抗燃油质量标准、运行中抗燃油质量标准、运行中透平油质量标准等电力行业标准。在毁机事故案例中，有多起油质不合格造成的严重超速事故。

例如，浙江恒洋热电有限公司“6.11”事故（详见 7.6 节）。由于汽轮机油质不合格，在停机过程中，保护系统受油质污染而失效拒动，致使自动主汽门和调节汽门未能关闭，造成严重超速，转速达 4500r/min 以上。

例如，广州珠江发电厂 2 号机组“9.24”事故（详见 10.1 节）。汽轮机 B 侧中压调节汽门被抗燃油中的杂质卡涩，造成了机组严重超速，最高转速达 4200r/min。

例如，东风汽车公司热电厂 2 号机组“1.17”事故（详见 10.3 节）。危急保安器虽能正确动作，但危急遮断滑阀受油质污染，被纤维状杂物卡涩而拒动。蒸汽品质不良、结垢导致自动主汽门、调节汽门的门杆卡涩，造成机组严重超速，转速约为 4000r/min。

因而，保持油液理化性能合格，是确保调节系统部件安全、可靠工作的基本保障。

2）保护系统失效

汽轮机保护系统是保障机组安全的重要系统，在机械液压调节系统中设有机械危急保安器和电超速保护装置。在电液调节系统中一般设有超速保护控制系统、超速跳闸保护系统、汽轮机紧急跳闸系统和机械危急遮断系统等，其液压部件为保护系统的执行机构。超速保护控制系统是在机组甩负荷的同时或转速超过预设值时，自动关闭调节汽门，并自动复位维持机组在额定转速下运行；超速跳闸保护系统是当机组转速超过预设值时，自动关闭调节汽门和自动主汽门，使机组跳闸、停机的保护系统；汽轮机紧急跳闸系统是在机组重要运行参数越限等异常工况下，实现紧急停机的控制系统；机械危急遮断系统是当机组转速超过预设值时，采用机械危急保安装置，关闭调节汽门和自动主汽门，使机组跳闸、停机的保护系统。

超速保护是保障机组安全运行的重要系统，汽轮机运行规程明确要求：危急保安器动作不正常、汽轮机主要保护不能正常投入、主要仪表不能正常投入（如转速表、串轴表等）的情况下禁止机组起动。但在实际工作中，往往因为不严格执行检修、运行规程而造成了严重的后果。

例如，江西分宜发电厂6号机组“7.31”事故（详见7.1节）。事故前危急保安器拒动缺陷尚未消除，在调节汽门严重漏汽的情况下，机组仍采用主汽门旁路门强行起动，在发电机甩负荷的过程中，危急保安器拒动，导致严重超速造成了毁机事故。

例如，海螺集团水泥股份有限公司“4.26”事故（详见7.5节）。汽轮机电液调节系统测速板故障，人为切除了机组总保护系统，保护系统失去作用，造成机组严重超速。

例如，张家港××钢厂自备电厂“10.17”事故（详见7.7节）。汽轮机跳机电磁阀损坏的重大缺陷未及时发现，并且在总保护开关未投入的情况下，盲目决定开机，造成机组严重超速事故。

例如，东风汽车公司热电厂2号机组“1.17”事故（详见10.3节）。危急遮断滑阀卡涩拒动，一次油压与主油泵出口油压定值不当，14%电超速保护的磁力断路油门延迟到3600r/min动作，降低保安装置的可靠性，造成机组严重超速。

例如，监利凯迪生物质发电厂2号机组“6.08”事故（详见10.5节）。机组在停机降速的过程中，转速在763r/min时，热控人员人为切断超速保护电磁阀、危急截断电磁阀、电液伺服阀、自动主汽门开关电磁阀的电源，使之失去了保护功能，造成机组严重超速。

因而，汽轮机保护系统失效，是导致机组超速事故的重要因素，必须按要求定期进行试验，保证汽轮机保护系统工作正常，确保机组安全。

11.3.4 机组飞升转速的预测

根据机组已知的转子时间常数、容积时间常数等相关参数，利用测到的自动主汽门、调节汽门动作延迟时间、动作过程时间，经计算预测，分析机组甩负荷最高飞升转速。方法简单、易于实现，可及时进行飞升转速的趋势判断。

1. 静态预测法

1）静态预测法预测机组甩负荷飞升转速

$$\Delta n_{\max} = \frac{n_0}{T_a} \times \psi \times \left[T_v + C_{\mathrm{H}}\left(t_{\mathrm{H1}} + \frac{t_{\mathrm{H2}}}{2} \right) + C_{\mathrm{IL}}\left(t_{\mathrm{I1}} + \frac{t_{\mathrm{I1}}}{2} \right) \right]$$

式中，n_0表示额定工作转速，r/min；T_a表示本机或同型机组转子时间常数，s；ψ表示甩负荷相对值，%；T_v表示本机或同型机组蒸汽容积时间常数，s；C_{H}、C_{IL}表示高压缸和中低压缸功率比例系数；t_{H1}、t_{I1}表示高压和中压调节汽门油动机延迟时间，s；t_{H2}、t_{I2}表示高压和中压调节汽门油动机工作行程等值关闭时间，s。

采用静态预测法，预测甩负荷最高飞升转速，已在不同类型机组上得到广泛采用，预测结果与实测值有良好的一致性。预测结果与常规法试验结果的最大偏差不大于 20r/min，一般均在 10r/min 以下，其偏差主要取决于容积时间常数的取值与实际值的偏差。应用预测实例列于表 11-5。

表 11-5 静态预测法预测甩负荷最高转速飞升汇总表

机组	机组转子时间常数 T_a/ s	汽轮机蒸汽容积时间常数 T_v/ s	高压调节汽门延迟时间 t_{H1}/ s	高压调节汽门关闭时间 t_{H2}/ s	中压调节汽门延迟时间 t_{I1}/ s	中压调节汽门关闭时间 t_{I2}/ s	高压缸功率比例系数 C_H	中低压缸功率比例系数 C_{IL}	预测转速飞升 Δn_{max}/（r /min）	实测转速飞升 $\Delta n'_{max}$ /（r /min）	操作方式起始信号
上海汽轮机厂 125MW	7.00	0.264	0.145	0.31	0.225	0.636	0.295	0.705	277	265	手拍安全油
东方汽轮机厂 200MW	6.28	0.21～0.18	0.07	0.17	0.095	0.348	0.305	0.695	212～187	193	电超速安全油
哈尔滨汽轮机厂 200MW	6.24	0.22～0.20	0.088	0.343	0.13	0.266	0.305	0.695	230～222	224	手拍打闸
上海汽轮机厂 300MW	10.22	0.25～0.22	0.183	0.256	0.075	0.195	0.30	0.70	136～127	132	手操 OPC
哈尔滨汽轮机厂 300MW	10.12	0.35～0.3	0.098	0.15	0.10	0.145	0.30	0.70	155～140	147	手操 OPC
哈尔滨汽轮机厂 660MW	6.05	0.25	0.1	0.20	0.10	0.20	0.30	0.70	223	210	手操 OPC

2）静态预测法预测危急超速最高转速

$$n_{max}=n_W+\frac{n_0}{T_a}\times\psi\times\left[T_v+C_H\left(t_{H1}+\lambda_H t_{H2}\right)+C_{IL}\left(t_{I1}+\lambda_I t_{H2}\right)\right]\quad \text{r/min}$$

式中，n_W 表示危急保安器动作转速，r/min；T_v 表示本机或同型机组蒸汽容积时间常数，s；ψ 表示甩负荷相对值，%；t_{H1}、t_{I1} 表示高压和中压自动主汽门延迟动作时间，s；t_{H2}、t_{I2} 表示高压和中压自动主汽门关闭时间，s；C_H、C_{IL} 表示高压缸和中低压缸功率比例系数，%；λ_H、λ_I 表示高压和中压自动主汽门流量系数，一般 λ_H=0.84、λ_I=0.88。

根据机组实测危急保安器动作转速、自动主汽门延迟和关闭时间，采用静态预测法，预测危急超速最高转速，预测实例列于表 11-6。

表 11-6　静态预测法预测危急超速最高转速计算汇总表

机组	危急保安器动作转速 n_W/（r/min）	高压主汽门延迟时间 t_{H1}/ s	高压主汽门关闭时间 t_{H2}/ s	中压主汽门延迟时间 t_{I1}/ s	中压主汽门关闭时间 t_{I2}/ s	高压缸功率比例系数 C_H	中低压缸功率比例系数 C_{IL}	汽轮机蒸汽容积时间常数 T_v/ s	机组转子时间常数 T_a/ s	危急超速最高转速 n_{max}/（r/min）
上海汽轮机厂 125MW	3360	0.105	0.12	0.115	0.12	0.295	0.705	0.264	7.0	3566
东方汽轮机厂 200MW	3348	0.13	0.175	0.105	0.185	0.305	0.695	0.21	6.28	3578
哈尔滨汽轮机厂 200MW	3345	0.12	0.24	0.11	0.22	0.305	0.695	0.22	6.24	3599
上海汽轮机厂 300MW	3339	0.09	0.19	0.11	0.16	0.3	0.7	0.25	10.22	3485
哈尔滨汽轮机厂 300MW	3337	0.03	0.24	0.05	0.12	0.3	0.7	0.35	10.12	3493

2. 能量计算法

1）能量计算法预测机组甩负荷最高转速

$$n_{max} = \frac{30}{\pi} \times \sqrt{\omega_0^2 + \frac{2P}{J}\Delta t} \qquad \text{r/min}$$

式中，ω_0 表示初始角速度，$\omega_0 = \pi n_0/30$，rad/s；J 表示机组转子转动惯量，kg·m^2；Δt 表示加速过程时间增量，s；P 表示加速功率，W。

机组的各种机械损失，随着机组转速的升高而增加，而加速功率 P 随之而减少。加速功率 P 为机组内功率 P_0 与机组的功率损耗 P_F 之差，$P = P_0 - P_F$。机组功率损耗 P_F 是机组内外部损失的总和，在带负荷超速的过程中，其厂用负荷为制动力矩。

$$P_F = P_{10}\left(\frac{n}{n_0}\right)^3 + P_{20}\left(\frac{n}{n_0}\right) + P_{30}\left(\frac{n}{n_0}\right)^3 \frac{p}{p_0} + p_4 \qquad \text{W}$$

式中，P_F 表示汽轮发电机组在额定转速下的损耗功率，W；P_{10} 表示主油泵、发电机风扇等转动部件在额定转速下的损耗功率，W；P_{20} 表示推力、支承轴瓦在额定转速下的损耗功率，W；P_{30} 表示叶栅摩擦、鼓风损失功率，W；P_4 表示厂用负荷，W。

2）能量计算法预测危急超速最高转速

$$n_{max} = \frac{30}{\pi} \times \sqrt{\omega_W^2 + \frac{2P}{J} \times \left[T_v + C_H\left(t_{H1} + \lambda_H t_{H2}\right) + C_{IL}\left(t_{I1} + \lambda_I t_{H2}\right)\right]} \qquad \text{r/min}$$

式中，ω_W 表示危急保安器动作角速度，$\omega_W = \pi n_W / 30$，rad/s；P 表示加速功率，W。

根据机组实测危急保安器动作转速、自动主汽门延迟时间和关闭时间，计算危急超速最高转速，预测实例列于表 11-7。静态预测结果与能量计算预测结果基本一致。静态预测法的预测结果略高于能量计算法的预测结果。

表 11-7 能量计算法预测危急超速最高转速计算汇总表

机组	危急保安器动作转速 n_W/（r/min）	高压主汽门延迟时间 t_{H1}/ s	高压主汽门关闭时间 t_{H2}/ s	中压主汽门延迟时间 t_{I1}/ s	中压主汽门关闭时间 t_{I2}/ s	高压缸功率比例系数 C_H	中低压缸功率比例系数 C_{IL}	汽轮机蒸汽容积时间常数 T_v/ s	机组转子转动惯量 J/（kg·m²）	危急超速最高转速 n_{max}/（r/min）
上海汽轮机厂 125MW	3360	0.105	0.12	0.115	0.12	0.295	0.705	0.264	8484.8	3547
东方汽轮机厂 200MW	3348	0.13	0.175	0.105	0.185	0.305	0.695	0.21	12814.48	3547
哈尔滨汽轮机厂 200MW	3345	0.12	0.24	0.11	0.22	0.305	0.695	0.22	14133.5	3543
上海汽轮机厂 300MW	3339	0.09	0.19	0.11	0.16	0.3	0.7	0.25	30909	3474
哈尔滨汽轮机厂 300MW	3337	0.03	0.24	0.05	0.12	0.3	0.7	0.35	30607	3476

11.4 汽轮发电机组异常振动分析

毁机事故均以汽轮发电机组的异常振动致使轴系破坏，并贯穿于事故的全过程。因而，机组振动的起因和振动的性质是事故分析中最关注的问题。有些事故原因较为明显，有些还需要进行深入细致的调查研究工作。为寻求引起异常振动的可能原因，一般均以事故过程、设备实际损坏情况、人证和物证为基础，进行大量的计算、试验研究等工作，经过综合分析才能予以确定。

11.4.1 毁机事故机组轴系损坏概况

表 11-8 为典型毁机事故机组轴系损坏情况汇总表。图 11-3 为 50MW 及以下机组轴系断裂面位置图，图 11-4 为 200MW 机组轴系断裂面位置图。

表 11-8 典型毁机事故机组轴系损坏情况汇总

序号	电厂、机组	轴系断裂	振动特征	断口、断裂性质
1	陕西秦岭发电厂 5 号机组	轴系断为 13 段，4 处轴颈断裂，8 处对轮螺栓断裂，2 处裂纹	发电机落入第二共振区，油膜失稳自激振动，紧固件松脱，在大不平衡弯曲振动的作用下，轴系破坏、机组毁坏。发电机转子弯曲形变，呈一阶振型	发电机转子励磁机侧断口为轴系破坏的主断口，发电机转子在以弯曲交变应力为主的复合应力作用下突发性断裂，断裂性质为应变控制型弯曲断裂

续表

序号	电厂机组	轴系断裂	振动特征	断口、断裂性质
2	辽宁阜新发电厂01号机组	轴系断为11段，5处轴颈断裂，4处对轮螺栓断裂，1处齿型联轴器断裂	低压铸铁隔板在大压差冲击下碎裂，是轴系振动起因，动静部件严重碰撞，机组强烈振动，在扭矩冲击的作用下，轴系破坏、机组毁坏	发电机和低压转子断裂性质为准瞬时断裂。中压转子为弯曲、扭转、大应力瞬时塑性断裂
3	河南新乡火力发电厂2号机组	轴系断为11段，6处轴颈断裂，3处对轮螺栓断裂，1处螺纹拉脱，3处裂纹	机组的强烈振动起源于汽轮机转子，其性质为在大不平衡质量作用下的一阶弯曲振动，大不平衡质量主要来源于汽轮机转子的热弯曲。在机组降速过程中，大不平衡振动致使轴系最终断裂，机组严重损坏	汽轮机第3级和第4级叶轮间为主断口，大应变低周疲劳，弯曲扭转塑性断裂。2号轴瓦处轴颈断口为塑性起裂，脆性快速扩展，准静态断裂；发电机转子两侧断口为冲击脆性断裂
4	河南巩义市中孚公司6号机组	轴系断为9段，4处轴颈断裂，3处联轴器断裂，1处波形管断裂	在发电机二阶和励磁机一阶临界转速下，大不平衡共振。大不平衡来源于汽轮机侧护环、风扇叶片等转动部件的松动和飞脱、动静严重碰撞，在降速过程中，致使轴系损坏。轴系弯曲塑性形变，呈一阶振型	发电机转子汽轮机侧断口明显偏析，在扭转应力作用下断裂汽轮机转子原始裂纹，降低截面承载能力，在弯曲应力作用下断裂
5	新疆奎屯发电厂3号机组	轴系断为8段，3处轴颈断裂，4处对轮螺栓断裂	机组转速急速飞升，发电机风扇套箍飞脱，末叶片断裂，动静严重碰磨，大不平衡振动，在机组降速过程中，轴系断裂、机组严重损坏	—
6	甘肃803发电厂2号机组	轴系断为7段，2处轴颈断裂，4处对轮螺栓断裂	机组转速急速飞升，末三级叶片断裂飞脱，大不平衡振动，动静严重磨损、撞击，轴系断裂、机组严重损坏	—
7	广东××发电厂1号机组	轴系断为6段，1处轴颈断裂，3处对轮螺栓断裂，1处波纹节断裂	缸壁局部温降、形变，诱发动静部件严重碰磨，转子弯曲形变，产生异常大振动，轴系断裂、机组损坏。转子呈现一阶振型	发电机与汽轮机间轴段为轴系破坏的主断口
8	上海高桥热电厂4号机组	转子断为6段，2处轴颈断裂，3处对轮螺栓断裂	在离心力作用下大不平衡振动，动静严重碰磨，轴系断裂、机组损坏	—
9	山西大同第二发电厂2号机组	轴系断为5段，断面均为对轮螺栓断裂	在接长轴一阶及发电机二阶临界转速下，大不平衡共振。大不平衡来源于对轮预紧力消失，随之转速升高、叶片飞脱、接长轴弯曲振动发散、对轮螺栓全部断裂，致使轴系损坏	汽轮机接长轴中间对轮为主断裂面，螺纹拉脱为主断口。在弯曲剪切大应力过载的条件下，轴向静力过载所致
10	江西分宜发电厂6号机组	轴系断为4段，断裂面均为对轮螺栓断裂	机组转速急速飞升，在离心力作用下大不平衡、弯曲振动，致使叶片飞脱、轴系损坏	汽轮机低压缸发电机侧对轮为主断裂面，螺纹拉脱为主断口，为一次性拉断正断型断口。在快速超载轴向拉应力作用下发生

续表

序号	电厂机组	轴系断裂	振动特征	断口、断裂性质
11	山西漳泽发电厂3号机组	轴系断为3段，均为对轮螺栓断裂	非全相解列、扭转振动	汽轮机低压缸发电机侧半挠性联轴器、发电机与励磁机间联轴器对轮螺栓扭振断裂
12	内蒙古丰镇发电厂	轴系断为2段，均为对轮螺栓断裂	非同期并网、扭转振动	发电机与励磁机间联轴器对轮为主断裂面，螺纹拉脱为主断口
13	海南海口发电厂2号机组	发电机5个槽楔、线棒甩落，定子铁芯严重磨损，汽轮机转子弯曲	振动性质为转子在大不平衡质量作用下的弯曲振动，转子大不平衡质量来源于发电机转子槽楔的甩落。在机组降速过程中，机组损坏	发电机转子表面过热，抗剪能力降低。机组降速至一阶临界转速下，发生大不平衡共振下损坏
14	哈尔滨第三发电厂3号机组	发电机励磁机侧转子与轴柄过渡圆角处，沿转子周向165°、深度180mm的裂纹	转子一倍频振动幅值随裂纹的扩展而增加，二倍频振动幅值在1/2临界转速下增大	转子为低名义应力高周疲劳断裂。应力集中是造成转子疲劳断裂的主要原因。夹渣对转子疲劳裂纹的萌生有一定促进作用。转子开裂处材料为回火脆性状态，加速了转子早期疲劳断裂
15	北京华能热电厂2号机组	转子和轴瓦严重磨损、氢气爆炸，润滑油泄漏爆炸着火	第20级叶轮的轮缘断裂与叶片一起飞脱（123kg），在大不平衡作用下，机组剧烈振动，在降速过程中转子动静严重碰磨发散，机组损坏	叶轮轮缘的断裂为在应力和腐蚀性介质共同作用下发生的应力腐蚀断裂

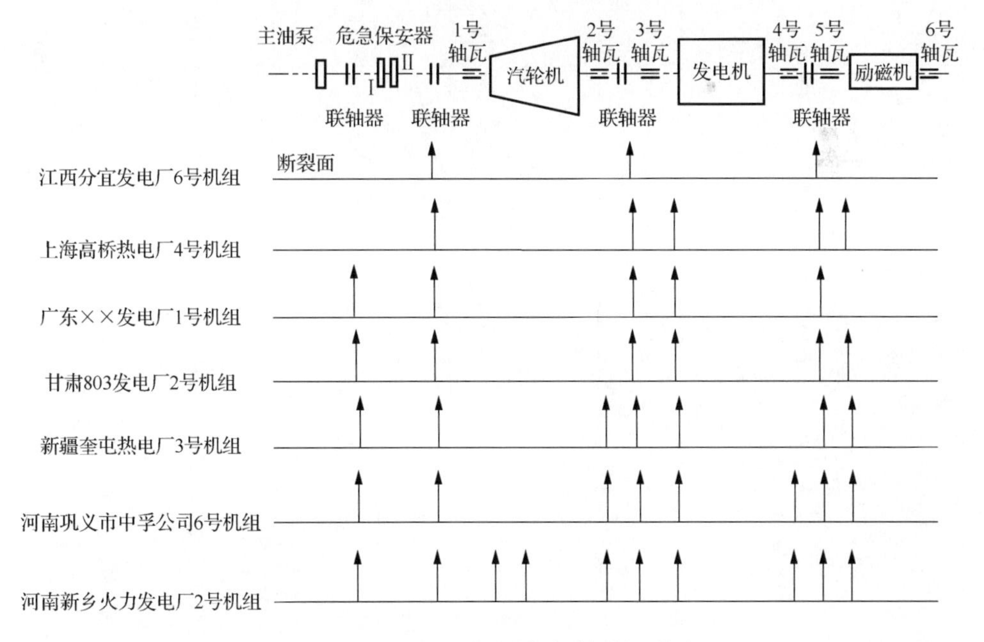

图 11-3　50MW 及以下机组轴系断面图

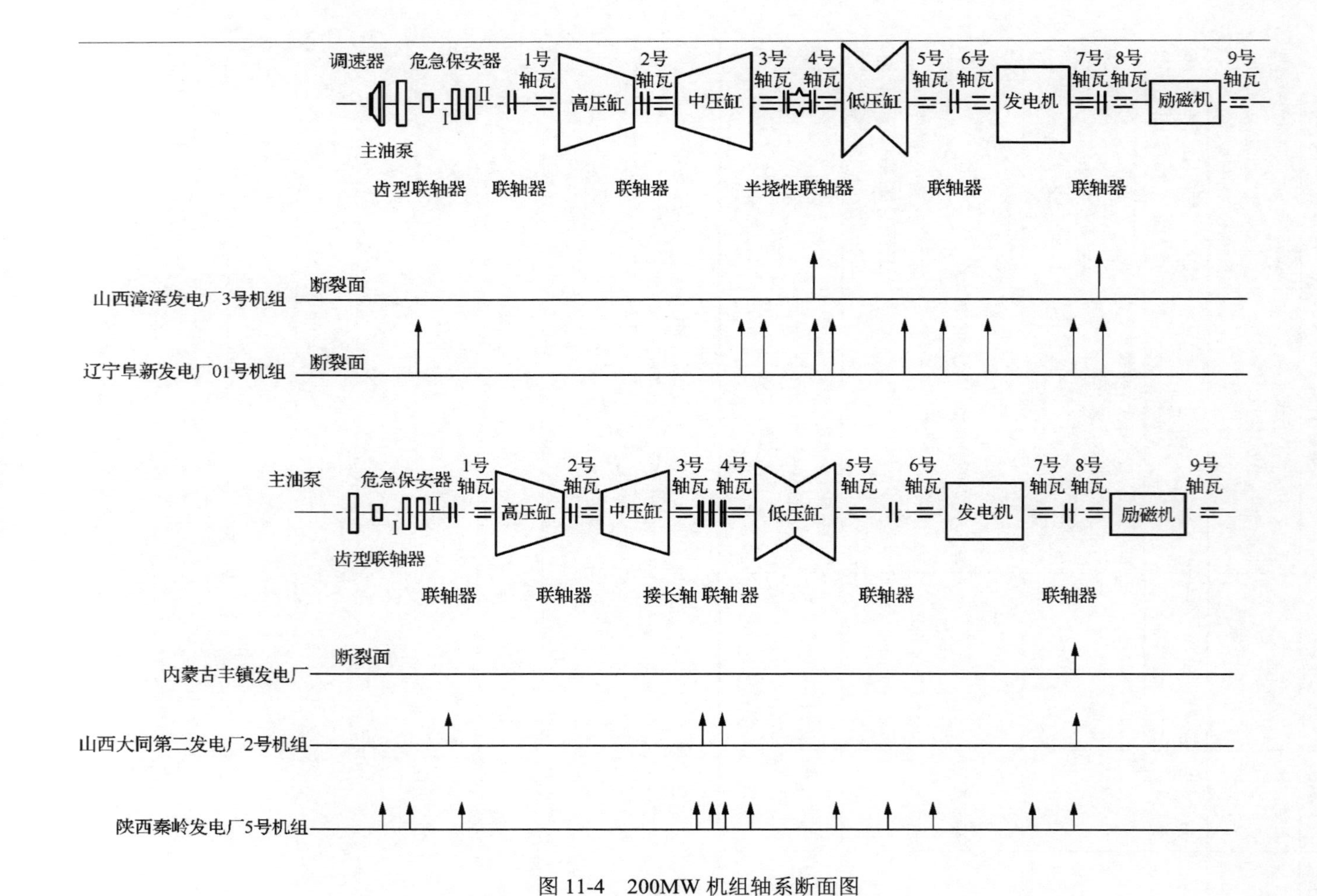

图 11-4　200MW 机组轴系断面图

在轴系损坏状态较为明确的 15 台事故机组中，有 3 台事故机组的转子尚未断裂，仅机组受到严重损坏，如哈尔滨第三发电厂 3 号机组、北京华能热电厂 2 号机组，以及海南海口发电厂 2 号机组，事故分别起源于转子材质的缺陷和负序电流作用；有 4 起事故机组仅为联轴器对轮螺栓断裂，如山西大同第二发电厂 2 号机组、江西分宜发电厂 6 号机组，在 4500r/min 以上高转速下，在离心力的作用下，联轴器对轮螺栓全部断裂，山西漳泽发电厂 3 号机组和内蒙古丰镇发电厂一台机组，在机组扭转振动作用下，仅部分联轴器对轮螺栓断裂；有两台机组在正常转速下，异常振动而引发了轴系断裂，为轴系断裂面最多的机组，如陕西秦岭发电厂 5 号机组和辽宁阜新发电厂 01 号机组，轴系分别断裂为 13 段和 11 段；其余 6 台机组均在危急超速转速范围内，不同起因工况下，轴系断裂为 6～11 段。

事故机组的振动基本是在机组转速急剧飞升的过程中发生的，有 5 台机组转子振动起源于轴系进入临界转速区，并伴随着大不平衡振动，有 7 台机组转子振动起源于在机组转速飞升过程中发生的转子质量不平衡。大部分事故机组是在转速急速下降、扭矩冲击的作用下，致使轴系最终破坏。

转子联轴器对轮螺栓是轴系薄弱环节，无论何种事故特征，均可使转子联轴器对轮螺栓断裂，仅以离心力致使联轴器对轮螺栓断裂的事故机组，其破坏程度相对较轻。在机组降速通过一阶临界转速的过程中，伴随有大不平衡振动的工况下，可产生扭矩冲击，致使轴系严重破坏。

11.4.2　汽轮发电机组振动原因

汽轮发电机组振动是较为复杂的故障，由于机组的振动往往受多方面的影响，只要与机组转子有关的任何一个设备或介质故障，都将会是机组振动的原因。

1. 转子质量不平衡

汽轮发电机机组是一个高速旋转机械，若转子的质心与旋转中心不重合，则会因转子的不平衡而产生离心力，离心力将对轴瓦产生一个激振力，使之引起机组振动。若离心力过大，则机组将会产生异常大振动。

汽轮机转子质量不平衡振动的特征：升速时振动幅值与转速的二次方成正比，转速高、振动大。特别是通过机组临界转速区时，振动较大。振动的频率主要是一阶。振动的相位一般不变化。

汽轮机转子产生质量不平衡的主要原因：机械加工精度不够，装配质量较差等原始不平衡；机组在转动过程中，若叶片、围带、拉金以及平衡质量块产生飞脱，以及护环、转子线圈 、槽楔、联轴器等产生松动；转动部件的飞脱、松动。这些均可使汽轮发电机组产生异常振动。在机组严重超速的工况下，转速急剧升高，当转子离心力超过轴系部件的极限强度时，部件损坏、失去紧力、松脱也可致使轴系破坏。

2. 动静摩擦

汽轮发电机组因发生转动部件与静止部件（简称动静）碰撞或摩擦可引起较大的振动。动静摩擦可使转子产生非常复杂的振动，是转子系统发生失稳的一个重要原因，轻者使机组出现强烈振动，严重时可造成转子永久弯曲，甚至轴系毁坏。

摩擦振动的特征：摩擦振动可造成汽轮机转子的热弯曲，由于转子的热弯曲，将产生新的不平衡力，作用到转子上，致使转子产生振动；振动的主频仍为工频，但是由于受到冲击和一些非线性因数的影响，可能会出现少量分频、倍频和高频分量；发生摩擦时振动的幅值和相位都具有波动特性，摩擦严重时幅值和相位不再波动，振动幅值会急剧增大；机组降速通过临界转速时的振动一般较正常升速时大；停机后转子静止时，转子的扰度明显增加。

动静摩擦的可能原因：设计缺陷、安装、检修、调整不当；转子振动过大，动静间隙不足、振动幅值大于动静间隙； 转子偏斜、翘曲等。汽轮发电机组径向和轴向的碰撞摩擦通常发生在隔板汽封、叶片围带、汽封及轴端汽封等部位，径向碰撞摩擦也有可能发生在各轴瓦的油挡、叶片、发电机密封瓦等部位。

3. 油膜失稳

当汽轮发电机组轴系高速旋转时，转子表面带动润滑油一起运动，从而在转子表面与轴瓦之间形成一个油楔，该油楔产生的动态作用力对转子运动的弹性力形成约束，保持力平衡，轴颈中心与轴瓦中心偏心距保持不变。若轴颈在扰动力的作用下，使轴心产生位移，将使油楔的压力沿转轴圆周方向分布不等，转轴脱离平衡位置而产生正向涡动，造成油膜失稳。随着工作转速的升高，其涡动频率不断增强，振动幅值不断增大，如果转子的转速升高到第一临界转速的两倍时，其涡动频率与一阶临界转速相同，产生共振，此现象称为油膜振荡，油膜振荡具有强烈的振动特性，极易造成轴系破坏。油膜振荡主要特征如下。

（1）振动幅值突然增加，声音异常。

（2）振动频率为组合频率，次谐波非常丰富，并且与转子的一阶临界转速相等频率的振动幅值接近，或超过基频振动幅值。

（3）工作转速高于第一临界转速的两倍时才发生强烈振动。振荡频率等于转子的第一临界转速，并且不随工作转速的变化而变化，只有工作转速低于两倍第一临界转速后，剧烈振动才消失。

（4）轴心轨迹为发散的不规则形状，进动方向为正进动。

（5）轴瓦润滑油黏度变化对振动有明显的影响，降低润滑油黏度可以有效地抑制振动。

4. 临界转速

与转子及其支承系统的固有振动频率相对应的转速称为转子临界转速。当在该特征转速下运行时，将会发生剧烈振动。临界转速和转子不旋转时横向振动的固有频率相同，临界转速与转子的弹性和质量分布等因素有关。对于具有有限集中质量的离散转动系统，临界转速的数目等于集中质量的个数。

转子的临界转速取决于转子的横向刚度系数 k 和圆盘的质量 m，而与偏心距无关。临界转速还与转子所受到的轴向力的大小有关。当轴向力为拉力时，临界转速提高；而当轴向力为压力时，临界转速则降低。

5. 扭转振动

旋转机械的主动力矩与负荷反力矩之间失去平衡，致使合成扭矩的方向反复变化。电力系统频率和发电机频率存在差异，相角出现周期性变化，由于发电机失步，电磁力矩和机械力矩存在周期性差异，使汽轮发电机组转子产生扭转振动（简称扭振）。

扭振具有极大的破坏性，轻者使作用在转子上的扭应力发生变化，增加转子的疲劳损伤，降低使用寿命，严重时可导致机组轴系的损坏。

6. 汽流激振

汽流激振的主要特征：具有较大振动幅值的低频分量，振动的增大受运行参数的影响明显，且增大呈突发性。叶片受不均衡的汽流冲击，是产生汽流激振的可能原因。

11.4.3　轴系破坏过程

汽轮发电机组轴系断裂事故原因较为复杂，毁机事故过程往往是以机组的振动为起始、以转子的剧烈振动为发散、以轴系破坏为终结。因而，就宏观分析而言，轴系断裂事故过程可分为振动的起因、振动的发散和轴系破坏三个环节。

1. 振动的起因

在我国毁机事故中，机组振动基本上是在机组转速急速飞升的过程中发生的。振动的起因有：转子落入临界转速区；在离心力作用下大不平衡振动；汽轮机转子的原始热弯曲；蒸汽冲击；转子裂纹；轴系扭转振动等。

2. 振动的发散

事故中基本上是以大不平衡共振，促使振动的发散。振动发散的条件有：大不平衡质量增加；转子挠曲急剧增大；动静部件径向严重碰磨；转子轴向严重碰撞；轴瓦支承功能丧失等。大不平衡振动发散的位置一般在轴系主断裂面附近。

3. 轴系破坏

促使轴系破坏的可能因素有：部件在离心力作用下，致使转动部件产生严重的离心力过载，在较大的轴向拉力或径向离心力的作用下而损坏；轴系产生扭矩冲击而破坏，具有足够大的转速突降速率、足够大的新增不平衡质量，是扭矩冲击造成转子快速弯曲断裂的基本条件。

例如，江西分宜发电厂 6 号机组“7.31”事故（详见 7.1 节）。机组甩负荷转速急速飞升，最高达 4700r/min。随之转子挠曲增大，在离心力的作用下，超载的径向作用力使叶片及销钉断裂，在大不平衡振动急速发散条件下，快速超载轴向拉应力，使汽轮机与发电机 20 只对轮螺栓全部断裂。由于联轴器对轮螺栓的全部失效，在机组降速的过程中，转子未形成大的制动、扭矩冲击，破坏起始转速虽然较高，但轴系破坏的程度相对较轻，事故中轴系中各转子支承均未丧失。轴系断为 4 段，断面均在对轮螺栓处（详见图 11-3），第 20 级压力级（456mm 叶片）全级叶片从跟部剪断，断叶堵积在缸内，前箱碎裂，残骸飞出缸外数米，高中压缸垂直结合面和中压缸水平结合面张口，1 号轴瓦上瓦甩出，其他轴瓦均有不同程度的损伤。在离心力和动静部件的严重碰磨中机组毁坏。

例如，山西大同第二发电厂 2 号机组“10.29”事故（详见 7.2 节）。该机组接长轴第一临界转速为 3780r/min，并有 3500～4100r/min 较宽的共振频带，机组甩负荷超速，随之转速平缓飞升，机组落入了接长轴第一临界转速及发电机第二临界转速的共振区，是机组振动的起因。转子挠曲急剧增大，接长轴在离心力的作用下，轴向拉力致使螺栓损坏，机组振动加剧，接长轴挠曲急速发散。约在 3850r/min 联轴器对轮螺栓全部失效，接长轴中间对轮分离，轴系破坏。由于断轴高中压转子的转速飞升到 4600r/min，低压转子的转速飞升到 4000r/min，在离心力的作用下，第 26 级全级叶片及第 21 级和第 22 级末叶片相继飞脱，1 号轴瓦和 3 号轴瓦飞出，转子失去支承。在离心力和动静部件的严重碰磨中机组毁坏。事故中由于联轴器对轮螺栓的全部失效，在机组降速的过程中，转子未形成大的制动、扭矩冲击，破坏起始转速虽然较高，但轴系破坏的程度相对较轻，轴系断为 5 段，断面均在对轮螺栓处（详见图 11-4）。

例如，河南新乡火力发电厂 2 号机组“1.25”事故（详见第 5 章）。锅炉汽包满水，主蒸汽温度大幅度降低，导致汽轮机较长时间进入低温蒸汽，机组打闸停机过程超速。机组轴系破坏起源于汽轮机转子，其振动性质为大不平衡振动，大不平衡质量主要来源于汽轮机转子的热弯曲。新蒸汽温度的突降，致使汽缸形变，是造成转子严重径向碰磨的主要因素，也是机组强烈振动的起因。在机组超速的过程中，加重了转子的径向碰磨、加大了转子热弯曲的恶性循环，使机组振动急速发散。在机组降速、急速刹车的过程中，通过汽轮机转子一阶临界转速，在大不平衡共振、扭矩冲击的作用下，轴系破坏、机组毁坏。轴系断为 11 段（详见表 11-8、图 11-3），汽轮机 10 级套装叶轮，其中 8 级叶轮从轴上脱离，汽轮机共有 1778 片动叶片，除调节级外，全部飞脱；高低压缸上缸飞出，下缸损坏、破碎；发电机定子扫膛，槽楔严重磨损，风机叶片及风叶环全部甩落。这是我国毁机事故中，机组损坏最为严重的案例。

例如，辽宁阜新发电厂 01 号机组“8.19”事故（详见 3.2 节）。汽轮机主油泵齿型联轴器失效，造成调节系统开环、转速失控，在机组起动、转速急速飞升的过程中，汽轮机低压缸瞬时进入大量蒸汽，造成低压铸铁隔板在大压差冲击下全部碎裂，这是振动的起因。随之动静部件的严重碰磨，引发机组强烈振动，使转子振动发散。在机组降速、急速刹车制动的过程中，在扭矩冲击的作用下，轴系破坏、机组毁坏。轴系断为 11 段（详见图 11-4），低压缸 10 级隔板全部损坏，叶片全部拔出，断叶飞落在缸体内外；大部分轴瓦损坏、飞离；发电机定子底部局部扫膛。

11.4.4　毁机事故振动特征

1. 大不平衡共振贯穿轴系破坏的全程

大不平衡振动是引起转子振动发散、轴系破坏主要因素。构成轴系破坏性大不平衡振动的原因有：转动部件飞脱、转子刚度降低、转轴碰磨、扭矩冲击等。激发破坏性大不平衡振动的主要因素有：飞脱部件的质量、飞脱部件的位置和转速、飞脱部件的结构等。

转动部件的飞脱，将对转子产生不平衡力的冲击，激起瞬态响应，如果转速接近某一阶临界转速，会产生显著的拍振，拍振的幅值将比稳态不平衡的振动幅值增大 2～4 倍。拍振消失后，转子能否形成稳态的大不平衡振动，将取决于飞脱的转动部件的结构。如汽轮机叶片等转动部件的飞脱，在瞬态响应和拍振消失后，还会产生稳态的不平衡振动；又如汽轮机叶轮、发电机和励磁机的护环、滑环等套装部件的飞脱，在瞬态响应消失后，稳态不平衡也随之消失。若套装部件飞脱后，由于转子弹性和塑性形变的存在，作用在转子上的不平衡力仍依然存在。因而在事故分析中，不仅要分析稳态不平衡响应，还应关注瞬态不平衡响应。

2. 转子材料缺陷是转子破坏的直接因素

转子材料缺陷将引起原始裂纹的扩大，削弱了转子的弯曲刚度，使不平衡质量急速增大，转子裂纹进一步扩大，转子挠曲增大，形成恶性循环，造成转子断裂。有些机组转子因疲劳应力腐蚀，形成较严重的横向裂纹，造成转子刚度降低，但这种裂纹扩展不是突然发生的，而是有逐渐发展的过程，可通过检查发现裂纹的存在，及时处理，避免事故的发生和发展。转子刚度的降低可能会造成转子的挠曲发散，并产生大不平衡振动。

例如，北京华能热电厂 2 号机组“3.13”事故（详见 4.2 节）。汽轮机第 20 级叶轮应力腐蚀断裂，轮缘断裂与叶片共脱落 123kg，机组轴系发生剧烈振动，导致转子和轴瓦的严重磨损、轴封和氢气密封系统失效，润滑油和氢气发生大量泄漏，与励磁系统火花接触后，发生爆炸和燃烧，造成火灾。

机组转子存在裂纹，一般在带负荷正常运行中，裂纹断面小于 1/3 转子截面时，转子振动没有明显变化。在机组起停过程中，裂纹转子的一倍频振动幅值随着裂纹的扩展而增加；二倍频振动幅值在 1/2 临界转速下明显增大。二倍频振动幅值和相位的变化是反映转子结构状态的一个重要特征，尤其是判断非对称转子裂纹特征极为重要，因而对大型发电机设计的非对称转子，更应该严密监视转子运行状态下二倍频振动幅值和相位的变化。

例如，哈尔滨第三发电厂 3 号机组“4.18”事故（详见 4.1 节）。发电机励磁引线压板槽的槽底根部 R 角处严重应力集中，以及锻件存在冶金夹渣、脆性等，使转子产生裂纹。转子裂纹性质为低名义应力下的高周疲劳开裂。该机组正常运行中，9 号轴瓦和 10 号轴瓦的振动幅值逐渐攀升，出现异常振动，进行各种运行处理但均无效。停机检查处理后起动，10 号轴瓦在发电机一阶临界转速附近一倍频振动幅值为最大，约为 260μm，二倍频在 1/2 临界转速下为最大，约为 80μm，其值约为大修后起动过程中，在相同转速下振动幅值的 3 倍。因而，根据二倍频振动幅值的变化初步判断，发电机转子结构有变化，有发电机转子存在严重缺陷或发生裂纹的可能。解体检查发现，发电机励磁机侧转子本体与轴柄过渡圆角处有沿转子周向 165°、深度 180mm 的裂纹。该发电机转子在解体检查起吊的过程中断裂。

另外，辽宁阜新发电厂 01 号机组（详见 3.2 节），中压转子表面存在加工缺陷，河南巩义市中孚公司 6 号机组（详见 9.1 节），汽轮机后轴封部位有较大的原始缺陷，应力集中较严重，降低了材料抗疲劳能力，对轴的疲劳寿命将有重要影响，在机组发生强烈振动等异常工况下，极易损坏，是事故的隐患。

3. 轴系扭振事故频发

随着机组容量的增大，功率密度相应增加，轴系长度加长，轴系截面相对减小，轴系已不再视为转动刚体，为多跨转子组成的弹性质量系统。随着电网大容量化、长距离化、结构复杂化，对轴系的影响因素增多。易导致机网耦合，诱发轴系扭振，使轴系某截面或联轴器产生较大的交变扭转应力，造成轴系冲击性或疲劳累积性损坏，以及扭振疲劳损伤，对机组的安全构成极大的威胁。据有关统计，1968～1988 年，国内外共发生了 30 余起机组扭振事故，涉及 50～900MW 机组。目前，机组扭振问题已备受国内有关部门的高度关注。

电网线路短路故障、线路开关重合闸、电力系统次同步振荡等电力系统的扰动，以及发电机非同期并网、发电机非全相解列、发电机负序电流等运行方式，均是引发轴系产生扭振的重要因素。客观上无法避免的各种机电扰动，以及非正常的运行方式，均可能导致扭振的发生。因而一般要求轴系扭振频率应设计有一定的避开范围，在工频范围内避开率为 10%（45Hz ≤50Hz ≤55Hz），在两倍工频范围内避开率为 8%（92Hz ≤100Hz ≤108Hz）。

在毁机事故案例中，山西漳泽发电厂 3 号机组 210MW 机组为非全相解列（详见 6.2 节）、内蒙古丰镇发电厂 200MW 机组为非同期并网（详见 6.3 节），引发了扭振事故，均在交变扭转应力的作用下，联轴器对轮螺栓断裂。我国已发生数起机组扭振事故，这两起事故仅为典型扭振事故案例，应总结经验、吸取教训，防止事故的重现。

11.5　研究诊断技术、提高分析水平

目前毁机事故的分析，基本上采用失效分析反向分析法，往往由于现场的条件所限，缺少必要的和可靠的记录仪表，以及采样和证据的不足，给分析工作带来很大的困难，并使其结果复杂化，有时仅能作事故可能原因的趋势判断。对于我国大机组不断投产、老机组长期服役的现状，有必要在失效分析的基础上，深入开展故障预测、诊断技术的研究，开发和完善诊断设备，提高毁机事故分析和事故预防预测水平。

故障诊断技术是掌握和确定设备运行状态的技术，能早期预报故障的萌生，分析故障的原因，以及预测故障的发展趋势。故障机理的研究是故障诊断的基础，是获得准确、可靠诊断结果的重要保证，是故障诊断中不可缺少的基础性工作，诊断系统的完善程度，依赖于对故障机理的认识程度。

故障信息处理技术是故障诊断的先导，用以确保诊断的准确性和可靠性。常规的故障信息包括故障信息检测和故障信息分析两个部分。根据需求设置故障测量信息，对检测到的各种状态信息进行变换，提取故障征兆，进行故障信息分析。

故障诊断系统是根据诊断对象故障的特点，利用现有的故障诊断技术研制而成的自动化诊断装置。有便携式检测仪表和分析仪器、在线监测仪表系统、计算机监测分析与诊断系统、智能诊断系统等。其中，便携式检测仪表和分析仪器、在线监测仪表系统和计算机监测分析与诊断系统，称为常规故障诊断系统。这些故障诊断装置或诊断系统已在故障诊断领域发挥了作用，避免了重大事故的发生和发展，提高了大型机组运行的安全性与可靠性。

故障机理是准确诊断故障的前提。目前，国内有关科研院所、大专院校等单位，以汽轮发电机组毁机案例为背景，对毁机事故的机理开展了深入的研究，并取得了成效。毁机事故机理的深入研究，有力地推动了毁机事故诊断技术的发展。我国目前自动记录设备有如下几种。

数据采集系统监视系统内每一个模拟量和数字量、显示并确认报警、显示操作指导，建立趋势画面并获得趋势信息。

事故顺序记录，以微秒级的分辨率获取并记录开关量信号的状态变化信息，实时精确跟踪事件发生时间、首发事件和联锁发生事件的间隔顺序，是系统故障和异常分析的最重要依据。

汽轮机紧急跳闸系统，在机组重要运行参数越限等异常工况下，可记录首发事件，实现紧急停机的控制系统。

汽轮机监视装置，连续测量汽轮机的转速、振动、膨胀、位移等机械参数，并将测量结果送入控制、保护系统，一方面供运行人员监视、分析旋转机械的运转情况，同时在参数越限时执行报警和保护功能。

以上设备作为常规故障诊断系统，已被大中型汽轮发电机组广泛采用，给预防、预测事故的发生，正确判断事故的原因创造了条件。汽轮发电机组故障诊断技术，其征兆的获取非常重要，因此信息检测技术是进行设备故障诊断的前提。针对汽轮发电机组及其系统的各类故障，有必要进一步研究检测技术，开发检测设备。

研究人员对汽轮发电机组毁机事故的机理虽已有深入的研究，并已取得了成果，但研究成果尚未完全转化为工程实践，以及尚未形成在线诊断应用的能力，仍有待深入研究。应利用现有的诊断技术，进一步开发有针对性的诊断设备，实现完善的故障诊断体系，应用于生产实践，促进毁机事故诊断技术的发展，提高对毁机事故的分析水平，制定防范措施，确保汽轮发电机组安全、可靠运行。

参 考 文 献

[1] 海南火电站 3 号机组(60 万千瓦)事故分析技术调查中间报告[R]. OHM, 1972:25-27.

[2] 北极星电力网. 汽轮机飞车事故汇编[EB/OL].(2015-11-6)[2017-06-13]. bbs.bjx.com.cn/thread-2633637-1.

[3] 北极星电力网. 华能北京热电“3.13”氢爆事故调查报告[EB/OL].(2015-08-04)[2017-06-13]. http://news.bjx.com.cn/html/20150804/649010.shtml.

[4] 四起严重超速事故，一起断轴事故，有图、有视频、有真相！！[EB/OL].(2015-06-11)[2017-06-13]. www.sohu.com/ a/320973382_652081.

[5] 云南超 800 万元发电设备爆炸[EB/OL].(2014-11-17)[2017-06-13].www.pmec.net/bencandy-85-150571-1.

[6] 何强, 雷兴发. 汽轮机飞车事故原因分析及对策[J]. 湖北电力, 2001, 25(3):40-42.